Open Channel Hydraulics

明渠水力學

詹錢登　編著

五南圖書出版公司 印行

序　言

明渠水力學是一門探討開放渠道中水流行為及運動規律的科學，主要涉及河流、運河、灌溉渠道、水工構造物（堰、溢洪道……）等的流動特性，內容涵蓋水流速度、流量、流況、能量損失、水位變化等方面。這門學科在水利工程、環境工程、水土保持工程和土木工程中有廣泛應用。

本書作者將多年來在成功大學講授的「明渠水力學」課程講義整理成冊，以供學習者參考使用。教學對象為大三學生，因此教材內容以定量流為主，編撰方式力求由淺入深、化繁為簡，以適合大學生的學習需求。

在準備教材時，主要參考國際知名學者周文德教授的《Open Channel Hydraulics》和印度學者Subramanya教授的《Flow in Open Channels》。這兩本書內容豐富，但對於大學生可能過於深奧，因此我在教材中做了適當取捨，循序漸進，並強化例題解說，旨在增強初學者的理解能力和學習動力。

本書共九章，包括導論、水流能量與水深關係、均匀流、漸變流理論、漸變流計算、急變流1（水躍問題）、急變流2（水工構造物）、空間變量流及變量流。每章均附有習題。此外，每章結尾介紹一位近代對臺灣水利教育及工程事業有貢獻的前輩，以感念他們的貢獻並激勵後學。

由於作者知識有限，書中不足之處敬請指正。

詹錢登

成功大學水利系

2024.07.01

前　言

Preface

渠道是水利工程中最基本的輸水（給水或排水）方式，只有好的渠道設計，才能發揮渠道輸水的最佳功能。明渠水力學（又名渠道水力學）主要是講解水流在渠道中流動的基本特性及分析方法，教導使學習者具有執行渠道規劃、設計、分析及評估的能力。

舉凡灌溉、排水、給水、蓄水、防洪、河道治理等水利工程相關問題均和明渠水力學有密切關係。明渠水力學的理論基礎與分析技術是處理水利工程問題的重要依據。

專業知識與核心能力

明渠水力學是從事水利工程、水土保持工程、環境工程及土木工程的專業人員必需要具備的專業知識。學習明渠水力學的目的在於培養學習者具有下列的專業知識與核心能力：

- 瞭解渠道水流的基本規律、理論分析方法與計算技巧；
- 瞭解渠道水力學在水利工程領域所扮演的角色及其能夠解決的問題；
- 瞭解渠道水力學之功用及其限制，有能力利用正確的觀念及適當的方法，進行水利相關工程的規劃、設計與評估，以解決所面臨的水利相關問題。

相關問題

明渠水力學在水利工程建設中的應用相當廣泛。水利工程建設中常遇到的明渠水力學相關問題大致上有下列幾類：

- 渠道的通水能力—流量、流速、水深
- 水工結構物對通水能力的影響—流量控制、流量量測
- 水流對渠道及水工結構物的作用力—渠道穩定、設施安全

- 渠流的流動形態(1)—亞臨界流、臨界流、超臨界流
- 渠流的流動形態(2)—漸變流、急變流、彎道水流
- 渠流的能量損失—通水能力、消能設施

課程內容

本課程在成功大學是被安排在大學部高年級的學習課程，學習內容將以定量流為主，變量流為輔。變量流具有時變性，問題較為複雜，安排在研究所課程。本課程的內容：

第1章　明渠水力學導論（Introduction）

第2章　水流能量與水深之關係（Energy-Depth Relationships）

第3章　均勻流（Uniform Flow）

第4章　漸變流理論（Gradually Varied Flow Theory）

第5章　漸變流計算（Gradually Varied Flow Computation）

第6章　急變流1——水躍（RVF-Hydraulic jump）

第7章　急變流2——水工構造物（RFV-Hydraulic Structures）

第8章　空間變量流（Spatially Varied Flow）

第9章　變量流（Unsteady Flow）

主要參考教材

Subramanya, K. (2019) *Flow in Open Channels*. 5th edition McGraw-Hill, Chennai. (東華書局).

參考書籍

1. Chow, V.T. (周文德) (1959) *Open-Channel Hydraulics*. McGraw-Hill.
2. French, R.H. (1986), Open Channel Hydraulics. McGraw-Hill, New York.

3. Jan, C.D. (詹錢登) (2014) *Gradually-varied flow profiles in open channels*. Springer.
4. Subramanya, K (2015) *Flow in Open Channels*. 4th edition, McGraw-Hill, Chennai. (東方書局).
5. 易任（1984），渠道水力學，東華書局。
6. 謝平城（2014），渠道水力學，三民書局。
7. 連惠邦、曹文洪、胡春宏（2000），明渠水力學，高立圖書。
8. 顏清連（2015），實用流體力學，五南圖書。

目　錄

Chapter 1　明渠水力學導論 1

1.1　水的基本性質 / 2

1.2　水的輸送方式 / 4

1.3　渠道的分類 / 5

1.4　渠流分類 / 7

1.5　流速分布 / 10

1.6　壓力分布 / 16

1.7　連續方程式 / 26

1.8　能量方程式 / 29

1.9　動量方程式 / 34

Chapter 2　水流能量與水深之關係 45

2.1　比能 / 46

2.2　臨界水深 / 50

2.3　斷面因子Z及第一水力指數M / 64

2.4　渠床抬升或下降對水位之影響 / 73

2.5　渠道寬度變化對水位之影響 / 84

2.6　渠寬束縮且渠床抬升對水位之影響 / 90

Chapter 3　均勻流 101

3.1　前言 / 102

3.2　均勻流公式 / 102

3.3　曼寧粗糙係數n / 116

3.4　複式渠道斷面 / 121

3.5　渠道輸水因子與斷面因子 / 131

3.6　第二水力指數N / 136

3.7　標準修飾渠道 / 140

3.8　渠道最佳水力斷面 / 147

3.9　出水高度與彎道超高 / 153

3.10　穩定渠道設計 / 154

Contents

Chapter 4 漸變流理論 179
4.1 前言 / 180
4.2 漸變流方程式 / 181
4.3 漸變流水面線分類 / 183
4.4 漸變流水面線案例 / 191
4.5 控制斷面 / 192
4.6 水面線分析 / 192
Chapter 5 漸變流計算 203
5.1 前言 / 204
5.2 直接積分法 / 204
5.3 直接步推法 / 216
5.4 標準步推法 / 218
5.5 龍格—庫塔法 / 231
Chapter 6 急變流 1——水躍 241
6.1 前言 / 242
6.2 水躍動量方程式 / 243
6.3 水平矩形渠道上的水躍 / 246
6.4 水平三角形渠道上的水躍 / 257
6.5 水平梯形渠道上的水躍 / 261
6.6 水平圓形渠道上的水躍 / 266
6.7 斜坡矩形渠道上的水躍 / 269
6.8 斜坡矩形束縮渠道上的水躍 / 270
Chapter 7 急變流 2——水工構造物 279
7.1 前言 / 280
7.2 堰的分類 / 281
7.3 銳緣堰 / 282
7.4 寬頂堰 / 292
7.5 溢洪道 / 301

7.6 閘門 / 304
7.7 鋸齒堰 / 307
7.8 彎道水流 / 308
7.9 自由跌水 / 311
7.10 臨界深度水槽 / 319
Chapter *8* **空間變量流** 329
8.1 前言 / 330
8.2 側向入流所形成的渠道空間變量流 / 330
8.3 側向出流空間變量流水面線 / 337
8.4 底孔出流空間變量流 / 351
Chapter *9* **變量流** 367
9.1 湧波 / 368
9.2 向下游傳遞之正湧波 / 369
9.3 向上游傳遞之正湧波 / 373
9.4 向下游移動負湧波 / 378
9.5 向上游移動負湧波 / 382
9.6 潰壩問題 / 384
9.7 聖維南方程式 / 388

Contents

Chapter 1

明渠水力學導論

(Introduction)

Omaha, Nebraska, USA, 2019.06.17

1.1 水的基本性質

1.2 水的輸送方式

1.3 渠道的分類

1.4 渠流分類

1.5 流速分布

1.6 壓力分布

1.7 連續方程式

1.8 能量方程式

1.9 動量方程式

習題

水利人介紹1.王燦汶教授

參考文獻與延伸閱讀

1.1 水的基本性質

(1) 密度（Density）ρ— 單位體積物體所具有的質量。

密度 $\rho = \dfrac{\text{質量（Mass）}}{\text{體積（Volume）}}$；單位：$kg/m^3$ 或 g/cm^3

在一大氣壓及溫度為 4℃時，清水密度 $\rho = 1000\ kg/m^3 = 1.0\ g/cm^3$

清水在溫度 4℃時，體積最小，密度最大。

溫度大於 4℃或是小於 4℃，水的體積會略為膨脹，密度略小一些，

溫度對水的密度有影響，但是影響不大，例如：

溫度 20℃及 100℃時，清水密度 ρ 分別為 $0.9782\ g/cm^3$ 及 $0.9581\ g/cm^3$

常溫時，一般把清水密度視為 $\boxed{\rho \approx 1000\ kg/m^3 = 1.0\ g/cm^3}$。

(2) 單位重（Specific weight）γ — 單位體積物體所具有的重量

單位重 $\gamma = \dfrac{\text{重量（weight）}}{\text{體積（volume）}} = \dfrac{\rho Vg}{V} = \rho g$，單位為 N/m^3，其中 N = 牛頓 = $kg \cdot m/s^2$

地球對物體的引力稱為重力，重力加速度 $g = 9.807\ m/s^2$；

溫度 4℃時，水的單位重 $\gamma = \rho g = 1000 \times 9.807 \approx 9{,}807\ N/m^3$；

溫度的大小對水的單位重有影響，但影響不大，例如：

溫度 20℃時，水的單位重 $\gamma = \rho g = 998.2 \times 9.807 \approx 9{,}789.3\ N/m^3$；

在常溫下，一般把水的單位重視為 $\boxed{\gamma \approx 9{,}800\ N/m^3}$。

(3) 比重（Specific gravity）G — 物體單位重和 4℃時水的單位重比值。

比重 $G = \dfrac{\text{單位重}}{\text{4℃水的單位重}} = \dfrac{\gamma}{\gamma_{4℃水}}$

溫度 20℃時，水的單位重 $\gamma = \rho g = 9{,}789.3\ N/m^3$；

溫度 4℃時，水的單位重 $\gamma = \rho g = 9{,}807\ N/m^3$；

溫度 20℃時，水的比重 $G = \dfrac{\gamma}{\gamma_{4℃水}} = \dfrac{9789.3}{9807.0} = 0.998$

溫度的變化對水的比重有影響，但影響不大，

在常溫下，一般直接將水的比重視為 $\boxed{G \approx 1.0}$。

(4) 黏滯係數（Viscosity）μ — 流體受剪力作用時剪應力與剪應變率之比例。

黏滯係數$\mu=\dfrac{剪應力（N/m^2）}{剪應變率（1/s）}$，單位：N · s/m² = Pa · s（Pascal-second）；

黏滯係數 μ 愈大表示流體的黏滯性愈強，μ 值會受到溫度的影響。

對液體而言，溫度愈高 μ 值愈小；對氣體而言，溫度愈高 μ 值愈大。

為了區隔，μ 又稱為動力黏滯係數（Dynamic viscosity）。

- 運動黏滯係數（Kinetic viscosity）$\nu=\dfrac{\mu}{\rho}$，單位為 m^2/ s 或 cm^2/s 或 mm^2/s

 1 St（Stokes）= 1 cm^2/s = 100 cSt（Centi-Stokes）；1 cSt = 1mm^2/s

 溫度 20℃時水的運動黏滯係數 ν = 1.004 cSt = 1.004mm^2/s = $1.004\times10^{-6}m^2/s$

- 水的運動黏滯係數 ν 隨溫度 T（℃）變化

$$\boxed{\nu\approx\frac{1.792\times10^{-6}}{1.0+0.0337T+0.000221T^2}}\ (m^2/s) \tag{1.1}$$

例如：T = 10℃，則 $\nu=1.319\times10^{-6}m^2/s$，

T = 30℃，則 $\nu=0.811\times10^{-6}m^2/s$。

(5) 表面張力（Surface tension）σ 一自由液面上單位長度所受的拉力。

表面張力 $\sigma=\dfrac{拉力（Force）}{長度（Length）}$，單位：N/m。

溫度為 20℃時，水的表面張力 σ = 0.07275 N/m = 72.75 mN/m；

表面張力只發生在水的表面，而且很小。對渠流而言，一般可以忽略不計。

(6) 壓縮係數（Compressive rate）δ 一單位壓力下物體體積被壓縮率。

壓縮係數 $\delta=\dfrac{體積被壓縮率}{壓力}$，單位：平方公尺 / 牛頓（$m^2$/N）

壓縮係數 δ 的導數稱為體積彈性係數 E_v，$E_v=\dfrac{1}{\delta}$，單位：N/m^2（Pa）

體積彈性係數 E_v 愈大，表示物體愈不容易被壓縮。

水溫度為 20℃時，水的體積彈性係數 $E_v=2.18\times10^9$ N/m^2；

水的壓縮性很小，對一般水利工程而言，可將水視為不可壓縮流體。

(7) 渾水的性質

渾水：流動的水具有夾帶泥沙的能力，混有泥沙的水稱為渾水。

渾水中泥沙體積含量 $C_V = \dfrac{\text{渾水中泥沙體積}}{\text{渾水體積}}$

渾水的密度內 $\rho_m = \underbrace{\rho_s}_{\text{泥沙密度}} C_v + \underbrace{\rho_w}_{\text{清水密度}} (1-C_v) = \rho_w + (\rho_s - \rho_w)C_v$ （1.2）

一般情況，泥沙的密度 ρ_s 大約是 2.65 g/cm^3，$\boxed{\rho_s \approx 2.65 \text{ g/cm}^3}$

因此渾水的密度可以表示為 $\boxed{\rho_m = 1.0 + 1.65C_v}$，

例如 $C_v = 0.2\% = 0.002$，$\rho_m = 1.0033$ g/cm^3

渾水的單位重 $\gamma_m = \rho_m g$；渾水的比重 $G_m = \dfrac{\gamma_m}{\gamma_{w,4℃}}$

渾水中泥沙的含量不但影響水的密度，也會影響水的黏滯度。

1.2 水的輸送方式（Types of Water Transportation）

水透過管道或渠道（Condiut）從位置 A 輸送至位置 B 的方式可區分為管流和明渠流兩大類

- 管流（Pipe Flow）— 是指滿管流，透過壓力來輸送水流，屬於管道水力學的範疇。

管流往下游送水

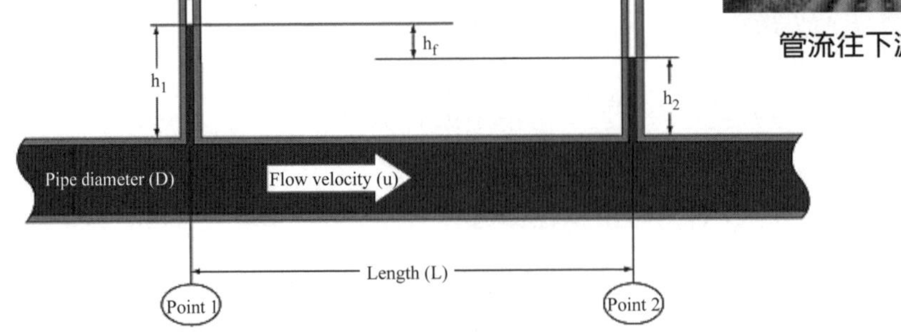

管流透過壓力差輸送水流

- 明渠流（Open Channel Flow）— 是指一般渠道或非滿管流，具有自由液面，透過重力作用來輸送水流。

彎道明渠水流

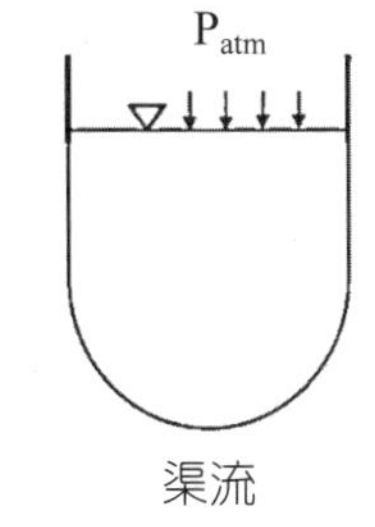

渠流

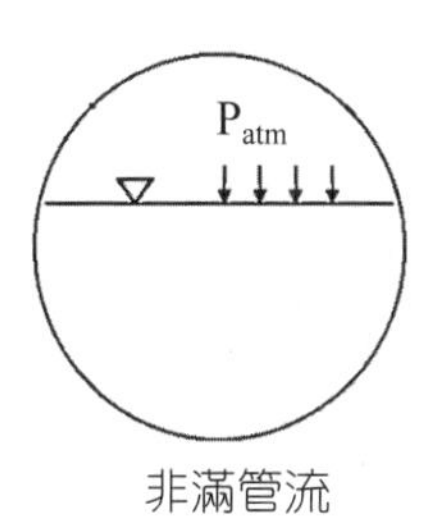

非滿管流

- 自由液面（Free surface）— 是指液體與流體之交界面，而且在交界面上的壓力為常數。最常見的是水和大氣的交界面。
- 水流在管中流動，假如不是滿管流，有自由液面，也是屬於明渠水力學的範疇。

管流與渠流之差異

管流（Pipe flow）	明渠流（Open channel flow）
1. 沒有自由液面	1. 有自由液面
2. 壓力差使水流動	2. 重力使水流動
3. 管道斷面形狀較為一致	3. 渠道斷面形狀變化多
4. 管道邊界糙度較為一致	4. 渠道邊界糙度變化多
5. 通水斷面固定	5. 通水斷面及水深隨流量及坡度改變
6. 測壓水頭隨管內壓力變化	6. 測壓水頭與水面高程一致
7. 雷諾數為主要參數，代表流體黏滯度是主要影響因子	7. 福祿數為主要參數，代表重力是主要影響因子

1.3 渠道的分類（Types of Channels）

- 定型渠道（Prismatic channels）

  定型渠道是指斷面形狀、大小、渠床坡度以及粗糙度固定不變的渠道。
- 人工渠道（Artificial channels）大多為定型渠道。

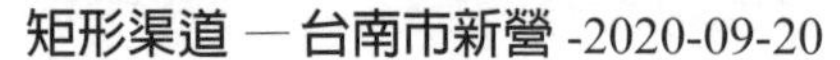

矩形渠道 — 台南市新營 -2020-09-20　　天然河道 — 嘉義朴子溪 -2017-12-02

- 天然河道（Natural rivers）大多為非定型渠道。
- 定床渠道與動床渠道

  定床渠道（Rigid-boundary channels）是指渠道的邊界固定，不會被沖刷變形的渠道。人工渠道大多為定型渠道。

  動床渠道（Mobile-boundary channels）是指渠道的邊界會因為水流沖刷而變形的渠道。天然河道大多為動床渠道，英文又稱它為 Alluvial channels。
- 明渠水力學所探討的集中在定床渠道的水流問題，而動床渠道的泥沙輸送問題則歸類在河道輸沙力學或是河道水力學的範疇。

明渠溝道樣式（Kinds of Open Channel）

1. Canal（渠道）
2. Flume（渡槽）
3. Chute（急流導槽）

台北士林區 2020.03.12

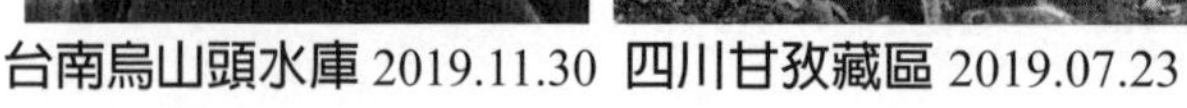

台南烏山頭水庫 2019.11.30　四川甘孜藏區 2019.07.23　四川甘孜藏區 2019.07.25

4. Drop（落水道）一很短的 Chute
5. Culvert（涵洞管道）
6. Open-Flow Tunnel（明渠隧道）

人工渠道與天然渠道

高雄鳳山人工排水渠道 2018.02.19

嘉義阿里山人工排水渠道 2020.08.03

四川甘孜藏區天然渠道 2019.07.23

1.4 渠流分類（Classification of Open-Channel Flows）

定量流與非定量流（Steady and unsteady flows）

描述渠流的主要特性是流量 Q、流速 V 及水深 y。

定量流（Steady flow），是指流動過程中渠流特性不隨時間而改變，即 $\dfrac{\partial(\ )}{\partial t}=0$。

變量流（Unsteady flow）是指流動過程中渠流特性會隨著時間而改變，即 $\frac{\partial(\ )}{\partial t} \neq 0$。

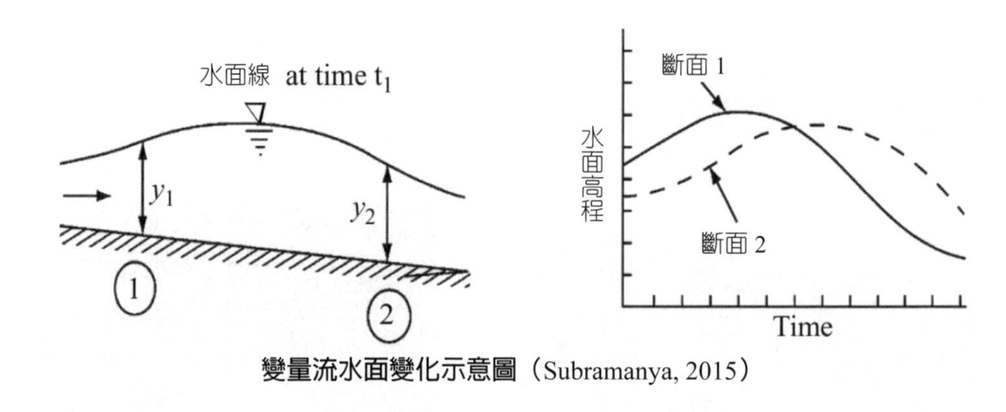

變量流水面變化示意圖（Subramanya, 2015）

均勻流與非均勻流（Uniform and non-uniform flows）

均勻流是指流動過程中渠流特性不隨空間位置而改變，即 $\frac{\partial(\ )}{\partial s} = 0$。

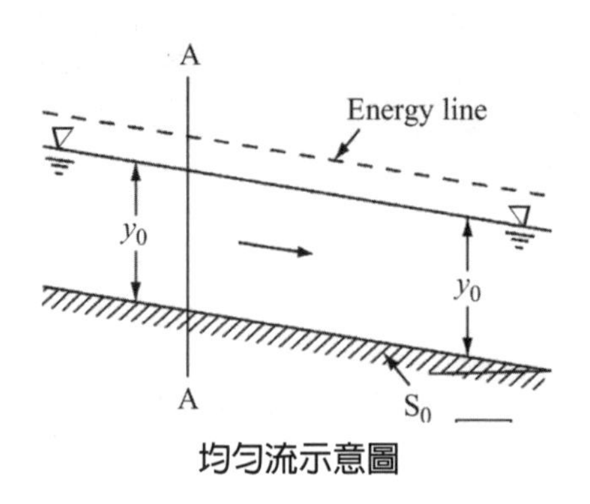

均勻流示意圖

非均勻流是指流動過程中渠流特性會隨著隨空間位置而改變，即 $\frac{\partial(\ )}{\partial s} \neq 0$。

非均勻流
- 漸變流（Gradually-varied flow, GVF）
- 急變流（Rapidly-varied flow, RVF）

緩變流 (GVF)

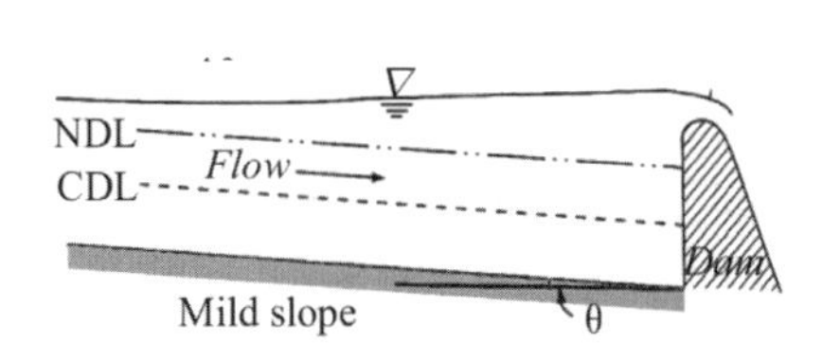

溢洪道上游緩變流

急變流 (RVF)

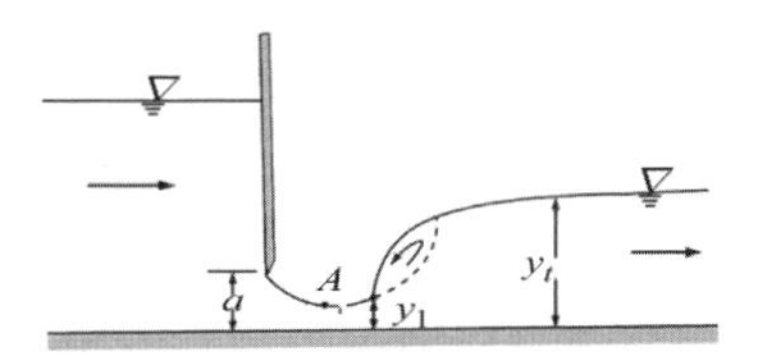

閘門出口射流轉變為水躍急變流

空間變量流（Spatially varied flow, SVF）

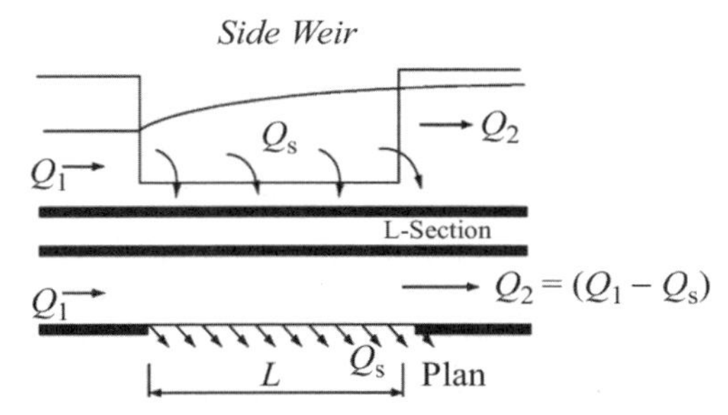

側流堰渠段空間變量流（Subramanya, 2015）

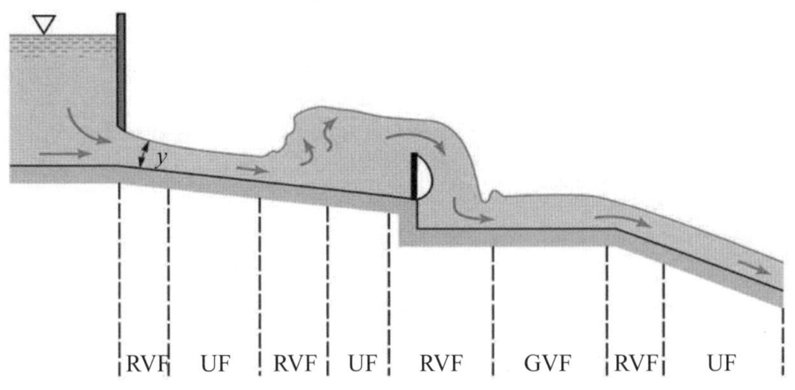

渠流沿途呈現急變流（RVF）、均勻流（UF）及緩變流（GVF）示意圖

1.5 流速分布（Velocity Distribution）

1.5.1 單向渠流流速分布 $u(y)$—— 水深方向流速分布

流態	流速分布	備註
層流	$\frac{u}{u_s}=2\frac{y}{h}-(\frac{y}{h})^2$	$u_s=\frac{gh^2S_0}{2\nu_f}$ = 表面流速（i.e., $y=h$）；最大流速位於水面。
紊流	$\frac{u}{u_s}=(\frac{y}{h})^m$	Power law 流速分布公式；u_s = 表面流速；假設最大流速位 u 於水面。指數 m 水流雷諾數 R_e 有關，例如 $R_e \approx 4000 \rightarrow m=1/6$；$R_e \approx 1.1 \times 10^5 \rightarrow m=1/7$
紊流	$\frac{u}{u_*}=\frac{1}{\kappa}\ln\frac{y}{z_0}$	Law of the wall 流速分布公式；$u_*=\sqrt{ghS_0}$ = 剪力速度；z_0 = 渠床粗糙厚度，光滑渠床 $z_0 \approx \frac{\nu_f}{9u_*}$；粗糙渠床 $z_0 \approx \frac{1}{30}k_s$；$k_s$ = 渠床粗糙高度；κ = 馮卡曼常數（≈ 0.41）
紊流	$\frac{u_s-u}{u_*}=\frac{1}{\kappa}\ln\frac{y}{h}$	Velocity-defect law 流速分布公式；u_s = 表面流速 (i.e., $y=h$)，也是最大流速；$u_*=\sqrt{ghS_0}$ = 剪力速度；κ = 馮卡曼常數（≈ 0.41）
紊流	$\frac{u}{u_*}=5.5+5.75\log(\frac{u_*y}{\nu_f})$	尼古拉（Nikuradse）光滑渠床的流速經驗公式
紊流	$\frac{u}{u_*}=8.5+5.75\log(\frac{y}{k_s})$	尼古拉（Nikuradse）粗糙渠床的流速經驗公式
紊流	$\frac{u}{u_*}=5.75\log(30.2\frac{y}{k_s}\chi)$	愛因斯坦（H. A. Einstein）對數流速公式；修正因子 χ 與渠床粗糙度有關。引入修正因子 χ 將光滑渠道、粗糙渠道及其過渡區域串聯在一起。

1.5.2 渠道流速分布 —— 斷面流速分布

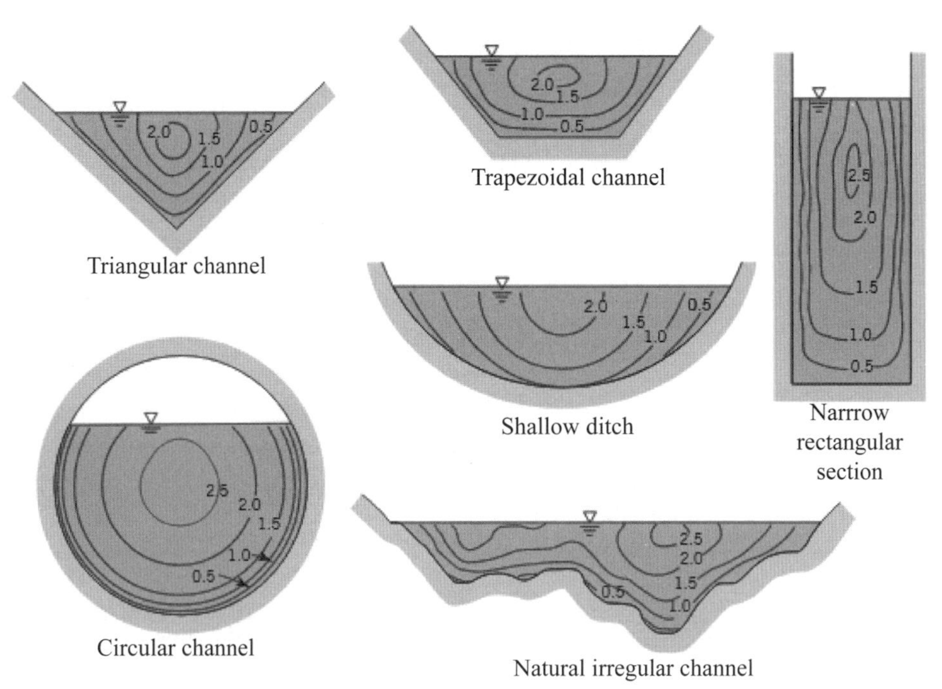

各種不同斷面形狀渠道之等流速線示意圖（Chow, 1959）

1.5.3 流速分布特性

1. 明渠水流由於有自由液面阻力及渠道邊界阻力，最大的流速往往不是發生在水面上，而是發生在水面下離水面距離約（0.05～0.25）倍水深處。
2. 影響渠道流速分布的因子很多，包括渠道形狀、渠道表面粗糙度、渠道的蜿蜒程度等。
3. 寬渠（Wide channel）是指很寬的渠道，因為渠岸對流速的影響很小，流速分布在寬度方面變化小，主要是在水深方向變化，水流分布接近二維（2D）分布。以矩形渠道為例，渠寬大於水深的（5～10）倍，可視為寬渠。
4. 水深方向的流速量測，平均流速大約在水面下 0.6 倍水深處，或以水面下 0.2 倍及 0.8 倍水深處的流速平均值當作平均流速（Chow, 1959）。

1.5.4 單向渠流水深平均流速 V

流態	平均流速	備註
層流	$\frac{V}{u_s}=\frac{2}{3}$	$u_s=\frac{gh^2S_0}{2\nu_f}=$ 表面流速；平均流速是水面速度的 2/3；水面速度是平均流速的 1.5 倍
紊流	$\frac{V}{u_s}=\frac{1}{m+1}$	Power law 流速分布公式；$u_s=$ 表面流速；指數 m 水流雷諾數 R_e 有關，例如 $R_e\approx 4000\rightarrow m=1/6$；$R_e\approx 1.1\times 10^5\rightarrow m=1/7$
紊流	$\frac{V}{u_*}=3.25+5.75\log(\frac{u_*R}{\nu_f})$	Keulean（1938）配合 Bazin 的光滑渠道實驗資料，得到光滑渠道斷面平均流速公式；$u_*=\sqrt{gRS_0}=$ 剪力速度；$R=$ 水力半徑
紊流	$\frac{V}{u_*}=6.25+5.75\log(\frac{R}{k_s})$	Keulean（1938）配合 Bazin 的粗糙渠道實驗資料，得到粗糙渠道斷面平均流速公式；$u_*=\sqrt{gRS_0}=$ 剪力速度；$R=$ 水力半徑
紊流	$\frac{V}{u_*}=5.75\log(12.27\frac{R}{k_s}\chi)$	愛因斯坦（Einstein）平均流速公式；修正因子 χ 與渠床粗糙度有關。引入修正因子 χ 將光滑渠道、粗糙渠道及其過渡區域串聯在一起；$u_*=\sqrt{gRS_0}=$ 剪力速度；$R=$ 水力半徑
紊流	$\frac{V}{u_*}=\frac{u_s}{u_*}-\frac{1}{k}$	Velocity-defect law 流速公式；$u_s=$ 表面流速（i.e., $y=h$），也是最大流速；$u_*=\sqrt{ghS_0}=$ 剪力速度；$\varkappa=$ 馮卡曼常數 (≈ 0.41)
紊流	$\frac{V}{u_*}=\frac{C}{\sqrt{g}}$	蔡斯（Chezy）公式；這裡 $C=$ 蔡斯係數；$g=$ 重力加速度；$u_*=\sqrt{gRS_0}=$ 剪力速度；$R=$ 水力半徑
紊流	$\frac{V}{u_*}=\frac{R^{1/6}}{n\sqrt{g}}$	曼寧（Manning）公式；這裡 $n=$ 曼寧粗糙係數；$g=$ 重力加速度；$u_*=\sqrt{gRS_0}=$ 剪力速度；$R=$ 水力半徑
紊流	$\frac{V}{u_*}=\sqrt{\frac{8}{f}}$	達西（Darcy-Weisbach）公式；這裡 $f=$ Darcy-Weisbach 摩擦因子；$u_*=\sqrt{gRS_0}=$ 剪力速度；$R=$ 水力半徑；$g=$ 重力加速度

1.5.5 水深平均流速特性

1. 真實水流的最大流速不是發生在水面，而是發生在水面下接近水面的某個距離處。
2. 平均流速 V 大約在水面下 0.6 倍水深處，實務上可以水面下 0.2 倍及 0.8 倍水深處的流速（$u_{0.2}$ 及 $u_{0.8}$）的平均值當作該處的平均流速。
3. 平均流速大約是表面流速 u_s 的（0.8～0.95）倍，因此可利用表面流速來推估平均流速。

$$V = u_{0.6} = (u_{0.2} + u_{0.8})/2$$

$$V = ku_s = (0.8\sim0.95)u_s$$

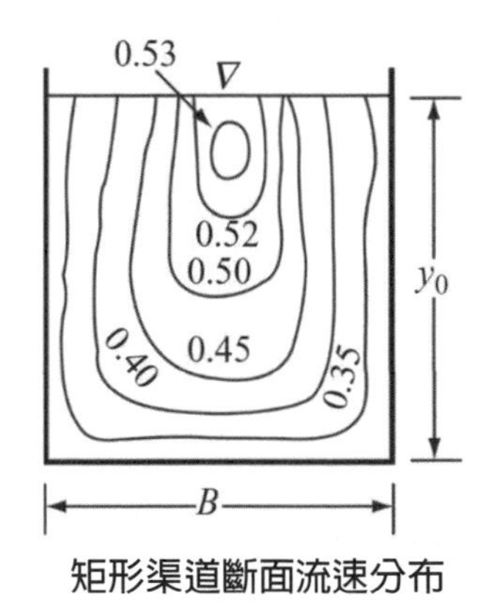

矩形渠道斷面流速分布

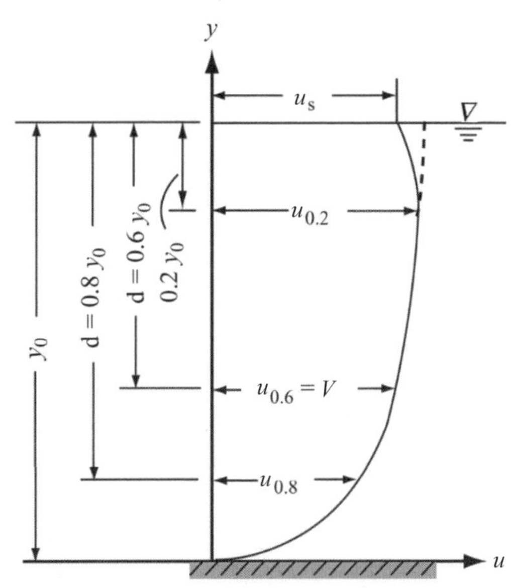

水深方向流速分布示意圖

（Subramanya, 2015）

1.5.6 一維明渠水力學分析

- 一般明渠水流是三維（3-D）的水流流動，包括縱向、橫向及垂直方向的流動速度。對河道而言，河流流速在縱向方向的尺度遠大於其他兩個方向。

- 在工程實務上，河道的水流分析常用一維方式處理，分析河道斷面平均流速及水深，及其沿河道之變化。
- 一維（1-D）明渠水流主要之參數：流量 Q、通水面積 A、水面寬 T、水深 h、平均流速 V、水力半徑 R、水力深度 D、能量修正係數 α、動量修正係數 β、河道粗糙度 n、水流福祿數 Fr 等。

一維明渠水流通水斷面水流的基本特性參數：

流經渠道斷面之流量 $Q=\int udA=V\times A$

渠道斷面之平均流速 $V=\dfrac{Q}{A}=\dfrac{1}{A}\int udA$

渠道斷面之通水面積 A 及水深 y

渠道斷面之水面寬度 $T=\dfrac{dA}{dy}$

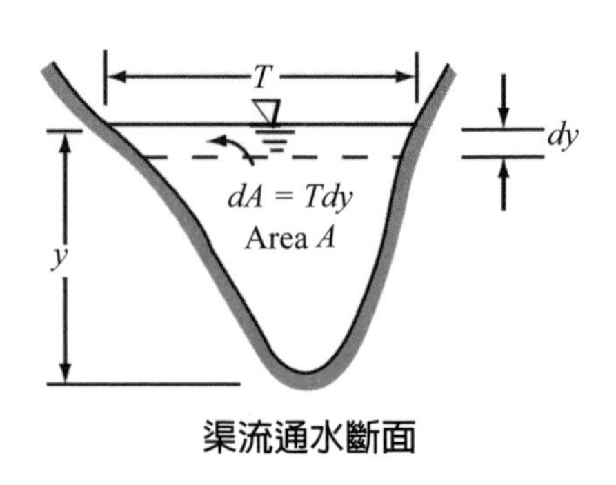

渠流通水斷面

動量修正係數 β（Momentum correction factor）

考慮斷面中不同位置之流速差異，流經渠道斷面之動量通量（Momentum flux）M 可以表示為 $M=\int(\rho udA)u=\rho\int u^2dA$

以渠道斷面平均流速計算之動量通量為 $M_0=\rho V^2A$，兩者之關係為 $M=\beta M_0$，因此

動量修正係數 $\beta=\dfrac{M}{M_0}=\dfrac{\rho\int u^2dA}{\rho V^2A}=\dfrac{\int u^2dA}{V^2A}\approx\dfrac{\sum u^2\Delta A}{V^2A}$

- 動量修正係數 $\beta\geq 1.0$。
- 定型渠道 $\beta\approx 1.05$；天然河道 $\beta\approx 1.10$；山谷溝道 $\beta\approx 1.25$。

能量修正係數 α（Energy correction factor）

考慮斷面中不同位置之流速差異，流經渠道斷面之動能通量（Kinetic energy flux）E_k 可以表示為

$$E_k=\int\frac{u^2}{2}(\rho udA)=\frac{1}{2}\int\rho u^3dA$$

以渠道斷面平均流速計算之動能通量為$E_{k0}=\frac{1}{2}\rho V^3 A$，兩者關係為 $E_k = \alpha E_{k0}$

能量修正係數$\alpha=\frac{E_k}{E_{k0}}=\frac{\frac{1}{2}\int\rho u^3 dA}{\frac{1}{2}\rho V^3 A}=\frac{\int u^3 dA}{V^3 A}\approx\frac{\sum u^3\Delta A}{V^3 A}$

- 能量修正係數 $\alpha \geq 1.0$，而且 $\alpha > \beta \geq 1$。
- 定型渠道 $\alpha \approx 1.10$；天然河道 $\alpha \approx 1.30$；山谷溝道 $\alpha \approx 1.75$。

例題 1.1

有一矩形渠道，渠寬為 B，渠道內的水流為均勻流，水深為 h，水深方向的流速分布為 $u(y)=k\sqrt{y}$，其中 $0<y\leq h$，假設流速及水深在寬度方向沒有變化，試求此渠流的動量修正係數 β 及能量修正係數 α。

解答：

斷面平均流速 $V=\frac{1}{A}\int udA=\frac{1}{Bh}\int_0^h Budy=\frac{1}{h}\int_0^h k\sqrt{y}dy=\frac{2}{3}k\sqrt{h}$

動量修正係數 $\beta=\frac{\int u^2 dA}{V^2 A}=\frac{\int_0^h Bk^2 ydy}{V^2 Bh}=\frac{\frac{1}{2}Bk^2h^2}{\frac{4}{9}Bk^2h^2}=\frac{9}{8}=1.125$

能量修正係數 $\alpha=\frac{\int u^3 dA}{V^3 A}=\frac{\int_0^h Bk^3 y^{3/2}dy}{V^3 Bh}=\frac{\frac{2}{5}Bk^3h^{5/2}}{\frac{8}{27}Bk^3h^{5/2}}=\frac{54}{40}=1.35$

計算結果與預期一致，$\alpha>\beta>1.0$

1.6 壓力分布（Pressure Distribution）

1.6.1 尤拉公式

渠流在曲線流動（Curvilinear flow）的情況，水壓力的分布主要受到重力及離心力的影響。以尤拉公式（Euler's equation）來說明水壓力沿渠流方向（s 方向）及垂直於渠流方向（n 方向）的變化與其對應加速度之關係，其中沿渠流方向之關係為

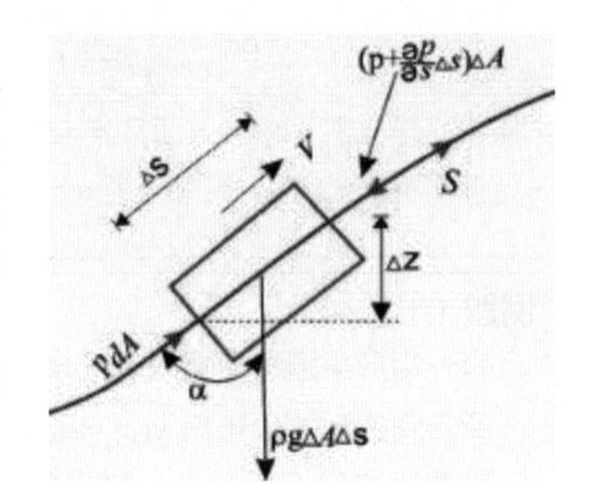

$$-\frac{\partial(p+\rho gZ)}{\partial s}=\rho a_s \tag{1.3}$$

其中 p 為水壓力，Z 為位置高程，a_s 為沿渠流方向之水流加速度。垂直於渠流方向之關係為

$$-\frac{\partial(p+\rho gZ)}{\partial n}=\rho a_n \tag{1.4}$$

其中 a_n 為垂直於渠流方向之加速度（顏清連，2015）。

1.6.2 靜水壓分布（Hydrostatic pressure distribution）

垂直於流線之離心加速度大致上可以表示為 $a_n=\frac{u^2}{r}=\frac{\text{流速平方}}{\text{流線曲率半徑}}$

- 靜水壓分布：
  - * 假如水是靜止不動，速度 $u=0$，加速度 $a_n=0$，水的壓力為靜水壓，

即 $p+\rho gZ=C$，其中 C 為常數。

* 假如曲率半徑 $r\rightarrow\infty$，流線接近於直線，加速度 $a_n\rightarrow 0$，水也是為靜水壓。

在水面高程 $Z=Z_1$ 處，水壓力 $p_1=0$（以大氣壓力為參考壓力），因此常數 $C=\rho gZ_1$。即，靜水壓方程式為 $p+\rho gZ=\rho gZ_1$。例如，在水中 A 點高程 $Z=Z_A$，水壓力 $p_A=\rho g(Z_1-Z_A)$ $=\rho gy$（注意這裡 y 是從水面往下至 A 點之距離）。

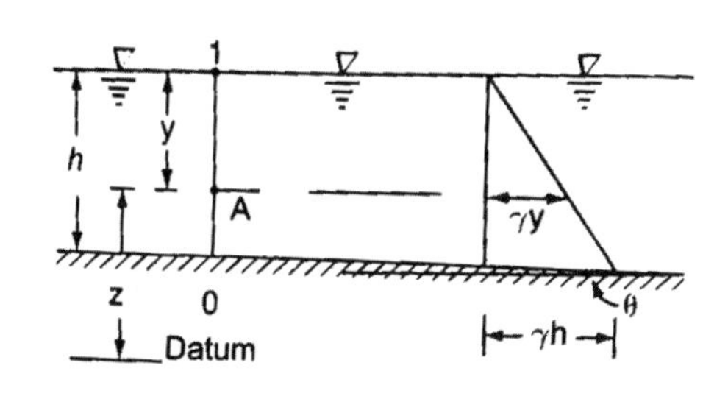

- 測壓水頭 h_p（Piezometric pressure）：

當渠床坡度 θ 很小，$\cos\theta\approx 1$，不考慮坡度 θ 對水壓力的影響，水中任一點（例如 A 點）的測壓水頭 h_p 等於該處對應的水面高程，即

$$h_p=\frac{p_A}{\gamma}+Z_A=(Z_1-Z_A)+Z_A=Z_1 \text{（單位重 }\gamma=\rho g\text{）} \tag{1.5}$$

渠流兩斷面之間的測壓水頭 h_p 的連線稱為「水力梯度線」，英文名稱為「Hydraulic grade line（HGL）」。渠流的水力梯度線恰好是水面線。

當渠床坡度 θ 不是很小，需要考慮坡度 θ 效應，靜水壓方程式為 $p+\rho gZ\cos\theta=\rho gZ_1\cos\theta$。在 A 點水壓 $p_A=\rho g(Z_1-Z_A)\cos\theta$。有考慮坡度 θ 效應下，水中任一點的測壓水頭 h_p 也等於該處對應的水面高程，例如在 A 點，$h_p=\dfrac{p_A}{\gamma}+Z_A=(Z_1-Z_A)\cos\theta+Z_A=Z_1$。有考慮坡度 θ 時，垂直渠床斷面 0-1 之測壓水頭 $h_p=Z_1=Z_0+h\cos\theta$。因此考慮渠床坡度時，坡度 θ 愈大，h_p 愈小。

$$h_p=Z_0+h-\underbrace{h(1-\cos\theta)}_{\text{坡度}\theta\text{影響量}} \tag{1.6}$$

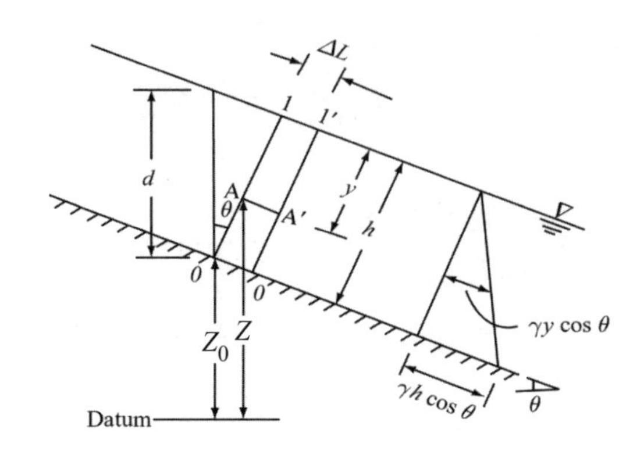

渠床坡度影響下測壓水頭關係示意圖（Subramanya, 2015）

1.6.3 水流流經凸面渠床（Convex curvilinear flow）

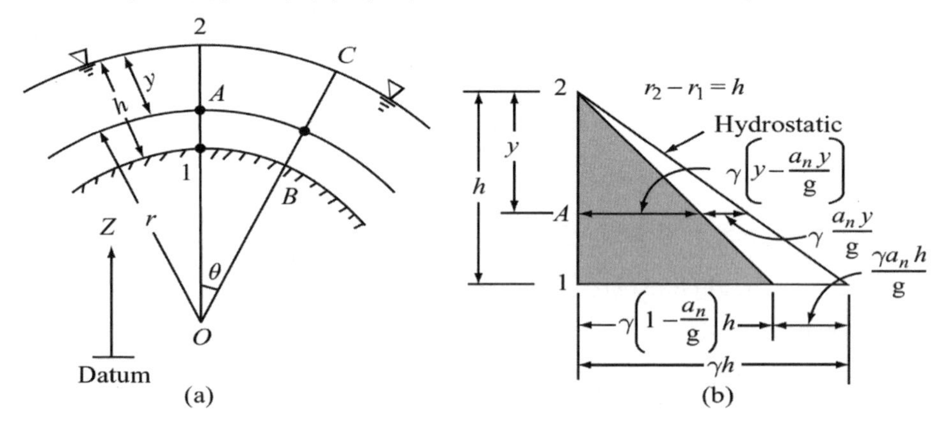

水流流經凸面渠床水壓力關係示意圖（Subramanya, 2015）

水流流經凸面渠床，中間處離心力為 a_n，由尤拉公式，垂直渠流方向 $-\dfrac{\partial(p+\rho gZ)}{\partial n}=\rho a_n$。假設 a_n 常數（取正值），圓弧運動 n 方向是（$-r$）的方向，$-\dfrac{\partial(\ )}{\partial n}=\dfrac{\partial(\ )}{\partial r}\rightarrow \boxed{\dfrac{\partial(p+\rho gZ)}{\partial r}=\rho a_n}\rightarrow$ 測壓水頭為$\dfrac{p}{\rho g}+Z=\dfrac{a_n}{g}r+C$。如圖，在水面點 2 處，曲率半徑 $r=r_2$，高程 $Z=Z_2$，水壓 $p=0\rightarrow$常數

$C = Z_2 - \frac{a_n}{g} r_2$，因此$\frac{p}{\rho g} + Z = Z_2 - \frac{a_n}{g}(r_2 - r) \rightarrow$ 壓力水頭分布為

$$\frac{p}{\rho g} = (Z_2 - Z) - \underbrace{\frac{a_n}{g}(r_2 - r)}_{\text{凸面渠床影響量}} \qquad (1.7)$$

水流流經凸面渠床，有考慮離心力效應時，在斷面 1-2 中 A 點，$(Z_2 - Z_A) = (r_2 - r_A) = y$，因此 A 點的壓力水頭為 $\boxed{\frac{p_A}{\rho g} = y - \frac{a_n}{g} y}$；在斷面 B-C 水面下 y 處，$(Z_2 - Z_A) = (r_2 - r_A)\cos\theta = y\cos\theta$，壓力水頭為 $\boxed{\frac{p}{\rho g} = y\cos\theta - \frac{a_n}{g} y}$。

在水面 2 點處的測壓水頭 $h_p = Z_2 + \underbrace{\frac{p_2}{\rho g}}_{\text{在水面}p_2=0} = Z_2$（水面測壓水頭恰為水面高程）。

在 A 點測壓水頭 $h_p = Z_A + y - \frac{a_n}{g} y = Z_1 + (h - y) + y - \frac{a_n}{g} y = Z_2 - \frac{a_n}{g} y$

在渠床點 1 處的測壓水頭

$$h_p = Z_1 + \frac{p_1}{\rho g} = Z_1 + h - \frac{a_n}{g} h = Z_2 - \underbrace{\frac{a_n}{g} h}_{\text{凸床影響}} \qquad (1.8)$$

水流流經凸面渠床的壓力水頭，除了靜水壓力之外，還有因為離心力而減少之壓力水頭。

1.6.4 水流流經凹面渠床（Concave curvilinear flow）

水流流經凹面渠床，中間處離心加速度為 a_n，由尤拉公式，垂直於渠流方向$-\dfrac{\partial(p+\rho gZ)}{\partial n}=\rho a_n$，假設 a_n 為常數（取正值），圓弧運動 n 方向即是（$-r$）方向，$-\dfrac{\partial()}{\partial n}=\dfrac{\partial()}{\partial r}\rightarrow\dfrac{\partial(p+\rho gZ)}{\partial r}=\rho a_n\rightarrow$ 水頭方程式為$\dfrac{p}{\rho g}+Z=\dfrac{a_n}{g}r+C$

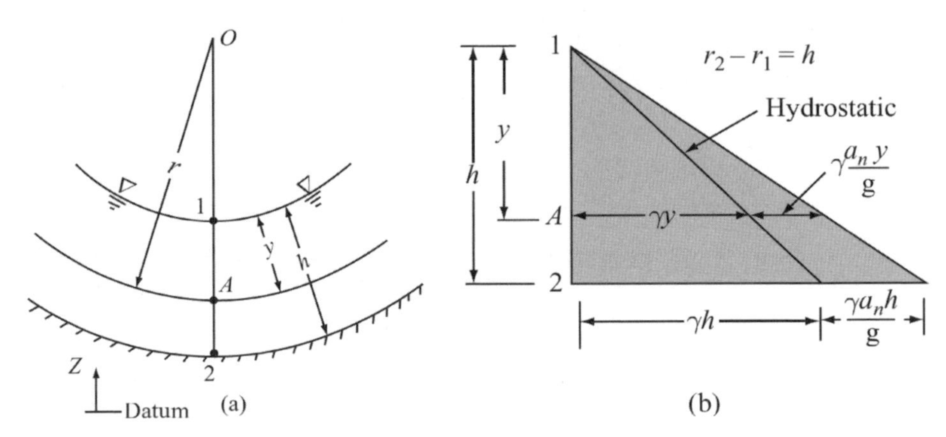

水流流經凹面渠床水壓力關係示意圖（Subramanya, 2015）

在水面點 1 處，曲率半徑 $r=r_1$，高程 $Z=Z_1$，水壓 $p=0\rightarrow$常數$C=Z_1-\dfrac{a_n}{g}r_1\rightarrow\dfrac{p}{\rho g}+Z=Z_1+\dfrac{a_n}{g}(r-r_1)\rightarrow$因此流經凹面渠床的壓力水頭分布為$\dfrac{p}{\rho g}=(Z_1-Z)+\underbrace{\dfrac{a_n}{g}(r-r_1)}_{\text{凹床影響量}}$。

在斷面 1-2 之間（例如 A 點），

$$(Z_1-Z)=(r-r_1)=y\rightarrow\boxed{\frac{p}{\rho g}=y+\frac{a_n}{g}y}$$

（這裡 y 是從水面往下至 A 點之距離）

在渠床點 2（$y=h$）之壓力水頭為$\dfrac{p_2}{\rho g}=h+\dfrac{a_n}{g}h$

在水面點 1（$y=0$）之測壓水頭$h_p=Z_1+\dfrac{p_1}{\rho g}=Z_1$（水面測壓水頭恰為水面高程）。

在水面下 A 點之測壓水頭 $h_p=Z_A+\dfrac{p_A}{\rho g}=Z_A+y+\dfrac{a_n}{g}y=Z_2+h+\dfrac{a_n}{g}y$

$$=Z_1+\frac{a_n}{g}y$$

在渠床點 2（$y=h$）之測壓水頭

$$h_p=Z_2+\frac{p_2}{\rho g}=Z_2+h+\frac{a_n}{g}h=Z_1+\underbrace{\frac{a_n}{g}h}_{\text{凹床影響}} \tag{1.9}$$

流經凹面渠床的壓力水頭，除了靜水壓力外，還有因為離心力而增加之水壓力。

1.6.5 離心加速度（Centrigual acceleration）

渠流處於曲線流動（Curvilinear flow）時，流線（Streamline）不是直線，而是彎曲的，會有垂直於流線之加速度，稱為垂直加速度（Normal acceleration）或離心加速度（Centrifugal acceleration）。此加速度如先前所述大致上可以表示為

$$a_n=\frac{u^2}{r}=\frac{\text{流速平方}}{\text{流線曲率半徑}} \tag{1.10}$$

- 依照曲線流動環境的差異，分析垂直於流線之離心加速度 a_n 的方式有四種：

  1.用斷面平均流速 V 取代局部流速 u，即$a_n=\dfrac{V^2}{r}$；

2.加速度 a_n = 常數，流速和曲率半徑都用平均值，V 和 R，即

$$a_n = \frac{V^2}{R}\text{；} \tag{1.11}$$

3.強制渦流（forced-vortex flow），流速 u 和曲率半徑 r 成正比，$u = cr$，即

$$a_n = \frac{u^2}{r} = \frac{(cr)^2}{r} = c^2 r \tag{1.12}$$

加速度隨曲率半徑增加而增加。

4.自由渦流（free-vortex flow），u 與 r 成反比，$u = \frac{c}{r}$，即

$$a_n = \frac{u^2}{r} = \frac{(c/r)^2}{r} = \frac{c^2}{r^3} \tag{1.13}$$

加速度隨曲率半徑增加而減少。

• 對於上述四種情況，離心加速度 a_n 對曲率半徑 r 的積分也可以寫成下列四種：

1.平均流速 V 取代局部流速 v，即 $a_n = \frac{V^2}{r} \rightarrow \int a_n dr = \int \frac{V^2}{r} dr = V^2 \ln r + C$；

2.離心加速度 a_n = 常數，v 和 r 都用平均值，$a_n = \frac{V^2}{R} \rightarrow \int a_n dr = a_n r + C$；

3.強制渦流：$u = cr \rightarrow \int a_n dr = \int \frac{(cr)^2}{r} dr = c^2 \int r dr = \frac{c^2}{2} r^2 + C$；

4.自由渦流：$u = \frac{c}{r} \rightarrow \int a_n dr = \int \frac{(c/r)^2}{r} dr = c^2 \int \frac{1}{r^3} dr = -\frac{c^2}{2r^2} + C$。

例題 1.2

假設溢洪道末端有一段向上彎曲的凹型圓弧渠段，如圖所示，渠床曲率半徑為 R，洩洪時假設凹型圓弧渠段水流的水深及流速是均勻的，水深為 h，流速為 u，平均流速為 V，試求凹型圓弧渠段與中間垂直夾角為 θ 之斷面處（斷面 1-2）的水壓力分布及測壓水頭 h_p，並求該斷面的有效測壓水頭 h_{ep}（Effective piezometric head）。

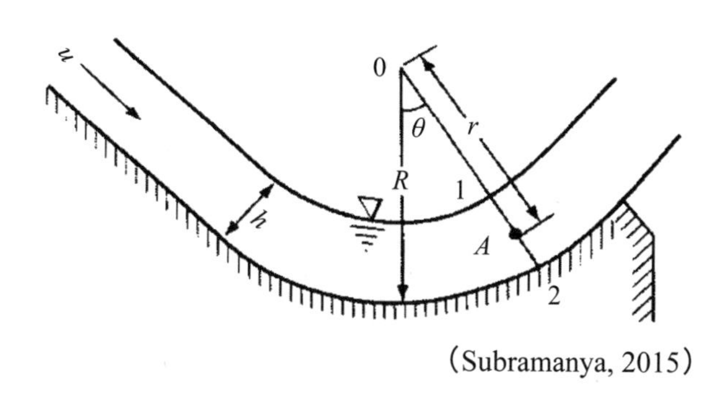

（Subramanya, 2015）

解答：

已知流速是均勻的，以平均流速為 V 取代流速為 u，加速度 $a_n = \dfrac{V^2}{r}$，尤拉公式 $\dfrac{p}{\rho g} + Z = \int \dfrac{a_n}{g} dr + C = \int \dfrac{V^2}{gr} dr + C = \dfrac{V^2}{g} \ln r + C.$

$\rightarrow$ 壓力水頭 $\dfrac{p}{\rho g} = \dfrac{V^2}{g} \ln r - Z + C.$

斷面 1-2 之曲率半徑範圍為 $(R-h) \le r \le R$，邊界條件在水面點 1 處，高程 $Z = Z_1$，$(r_1 = R - h)$，水壓力 $p = 0$，代入上式後得積分常數 $C = Z_1 - \dfrac{V^2}{g} \ln(R-h)$，因此凹型圓弧渠段斷面 1-2 處，測壓水頭為 $h_p = \dfrac{p}{\rho g} + Z = Z_1 + \dfrac{V^2}{g} \ln\left(\dfrac{r}{R-h}\right)$，重新整理可得

壓力水頭分布 $\dfrac{p}{\rho g} = (Z_1 - Z) + \dfrac{V^2}{g} \ln\left(\dfrac{r}{R-h}\right)$，高程差 $(Z_1 - Z) = (r - R + h)\cos\theta$，代入後可得水壓力分布

$$\frac{p}{\rho g}=(r-R+h)\cos\theta+\frac{V^2}{g}\ln\left(\frac{r}{R-h}\right)，(R-h)\le r\le R。$$

斷面 1-2 處的高程關係式為 $Z_1 = Z_2 + h\cos\theta$，

測壓水頭分布為 $h_p=\frac{p}{\rho g}+Z=\underbrace{Z_2+h\cos\theta}_{\text{Hydrostatic pressure head}}+\underbrace{\frac{V^2}{g}\ln\left(\frac{r}{R-h}\right)}_{\Delta h}$

$$\text{有效測壓水頭}\quad \underbrace{h_{ep}}_{\text{Effective pressure head}}=\underbrace{Z_2+h\cos\theta}_{\text{Hydrostatic pressure head}}+\underbrace{\frac{1}{h}\int_{R-h}^{R}\frac{V^2}{g}\ln\left(\frac{r}{R-h}\right)dr}_{\text{Average of }\Delta h}$$

$$=\underbrace{Z_2+h\cos\theta}_{\text{Hydrostatic pressure head}}+\underbrace{\frac{V^2}{g}\left[\frac{R}{h}\ln\left(\frac{R}{R-h}\right)-1\right]}_{\overline{\Delta h}}$$

流經凹面渠床的水壓力除了靜水壓力之外，還有因為曲線流動離心力而增加之水壓力。有效測壓水頭等於靜水壓力加上額外增加之水壓力。

1.6.6 布辛尼斯克方程式（Boussinesq equation）

布辛尼斯克方程式推導：

水平渠道上水流為非均勻流時，水面些微彎曲，在水表面點 1 處，水面曲率半徑的倒數為

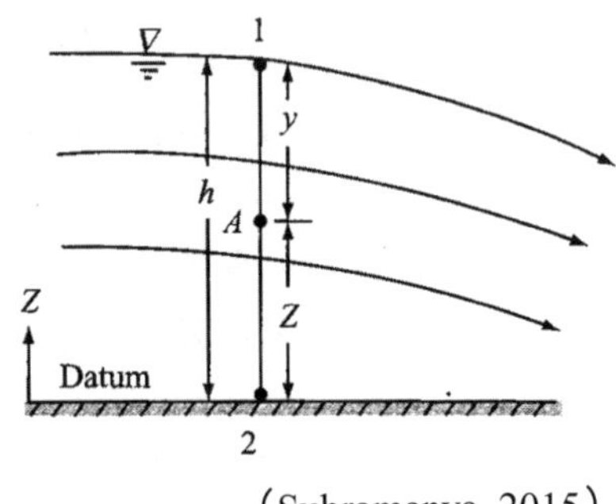

（Subramanya, 2015）

$$\frac{1}{r_1}=\frac{(d^2h/dx^2)}{[1+(dh/dx)^2]^{3/2}}\approx\frac{d^2h}{dx^2} \quad (1.14)$$

假設在水深方向流線曲率半徑的倒數隨水深方向線性遞減，$\frac{1}{r}=\frac{d^2h}{dx^2}\left(\frac{h-y}{h}\right)$，則垂直流線加速度 $a_n=\frac{V^2}{r}=V^2\left(\frac{h-y}{h}\right)\frac{d^2h}{dx^2}=\underbrace{\frac{V^2}{h}\frac{d^2h}{dx^2}}_{K}(h-y)$

$= K\left(h - y\right)$，其中$K = \dfrac{V^2}{h}\dfrac{d^2h}{dx^2}$。

當水面凸型向上彎曲，K 為負值，水流表面凹型向上彎曲時，K 為正值。

測壓水頭 $h_p = \left(\dfrac{p}{\gamma} + Z\right) = \displaystyle\int \dfrac{K(h-y)}{g}dy + C = \dfrac{K}{g}\left(hy - \dfrac{y^2}{2}\right) + C$

假設高程Z由渠床起算，在渠床上$Z = 0$，$y = h$。在水面（$Z = h$，$y = 0$）之邊界條件為水壓 $p = 0$，則水面測壓水頭 $h_p = h$，因此積分常數 $C = h$。

→測壓水頭沿水深分布為 $h_p = h + \underbrace{\dfrac{K}{g}\left(hy - \dfrac{y^2}{2}\right)}_{\text{水面彎曲所產生的水頭}\Delta h} = h + \Delta h$

水平渠床在水面些微彎曲時，有效測壓水頭 $h_{ep} = h + \dfrac{1}{h}\displaystyle\int_0^h (\Delta h)dy$

$$h_{ep} = h + \frac{1}{h}\int_0^h (\Delta h)dy = h + \frac{1}{h}\int_0^h \frac{K}{g}\left(hy - \frac{y^2}{2}\right)dy = h + \frac{K}{gh}\left(\frac{hy^2}{2} - \frac{y^3}{6}\right)\Bigg|_0^h$$

$$= h + \frac{Kh^2}{3g}$$

有效測壓水頭 $h_{ep} = h + \dfrac{Kh^2}{3g}$ →

$$\boxed{h_{ep} = h + \frac{V^2h}{3g}\frac{d^2h}{dx^2}} \text{ (Boussinesq equation)} \qquad (1.15)$$

當水面凸型向上彎曲，$\dfrac{d^2h}{dx^2}$為負值，水流表面凹型向上彎曲時，$\dfrac{d^2h}{dx^2}$為正值。

1.7 連續方程式（Continuity Equation）

1.7.1 定量流連續方程式

- 定量流（Steady flow）：$\dfrac{\partial(\ )}{\partial t}=0$，當渠道流量 Q 固定時，通水面積 A、流速 V 及水深 y 可能會隨位置改變，但不會隨時間改變。

  渠道中任兩個不同斷面之間的流量 Q 其有連續性，$\boxed{Q=A_1V_1=A_2V_2}$。

  例如有一矩形渠道，流量 Q = 5 cms，上下游渠寬分別為 B_1 = 12m 及 B_2 = 5 m，上下游水深分別為 $y_1=1.0$ m 及 $y_2=0.95$ m，

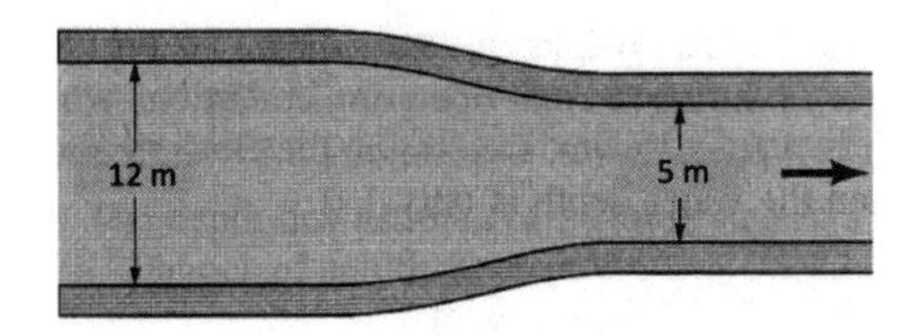

矩形渠寬漸縮渠道示意圖

  上游流速

  $$V_1=\frac{Q}{A_1}=\frac{5}{12\times 1}=0.417\ \text{m/s}$$

  下游流速$V_2=\dfrac{Q}{A_2}=\dfrac{5}{5\times 0.95}=1.053$ m/s。渠寬減小導致流速變大。

- 定量空間變積流（Steady spatially varied flow with q_*）

  假如渠道流量從位置 $x=x_1$ 起有單位長度之側流量 q_* 流入，則渠道下游位置 $x\geq x_1$ 之流量 $Q(x)$ 為

$$Q(x)=Q_1+\int_{x_1}^{x}q_*dx=Q_1+q_*(x-x_1)\text{，if } q_*=\text{constant}$$

平行於溢洪堰的側向排洪渠道，渠道內的流量沿流向分布類似此種情形。

鋸齒堰下方是側向排水渠道

1.7.2 變量流連續方程式

- 變量流（Unsteady flow）：$\frac{\partial(\ )}{\partial t} \neq 0$，流量 Q 隨時間改變，因此通水面積 A、流速 V 及水深 y 也會隨位置及時間而改變。

- 渠道中選取一個控制體積，其上下游兩個斷面之間的距離為 Δx，Q_1 及 Q_2 分別為入流量與出流量，兩者關係可以表示為 $Q_2 = Q_1 + \frac{\partial Q}{\partial x}\Delta x$，經過時間間距 Δt 的淨流出量為$\frac{\partial Q}{\partial x}\Delta x \Delta t$

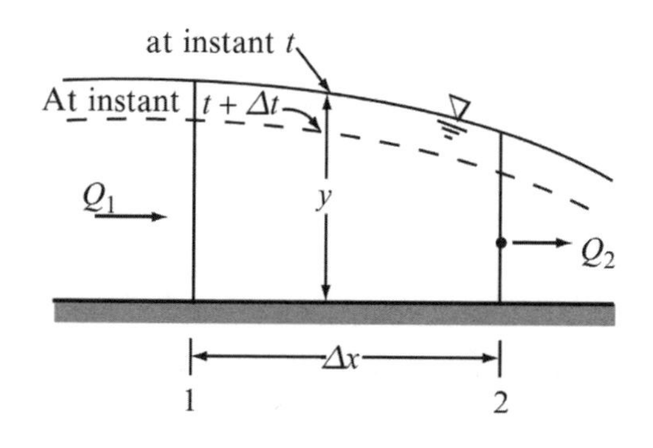

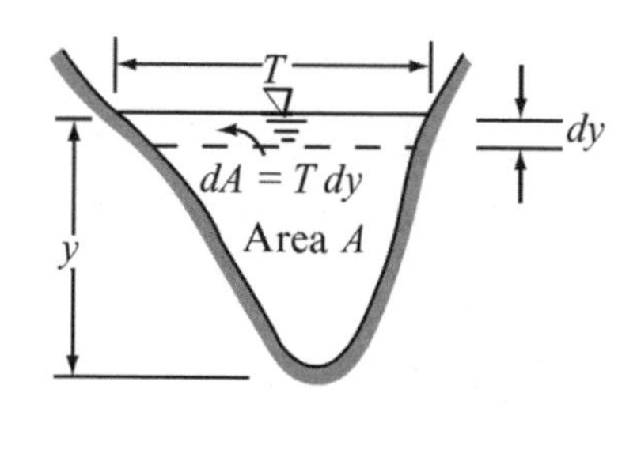

- 斷面 1 和 2 之間控制體積的體積為 $\forall = A\Delta x$，在時間 t_1 及 t_2（$= t_1 + \Delta x$）的體積分別為 $\forall_1$ 及 $\forall_2$，它們兩者之間的關係為

$\forall_2 = \forall_1 + \frac{\partial \forall}{\partial t}\Delta t = \forall_1 + \frac{\partial A}{\partial t}\Delta x \Delta t$，經過時間間距 Δt 的體積變化量為$\frac{\partial A}{\partial t}\Delta x \Delta t$

- 在密度固定時，質量守恆等於體積守恆，因此控制體積的淨流出體積和控制體積的體積變化量之總和必須為零，即 $\frac{\partial Q}{\partial x}\Delta x \Delta t + \frac{\partial A}{\partial t}\Delta x \Delta t = 0 \rightarrow$

$$\boxed{\frac{\partial Q}{\partial x} + \frac{\partial A}{\partial t} = 0}\text{（水流連續方程式）} \quad (1.16)$$

- 通水面積 A 和水深 y 有密切關係，$A = A(y)$，面積 A 對時間的微分可以寫成$\frac{\partial A}{\partial t} = \frac{\partial A}{\partial y}\frac{\partial y}{\partial t} = T\frac{\partial y}{\partial t}$，水面寬$T = \frac{\partial A}{\partial y}$，因此連續方程式也可以寫成

$$\boxed{\frac{\partial Q}{\partial x} + T\frac{\partial y}{\partial t} = 0} \quad (1.17)$$

- 變量流具有單位寬度側向入流 q_* 時，變量流的連續方程式為

$$\boxed{\frac{\partial Q}{\partial x} + T\frac{\partial y}{\partial t} = q_*} \quad (1.18)$$

例題 1.3

在一條接近直線的渠道進行觀測，在某觀測斷面（斷面 2）處觀察到流量 25 cms 時，水面寬為 20 m，水深增加率為 0.1 m/h。試據此資料用連續方程式推估在觀測斷面上游 1.0 km 處（斷面 1）的流量。

解答：

連續方程式$\frac{\partial Q}{\partial x} + T\frac{\partial y}{\partial t} = 0 \rightarrow \frac{\Delta Q}{\Delta x} \approx -T\frac{\Delta y}{\Delta t} \rightarrow \frac{Q_2 - Q_1}{\Delta x} \approx -T\frac{\Delta y}{\Delta t}$

$\rightarrow Q_1 = Q_2 + T\frac{\Delta y}{\Delta t}\Delta x$

已知在觀測斷面（斷面 2）處觀察到流量 $Q_2 = 25$ cms，水面寬 $T = 20$ m，水深增加率 $\frac{\Delta y}{\Delta t} = 0.1\ \text{m/h} = 0.1\ \text{m}/(60\times 60\text{s}) = \frac{0.1}{3600}$ m/s

在觀測斷面（斷面 2）上游 1.0 km 處（斷面 1）的流量

$Q_1 = Q_2 + T\frac{\Delta y}{\Delta t} = 25 + 20\times\frac{0.1\times 1000}{60\times 60} = \underline{25.56}\ \text{m}^3/\text{s}$（上游流量比較大）

1.8 能量方程式（Energy Equation）

對於一維定量明渠水流，假設水流為靜水壓分布，由白努力方程式，總能量水頭 H 為底床高程 Z、水深 y 及速度水頭 $\frac{V^2}{2g}$ 之合，即

- 總能量水頭 $H = Z + y + \frac{V^2}{2g}$ （1.19a）
- 當考慮渠床坡度 θ 及能量修正係數 α 之影響，則總能量水頭為

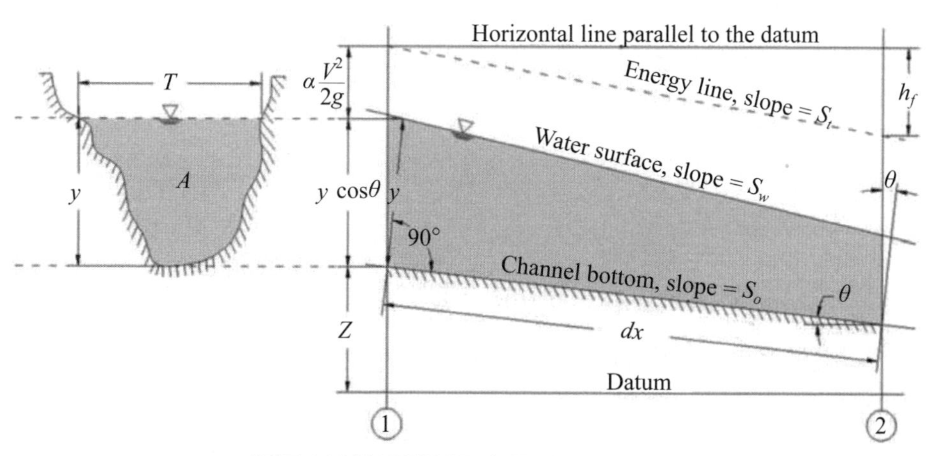

明渠水流能量關係示意圖（Jan, 2014）

$$H = \underbrace{Z + y\cos\theta}_{\text{水力梯度線高程}h} + \alpha\frac{V^2}{2g} = h + \alpha\frac{V^2}{2g} \tag{1.19b}$$

• 當考慮流線彎曲對水壓的影響，則總能量水頭為

$$H=\underbrace{Z+y+\overline{\Delta h}}_{\text{有效測壓水頭}h_{ep}}+\alpha\frac{V^2}{2g}=h_{ep}+\alpha\frac{V^2}{2g} \tag{1.20}$$

對於一維定量明渠水流，假設為靜水壓分布，渠道上游斷面的總能量水頭為 H_1，下游斷面總能量水頭為 H_2，能量損失為 h_L。能量損失包括摩擦損失 h_f（Friction loss）及渦流損失 h_e（Eddy loss）。假設 $\alpha=1.0$ 及 $\theta=0$，則上下游兩斷面之能量關係可以簡化為

$$\underbrace{\underbrace{Z_1}_{\text{位能水頭}}+\underbrace{y_1}_{\text{水深}}+\underbrace{\frac{V_1^2}{2g}}_{\text{速度水頭}}}_{\text{上游總能量水頭 }H_1}=\underbrace{Z_2+y_2+\frac{V_2^2}{2g}}_{\text{下游總能量水頭 }H_2}+\underbrace{h_L}_{\text{能量損失}} \tag{1.21}$$

或是寫成一般式

$$\underbrace{\overbrace{\underbrace{\frac{P_1}{\gamma}}_{\text{壓力水頭}}+\underbrace{Z_1}_{\text{位能水頭}}}^{\text{測壓水頭}}+\alpha_1\underbrace{\frac{V_1^2}{2g}}_{\text{速度水頭}}}_{\text{總能量水頭 }H_1}=\underbrace{\frac{P_2}{\gamma}+Z_2+\alpha_2\frac{V_2^2}{2g}}_{H_2}+\underbrace{h_L}_{\text{能量損失}} \tag{1.22}$$

能量梯度線（Energy grade line, EL）

能量梯度線是指兩個斷面總能量水頭 H_1 及 H_2 之間的連線。

水力梯度線（Hydraulic grade line, HGL）

• 測壓水頭 h_p（Piezometric pressure）= 壓力水頭（P/γ）+ 位能水頭 Z。

• 水力梯度線是指兩個斷面測壓水頭 h_{p1} 及 h_{p2} 之間的連線。

• 明渠水流的水力梯度線洽為水面線。

假如渠道為緩坡，忽略坡度對水壓之效應，水壓為靜水壓，渠道上下游兩斷面之間的能量關係為$Z_1+y_1+\alpha_1\dfrac{V^2}{2g}=Z_2+y_2+\alpha_2\dfrac{V^2}{2g}+h_L$或寫成$y_1+\alpha_1\dfrac{V^2}{2g}+(Z_1-Z_2)=y_2+\alpha_2\dfrac{V^2}{2g}+h_L$，其中渠床高程差$(Z_1-Z_2)=S_0\Delta x$，$S_0$ = 渠床坡度，能量損失水頭$h_L=S_f\Delta x$，S_f = 能量坡度，則能量關係式可以寫成

$$y_1+\alpha_1\frac{V^2}{2g}+S_0\Delta x=y_2+\alpha_2\frac{V^2}{2g}+S_f\Delta x$$

例題 1.4

有一水平束縮矩形渠道，如圖所示，渠道束縮前（上游）及束縮後（下游）的寬度分別為B_1 = 3.5 m 及B_2 = 2.5 m，而且束縮段的底床抬升 0.25 m。當觀測資料顯示渠道上游束縮前的水深y_1 = 2.0 m，渠道下游束縮段的水位下降 0.2 m，渠道束縮前及束縮後的能量修正係數分別為α_1 = 1.15 及α_2 =1.0，試應用連續方程式及能量方程式估算下列兩種情況之渠道流量：(1) 假設沒有能量損失；(2) 假設能量損失水頭是上游速度水頭的 10%。

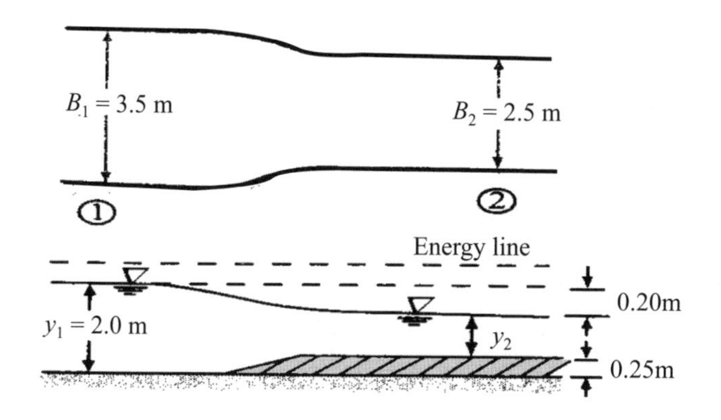

矩形渠寬束縮及渠床抬升的渠道示意圖（Subramanya, 2015）

解答：

(1) 假設沒有能量損失，$h_L = 0$

下游水深 $y_2 = 2.0 - 0.2 - 0.25 = 1.55$ m，

由連續方程式 $B_1 y_1 V_1 = B_2 y_2 V_2 \rightarrow V_1 = \dfrac{B_2 y_2}{B_1 y_1} V_2 = \dfrac{2.5 \times 1.55}{3.5 \times 2.0} V_2$

→上、下游流速關係為 $V_1 = 0.5536 V_2$；

能量方程式 $Z_1 + y_1 + \alpha_1 \dfrac{V_1^2}{2g} = Z_2 + y_2 + \alpha_2 \dfrac{V_2^2}{2g}$

$$\rightarrow \frac{\alpha_2 V_2^2 - \alpha_1 V_1^2}{2g} = \underbrace{(Z_1 - Z_2)}_{-\Delta Z} + (y_1 - y_2) = -0.25 + (2.0 - 1.55) = 0.2$$

$$\rightarrow \frac{V_2^2 - 1.15 \times (0.5536 V_2)^2}{2 \times 9.81} = 0.2 \rightarrow \frac{0.6476 V_2^2}{2 \times 9.81} = 0.2$$

$\rightarrow V_2 = 2.46$ m/s；

流量 $Q = B_2 y_2 V_2 \rightarrow Q = 2.5 \times 1.55 \times 2.46 = \underline{9.53}$ m^3/s

(2) 當能量損失是上游速度水頭的 10% 時，$h_L = 0.1 \dfrac{\alpha_1 V_1^2}{2g}$

下游水深 $y_2 = 2.0 - 0.2 - 0.25 = 1.55$ m，

由連續方程式 $B_1 y_1 V_1 = B_2 y_2 V_2 \rightarrow V_1 = \dfrac{B_2 y_2}{B_1 y_1} V_2 = \dfrac{2.5 \times 1.55}{3.5 \times 2.0} V_2$

→上、下游流速關係為 $V_1 = 0.5536 V_2$；

由能量方程式 $Z_1 + y_1 + \alpha_1 \dfrac{V_1^2}{2g} = Z_2 + y_2 + \alpha_2 \dfrac{V_2^2}{2g} + h_L$

$$\rightarrow \frac{\alpha_2 V_2^2 - 0.9 \alpha_1 V_1^2}{2g} = \underbrace{(Z_1 - Z_2)}_{-\Delta Z} + (y_1 - y_2) = -0.25 + (2.0 - 1.55) = 0.2$$

$$\rightarrow \frac{V_2^2 - 0.9 \times 1.15 \times (0.5536 V_2)^2}{2 \times 9.81} = 0.2 \rightarrow \frac{0.6828 V_2^2}{2 \times 9.81} = 0.2$$

$\rightarrow V_2 = 2.40$m/s；

流量 $Q = B_2 y_2 V_2 = 2.5 \times 1.55 \times 2.40 = \underline{9.30}$ m^3/s

（相同條件之下，有能量損失時流量 Q 略小一些）

例題 1.5

有一條 2 m 寬的矩形渠道，渠道中設有一座水閘門，當水閘門部分打開時，水流可以由閘門底部開口自由流出，如圖所示。假如閘門部分打開，閘門上游及下游的水深分別為 $y_1 = 2.5$ m 及 $y_2 = 0.2$ m，閘門上游及下游的能量修正係數 $\alpha_1 = \alpha_2 = 1.0$，試估算下列兩種情況閘門開口流出之流量及流速：(1) 不考慮能量損失；(2) 能量損失為閘門上游水深的 10%。

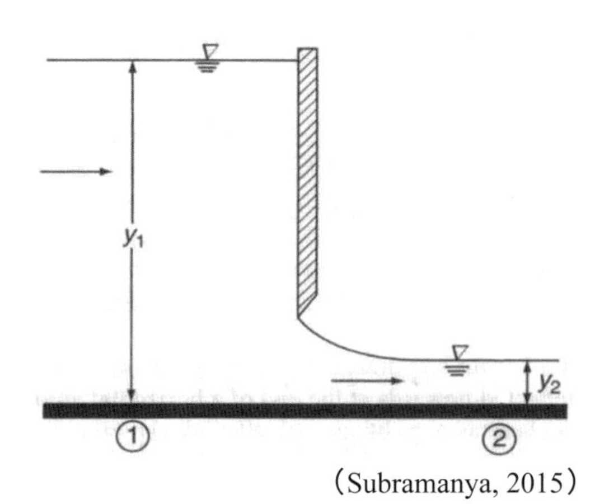

(Subramanya, 2015)

解答：

(1) 假設沒有能量損失：

閘門上下游連續方程式 $B_1y_1V_1 = B_2y_2V_2$

$$\rightarrow V_2 = \frac{B_1y_1}{B_2y_2}V_1 = \frac{2\times 2.5}{2\times 0.2}V_1 \rightarrow V_2 = 12.5V_1；$$

能量方程式$Z_1 + y_1 + \alpha_1\dfrac{V_1^2}{2g} = Z_2 + y_2 + \alpha_2\dfrac{V_2^2}{2g}$；已知 $\alpha_1 = \alpha_2 = 1.0$

$$\rightarrow \frac{V_2^2 - V_1^2}{2g} = y_1 - y_2 \rightarrow \frac{(12.5V_1)^2 - V_1^2}{2\times 9.81} = 2.5 - 0.2 = 2.3$$

$$\rightarrow \frac{155.25V_1^2}{2\times 9.81} = 2.3 \rightarrow 7.91V_1^2 = 2.3 \rightarrow V_1 = 0.54 \text{ m/s}；$$

流量 $Q = By_1V_1 = 2.0 \times 2.5 \times 0.54 = \underline{2.70}$ m^3/s；

流出速度$V_2 = \dfrac{Q}{B_2y_2} = \dfrac{2.7}{2\times 0.2} = \underline{6.75}$ m/s

(2) 能量損失 $h_L = 0.1y_1$；

連續方程式 $B_1y_1V_1 = B_2y_2V_2$

$\rightarrow V_2 = \dfrac{B_1y_1}{B_2y_2}V_1 = \dfrac{2\times 2.5}{2\times 0.2}V_1 \rightarrow V_2 = 12.5V_1$；

能量方程式 $Z_1 + y_1 + \alpha_1\dfrac{V_1^2}{2g} = Z_2 + y_2 + \alpha_2\dfrac{V_2^2}{2g} + 0.1y_1$；$\alpha_1 = \alpha_2 = 1.0$

$\rightarrow \dfrac{V_2^2 - V_1^2}{2g} = 0.9y_1 - y_2 \rightarrow \dfrac{(12.5V_1)^2 - V_1^2}{2\times 9.81} = 0.9\times 2.5 - 0.2 = 2.05$

$\rightarrow \dfrac{155.25V_1^2}{2\times 9.81} = 2.05 \rightarrow 7.91V_1^2 = 2.05 \rightarrow V_1 = 0.509$ m/s；

流量 $Q = By_1V_1 = 2.0 \times 2.5 \times 0.509 = \underline{2.545}$ m^3/s；

流出速度 $V_2 = \dfrac{Q}{B_2y_2} = \dfrac{2.545}{2\times 0.2} = \underline{6.36}$ m/s

相同條件之下，有能量損失時，流量 Q 及流速 V_2 略小一些。

1.9 動量方程式（Momentum Equation）

1.9.1 線性動量方程式（Linear-momentum equation）

對於一維定量明渠水流，動量方程式是指線性動量方程式，作用在渠流某控制體積的外力等於流經該控制體積的淨動量通量（Momentum flux）。如圖所示，以一維定量渠流控制體積為例，沿流動方向之動量方程式可以表示為

$$\sum F_i = \underbrace{F_1 - F_2 - F_3 + F_4}_{\text{作用在控制體積的外力}} = \underbrace{M_2 - M_1}_{\text{動量通量淨流出量}} \tag{1.23}$$

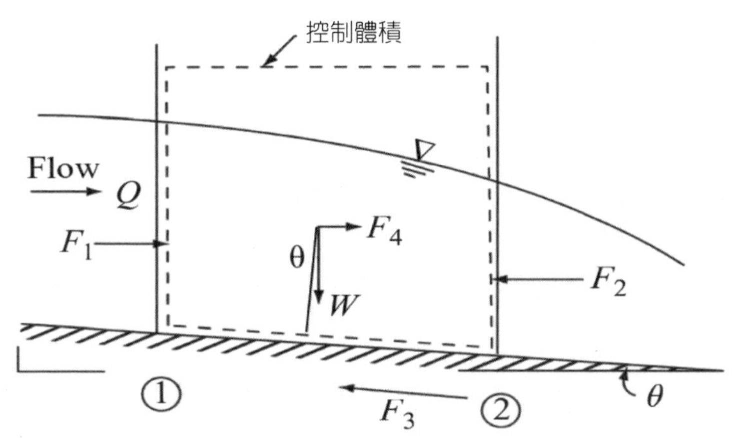

控制體積及受力關係示意圖（Subramanya, 2015）

其中

F_1、F_2 = 作用在控制體積上游、下游斷面之水壓力；

F_3 = 作用在控制體積固體邊界沿流動方向之阻力；

F_4 = 控制體積沿流動方向之重力分量；

M_1 = 上游流入控制體積沿流動方向之動量通量，$M_1 = \beta_1 \rho Q V_1$；

M_2 = 下游流出控制體積沿流動方向之動量通量，$M_2 = \beta_2 \rho Q V_2$。

1.9.2 比力（Specific force）

比力 P_s：渠流某斷面單位重量水壓力 F 與動量通量 M 之和。

$$P_s = \underbrace{\frac{F}{\rho g}}_{\text{水壓力}} + \underbrace{\frac{M}{\rho g}}_{\text{動量通量}} = \frac{\rho g A \bar{y}}{\rho g} + \frac{\rho Q V}{\rho g} = A\bar{y} + \frac{Q^2}{gA} \quad (1.24)$$

比力 $\boxed{P_s = A\bar{y} + \frac{Q^2}{gA}}$，以矩形渠道為例，斷面積 $A = By$，重心距離 $\bar{y} = \frac{y}{2} \rightarrow$ 比力 $P_s = A\bar{y} + \frac{Q^2}{gA} = B\frac{y^2}{2} + \frac{Q^2}{gBy}$

單位寬度矩形渠道之比力 $p_s = \frac{P_s}{B} = \frac{y^2}{2} + \frac{q^2}{gy}$

比力 P_s 有不同名稱，又稱為比動量（Specific momentum）或動量函數（Momentum function）。它是法國科學家 Bresse 在 1860 年分析水躍時提出來的。

對於一維定量明渠水流，兩斷面之間沿流動方向之動量方程式為

$$\sum F_i = F_1 - F_2 - F_3 + F_4 = M_2 - M_1$$

重新整理 $\underbrace{\frac{F_1 + M_1}{\rho g}}_{P_{s1}} = \underbrace{\frac{M_2 + F_2}{\rho g}}_{P_{s2}} + \frac{F_3}{\rho g} - \frac{F_4}{\rho g}$

動量方程式用比力來表示則為

$$\underbrace{P_{s1}}_{\text{上游斷面比力}} = \underbrace{P_{s2}}_{\text{下游斷面比力}} + \underbrace{\frac{F_3}{\rho g}}_{\text{阻力影響}} - \underbrace{\frac{F_4}{\rho g}}_{\text{重力影響}} \tag{1.25}$$

對於水平渠道，水平重量分量（$F_4 = 0$），不考慮阻力（$F_3 = 0$），只有水壓力及動量通量，則一維水流的動量方程式可簡化為 $F_1 + M_1 = F_2 + M_2$ → $\boxed{P_{s1} = P_{s2}}$，即渠道上游及下游兩斷面的比力 P_s 相等。

例題 1.6

有一水平矩形渠道，渠道中設有一座水閘門，當水閘門部分打開時，水流可以由閘門底部開口自由流出，如圖所示。當閘門上游及下游的水深分別為 y_1 及 y_2，當不考慮能量損失及渠床摩擦阻力，試應用連續、動量及能量方程式估算作用在閘門上單位寬度的水平作用力 F。

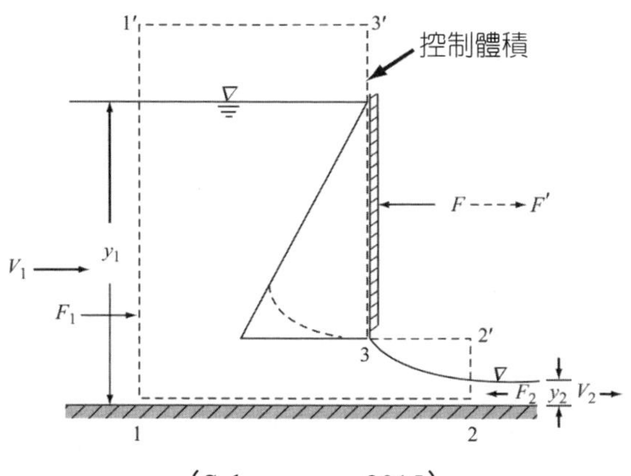

(Subramanya, 2015)

解答：

- 連續方程式，單位寬度流量 $q = V_1y_1 = V_2y_2 \rightarrow V_1 = \dfrac{q}{y_1}$；$V_2 = \dfrac{q}{y_2}$
- 能量方程式，$y_1 + \dfrac{V_1^2}{2g} = y_2 + \dfrac{V_2^2}{2g} \rightarrow y_1 + \dfrac{q^2}{2gy_1^2} = y_2 + \dfrac{q^2}{2gy_2^2}$

$$\rightarrow \frac{q^2}{g} = \frac{2y_1^2y_2^2}{(y_1+y_2)}$$

$\rightarrow$單位寬度流量$q = \sqrt{\dfrac{2gy_1^2y_2^2}{(y_1+y_2)}}$

- 動量方程式，$\dfrac{1}{2}\rho gy_1^2 - \dfrac{1}{2}\rho gy_2^2 - F = \rho q(V_2 - V_1) = \rho q^2\left(\dfrac{1}{y_2} - \dfrac{1}{y_1}\right)$

$$\rightarrow F = \frac{1}{2}\rho g\left(y_1^2 - y_2^2\right) - \rho q^2\left(\frac{y_1 - y_2}{y_1y_2}\right)$$

$= \dfrac{1}{2}\rho g\left(y_1 - y_2\right)\left(\left(y_1 + y_2\right) - \dfrac{2q^2}{gy_1y_2}\right)$，將前述 q 代入

$$\rightarrow F = \frac{1}{2}\rho g\left(y_1 - y_2\right)\left(\left(y_1 + y_2\right) - \frac{4y_1y_2}{(y_1+y_2)}\right)$$

$$= \frac{1}{2}\rho g\left(y_1 - y_2\right)\left(\frac{\left(y_1 + y_2\right)^2 - 4y_1y_2}{(y_1+y_2)}\right)$$

→ 作用在閘門上單位寬度的水平作用力$F=\dfrac{1}{2}\rho g\dfrac{(y_1-y_2)^3}{(y_1+y_2)}$

例題 1.7

有一水平矩形渠道，渠寬為 2 m，渠道中設有一座水閘門，閘門寬度與渠寬相同，當水閘門部分打開時，水流可以由閘門底部開口自由流出，閘門上游及下游的水深分別為$y_1 = 1.5$ m及$y_2 = 0.15$ m。忽略渠道摩擦阻力影響，並假設能量修正係數及動量修正係數均為 1.0，試應用連續、動量及能量方程式估算下列兩種情況作用在閘門上的水平作用力 F_T：(1) 假設沒有渠流能量損失；(2) 假設渠流能量損失水頭為閘門上游水深的 10%。

解答：

(1) 假設沒有渠流能量損失

閘門寬度與渠寬相同 $B = 2.0$ m，可直接使用例題 1.6 所得公式推求作用在閘門上的水平作用力 $F_T = F\times B$

$$F_T=\frac{1}{2}\rho gB\frac{(y_1-y_2)^3}{(y_1+y_2)}$$

$$F_T=\frac{1}{2}1000\times 9.81\times 2.0\times\frac{(1.5-0.15)^3}{(1.5+0.15)}=14628.0\text{ N}$$

(2) 當能量損失水頭為閘門上游水深的 10% 時，需按步就班推求作用在閘門上的水平作用力單位寬度流量 $q = Q/B \rightarrow q = V_1y_1 = V_2y_2 \rightarrow V_1=\dfrac{q}{y_1}$；$V_2=\dfrac{q}{y_2}$，忽略渠道摩擦阻力影響，則

單位寬度動量方程式，$\dfrac{1}{2}\rho gy_1^2-\dfrac{1}{2}\rho gy_2^2-F=\rho q(V_2-V_1)$

$$=\rho q^2\left(\frac{1}{y_2}-\frac{1}{y_1}\right)\rightarrow F=\frac{1}{2}\rho g\left(y_1^2-y_2^2\right)-\rho q^2\left(\frac{y_1-y_2}{y_1y_2}\right)$$

$$=\frac{1}{2}\rho g\left(y_1-y_2\right)\left(\left(y_1+y_2\right)-\frac{2q^2}{gy_1y_2}\right)$$

單位寬度能量方程式，$y_1+\frac{V_1^2}{2g}=y_2+\frac{V_2^2}{2g}+0.1y_1$

$$\rightarrow 0.9y_1+\frac{q^2}{2gy_1^2}=y_2+\frac{q^2}{2gy_2^2}\rightarrow(0.9y_1-y_2)=\frac{q^2}{2g}\frac{(y_1^2-y_2^2)}{y_1^2y_2^2}$$

$\rightarrow\frac{q^2}{g}=\frac{2(0.9y_1-y_2)y_1^2y_2^2}{(y_1^2-y_2^2)}$，代入動量關係式，求水平作用力 F

$$F=\frac{1}{2}\rho g\left(y_1-y_2\right)\left(\left(y_1+y_2\right)-\frac{4y_1y_2(0.9y_1-y_2)}{(y_1^2-y_2^2)}\right)$$

$$F_T=FB=\underbrace{\frac{1}{2}1000\times9.81\times2.0\times\left(1.5-0.15\right)}_{13243.5}$$

$$\left(\underbrace{\left(1.5+0.15\right)}_{1.65}-\underbrace{\frac{4\times1.5\times0.15\times(0.9\times1.5-0.15)}{(1.5^2-0.15^2)}}_{0.48485}\right)=15430.7$$

→作用在閘門上的水平作用力 F_T = 15430.7N（比不考量能量損失時大 6.81%）

例題 1.8

有一水平矩形渠道，渠床上設有一小座檻墩，當渠道單位寬度之流量為 q 的超臨界水流流經檻墩時，形成水躍，如圖所示，檻墩上游及下游（水躍前後）的水深分別為 y_1 及 y_2，試應用連續方程式及動量方程式估算水流作用在檻墩的水平作用力 F_D。

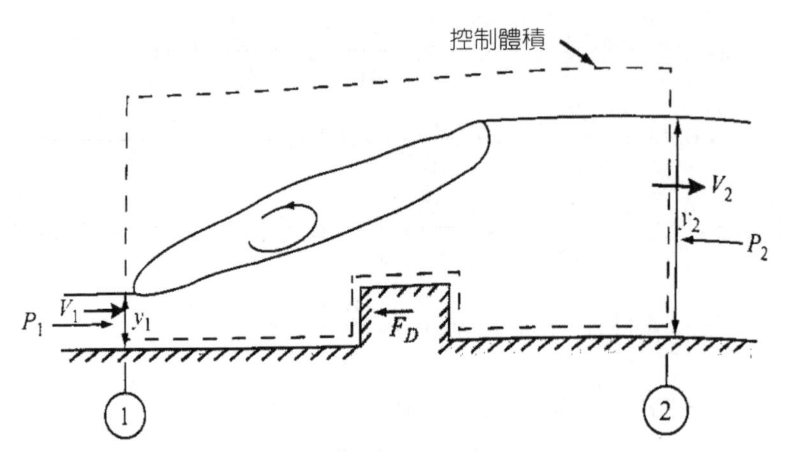

超臨界流流經檻墩示意圖（Subramanya, 2015）

解答：

單位寬度連續方程式，$q = V_1 y_1 = V_2 y_2 \rightarrow V_1 = \dfrac{q}{y_1}$；$V_2 = \dfrac{q}{y_2}$

假設水為靜水壓，動量修正係數 $\beta_1 = \beta_2 = 1$

單位寬度動量方程式，$P_1 - P_2 - F_D = M_2 - M_1$

$$\rightarrow \frac{1}{2}\rho g y_1^2 - \frac{1}{2}\rho g y_2^2 - F_D = \rho g(V_2 - V_1)$$

$$\rightarrow F_D = \frac{1}{2}\rho g y_1^2 - \frac{1}{2}\rho g y_2^2 - \rho q^2\left(\frac{1}{y_2} - \frac{1}{y_1}\right)$$

水流作用在檻墩上的單位寬度水平作用力

$$F_D = \frac{\rho g}{2}\left[(y_1^2 - y_2^2) - \frac{2q^2}{g}\left(\frac{y_1 - y_2}{y_1 y_2}\right)\right]$$

習題

習題 1.1

水流的輸送方式有明渠流（Open channel flow）與管流（Pipe flow）兩大類，試說明它們之間的差異。

習題 1.2

有一逐漸束縮水平矩形渠道，束縮前及束縮後為等寬渠道，它們的寬度分別為 B_1 及 B_2。假如束縮前矩形渠道的寬度 $B_1 = 2.5$ m，水深 $y_1 = 0.9$ m，流量 $Q = 2.75$ cms，在不計能量損失及假設能量係數等於 1.0 的情況下，試回答下列 2 個問題：(1) 當束縮後渠寬 $B_2 = 2.0$ m，求束縮後渠流水深 y_2，並繪簡圖說明束縮段的水面變化；(2) 當束縮後渠寬 $B_2 = 1.2$ m，求束縮後渠流水深 y_2，並繪簡圖說明束縮段的水面變化。

習題 1.3

試說明排水渠道寬度縮減對於水流及渠床的可能影響。假設有一條渠床坡度很緩（可視為水平）的矩形渠道，渠床為定床，渠道有寬度逐漸束縮段，束縮前的渠寬 $B_1 = 3.5$ m，束縮後的渠寬 $B_2 = 2.5$ m。當流量 $Q = 3.0$ cms 時，束縮前渠道水深 $y_1 = 0.9$ m，試求束縮後渠道水深 y_2，並說明此渠道束縮段水面之變化。

習題 1.4

有一條坡度極緩、寬度為 5.0 m 的矩形渠道，設計流量為 20.0 cms，水深為 2.5 m。假設渠道下游端區域的土地因為未來發展的需求，計畫將下游河道寬度逐漸縮減為 4.0 m，並且將渠床高度抬升 ΔZ。不考量能量損失情況下，假設渠床高度抬升 $\Delta Z = 0.65$ m，試求下游渠寬束縮段的水深及，並分析渠床抬升對上游河段的影響。

習題 1.5

有一條水平矩形渠道，渠寬 $B = 2$ m，渠道中設有一座閘門，用以調控流量，閘門部分打開時，渠流可自閘門底部射流而出。已知閘門上游水深 $y_1 = 1.0$ m、閘門下游水深 $y_2 = 0.2$ m，當不計渠流能量損失時，試求此渠流的流量 Q 及作用在閘門的水平推力 F。

習題 1.6

有一條水平矩形渠道，渠寬 2.5 m，渠道內設有一座閘門來控制水流。假如水流流經閘門的能量損失水頭 $E_L = 0.1y_1$，閘門上游及下游的水流能量修正係數均為 1.10，動量修正係數均為 1.0（即 $\alpha_1 = \alpha_2 = 1.10$，$\beta_2 = \beta_1 = 1.0$）。當閘門部分打開時，閘門上游水深 $y_1 = 1.5$ m，閘門下游水深 $y_2 = 0.15$ m，試求流出閘門的流量 Q、閘門上游及下游的水流福祿數 Fr_1 及 Fr_2、以及水流作用在閘門上的水平力量 F。

習題 1.7

有一條水平矩形渠道，渠道內有一座橫向低矮固床工（檻墩），當單位寬度流量 $q = 6.0\ \text{m}^2/\text{s}$ 的定量超臨界水流，流經此檻墩時形成水躍。水躍前後的水深分別為 $y_1 = 0.5$ m 及 $y_2 = 3.5$ m，試以水流連續方程式及動量方程式推求水作用在此檻墩單位寬度水平作用力 F_D，並求水躍前及水躍後的水流福祿數 Fr_1 及 Fr_2。

習題 1.8

有一寬渠，水深 $h = 0.12$m，在渠道中心軸上進行水深流速量測，結果如下表：

y(mm)	0	3	10	15	20	40	60	80	100	120
u(m/s)	0	125	1.75	2.05	2.20	2.55	2.75	2.85	2.90	3.00

試求此渠流的平均流速、動量修正係數 β 及能量修正係數 α。

水利人介紹 1.

我的啟蒙老師——王燦汶 教授（1935-2008）

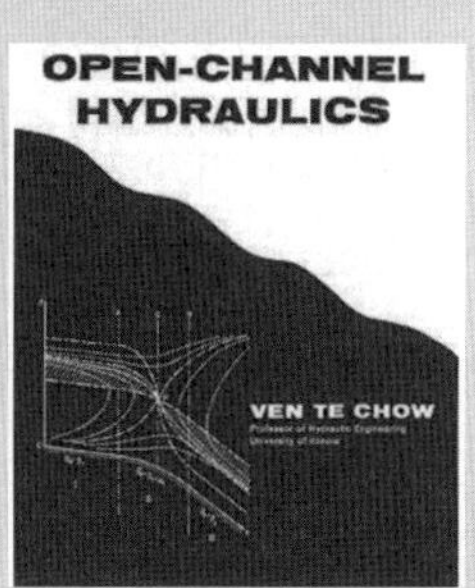

這裡介紹我的「明渠水力學」啟蒙老師王燦汶教授給本書讀者認識。我在 1982 年（民國 71 年）就讀於台灣大學土木系研究所碩士班的時候，開始學習王燦汶教授所講授的「明渠水力學」，他用國際知名水利學專家周文德教授所撰寫的 *Open-Channel Hydraulics* 當作教科書，一本非常經典的明渠水力學專書。

這門課及這本教科書讓我奠定了明渠水力學專業知識的良好基礎。此外，我也曾經擔任王教授所講授的「水文學」課程助教，這些經驗對我日後的教學與研究幫助很大，我要在此特別謝謝王教授的教導。

王燦汶教授：王教授 1935 年出生於台灣省台南縣，1953 年台南一中畢業，1957 年台大土木系學士畢業後曾經在台灣省水利局擔任工程員 3 年，1962 年在台大土木系完成碩士學位後，獲聘留在土木系擔任講師。在土木系講師任內曾二度請假前往美國進修。1966 年在美國科羅拉多州立大學取得碩士學位，1972 年在美國南柯達塔州立大學完成博士學位。王教授自 1962 年起在台大土木系服務，歷經講師、副教授、教授等職稱，期間曾經擔任台大水工試驗所主任及工學院副院長，對水利界與國家貢獻良多。他也曾經短期在美國南柯達塔州立大學、香港珠海學院及泰國亞洲理學院任教，作育英才。他在碩士班讀書時就開始進行應用特性曲線法模擬動床河道水流及輸沙問題之研究，持續多年，成果豐碩。2000 年退休，2008 年 6 月 19 日逝世於台大醫院，享年 73 歲。王教授在教學、研究及行政方面都有很好的表現，為台灣及國際培育優秀的土木及水利專業人才，令人景仰。（參考資料：台大土木—— 杜風電子報；王燦汶教授論文選集）

參考文獻與延伸閱讀

1. Chow, V.T. (1959). *Open-Channel Hydraulics*. McGraw-Hill, New York, N.Y.
2. Subramanya K. (2015). *Flow in Open Channels*. 4th edition, McGraw-Hill, Chennai, India.
3. Swamee, P.K. (1994). Normal-depth equations for irrigation canals. *Journal of Irrigation and Drainage Engineerings*, ASCE, Vol.120(5): 942-948.
4. Swamee, P.K. and Rathie, P.N. (2016). Normal-depth equations for parabolic open channel section. *Journal of Irrigation and Drainage Engineering*, ASCE, Vol.142(6): 06016003.
5. 王燦汶（2010）王燦汶教授論文選集。國立台灣大學土木工程學系。
6. 台大土木學系杜風電子報（2008），追念王燦汶博士，第 10 期。
7. 顏清連（2015），實用流體力學，五南圖書。

Chapter 2

水流能量與水深之關係

（Energy-Depth Relationships）

$$E = y + \frac{V^2}{2g}$$

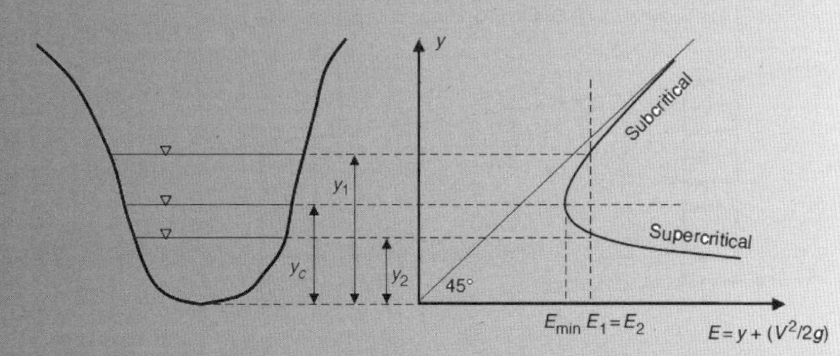

2.1　比能

2.2　臨界水深

2.3　斷面因子Z及第一水力指數M

2.4　渠床抬升或下降對水位之影響

2.5　渠道寬度變化對水位之影響

2.6　渠寬束縮且渠床抬升對水位之影響

習題

水利人介紹2.周文德教授

參考文獻與延伸閱讀

2.1 比能（Specific Energy）

2.1.1 總能量水頭

渠道某斷面的渠床高程為 Z，渠床坡角為 θ，水深為 y，平均流速為 V，緩坡渠道，能量係數 $\alpha = 1$，總能量水頭

$$H = \underbrace{Z}_{\text{渠床高程}} + \underbrace{y}_{\text{水深}} + \underbrace{\frac{V^2}{2g}}_{\text{流速水頭}} \tag{2.1}$$

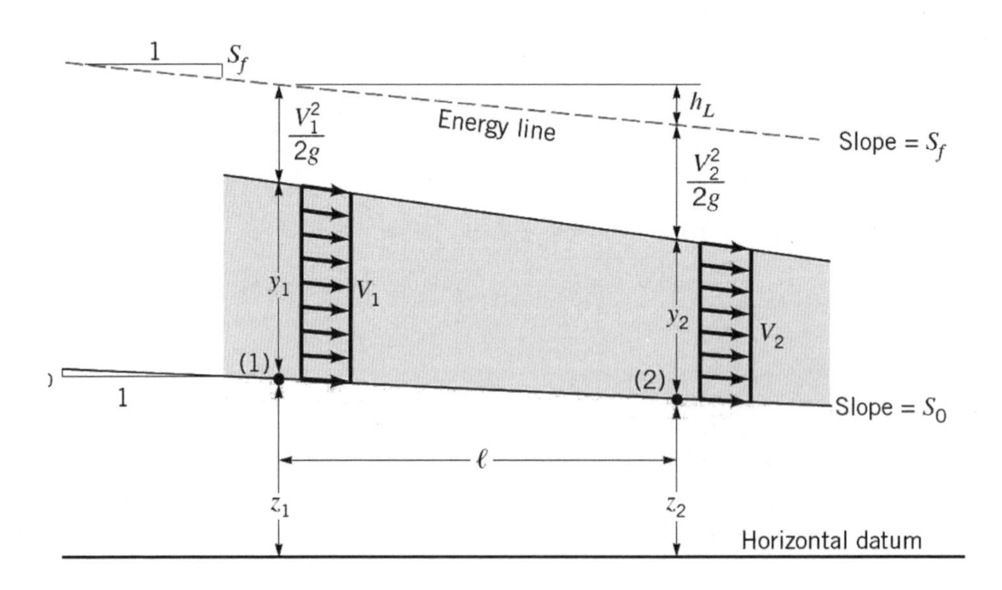

2.1.2 比能（Specific energy）

緩坡渠道，能量修正係數 $\alpha = 1.0$，比能

$$E = y + \frac{V^2}{2g} = y + \frac{Q^2}{2gA^2} \tag{2.2}$$

比能是水深和流速水頭之和。比能的觀念是前蘇聯科學家巴克梅提夫（Bakhmeteff）在 1912 年於他的博士論文中提出來的，因此他被認為是第一位使用比能觀念來解釋渠流的水流特性。Bakhmeteff 將博士論文內容詳細的用英文改寫成書「Hydraulics in Open Channels」在 1932 年出版。近年（2018）西班牙學者（2018）Castro-Orgaz 及澳大利亞學者 Montes 發表文章指出，在同一時期智利學者 Salas-Edwards（1915）也獨自提出用比能觀念來解釋渠流的水流特性，在研討會議中發表，並在 1932 年出版專書。

渠道上下游兩斷面間的能量關係為$Z_1 + y_1 + \frac{V^2}{2g} = Z_2 + y_2 + \frac{V^2}{2g} + \underbrace{h_L}_{\text{能量損失}}$ 或寫成$\underbrace{y_1 + \frac{V^2}{2g}}_{\text{比能}E_1} + S_0\Delta x = \underbrace{y_2 + \frac{V^2}{2g}}_{\text{比能}E_2} + S_f\Delta x$，或$E_1 + S_0\Delta x = E_2 + S_f\Delta x$，其中 $(Z_1 - Z_2) = S_0\Delta x$，能損 $h_f = S_f\Delta x$，S_0 = 渠床坡度，S_f = 能量坡度。

- 當考量能量係數 α：

總能量水頭$H = Z + y + \frac{\alpha V^2}{2g} = Z + E$，比能 $\boxed{E = y + \frac{\alpha V^2}{2g}}$ （2.3a）

兩斷面之間能量關係為$Z_1 + y_1 + \frac{\alpha_1 V^2}{2g} = Z_2 + y_2 + \frac{\alpha_2 V^2}{2g} + h_L$

或寫成 $\boxed{E_2 = E_1 + (S_0 - S_f)\Delta x}$

- 考慮 α 及渠床坡度 θ：

總能量水頭$H = Z + y\cos\theta + \frac{\alpha V^2}{2g} = Z + E$

$$\text{比能} \boxed{E = y\cos\theta + \frac{\alpha V^2}{2g}} \quad (2.3b)$$

兩斷面之間能量關係為$Z_1 + y_1\cos\theta + \frac{\alpha_1 V^2}{2g} = Z_2 + y_2\cos\theta + \frac{\alpha_2 V^2}{2g} + h_L$

或寫成 $E_2 = E_1 + (S_0 - S_f)\Delta x$

2.1.3 比能－水深關係曲線

- 緩坡渠流，能量係數 $\alpha = 1.0$，比能$E = y + \dfrac{V^2}{2g} = y + \dfrac{Q^2}{2gA^2} = E(Q, y)$

斷面平均流速$V = \dfrac{流量Q}{斷面積A}$，斷面積 A 是水深 y 的函數，斷面積 $A = A(y)$

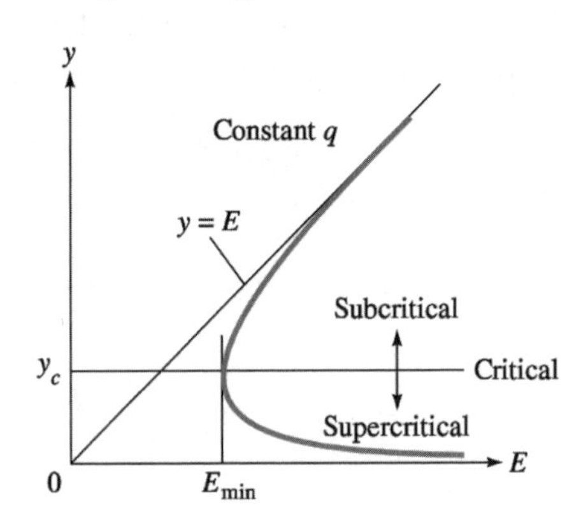

- 以比能 E 為橫軸，水深 y 為縱軸，給定 Q，可劃出比能－水深曲線。
- 比能 E 是水深和流速水頭之和，水深很大時，$y \to \infty$，$E \approx y$；水深很小時，$y \to 0$，$E \approx \dfrac{Q^2}{2gA^2}$。

2.1.4 交替水深（Alternate depth）

- 給定 Q 值可劃出比能 E- 水深 y 之關係曲線，一個比能 E 值對應兩個水深 y_1 及 y_2，此兩個水深互相稱為交替水深。
- 以矩形渠道為例，$E = y + \dfrac{V^2}{2g} = y + \dfrac{Q^2}{2gB^2y^2} \to \boxed{y^3 - Ey^2 + \dfrac{Q^2}{2gB^2} = 0}$

此三次方程式有 3 個解，其中 2 個有意義，y_1 及 y_2，互為交替水深，一個位於亞臨界流區域，另一個在超臨界流區域。

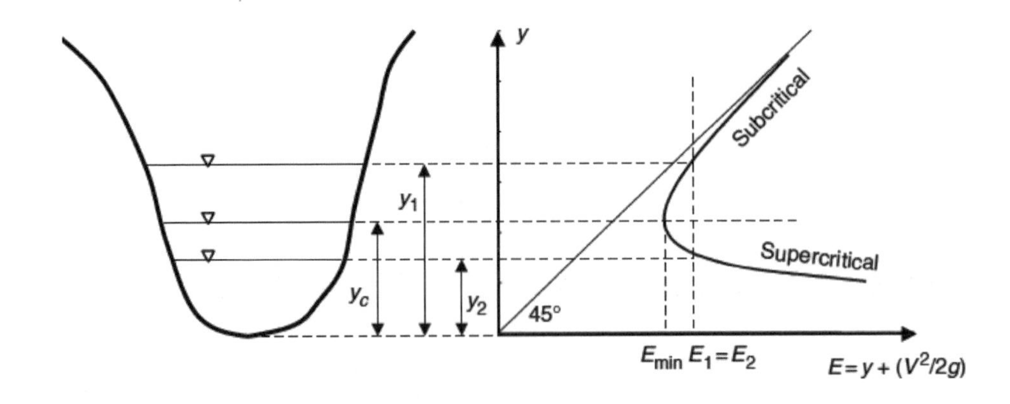

例題 2.1

有一寬 2.5 m 的矩形渠道，渠流流量 6.48 cms，試求某斷面比能為 1.5 m 所對應之可能水深、交替水深及它們所對應之水流福祿數。

解答：

比能$E = y + \dfrac{Q^2}{2gA^2} = y + \dfrac{Q^2}{2gB^2y^2}$，

寬度為 B，面積 $A = By$

當 $E = 1.5$ m 及 $B = 2.5$ m 時，

$$1.5 = y + \frac{(6.48)^2}{2 \times 9.81 \times (2.5)^2 \times y^2}$$

$\rightarrow y + \dfrac{0.34243}{y^2} = 1.5 \rightarrow \boxed{y^3 - 1.5y^2 + 0.34246 = 0}$，此方程式有 3 個解，分別為 $y_1 = 0.626$ m，$y_2 = 1.296$ m 及 $y_3 = -0.422$ m，只有 y_1 及 y_2 有意義。y_1 及 y_2 互稱為交替水深（Alternate depth）。福祿數$F_r = \dfrac{V}{\sqrt{gy}} = \dfrac{Q}{A\sqrt{gy}}$

當 $y_1 = 0.626$ m，$F_{r1} = \dfrac{6.48}{2.5y_1\sqrt{9.81y_1}} = 1.675 > 1.0$，超臨界流；

當 $y_2 = 1.296$ m，$F_{r2} = \dfrac{6.48}{2.5y_2\sqrt{9.81y_2}} = 0.561 < 1.0$，亞臨界流。

2.1.5 矩形渠道交替水深比

假如矩形渠道能量修正係數 $\alpha = 1.0$，固定流量，一個比能 E 對應兩個可能水深 y_1 及 y_2，即$E = y_1 + \dfrac{V_1^2}{2g} = y_2 + \dfrac{V_2^2}{2g} \rightarrow y_1\left(1 + \dfrac{V_1^2}{2gy_1}\right) = y_2\left(1 + \dfrac{V_2^2}{2gy_2}\right) \rightarrow$

$\dfrac{y_1}{y_2}\left(1 + \dfrac{F_{r1}^2}{2}\right) = \left(1 + \dfrac{F_{r2}^2}{2}\right)$。

單位寬度流量$q = V_1y_1 = V_2y_2$，福祿數$F_{r2}^2 = \dfrac{V_2^2}{gy_2} = \dfrac{q^2}{gy_2^3} = \dfrac{q^2}{gy_1^3}\dfrac{y_1^3}{y_2^3} = \left(\dfrac{y_1}{y_2}\right)^3 F_{r1}^2$，

帶入上式可得 $\frac{y_1}{y_2}\left(2+F_{r1}^2\right)=\left(2+\left(\frac{y_1}{y_2}\right)^3 F_{r1}^2\right) \rightarrow \left(\left(\frac{y_1}{y_2}\right)^3-\left(\frac{y_1}{y_2}\right)\right)F_{r1}^2$
$-2\left(\left(\frac{y_1}{y_2}\right)-1\right)=0 \rightarrow \left(\frac{y_1}{y_2}\right)^2 F_{r1}^2+\left(\frac{y_1}{y_2}\right)F_{r1}^2-2=0 \rightarrow \left(\frac{y_1}{y_2}\right)^2+\left(\frac{y_1}{y_2}\right)-\frac{2}{F_{r1}^2}=0$

$$\text{交替水深比}\ \boxed{\frac{y_1}{y_2}=\frac{1}{2}\left(-1+\sqrt{1+\frac{8}{F_{r1}^2}}\right)} \qquad (2.4)$$

由已知 y_1 及 F_{r1} 可求得交替水 y_2。例如 $F_{r1}=5.0$ 及 $y_1=0.15\text{m}$，對應之交替水深 $y_2=2.01\text{m}$。

2.2 臨界水深（Critical Depth）

2.2.1 臨界流條件，固定流量比能最小

比能 $E=y+\frac{V^2}{2g}=y+\frac{Q^2}{2gA^2}$，當流量 Q 固定，比能對水深的微分為 $\frac{dE}{dy}=1-\frac{Q^2}{gA^3}\frac{dA}{dy}=1-\frac{Q^2T}{gA^3}=1-F_r^2$，其中 $\frac{dA}{dy}=T=$ 水面寬。

福祿數（Froude Number）的定義為 $F_r=\sqrt{\frac{Q^2T}{gA^3}}=\frac{Q}{A\sqrt{g(A/T)}}=\frac{V}{\sqrt{gD}}$，其中 $D=\frac{A}{T}=$ 水力深度（Hydraulic depth），代表斷面水深的方式之一。

臨界流條件，比能最小 $\rightarrow \frac{dE}{dy}=0 \rightarrow \left.\frac{Q^2T}{gA^3}\right|_c=1.0$，福祿數 $F_r=1.0$，因此

$$\boxed{\frac{Q^2}{g}=\frac{A_c^3}{T_c}} \qquad (2.5)$$

已知流量 Q 及斷面形狀，由此關係式可求得臨界水深 y_c。臨界水深與渠道流量及形狀有關，但與渠床坡度 S_0 無關。

2.2.2 水力深度

- 水力深度（Hydraulic depth）$D=\dfrac{A}{T}$，渠流斷面代表水深的表達方式之一。
- 矩形渠道：渠寬 B，水深 y，面積 $A = By$，水面寬 T = 渠寬 B，水力深度$D=\dfrac{A}{T}=\dfrac{By}{B}=y$，矩形渠道的水力深度 D 恰好等於水深 y。
- 三角形渠道：渠岸邊坡係數 m，水深 y，面積 $A = my^2$，水面寬 $2my$，水力深度$D=\dfrac{A}{T}=\dfrac{my^2}{2my}=\dfrac{y}{2}$，三角形渠道的水力深度為等於水深的$\dfrac{1}{2}$。
- 拋物線形渠道：斷面形狀 $y = kx^2$，水面寬$T=2|x|=2\sqrt{\dfrac{y}{k}}$，面積 $A=\dfrac{4}{3\sqrt{k}}y^{3/2}$，水力深度 $D=\dfrac{A}{T}=\dfrac{[4/(3\sqrt{k})]y^{3/2}}{(2/\sqrt{k})y^{1/2}}=\dfrac{2y}{3}$，拋物線形渠道水力深度為等於水深的 $\dfrac{2}{3}$。

2.2.3 渠流的 3 種可能流況

固定流量 Q，臨界條件下，比能處於最小值 $E = E_c$，此時所對應的水深為臨界水深 $y = y_c$。比能大於臨界比能（$E > E_c$），一個比能對應兩個水深，y_1 及 y_2，一個小於臨界水深及另一個大於臨界水深。

固定流量 Q，渠流可能處於 3 種情況：

- 亞臨界流（Subcritical flow），
  $y > y_c$，$F_r < 1.0$
- 臨界流（Critical flow），
  $y = y_c$，$F_r = 1.0$
- 超臨界流（Supercritical flow），$y < y_c$，$F_r > 1.0$

例題 2.2

有一矩形渠道，寬 $B = 2.5$ m，流量 $Q = 6.48$ cms，試求該渠流的臨界水深 y_c，並求比能 $E = 2.0$ m 所對應之可能水深及福祿數。

解答：

臨界條件 $\dfrac{Q^2T}{gA^3} = \dfrac{6.48^2 \times 2.5}{9.81 \times 2.5^3 y_c^3} = 1 \rightarrow \dfrac{0.6849}{y_c^3} = 1 \rightarrow y_c = \underline{0.881}$ m

比能 $E = y + \dfrac{Q^2}{2gA^2} = y + \dfrac{Q^2}{2gB^2y^2}$，當 $E = 2.0$ m 及 $B = 2.5$ m 時，

$\rightarrow 2.0 = y + \dfrac{(6.48)^2}{2 \times 9.81 \times (2.5)^2 \times y^2} = y + \dfrac{0.34243}{y^2}$

$\rightarrow \boxed{y^3 - 2.0y^2 + 0.34243 = 0}$，此方程式有 3 個解，分別為 $y_1 =$ 0.474 m，$y_2 = 1.906$ m 及 $y_3 = -0.379$ m。只有 y_1 及 y_2 有物理意義。

矩形渠道福祿數 $F_r = \dfrac{V}{\sqrt{gy}} = \dfrac{Q}{A\sqrt{gy}}$

當 $y_1 = 0.474$ m，福祿數 $F_{r1} = \dfrac{6.48}{2.5y_1\sqrt{9.81y_1}} = 2.536 > 1.0$，超臨界流；

當 $y_2 = 1.906$ m，福祿數 $F_{r2} = \dfrac{6.48}{2.5y_2\sqrt{9.81y_2}} = 0.314 < 1.0$，亞臨界流。

2.2.4 臨界條件下，固定比能流量最大

比能 $E = y + \dfrac{V^2}{2g} = y + \dfrac{Q^2}{2gA^2}$；

流量 Q 和比能 E 之關係為 $Q = A\sqrt{2g(E-y)}$

固定比能 E，流量 Q 最大之條件為 Q 對 y 微分結果為零。

$$\frac{dQ}{dy} = \frac{dA}{dy}\sqrt{2g(E-y)} - \frac{gA}{\sqrt{2g(E-y)}} = 0$$

$$\rightarrow \frac{dA}{dy}\sqrt{2g(E-y)} = \frac{gA}{\sqrt{2g(E-y)}}$$

$$\rightarrow T\frac{Q}{A} = gA\frac{A}{Q} \rightarrow \boxed{\frac{Q^2T}{gA^3} = 1}$$

恰為臨界條件。此說明臨界條件下，固定比能 E，流量 Q 最大。

2.2.5 矩形渠道臨界水深與臨界比能之關係

對於矩形渠道（Rectangular channel），$A = By$ 及 $T = B$，在臨界流況條件下 $\left.\frac{Q^2T}{gA^3}\right|_c = \frac{V_c^2}{gy_c} = 1.0$；

$\left.\frac{Q^2T}{gA^3}\right|_c = \frac{Q^2}{B^2gy_c^3} = \frac{q^2}{gy_c^3} = 1.0$，其中單寬流量 $q = \frac{Q}{B}$。

因此臨界水深與渠流單寬流量之關係為 $\boxed{y_c = \left(\frac{q^2}{g}\right)^{1/3}}$

在臨界條件下福祿數 $F_{rc} = \frac{V_c}{\sqrt{gy_c}} = 1.0$，整理上式可得速度水頭為臨界水深的 1/2，$\boxed{\frac{V_c^2}{2g} = \frac{y_c}{2}}$

矩形渠道臨界比能為臨界水深的 1.5 倍，$\boxed{E_c = y_c + \frac{V_c^2}{2g} = \frac{3}{2}y_c}$

2.2.6 三角形渠道臨界水深與臨界比能之關係

對於對稱三角形渠道（ Triangular channel），$A = my^2$ 及 $T = 2my$，其中 m 為渠道邊壁的坡度係數（水平垂直比）。

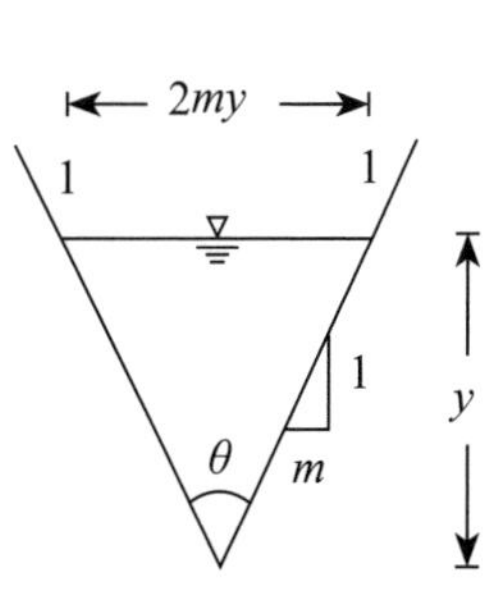

在臨界條件下$\left.\frac{Q^2T}{gA^3}\right|_c = \frac{2Q^2my_c}{gm^3y_c^6} = \frac{2Q^2}{gm^2y_c^5} = 1.0$

→ 臨界水深與流量之關係為$\boxed{y_c = \left(\frac{2Q^2}{gm^2}\right)^{1/5}}$；

又$\frac{Q^2}{g} = \frac{m^2y_c^5}{2}$ → 臨界速度水頭$\frac{V_c^2}{2g} = \frac{Q^2}{2gA_c^2} = \frac{m^2y_c^5}{4(my_c^2)^2} = \frac{y_c}{4}$

→ 臨界比能 $\boxed{E_c = y_c + \frac{V_c^2}{2g} = \frac{5}{4}y_c}$

三角形渠道臨界速度水頭為臨界水深的 1/4，臨界比能為臨界水深的 1.25 倍。

2.2.7 梯形渠道臨界水深關係式

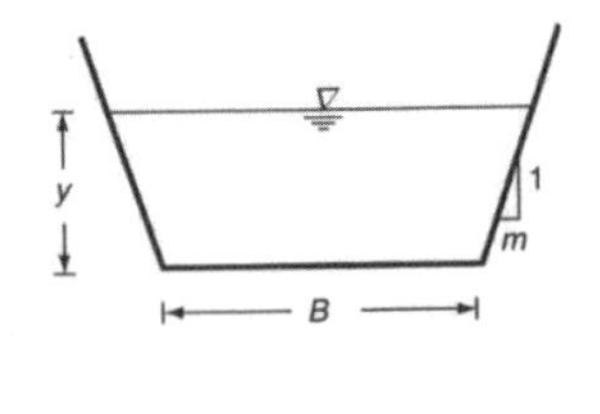

對於梯形渠道（Trapezoidal channel），底床寬度為 B，水深為 y，渠岸坡度係數為 m，通水面積 $A = (B + my)y$，水面寬 $T = B + 2my$，在臨界流條件下$\left.\frac{Q^2T}{gA^3}\right|_c = 1.0 \rightarrow \frac{Q^2}{g} = \frac{A_c^3}{T_c} = \frac{(B+my_c)^3y_c^3}{B+2my_c}$

$\rightarrow \frac{Q^2}{g} = \frac{B^5(1+my_c/B)^3(my_c/B)^3}{m^3(1+2my_c/B)} = \frac{B^5}{m^3}\frac{(1+\xi_c)^3\xi_c^3}{1+2\xi_c}$，無因次水深 $\xi_c = my_c/B$。

重新整理上式可得無因次流量與無因次水深之關係為

$$\boxed{\frac{Q^2m^3}{gB^5} = \frac{(1+\xi_c)^3\xi_c^3}{1+2\xi_c}} \tag{2.6}$$

給定流量 Q 及梯形斷面參數 B 及 m，用試誤法，可以推求得無因次水深 ξ_c，進而得到臨界水深 y_c。梯形渠道臨界水深 y_c 與流量 Q 及梯形斷面參數 B 及 m 有關，但是與渠道坡度 S_0 無關。

2.2.8 梯形渠道臨界比能

對於梯形渠道，通水面積 $A = (B + my)y$，水面寬 $T = B + 2my$，臨界條件 $\left.\frac{Q^2T}{gA^3}\right|_c = 1.0 \rightarrow \frac{Q^2}{g} = \frac{A_c^3}{T_c}$，臨界比能 $E_c = y_c + \frac{Q^2}{2gA_c^2} = y_c + \frac{A_c}{2T_c}$

無因次比能 $\frac{E_c}{y_c} = 1 + \frac{A_c}{2T_cy_c} = 1 + \frac{(B+my_c)}{2(B+2my_c)}$，無因次水深 $\xi_c = \frac{my_c}{B}$

$\rightarrow$ 梯形渠道無因次比能 $\boxed{\frac{E_c}{y_c} = 1 + \frac{1+\xi_c}{2(1+2\xi_c)}}$

- 矩形渠道 $m = 0$，$\xi_c = 0 \rightarrow \frac{E_c}{y_c} = \frac{3}{2} \rightarrow E_c = \frac{3}{2}y_c$
- 三角形渠道 $B \rightarrow 0$，$\xi_c \rightarrow \infty$，$\frac{E_c}{y_c} = \lim_{\xi_c \to \infty}\left(\frac{3+5\xi_c}{2(1+2\xi_c)}\right) = \frac{5}{4} \rightarrow E_c = \frac{5}{4}y_c$
- 梯形渠道，$0 < \xi_c < \infty$，$\frac{3}{2} > \frac{E_c}{y_c} > \frac{5}{4}$

2.2.9 梯形渠道臨界水深經驗公式

梯形斷面渠道在推求臨界水深時，若用完整公式，則需要用試誤法來推求，計算時費時費力。為了避免冗長的計算時間，在已知流量及梯形斷面參數（渠底寬 B 及渠岸水平垂直比 m），Straub 曾經提出一個經驗公式，可方便直接計算出臨界水深 y_c：

$$y_c = 0.81\left(\frac{\alpha Q^2 / g}{m^{0.75}B^{1.25}}\right)^{0.27} - \frac{B}{30m} \quad (2.7)$$

這是有因次的經驗公式，需要注意單位的使用。此公式長度單位為公尺（m），時間尺度為秒（sec），流量單位為秒立方公尺（cms）。

此外，梯形渠道無因次流量 $\psi = \frac{Q^2m^3}{gB^5}$ 與無因次水深 $\xi_c = \frac{my_c}{B}$ 之關係為

$$\psi = \frac{(1+\xi_c)^3 \xi_c^3}{1+2\xi_c} \qquad (2.8)$$

給定流量 Q 及梯形斷面參數 B 及 m，先計算無因次流量 ψ，再使用試誤法求解上式，可求得無因次水深 ξ_c，然後得到臨界水深$y_c = \frac{B\xi_c}{m}$。然而，這樣求解相當冗長費時，可藉助於經驗關係式，由已知 ψ 值，直接算出 ξ_c 值然後得到臨界水深 y_c，例如 Vantankhah（2011）經驗公式：

$$\xi_c = \psi^{1/3}\left(1+1.1524\psi^{0.347}\right)^{-0.339} \qquad (2.9)$$

在 $0 \le \psi \le 3$，誤差小於 0.06%。

例如 Q = 50cms，B = 2.0m，m = 1.5 → ψ = 0.2688 → ξ_c = 0.5359 → y_c = 0.7145m。

例題 2.3

當流量 Q = 50 cms 時，試求下列 3 種渠道之臨界水深 y_c 及其所對應之臨界比能 E_c：

(a) 矩形渠道（Rectangular channe），渠寬 B = 2.0 m；

(b) 三角形渠道（Triangular channe），渠岸坡度係數 m = 0.5；

(c) 梯形渠道（Trapezoidal channe），渠寬 B = 2.0 m，邊坡係數 m = 1.5。

解答：

(a) 矩形渠道，渠寬 B = 2.0 m：

斷面積 $A = By$，

臨界條件$\frac{Q^2T}{gA^3} = \frac{Q^2}{gB^2y_c^3} = 1.0$

臨界水深$y_c = \left(\frac{q^2}{g}\right)^{1/3} = \left(\frac{(5/2)^2}{9.81}\right)^{1/3} = \underline{0.86}$ m；

臨界比能$E_c = y_c + \dfrac{V_c^2}{2g} = y_c + \dfrac{y_c}{2} = 1.5y_c = \underline{1.29}$ m

(b) 三角形渠道，邊坡係數 $m = 0.5$：

通水面積$A = \dfrac{1}{2}my^2$，水面寬 $T = my$，

臨界條件$\dfrac{Q^2T}{gA^3} = \dfrac{2Q^2}{gm^2y_c^5} = 1.0$，

當流量 $Q = 5$ cms

$$y_c = \left(\frac{2Q^2}{gm^2}\right)^{1/5} = \left(\frac{2\times5^2}{9.81\times0.5^2}\right)^{1/5} = \underline{1.828}\text{ m；}$$

臨界水深 $y_c = \underline{1.828}$ m；

臨界比能$E_c = y_c + \dfrac{V_c^2}{2g} = y_c + \dfrac{y_c}{4} = 1.25y_c = \underline{2.284}$ m

(c) 梯形渠道，渠寬 $B = 2.0$ m，邊坡係數 $m = 1.5$

流量 $Q = 5$ cms，斷面積 $A_c = (B + my_c)y_c$，

水面寬 $T_c = B + 2my_c$，

臨界條件$\dfrac{Q^2T_c}{gA_c^3} = 1.0$

$$\rightarrow \frac{Q^2(B+2my_c)}{g(B+my_c)^3y_c^3} = \frac{5^2(2+3y_c)}{9.81\times(2+1.5y_c)^3y_c^3} = 1\text{，}$$

$$\rightarrow \boxed{\frac{(2+3y_c)}{(2+1.5y_c)^3y_c^3} = 0.3924}$$ 試誤法求解：

試誤 1. 令 $y_c = 0.8 \rightarrow$ 左式 $= 0.262 < 0.3924 \rightarrow y_c = 0.8$ 太大；

試誤 2. 令 $y_c = 0.7 \rightarrow$ 左式 $= 0.421 > 0.3924 \rightarrow y_c = 0.7$ 略小；

試誤 3. 令 $y_c = 0.72 \rightarrow$ 左式 $= 0.3815 > 0.3924 \rightarrow y_c = 0.72$ 略大；

試誤 4. 令 $y_c = 0.714 \rightarrow$ 左式 $= 0.3929 \approx 0.3924$ OK；

臨界水深 $y_c \approx \underline{0.714}$ m；斷面積 $A_c = (B + my_c)y_c = 2.193$ m^2；

臨界比能$E_c = y_c + \dfrac{Q^2}{2gA_c^2} = 0.714 + \dfrac{25}{2\times9.81\times2.193^2} = \underline{0.979}$ m

(d) 梯形渠道渠寬 B = 2.0 m，邊坡係數 m = 1.5，流量 Q = 5 cms，無因次流量參數$\psi = \dfrac{Q^2 m^3}{gB^5} = \dfrac{5^2 \times 1.5^3}{9.81 \times 2^5} = 0.2688$

- 用 Vantankhah（2011）經驗公式 $\boxed{\xi_c = \psi^{1/3}\left(1 + 1.1524\psi^{0.347}\right)^{-0.339}}$

由已知 ψ 值，直接計算出 ξ_c 值。

$\xi_c = 0.2688^{1/3}(1 + 1.1524 \times (0.2688)^{0.347})^{-0.339} = 0.5359$

臨界水深$y_c = \dfrac{B\xi_c}{m} = \dfrac{2 \times 0.5359}{1.5} = \underline{0.7145}$ m。

斷面積 $A_c = (B + my_c)y_c = 2.195$ m^2；

水面寬 $T_c = B + 2my_c = 4.144$ m

檢核臨界條件$\dfrac{Q^2 T_c}{gA_c^3} = \dfrac{5^2 \times 4.144}{9.81 \times 2.195^3} = 0.9986 \approx 1.0$，OK。

臨界比能$E_c = y_c + \dfrac{Q^2}{2gA_c^2} = 0.7145 + \dfrac{25}{2 \times 9.81 \times 2.195^2} = \underline{0.979}$ m

2.2.10 圓形渠道通水斷面積與水深之關係式

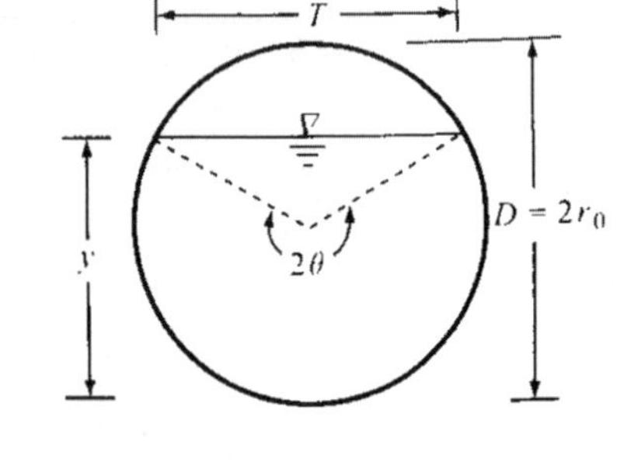

對於圓形渠道，直徑為D，半徑為r_0，$D = 2r_0$。水深為 y 時，水面與圓心夾角為（2θ）。

- 水面寬$T = 2r_0 \sin(\pi - \theta) \rightarrow \boxed{T = D \sin\theta}$，

$\cos(\pi - \theta) = \dfrac{y - r_0}{r_0} = \dfrac{2y}{D} - 1$

$\rightarrow \boxed{\cos\theta = 1 - \dfrac{2y}{D}}$

- 斷面積 $= \underbrace{\dfrac{1}{2} r_0^2 (2\theta)}_{\text{扇形面積}} + \underbrace{r_0^2 \sin(\pi - \theta)\cos(\pi - \theta)}_{\text{三角形面積}} = \dfrac{1}{2} r_0^2 (2\theta) - r_0^2 \sin\theta\cos\theta$

$\rightarrow \boxed{A = \dfrac{D^2}{8}[2\theta - \sin(2\theta)]}$，夾角與水深關係為 $\theta = \cos^{-1}\left(1 - \dfrac{2y}{D}\right)$

附註：三角函數關係 $\sin(2\theta)=2\sin\theta\cos\theta$；$\sin(\pi\pm\theta)=\mp\sin\theta$；

$\cos(\pi\pm\theta)=-\cos\theta$

2.2.11 圓形渠道臨界水深關係式

圓形渠道直徑為 D，水面寬 $T=D\sin\theta$，斷面積 $A=\dfrac{D^2}{8}[2\theta-\sin(2\theta)]$，在臨界條件下

$$\frac{Q^2T_c}{gA_c^3}=1.0\ \rightarrow\frac{Q^2}{g}=\frac{A_c^3}{T_c}=\frac{\left(\dfrac{D^2}{8}[2\theta_c-\sin(2\theta_c)]\right)^3}{d\sin\theta_c}\qquad(2.10)$$

或寫成無因次流量 $\boxed{\dfrac{Q}{\sqrt{gD^5}}=\dfrac{(2\theta_c-\sin2\theta_c)^{3/2}}{16\sqrt{2\sin\theta_c}}}$。在已知 Q 及 D 時，可用試誤法推求得臨界條件下夾角 θ_c，進而推求得臨界水深 $\boxed{y_c=\dfrac{D}{2}(1-\cos\theta_c)}$。

然而，在實際應用上，這樣求解的計算方法，相當冗長費時，需藉助於經驗關係式，在已知 Q 及 D 時，可直接由經驗公式計算得臨界水深 y_c。

2.2.12 圓形渠道臨界水深經驗關係式

已知流量 Q 及圓形渠道直徑 D，計算無因次流量 $\dfrac{Q}{\sqrt{gD^5}}$ 後，可由經驗公式推求得圓形渠道臨界水深 y_c。

- Straub 公式（1978）：$\dfrac{y_c}{D}=1.01\left(\dfrac{Q}{\sqrt{gD^5}}\right)^{0.506}$ for $0.02<\dfrac{y_c}{D}\leq0.85$ （2.11）

- Swamee 公式（1993）：$\dfrac{y_c}{D}=\left[1+0.77\left(\dfrac{Q}{\sqrt{gD^5}}\right)^{-6}\right]^{-0.085}$ （2.12）

• Vantankhan 公式（2011）：$\frac{y_c}{D}=\left[13.6\left(\frac{Q}{\sqrt{gD^5}}\right)^{-4.227}-13\left(\frac{Q}{\sqrt{gD^5}}\right)^{-4.2}+1\right]^{-0.1156}$

（2.13）

• 在臨界條件下，臨界比能$E_c = y_c + \frac{Q^2}{2gA_c^2} = y_c + \frac{A_c}{2T_c}$

例題 2.4

已知圓形渠道，直徑 $D = 2.0$ m，流量 $Q = 5.0$ cms，試求此圓形渠道之臨界水深 y_c 及其所對應之臨界比能 E_c。

解答：

• 由 Straub 公式，

$$y_c = \frac{1.01}{D^{0.265}}\left(\frac{Q}{\sqrt{g}}\right)^{0.506} = \frac{1.01}{2^{0.265}}\left(\frac{5}{\sqrt{9.81}}\right)^{0.506} = \underline{1.065}\text{ m}$$

臨界水深$y_c = \underline{1.065}$ m，所對應之圓心夾角$2\theta_c = 2\cos^{-1}(1-\frac{2y_c}{D})$

$\rightarrow 2\theta_c = 2\cos^{-1}(1-\frac{2.13}{2}) = 3.272$，圓心夾角 $\theta_c = 1.636$

斷面積$A_c = \frac{D^2}{8}(2\theta_c - \sin 2\theta_c) = \frac{2^2}{8}[3.272 - \sin(3.272)] = 1.70\text{ m}^2$；

臨界比能$E_c = y_c + \frac{Q^2}{2gA_c^2} = 1.065 + \frac{5^2}{2\times 9.81\times 1.70^2} = \underline{1.506}\text{ m}$

• 使用 Swamee 經驗公式計算：$\frac{y_c}{D}=\left[1+0.77\left(\frac{Q}{\sqrt{gD^5}}\right)^{-6}\right]^{-0.085}$

臨界水深$y_c = 2\times\left[1+0.77\left(\frac{5}{2^{2.5}\times\sqrt{9.81}}\right)^{-6}\right]^{-0.085} = \underline{1.073}\text{ m}$

臨界水深 $y_c = \underline{1.073}$ m 所對應之圓心夾角$2\theta_c = 2\cos^{-1}(1-\frac{2y_c}{D})$

$\rightarrow 2\theta_c = 2\cos^{-1}(-0.073) = 3.288 \rightarrow \theta_c = 1.644$

斷面積$A_c=\dfrac{D^2}{8}(2\theta_c-\sin 2\theta_c)=\dfrac{4}{8}[3.288-\sin(3.288)]=1.717\ \text{m}^2$；

臨界比能$E_c=y_c+\dfrac{Q^2}{2gA_c^2}=1.065+\dfrac{5^2}{2\times 9.81\times 1.717^2}=\underline{1.498}\ \text{m}$

（Swamee 經驗公式與 Straub 經驗公式計算結果一致）

- 使用 Vantankhah 公式：

$$\frac{y_c}{D}=\left[13.6\left(\frac{Q}{\sqrt{gD^5}}\right)^{-4.227}-13\left(\frac{Q}{\sqrt{gD^5}}\right)^{-4.2}+1\right]^{-0.1156}$$

$\dfrac{Q}{\sqrt{gD^5}}=\dfrac{5}{\sqrt{9.81\times 2^5}}=0.2822$，代入上式得$\dfrac{y_c}{D}=0.5364$

臨界水深$y_c=\underline{1.073}\ \text{m}$，所對應之圓心夾角$2\theta_c=2\cos^{-1}(1-\dfrac{2y_c}{D})$

$\rightarrow 2\theta_c=2\cos^{-1}(-0.073)=3.288\rightarrow 2\theta_c=3.288$（$\theta_c=1.644$）

斷面積$A_c=\dfrac{D^2}{8}(2\theta_c-\sin 2\theta_c)=\dfrac{4}{8}[3.288-\sin(3.288)]=1.717\ \text{m}^2$；

臨界比能$E_c=y_c+\dfrac{Q^2}{2gA_c^2}=1.065+\dfrac{5^2}{2\times 9.81\times 1.717^2}=\underline{1.498}\ \text{m}$

（Vantankhah 公式計算結果與 Swamee 公式及 Straub 公式計算結果一致）

2.2.13 拋物線渠道臨界水深關係式

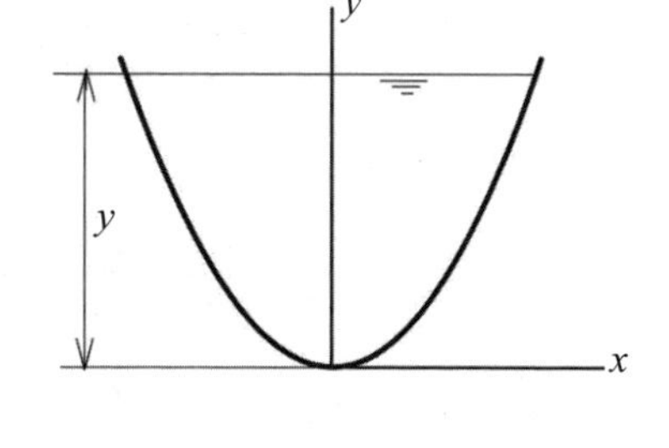

對於拋物線渠道（Parabolic channel），其渠道斷面形狀為$y=\left(\dfrac{x}{a}\right)^2$，參數$a>0$，參數$a$的單位$[\text{L}^{1/2}]$，水深為$y$，水面寬$T=2a\sqrt{y}$，

通水面積$A=\int_0^y 2a\sqrt{y}dy=\dfrac{4a}{3}y^{3/2}$，

臨界條件$\left.\dfrac{Q^2T}{gA^3}\right|_c=1.0\rightarrow\dfrac{Q^2}{g}=\dfrac{A_c^3}{T_c}=\dfrac{\left(4ay_c^{3/2}/3\right)^3}{2a\sqrt{y_c}}=\dfrac{32}{27}a^2y_c^4$

→ 拋物線渠道的臨界水深

$$\boxed{y_c = \left(\frac{27Q^2}{32ga^2}\right)^{1/4}} \tag{2.14}$$

拋物線渠道臨界水深 y_c 與流量 Q 及參數 a 有關，但與渠道坡度 S_0 無關。

2.2.14 渠床坡度及能量係數的影響

考量渠床坡度（$\sin\theta$）及能量係數 a 的影響，

$$比能\ E = y\cos\theta + \frac{\alpha V^2}{2g} = y\cos\theta + \frac{\alpha Q^2}{2gA^2}$$

- 固定流量 Q，在臨界條件下，比能 E 最小，比能對於水深微分為零

$$\frac{dE}{dy} = \cos\theta - \frac{\alpha Q^2}{gA^3}\frac{dA}{dy} = \cos\theta - \frac{\alpha Q^2 T}{gA^3} = 0 \rightarrow 1 - \frac{\alpha Q^2 T}{gA^3\cos\theta} = 0$$

$\rightarrow \boxed{F_r^2 = \frac{\alpha Q^2 T_c}{gA_c^3\cos\theta} = 1.0}$，下標 c 表示水流處於臨界流況。

- 考量坡度及能量修正係數的影響下，福祿數 $F_r = \sqrt{\frac{\alpha Q^2 T}{gA^3\cos\theta}}$

或寫成 $\boxed{F_r = \frac{V}{\sqrt{gD\cos\theta/\alpha}}}$，其中 $V = \frac{Q}{A}$，$D = \frac{A}{T}$。

- 固定比能，流量與水深之關係為 $Q = A\sqrt{2g(E - y\cos\theta)/\alpha}$，

流量對水深微分 $\frac{dQ}{dy} = \frac{dA}{dy}\sqrt{2g(E - y\cos\theta)/\alpha} - \frac{gA\cos\theta/\alpha}{\sqrt{2g(E - y\cos\theta)/\alpha}} \rightarrow$

$$\frac{dQ}{dy} = \frac{QT}{A} - \frac{gA^2\cos\theta/\alpha}{Q},$$

在臨界條件下，$\frac{dQ}{dy} = 0 \ \rightarrow\ \frac{QT_c}{A_c} = \frac{gA_c^2\cos\theta/\alpha}{Q} \rightarrow$

$$F_r^2 = \frac{Q^2 T_c}{g A_c^3 \cos\theta / \alpha} = 1.0$$

臨界條件，福祿數 $\boxed{F_r = \sqrt{\frac{Q^2 T_c}{g A_c^3 \cos\theta / \alpha}} = 1.0}$ （2.15）

- 臨界條件下，固定流量 Q，比能 E 最小；固定比能 E，流量 Q 最大。

例題 2.5

有一緩坡矩形渠道，渠寬 $B = 2.5$ m，流量 $Q = 5.0$ cms，水深 $y_1 = 1.5$ m，能量修正係數 $\alpha_1 = 1.2$，試求此渠流在水深 $y_1 = 1.5$ m 處的比能 E_1 及福祿數 F_{r1}。假如水深 y_1 所對應之交替水深為 y_2，水深為 y_2 時能量修正係數為 α_2，試考量 $\alpha_2 = 1.2$ 及 $\alpha_2 = 1.0$ 兩種情況，求水深 y_2 及其所對應之福祿數 F_{r2}。

解答：

- 緩坡矩形渠道（$\cos\theta \approx 1.0$），水深 $y_1 = 1.5$ m 之比能

$$E_1 = y_1 + \frac{\alpha_1 Q^2}{2 g B_1^2 y_1^2}$$

$$E_1 = 1.5 + \frac{1.2 \times (5/2.5)^2}{2 \times 9.81 \times 1.5^2} = \underline{1.609} \text{ m},$$

$$\text{流速} V_1 = \frac{Q}{A_1} = \frac{5}{2.5 \times 1.5} = 1.33 \text{ m/s}$$

$$\text{福祿數} F_{r1} = \frac{V_1}{\sqrt{g(y_1/\alpha_1)}} = \frac{1.33}{\sqrt{9.81 \times 1.5/1.2}} = \underline{0.38} < 1.0 \text{（亞臨界流）}$$

- 在相同比能及 $\alpha_2 = 1.2$，$E_1 = E_2 = y_2 + \frac{\alpha_2 Q^2}{2 g A_2^2}$

$$\rightarrow y_2 + \frac{1.2 \times 5^2}{2 \times 9.81 \times (2.5 y_2)^2} = 1.609 \rightarrow y_2 + \frac{0.2446}{y_2^2} = 1.609$$

$\rightarrow \boxed{y_2^3 - 1.609{y_2}^2 + 0.2446 = 0}$，試誤法求得 $y_2 = \underline{0.462}$ m

流速$V_2 = \dfrac{Q}{A_2} = \dfrac{5}{2.5 \times 0.462} = 4.329$ m/s；

福祿數$F_{r2} = \dfrac{V_2}{\sqrt{g(y_2/\alpha_2)}} = \dfrac{4.329}{\sqrt{9.81 \times 0.462/1.2}}$

$= \underline{2.23} > 1.0$（超臨界流）

- 在相同比能及 $\alpha_2 = 1.0$，

$E_1 = E_2 = y_2 + \dfrac{\alpha_2 Q^2}{2g{A_2}^2} \rightarrow y_2 + \dfrac{1.0 \times 5^2}{2 \times 9.81 \times (2.5y_2)^2} = 1.609$

$\rightarrow y_2 + \dfrac{0.204}{{y_2}^2} = 1.609 \rightarrow \boxed{y_2^3 - 1.609{y_2}^2 + 0.2446 = 0}$，試誤法求得 $y_2 = \underline{0.413}$ m，與前者（$\alpha_2 = 1.2$）結果相比，水深較小，流速較大。

流速$V_2 = \dfrac{Q}{A_2} = \dfrac{5}{2.5 \times 0.413} = 4.843$ m/s；

福祿數$F_{r2} = \dfrac{V_2}{\sqrt{g(y_2/\alpha_2)}} = \dfrac{4.843}{\sqrt{9.81 \times 0.413}} = \underline{2.41} > 1.0$（超臨界流）

2.3 斷面因子Z及第一水力指數M

渠流斷面因子 Z（Section factor）定義為$Z = A\sqrt{\dfrac{A}{T}}$或寫成$Z^2 = \dfrac{A^3}{T}$。

在臨界流況，$\dfrac{Q^2 T_c}{gA_c^3} = 1 \rightarrow \dfrac{Q^2}{g} = \dfrac{A_c^3}{T_c} = Z_c^2 \rightarrow$ 臨界斷面因子$\boxed{Z_c = \dfrac{Q}{\sqrt{g}}}$

例如矩形渠道$Z^2 = \dfrac{A^3}{T} = \dfrac{(By)^3}{B} = B^2 y^3$；三角形渠道$Z^2 = \dfrac{A^3}{T} = \dfrac{(my^2)^3}{2my}$ $= \left(\dfrac{m^2}{2}\right) y^5$。依此類推，假設斷面因子 Z 和水深 y 關係可以寫成

$$\boxed{Z^2 = \frac{A^3}{T} = C_1 y^M} \tag{2.16}$$

其中 C_1 為係數，M 為第一水力指數（First hydraulic exponent）。

第一水力指數 M 主要和渠道的斷面形狀有關。例如：矩形渠道 $M = 3$，三角形渠道 $M = 5$。梯形渠道是矩形和三角形渠道的組合，因此可以推知梯形渠道的第一水力指數 $3 < M < 5$。

2.3.1 對數法求 M 值

明渠水力學有兩個重要的「水力指數」，M 是第一個出現的指數，所以稱 M 為第一水力指數（First hydraulic exponent）。對於任一形狀的渠道斷面，推求水力指數的方法大致有二種，對數法及微分法。

- 對數法：先將斷面因子 $Z^2 = C_1 y^M$ 取對數，寫成

$$2\log Z = \log C_1 + M \log y$$

對同一渠道斷面，取兩個不同水深，代入上述關係式，可以得到

$$2\log Z_1 = \log C_{11} + M \log y_1 \text{ 及 } 2\log Z_2 = \log C_{12} + M \log y_2$$

將上述兩個方程式相減，整理後可以求得水力指數 M

$$M = \frac{2\log(Z_2 / Z_1) - \log(C_{12} / C_{11})}{\log(y_2 / y_1)}$$

假設兩個不同水深所對應之係數相同，即 $C_{11} = C_{12}$，則可得

$$M = 2\frac{\log(Z_2 / Z_1)}{\log(y_2 / y_1)} \tag{2.17}$$

對數法求得的 M 值代表它在水深 y_1 及 y_2 之間的平均值。

例題 2.6

已知有一條對稱的梯形渠道，渠底寬 B = 2.0 m，渠岸邊坡坡度為 45 度，試用對數法估算水深 y = 2 m 對應之第一水力指數 M 值。

解答：

斷面因子 $Z^2 = \frac{A^3}{T} = C_1 y^M$，取對數得到 $2\log Z = \log C_1 + M\log y$；

假設係數 C_1 為常數，取兩個不同水深 y_1 及 y_2，可得

$$M = 2\frac{\log(Z_2/Z_1)}{\log(y_2/y_1)}$$

梯形渠道斷面積 $A = (B + my)y$，水面寬 $T = B + 2my$，邊坡 45°（m = 1）

在水深 y = 2 m 附近選兩個水深，y_1 = 1.8 m 及 y_2 = 2.2 m，對應之

$A_1 = (B + my_1)y_1 = 1.8(2 + 1.8) = 6.84\ \text{m}^2$，$T_1 = B + 2my_1 = 5.6$ m

$A_2 = (B + my_2)y_2 = 2.2(2 + 2.2) = 9.24\ \text{m}^2$，$T_2 = B + 2my_2 = 6.4$ m

$Z_1 = \sqrt{\frac{A_1^3}{T_1}} = \sqrt{\frac{6.84^3}{5.6}} = 7.56\ \text{m}^{2.5}$；$Z_2 = \sqrt{\frac{A_2^3}{T_2}} = \sqrt{\frac{9.24^3}{6.4}} = 11.10\ \text{m}^{2.5}$

水深 y = 2 對應之 M 值為

$$M = 2\frac{\log(Z_2/Z_1)}{\log(y_2/y_1)} = 2\frac{\log(11.10/7.56)}{\log(2.2/1.8)} = \underline{3.83}$$

2.3.2 微分法求 M 值

推求水力指數 M 的第二種方法為微分法：先將 $Z^2 = \frac{A^3}{T} = C_1 y^M$ 取自然對數，寫成 $3\ln A - \ln T = \ln C_1 + M\ln y$，假設係數 C_1 不隨水深變化，然後將此式對水深 y 微分，得到 $\frac{3}{A}\frac{dA}{dy} - \frac{1}{T}\frac{dT}{dy} = \frac{M}{y}$

$$\boxed{M = \frac{y}{A}\left(3T - \frac{A}{T}\frac{dT}{dy}\right)} \qquad (2.18)$$

- 矩形渠道，$A = By$，$T = B$，$\dfrac{dT}{dy} = 0 \rightarrow M = \dfrac{y}{By} \times 3B = 3$
- 三角形渠道 $A = my^2$，$T = 2my$，$\dfrac{dT}{dy} = 2m$

$$\rightarrow M = \frac{y}{my^2}\left(6my - \frac{my^2}{2my}2m\right) = 5$$

- 矩形渠道 $M = 3$，三角形渠道 $M = 5$，梯形渠道 $3 < M < 5$。

2.3.3 梯形渠道水力指數

渠道斷面因子定義為 $Z^2 = A^3/T = C_1 y^M$，指數$M = \dfrac{y}{A}\left(3T - \dfrac{A}{T}\dfrac{dT}{dy}\right)$

對於梯形渠道，$A = (B + my)y$，$T = B + 2my$，$dT/dy = 2m$，

$$\rightarrow M = \frac{y}{(B+my)y}\left(3(B+2my) - \frac{2m(B+my)y}{B+2my}\right)$$

$$\rightarrow M = \frac{3(B+2my)^2 - 2my(B+my)}{(B+my)(B+2my)}$$，以無因次相對水深 (y/B) 表示

$$M = \left(\frac{3[1+2m(y/B)]^2 - 2m(y/B)[1+m(y/B)]}{[1+m(y/B)][1+2m(y/B)]}\right)$$

以無因次相對水深$\xi = \dfrac{my}{B}$表示為

$$M = \left(\frac{3(1+2\xi)^2 - 2\xi(1+\xi)}{(1+\xi)(1+2\xi)}\right) \tag{2.19}$$

$$M = \begin{cases} 3 & \text{矩形渠道}(B \neq 0\text{，}m = 0) \\ 3 \sim 5 & \text{梯形渠道}(m \neq 0\text{，}B \neq 0) \\ 5 & \text{三角形渠道}(B = 0\text{，}m \neq 0) \end{cases}$$

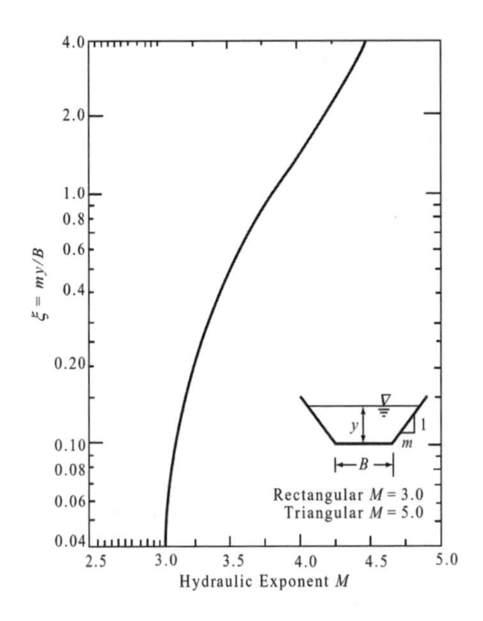

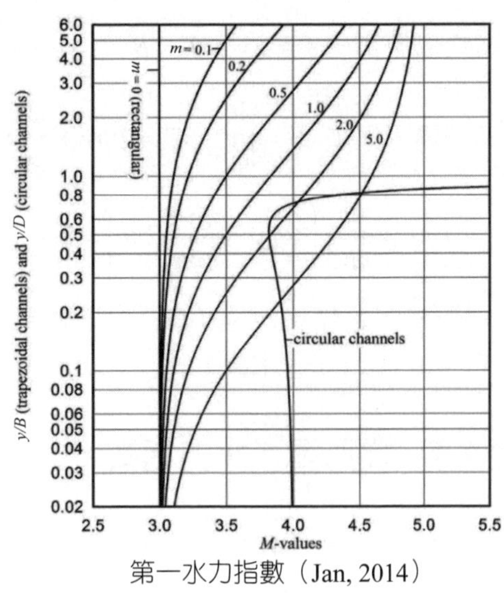

第一水力指數（Jan, 2014）

例題 2.7

已知有一條對稱的梯形渠道，渠底寬 B = 2.0 m，渠岸邊坡坡度為 45 度，試用微分法估算水深 y = 2.0 m 對應之第一水力指數 M 值。

解答：

微分法估算水深 y 對應之 M 值，$M = \dfrac{y}{A}\left(3T - \dfrac{A}{T}\dfrac{dT}{dy}\right)$，對於梯形渠道，$A = (B + my)y$，$T = B + 2my$，$dT/dy = 2m$，

$$M = \frac{y}{(B+my)y}\left(3(B+2my) - \frac{2m(B+my)y}{B+2my}\right)$$

$$= \frac{3(B+2my)^2 - 2my(B+my)}{(B+my)(B+2my)}$$

邊坡坡度為 45 度，$m = 1$，$B = 2.0$ m 及 $y = 2$ m

$$M = \frac{3(B+2y)^2 - 2y(B+y)}{(B+y)(B+2y)} = \frac{3(2+4)^2 - 4(2+2)}{(2+2)(2+4)} = \frac{92}{24} = \underline{3.83}$$

計算結果與前面例題 2.6 對數法的計算結果相同。

2.3.4 指數型渠道定義

- 指數型渠道（Exponential channel）：
  渠道凡是其通水斷面積 A 與水深 y 之關係，可寫成 $A = ky^a$ 形式的，統稱為指數型渠道。
  例如：矩形渠道 $A = ky$；三角形渠道 $A = ky^2$；拋物線形渠道 $A = ky^{3/2}$。
- 非指數型渠道（Non-exponential channel）：
  渠道凡是其通水斷面積 A 與水深 y 之關係，不可寫成 $A = ky^a$ 形式的，統稱為非指數型渠道。
  例如：梯形渠道、圓形渠道。

例題 2.8

有一條指數型渠道（Exponential channel），通水斷面積 A 與水深 y 之關係為 $A = ky^a$，試求此渠道的第一水力指數 M 值。

解答：

斷面積 A 與水深 y 之關係為 $A = ky^a$，A 對 y 之微分 $\dfrac{dA}{dy} = T = aky^{a-1}$，水面寬 T 對水深 y 之微分為 $\dfrac{dT}{dy} = a(a-1)ky^{a-2}$，代入水力指數 M 之關係式，$M = \dfrac{y}{A}\left(3T - \dfrac{A}{T}\dfrac{dT}{dy}\right) = \dfrac{y}{ky^a}\left(3aky^{a-1} - \dfrac{ky^a[a(a-1)ky^{a-2}]}{aky^{a-1}}\right)$

指數型渠道 M 值與指數 a 之關係為

$$M = \frac{\left(3aky^{a-1} - (a-1)ky^{a-1}\right)}{ky^{a-1}} = 2a+1$$

例如：矩形渠道，斷面積 $A = By \to a = 1, M = 3$；

三角形渠道，斷面積 $A = \dfrac{1}{2}my^2 \to a = 2, M = 5$；

拋物線形渠道，斷面積 $A = \dfrac{2}{3}y^{3/2} \to a = 3/2, M = 4$。

例題 2.9

有一對稱梯形渠道，渠底寬度 B = 4.0 m，渠岸邊坡水平垂直比 m = 1.5。當渠道內的臨界水深 y_c = 1.7 m 時，試求渠道內的流量 Q。

解答：

梯形渠道在臨界水深時的通水面積 A_c

$A_c = (B + my_c)y_c = (4 + 1.5 \times 1.7) \times 1.7 = 11.135\ \text{m}^2$

水面寬度 $T_c = By + 2my_c = 4 + 2 \times 1.5 \times 1.7 = 9.1$ m

由臨界水深關係式 $\dfrac{Q^2 T_c}{gA_c^{\,3}} = 1.0$

$\rightarrow$ 流量 $Q = \sqrt{\dfrac{gA_c^3}{T_c}} = \sqrt{\dfrac{9.81 \times 11.135^3}{9.1}} = \underline{38.58}\ \text{m}^3/\text{s}$

此例題説明已知渠道斷面形狀及其臨界水深 y_c 可以推求得流量 Q。

例題 2.10

有一對稱梯形渠道，渠底寬度為 B，渠岸邊坡係數（Side slope ratio）m = 1.5。當渠道內的流量 Q = 15 cms，臨界水深 y_c = 1.2 m 時，試求此渠道的渠底寬 B。

解答：

渠道在臨界水深時之通水面積 A_c

$A_c = (B + my_c)y_c = (B + 1.5 \times 1.2) \times 1.2 = 1.2(B + 1.8)$

在臨界水深時之水面寬度 T_c

$T_c = B + 2my_c = B + 2 \times 1.5 \times 1.2 = B + 3.6$

臨界水深關係式 $\dfrac{Q^2 T_c}{gA_c^{\,3}} = 1.0$

$\rightarrow \dfrac{Q^2}{g} = \dfrac{A_c^3}{T_c} = \dfrac{(B+1.8)^3 \times 1.2^3}{B+3.6} = \dfrac{15^2}{9.81} = 22.936$

$\rightarrow \dfrac{(B+1.8)^3}{B+3.6} = 13.273 \rightarrow \boxed{B^3 + 5.4B^2 - 3.553B - 41.95 = 0}$

經試誤法（trial-and-error）推求得渠底寬 $B = \underline{2.53}$ m。

例題 2.11

有一對稱梯形渠道，渠底寬度 $B = 2.0$ m，渠岸邊坡係數（水平垂直比）$m = 1.0$。當渠道水深為臨界水深時，其比能為 $E_c = 1.5$，試求臨界水深 y_c 及流量 Q。

解答：

梯形渠道在臨界水深時的通水面積 $A_c = (B + my_c)y_c$，水面寬 $T_c = B + 2my_c$

由臨界條件 $\frac{Q^2T_c}{gA_c^3} = 1.0 \to \frac{Q^2}{g} = \frac{A_c^3}{T_c}$；

臨界比能 $E_c = y_c + \frac{Q^2}{2gA_c^2} = y_c + \frac{A_c}{2T_c}$

$$E_c = y_c + \frac{(B + y_c)y_c}{2(B + 2y_c)} \to 1.5 = y_c + \frac{(2 + y_c)y_c}{2(2 + 2y_c)}$$

$$\to 4(1.5 - y_c)(1 + y_c) = (2 + y_c)y_c$$

$\to 5y_c^2 = 6$，$\to y_c = \sqrt{\frac{6}{5}} \to$ 臨界水深 $y_c = \underline{1.095}$ m。

$\to A_c = (B + my_c)y_c = (2 + y_c)y_c = (2 + 1.095) \times 1.095 = 3.389 \text{ m}^2$。

$\to T_c = B + 2my_c = 2 + 2 \times 1.095 = 4.19 \text{ m}$。

$\to$ 流量 $Q = \sqrt{\frac{gA_c^3}{T_c}} = \sqrt{\frac{9.81 \times 3.389^3}{4.19}} = \underline{9.546} \text{ m}^3/\text{s}$

例題 2.12

有一倒三角形對稱渠道，渠底寬度 $B = 3.0$ m，渠岸邊坡水平垂直比 $m = -0.5$。當渠道的臨界水深 $y_c = 1.6$ m，試求流量 Q 及臨界水深對應之比能 E_c。

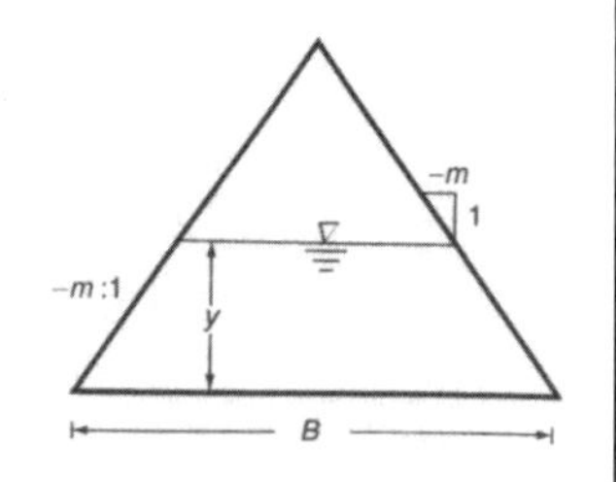

解答：

倒三角形渠道，$B = 3.0$ m 及 $m = -0.5$，

臨界水深時

水面寬 $T_c = B + 2my_c = 3.0 - 2 \times 0.5 \times 1.6 = 1.40$m

通水面積$A_c = \dfrac{(B+T_c)y_c}{2} = \dfrac{(3.0+1.4)\times 1.6}{2} = 3.52\ \text{m}^2$，

由臨界條件$\dfrac{Q^2 T_c}{gA_c^3} = 1.0 \rightarrow \dfrac{Q^2}{g} = \dfrac{A_c^3}{T_c} = \dfrac{3.52^3}{1.4} = 31.15\ \text{m}^2$；

$\rightarrow$ 流量$Q = \sqrt{g(A_c^3/T_c)} = \sqrt{9.81\times 31.15} = \underline{17.48}\ \text{m}^3/\text{s}$

臨界比能$E_c = y_c + \dfrac{Q^2}{2gA_c^2} = 1.6 + \dfrac{17.48^2}{\underbrace{2\times 9.81\times 3.52}_{1\,257}} = \underline{2.857}\ \text{m}$

例題 2.13

有一條緩坡指數型渠道（Exponential channel），通水斷面積 A 與水深 y 之關係為 $A = ky^a$，其中係數 k 及指數 a 均為常數，當流量為 Q，能量係數 $\alpha = 1.0$，試求渠道的臨界水深 y_c。

解答：

斷面積 A 與水深 y 之關係為 $A = ky^a$，水面寬$T = \dfrac{dA}{dy} = aky^{a-1}$

臨界條件，水深 $y = y_c$，面積 $A_c = ky_c^a$，水面寬$T_c = \left.\dfrac{dA}{dy}\right|_c = aky_c^{a-1}$

緩坡 $\cos\theta \approx 1.0$ 及能量係數 $\alpha = 1.0$，福祿數為 $F_r = \sqrt{\dfrac{Q^2 T_c}{gA_c^3}} = 1.0$

臨界條件 $\boxed{\dfrac{Q^2}{g} = \dfrac{A_c^3}{T_c}} \rightarrow \dfrac{A_c^3}{T_c} = \dfrac{(ky_c^a)^3}{aky_c^{a-1}} = \dfrac{k^2 y_c^{2a+1}}{a} = \dfrac{Q^2}{g}$

$\rightarrow$指數型渠道臨界水深與流量之關係 $\boxed{y_c = \left(\dfrac{aQ^2}{k^2 g}\right)^{1/(2a+1)}}$

2.3.5 指數型渠道臨界水深

指數型渠道通水斷面積 A 與水深 y 之關係為 $A = ky^a$。

緩坡指數型渠道，能量係數 $\alpha = 1.0$，臨界水深

$$y_c = \left(\frac{aQ^2}{k^2 g}\right)^{1/(2a+1)} \tag{2.20}$$

例如：

- 矩形渠道：渠寬為 B，面積 $A = By_c$，係數 $k = B$，指數 $a = 1$

  臨界水深$y_c = \left(\frac{aQ^2}{k^2 g}\right)^{1/(2a+1)} = \left(\frac{Q^2}{B^2 g}\right)^{1/3} = \left(\frac{q^2}{g}\right)^{1/3}$，$q$ = 單寬流量

- 三角形渠道：面積 $A_c = By_c$，係數 $k = m$，指數 $a = 2$

  臨界水深$y_c = \left(\frac{aQ^2}{k^2 g}\right)^{1/(2a+1)} = \left(\frac{2Q^2}{m^2 g}\right)^{1/5}$

- 拋物線渠道（Parabolic channel），$A_c = ky_c^{3/2}$，$a = 1.5$，

  臨界水深$y_c = \left(\frac{aQ^2}{k^2 g}\right)^{1/(2a+1)} = \left(\frac{3Q^2}{2k^2 g}\right)^{1/4}$

2.4 渠床抬升或下降對水位之影響（Water Surface Change by Bed Variation）

⊗ 渠床抬升對於水位之影響：

- 對於亞臨界流，依照抬升高度 ΔZ 多寡可區分為下列三種狀態：

  1. 當 $\Delta Z < \Delta Z_m$ 時，上游水位不變，渠床抬升段水位下降。
  2. 當 $\Delta Z = \Delta Z_m$ 時，渠床抬升段水流處於臨界條件，水深為臨界水

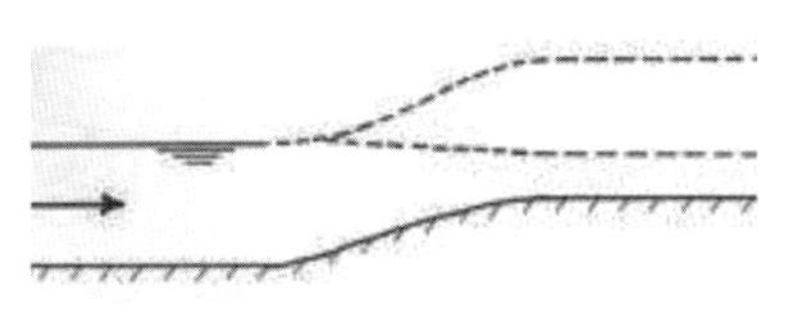

渠床抬升對水位的影響

深，但上游水位不變。

3. 當 $\Delta Z > \Delta Z_m$ 時，水流壅塞，迫使上游水位抬升，而渠床抬升段的水深為臨界水深。

- 對於超臨界流，依照抬升高度 ΔZ 多寡可區分為：
  1. 當 $\Delta Z < \Delta Z_m$ 時，上游水位不變，渠床抬升段水位上升。
  2. 當 $\Delta Z = \Delta Z_m$ 時，渠床抬升段水流處於臨界條件，上游水位不變。
  3. 當 $\Delta Z > \Delta Z_m$ 時，水流壅塞，迫使上游水位抬升，但下游保持臨界狀態。

⊗ 渠床下降對於水位之影響：

- 對於亞臨界流，上游水位不變，渠床下降段水位上升。
- 對於超臨界流，上游水位不變，渠床下降段水位下降。

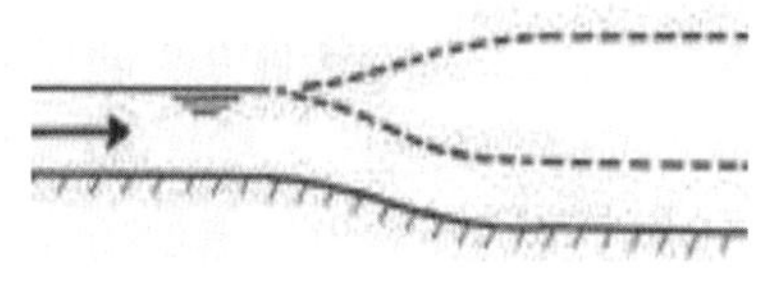
渠床下降對水位的影響

2.4.1 亞臨界流渠床抬升對水位之影響

亞臨界渠流，渠床抬升將導致比能 E 減少，水深下降，但是比能減少有下限，比能 E 不能小於臨界比能 E_c。渠床抬高有個臨界抬高量為 ΔZ_m 當渠床抬升高度 ΔZ 過大時，水流會發生壅塞，迫使上游水位抬升。

1. 當 $\Delta Z < \Delta Z_m$ 時，上游水位不變，渠床抬升段比能下降，並使水面下降。
2. 當 $\Delta Z = \Delta Z_m$ 時，渠床抬升段水流處於臨界條件。
3. 當 $\Delta Z > \Delta Z_m$ 時，抬升段處於臨界狀態，並造成壅塞，迫使上游比能增加，而水位抬升。

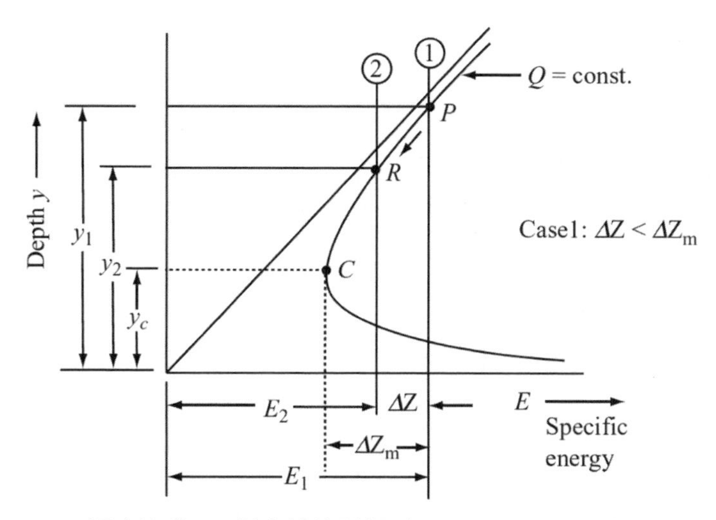

渠床抬升 ΔZ 對水位的影響（Subramanya, 2015）

2.4.2 亞臨界渠流渠床適度抬升理論分析

有一水平渠道，處於亞臨界流，渠道下游的渠床適度抬升 ΔZ 會造成抬升段的水深減少及水面下降。理論分析：渠道為水平渠道，且能量係數 $\alpha = 1.0$，渠床抬升段上游及抬升段的能量方程式分別為；

$$H_1 = Z_1 + E_1 = Z_1 + y_1 + \frac{Q^2}{2gA_1^2} \text{；} H_2 = Z_2 + E_2 = Z_2 + y_2 + \frac{Q^2}{2gA_2^2}$$

不考慮能量損失，$H_2 = H_1 \rightarrow Z_2 + E_2 = Z_1 + E_1 \rightarrow E_2 = E_1 - \overbrace{(Z_2 - Z_1)}^{\Delta Z}$

抬升段比能 E_2 與其上游比能 E_1 之關係為$y_2 + \frac{Q^2}{2gA_2^2} = y_1 + \frac{Q^2}{2gA_1^2} - \Delta Z$

$\rightarrow y_1 = y_2 + \Delta Z + \underbrace{(\frac{Q^2}{2gA_2^2} - \frac{Q^2}{2gA_1^2})}_{>0 \text{ since } A_2 < A_1} \rightarrow y_1 > y_2 + \Delta Z$（水面下降）

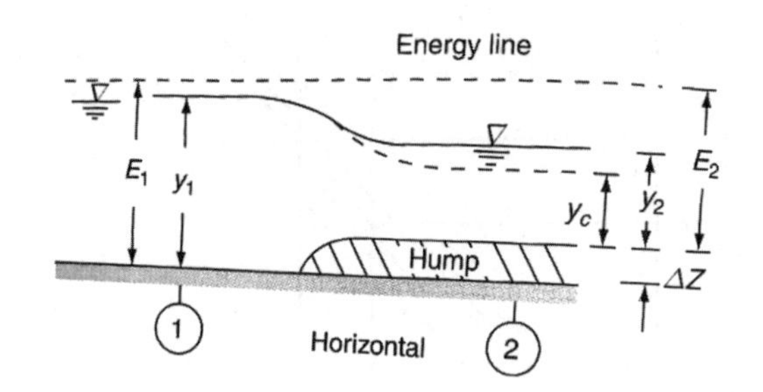

- 亞臨界流渠床適度抬升 ΔZ 會造成抬升段的比能減少，水深減少，流速加快，水面下降。
- 渠床抬升有個臨界值 ΔZ_m，當 $\Delta Z = \Delta Z_m$ 時，抬升段的渠流為臨界流況 $E_2 = E_1 - \Delta Z_m = E_{2c}$ → 臨界渠床抬升量為 $\Delta Z_m = E_1 - E_{2c}$
- 臨界渠床抬升量為 $\Delta Z_m = y_1 + \dfrac{Q^2}{2gA_1^2} - y_{2c} - \dfrac{Q^2}{2gA_{2c}^2}$

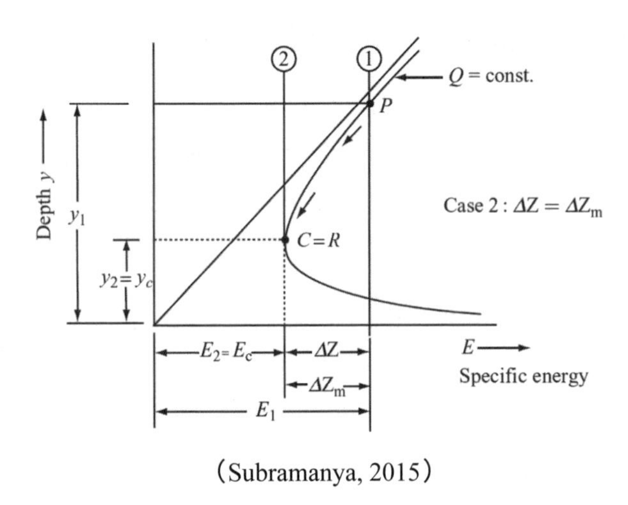

(Subramanya, 2015)

例題 2.14

有一矩形渠道，渠寬 B = 2.0 m，水深 y = 1.6 m，流量 Q = 4.8 cms。假如此渠道下游段的渠床墊高 ΔZ = 0.1 m，在不考慮能量損失下，試求此渠流水面線的可能變化。

解答：

單位寬度流量 $q = Q/B = 4.8/2 = 2.4\ m^2/s$；

流速 $V = 2.4/1.6 = 1.5\ m/s$

臨界水深 $y_c = (q^2/g)^{1/3} = (2.4^2/9.81)^{1/3} = 0.837\ m$。

渠床墊高前速度水頭 $V_1^2/2g = 0.115\ m$，

福祿數$F_{r1} = V_1/\sqrt{gy_1} = 1.5/\sqrt{9.81 \times 1.6} = 0.379 < 1.0$，渠流為亞臨界流

渠床臨界抬升高度 $\Delta Z_m = E_1 - E_c = (y_1 + V_1^2/2g) - 1.5y_c$

$= 1.715 - 1.256 = 0.459\ m$

當下游渠床抬升 $\Delta Z = 0.10\ m$，渠床抬升 $\Delta Z < \Delta Z_m$，

因此渠床抬升段上游水深不變，渠床抬升段水面下降，

渠床抬升段比能 $E_2 = E_1 - \Delta Z = (1.60 + 0.115) - 0.10 = 1.615\ m$

$$E_2 = y_2 + \frac{q^2}{2gy_2^2} \rightarrow 1.615 = y_2 + \frac{2.4^2}{2 \times 9.81 \times y_2^2} \rightarrow y_2^3 - 1.615y_2 + 0.294 = 0$$

試誤法求得渠床抬升段水深 $y_2 = \underline{1.481}\ m$。

和渠床抬升段上游水深比較，$y_1\ (= 1.6\ m) > y_2\ (= 1.481\ m)$

而且 $y_1 > y_2 + \Delta Z$ 水面下降，渠床抬升水面下降 $[y_1 - (y_2 + \Delta Z)] = 0.019\ m$。渠床抬升 10 公分導致水面下降 1.9 公分。

例題 2.15

已知有一水平矩形渠道，渠寬 $B = 2.0\ m$，渠道下游段的渠床抬升 $\Delta Z = 0.3\ m$，當渠流為定量流，流量為 Q 時，量測得渠床抬升段上游的水深 $y_1 = 1.5\ m$，渠床抬升段的水面下降 $\Delta H = 0.15\ m$，不考量能量損失，試估算此渠道之流量。

解答：

渠道上游段及下游段水位關係為 $\Delta H = y_1 - (y_2 + \Delta Z) = 0.15\ m$

$\rightarrow$ 渠床抬升段的水深 $y_2 = y_1 - \Delta Z - \Delta H = 1.5 - 0.3 - 0.15 = 1.05\ m$

渠道上下游比能關係為$E_1 = E_2 + \Delta Z \rightarrow y_1 + \frac{q^2}{2gy_1^2} = y_2 + \frac{q^2}{2gy_2^2} + \Delta Z$

$$\rightarrow \frac{q^2}{2g}\left(\frac{1}{y_2^2}-\frac{1}{y_1^2}\right)=y_1-y_2-\Delta Z=1.5-1.05-0.3=0.15$$

$$\rightarrow \frac{q^2}{2\times 9.81}\left(\frac{1}{1.05^2}-\frac{1}{1.5^2}\right)=0.15 \rightarrow 0.02358q^2=0.15$$

→ 單位寬度流量 $q=2.522\ \text{m}^2/\text{s}$，流量 $Q=Bq=2\times 2.522=5.044\ \text{m}^3/\text{s}$

檢核：$E_1=y_1+\dfrac{q^2}{2gy_1^2}=1.644\text{m}$，$E_{2c}=\dfrac{3}{2}\left(\dfrac{q^2}{g}\right)^{\frac{1}{3}}=1.298\ \text{m}$

$\Delta Z_m=E_1-E_{2c}=0.346>\Delta z$。

此例題說明可利用渠流的觀測資料 ΔZ、y_1 及 y_2（或 ΔH）來推估流量 Q。

2.4.3 不影響上游水位，下游渠床最大抬升高度

如前所述，當 $\Delta Z<\Delta Z_m$ 時，上游水位不變，渠床抬升段水面下降；當 $\Delta Z=\Delta Z_m$ 時，上游水位不變，渠床抬升段水流處恰好為臨界流況；當 $\Delta Z>\Delta Z_m$ 時，水流雍塞，迫使上游水位抬升，渠床抬升段為臨界流。

當 $\Delta Z=\Delta Z_m$ 時，渠床抬升段為臨界流，$E_2=E_{2c}$。不考量能量損失，上游及下游比能關係為 $E_1=E_{2c}+\Delta Z_m \rightarrow \boxed{\Delta Z_m=E_1-E_{2c}}$

對於矩形渠道，當 $\Delta Z=\Delta Z_m$ 時，$E_2=E_{2c}=\dfrac{3}{2}y_{2c}$，不考量能量損失，

$$\Delta Z_m=E_1-\frac{3}{2}y_{2c}\rightarrow \frac{\Delta Z_\text{m}}{y_1}=\frac{E_1}{y_1}-\frac{3}{2}\frac{y_{2c}}{y_1}=1+\frac{V_1^2}{2gy_1}-\frac{3}{2}\left(\frac{q_2^2}{gy_1^3}\right)^{1/3}=1+\frac{F_{r1}^2}{2}-\frac{3}{2}\left(\frac{q_1^2}{gy_1^3}\right)^{1/3}$$

$$\left(\frac{B_1}{B_2}\right)^{2/3}=1+\frac{F_{r1}^2}{2}-\frac{3F_{r1}^{2/3}}{2}\left(\frac{B_1}{B_2}\right)^{2/3}\rightarrow \boxed{\frac{\Delta Z_\text{m}}{y_1}=1+\frac{F_{r1}^2}{2}-\frac{3F_{r1}^{2/3}}{2}\left(\frac{B_1}{B_2}\right)^{2/3}} \qquad (2.21)$$

又流量 $Q=q_1B_1=q_2B_2$，單寬流量 $q_2=q_1(B_1/B_2)$；福祿數 $F_{r1}=q_1/\sqrt{gy_1^3}$。對於固定寬度渠道 $(B_1=B_2)\rightarrow \boxed{\dfrac{\Delta Z_\text{m}}{y_1}=1+\dfrac{F_{r1}^2}{2}-\dfrac{3F_{r1}^{2/3}}{2}}$。

當考量能量損失 h_L 時，比能關係為

$$E_1 = E_2 + \Delta Z_m + h_L \text{，} \boxed{\left(\frac{\Delta Z_{\mathrm{m}}}{y_1} + \frac{h_L}{y_1}\right) = 1 + \frac{F_{r1}^2}{2} - \frac{3F_{r1}^{2/3}}{2}} \quad (2.22)$$

能量損失 h_L 對水流具有類似於渠床抬升的效應。

例題 2.16

已知有一水平矩形渠道，渠寬 $B = 2.25$ m，渠流為定量流，水深 $y_1 = 1.2$ m，流速 $V_1 = 1.35$ m/s。擬在渠道下游段渠床設置平台將渠床抬升 ΔZ，並使渠床抬升段的流況為臨界流。在不考量能量損失條件下，試估算渠床抬升高度 ΔZ 及估算渠床抬升段水面下降高度 ΔH。

解答：

渠道流量 $Q = A_1V_1 = By_1V_1 = 2.25 \times 1.2 \times 1.35 = 3.645\ m^3/\mathrm{s}$。

單寬流量 $q = Q/B = y_1V_1 = 1.2 \times 1.35 = 1.62\ \mathrm{m^2/s}$

福祿數 $F_1 = V_1/\sqrt{gy_1} = 1.35/\sqrt{9.81 \times 1.2} = 0.393 < 1$（亞臨界流）

臨界水深 y_c 關係式，$y_c = \left(\dfrac{q^2}{g}\right)^{1/3} = \left(\dfrac{1.62^2}{9.81}\right)^{1/3} = 0.644$ m

抬升段的流況為臨界流，渠床抬升高度 $\Delta Z = \Delta Z_m$，抬升段處於臨界流條件下，渠道上下游比能關係為

$$E_1 = E_{2c} + \Delta Z_m \rightarrow y_1 + \frac{q^2}{2gy_1^2} = y_{2c} + \frac{q^2}{2gy_{2c}^2} + \Delta Z_m$$

$$\Delta Z_{\mathrm{m}} = y_1 - y_{2c} + \frac{q^2}{2g}\left(\frac{1}{y_1^2} - \frac{1}{y_{2c}^2}\right) = 1.2 - 0.644 + \underbrace{\frac{1.62^2}{2 \times 9.81}\left(\frac{1}{1.2^2} - \frac{1}{0.644^2}\right)}_{-0.23}$$

$$= 0.326 \text{ m}$$

渠床抬升高度 $\Delta Z_m = 0.326$ m，

水面下降高度 $\Delta H = y_1 - (y_2 + \Delta Z) = 1.2 - 0.644 - 0.326 = 0.23$ m。

2.4.4 亞臨界渠流渠床過度抬升理論分析

亞臨界流渠道若其下游渠床過度抬升（$\Delta Z > \Delta Z_m$），抬升段水流不能低於臨界水深 y_c，抬升段處於臨界流況。為了要通過相同流量的水流，渠床過度抬升發生水流壅塞，造成抬升段上游水位抬高，比能增加。渠道上游原先比能 $E_1 = y_1 + \dfrac{Q^2}{2gA_1^2}$，當渠床過度抬升（$\Delta Z > \Delta Z_m$）

抬升段比能處於臨界狀態，

$$E_2 = E_{2c} = y_{2c} + \frac{Q^2}{2gA_{2c}^2}$$

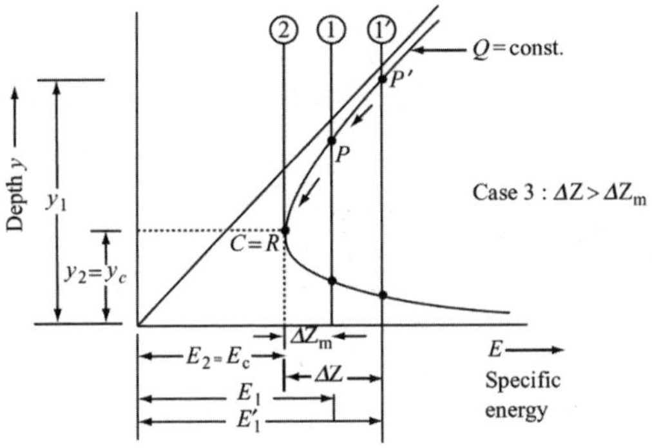

（Subramanya, 2015）

渠道上游與抬升段比能之關係為

$$E_{2c} = E_1 - \Delta Z_m = \underbrace{E_1 + (\Delta Z - \Delta Z_m)}_{\text{上游段新的比能}E_1^*} - \Delta Z = E_1^* - \Delta Z$$

上游段比能增加到E_1^*，$\boxed{E_1^* = E_{2c} + \Delta Z}$，因此上游段水深增加到$y_1^*$，其關係式為：

$$E_1^* = y_1^* + \frac{V_1^2}{2g} = y_1^* + \frac{Q^2}{2gA_1^{*2}} \tag{2.23}$$

當發生壅塞時，上游段水深由 y_1 增加到 y_1^*。

例題 2.17

已知有一水平矩形渠道，渠寬 $B = 2.0$ m，渠道為定量流況，水深 $y_1 = 1.6$ m，流量 $Q = 4.8$ cms。擬在下游段渠床設置平台將渠床抬升 $\Delta Z = 0.5$ m。假設不考量能量損失，試求渠床抬升段水深 y_2 及分析渠床抬升對渠流水面之影響。

解答：

單寬流量$q=\dfrac{Q}{B}=\dfrac{4.8}{2}=2.4\ \text{m}^2/\text{s}$，

渠道上游流速$V_1=\dfrac{q}{y_1}=\dfrac{2.4}{1.6}=1.5\ \text{m/s}$

渠道上游福祿數$F_{r1}=V_1/\sqrt{gy_1}=1.5/\sqrt{9.81\times1.6}=0.379<1$

亞臨界流渠道上游比能

$$E_1=y_1+\frac{q^2}{2gy_1^2}=1.6+\frac{2.4^2}{2\times9.81\times1.6^2}=1.715\ \text{m}$$

渠床抬升段臨界水深$y_{2c}=\left(\dfrac{q^2}{g}\right)^{1/3}=\left(\dfrac{2.4^2}{9.81}\right)^{1/3}=0.837\ \text{m}$

臨界比能$E_{2c}=y_{2c}+\dfrac{q^2}{2gy_{2c}^2}=0.837+\dfrac{2.4^2}{2\times9.81\times0.837^2}=1.256\ \text{m}$

不影響上游之最大渠床抬升量 $\Delta Z_m=E_1-E_{2c}=1.715-1.256=0.459\ \text{m}$

渠床抬升 $\Delta Z=0.5\ \text{m}>\Delta Z_m$，渠床過渡抬升，造成水流壅塞，上游水位增加。

由於渠床過渡抬升，造成水流壅塞，上游水位增加，比能增加 $E_1\rightarrow E_1^*$，上游新的比能 $E_1^*=E_{2c}+\Delta Z=1.256+0.5=1.756\ \text{m}$

由比能關係式$E_1^*=y_1^*+\dfrac{q^2}{2gy_1^{*2}}=1.756$推求上游新的水深 y_1^*

求解$y_1^*+\dfrac{q^2}{2gy_1^{*2}}=y_1^*+\dfrac{2.4^2}{2\times9.81y_1^{*2}}=1.756\rightarrow y_1^*+\dfrac{0.2936}{y_1^{*2}}=1.756$

展開後得$y_1^{*3}-1.756y_1^{*2}-0.2936=0\rightarrow \boxed{y_1^*=1.648\ \text{m}}$

- 下游段渠床抬升 $\Delta Z=0.5\ \text{m}$ 後，抬升段水深為臨界水深 $y_{2c}=0.837\ \text{m}$，抬升段水位下降 $\delta=y_1-y_{2c}-\Delta Z=1.6-0.837-0.5=0.263\ \text{m}$。
- 水流壅塞使抬升段上游水深增加 $\Delta y_1=y_1^*-y_1=1.648-1.60=0.048\ \text{m}$，上游水位增加 0.048 m。

2.4.5 超臨界流渠床抬升對水位之影響

超臨界渠流，渠床抬升將導致比能減少，水深上升，但是比能減少有下限，比能不能小於臨界比能 E_c。如前所述：

1. 當 $\Delta Z < \Delta Z_m$ 時，上游水深不變，抬升段水深上升，
2. 當 $\Delta Z = \Delta Z_m$ 時，渠床抬升段水流處於臨界條件，
3. 當 $\Delta Z > \Delta Z_m$ 時，水流雍塞，迫使上游水深下降。

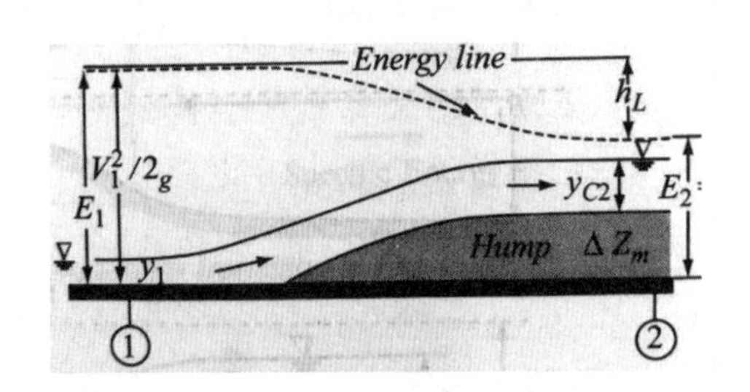

Note：以上是超臨界流渠床抬升後理論上的水位變化，但是實際情況當超臨界流遇到渠床過度抬升時可能會觸發水躍的發生，使超臨界流轉換為亞臨界流。

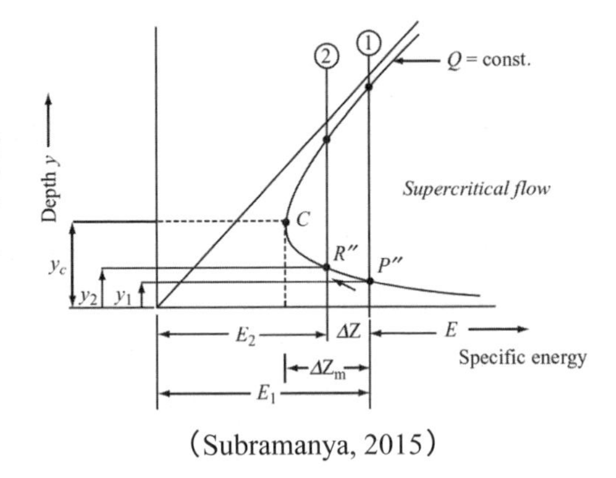

（Subramanya, 2015）

例題 2.18

有一水平矩形渠道，寬 B = 2.5 m，渠流為定量流，水深 y_1 = 0.5 m，流量 Q = 6.0 m/s。擬將渠道下游段渠床逐漸抬升 ΔZ = 0.2 m。忽略能量損失，試估算渠床抬升段水深 y_2 及分析抬升段水面高程變化。

解答：

$$上游段流速 V_1 = \frac{Q}{A_1} = \frac{Q}{By_1} = \frac{6.0}{2.5 \times 0.5} = 4.8 \text{ m/s}，$$

$$單寬流量 q = \frac{Q}{B} = \frac{6.0}{2.5} = 2.4 \text{ m}^2/\text{s}$$

流速水頭 $\frac{V_1^2}{2g}=\frac{4.8^2}{2\times 9.81}=1.174$ m，

$F_{r1}=\frac{V_1}{\sqrt{gy_1}}=\frac{4.8}{\sqrt{9.81\times 0.5}}=2.167$，

$E_1=y_1+\frac{V_1^2}{2g}=0.5+1.174=1.674$ m

抬升段臨界水深 $y_{2c}=\left(\frac{q^2}{g}\right)^{1/3}=\left(\frac{2.4^2}{9.81}\right)^{1/3}=0.837$ m，

抬升段臨界比能 $E_{2c}=1.5y_{2c}=1.256$ m，渠床抬升 $\Delta Z=0.2$ m

臨界抬升高度 $\Delta Z_m=E_1-E_{2c}=1.674-1.256=0.418$ m。$\Delta Z<\Delta Z_m$ 渠流為超臨界流，渠床適度抬升，上游水位不變，抬升段水位上升。

渠床抬升 $\Delta Z=0.2$ m，臨界抬升高度 $\Delta Z_m=0.418$ m，$\Delta Z<\Delta Z_m$，渠流為超臨界流，渠床適度抬升，上游水位不變，抬升段水位上升。

抬升段比能 $E_2=E_1-\Delta Z=1.674-0.2=1.474$ m

$\rightarrow E_2=y_2+\frac{V_2^2}{2g}=y_2+\frac{q^2}{2gy_2^2}=1.474$

$\rightarrow y_2+\frac{2.4^2}{2\times 9.81y_2^2}=y_2+\frac{0.294}{y_2^2}=1.474$

$\rightarrow y_2^3-1.474y_2^2+0.294=0\rightarrow$ 試誤法求解得 $y_2=0.57$ m

渠床抬升段水深 $y_2=0.57$ m，渠床抬升段水面上升：

$\Delta H=(y_2+\Delta Z)-y_1=0.57+0.2-0.5=0.27$ m。

例題 2.19

有一水平矩形渠道，寬 $B=2.5$ m，渠流為定量流，水深 $y_1=0.5$ m，流量 $Q=6.0$ m/s。擬將渠道下游段渠床逐漸抬升 ΔZ，並使渠床抬升段流況為臨界流。假設能量損失為上游段速度水頭的10%，試估算渠床抬升段為臨界流時，渠床抬升所需高度 ΔZ 為何及估算渠床抬升段水面上升高度 ΔH。

解答：

上游段流速$V_1=\dfrac{Q}{A_1}=\dfrac{Q}{By_1}=\dfrac{6.0}{2.5\times0.5}=4.8\text{ m/s}$，

單寬流量$q=\dfrac{Q}{B}=\dfrac{6.0}{2.5}=2.4\text{ m}^2/\text{s}$

流速水頭$\dfrac{V_1^2}{2g}=\dfrac{4.8^2}{2\times9.81}=1.174\text{ m}$，

福祿數$F_{r1}=\dfrac{V_1}{\sqrt{gy_1}}=\dfrac{4.8}{\sqrt{9.81\times0.5}}=2.167$

能量損失$h_L=0.1\dfrac{V_1^2}{2g}=0.1174\text{ m}$，

上游比能$E_1=y_1+\dfrac{V_1^2}{2g}=0.5+1.174=1.674\text{ m}$

渠床抬升段流速$y_{2c}=\left(\dfrac{q^2}{g}\right)^{1/3}=\left(\dfrac{2.4^2}{9.81}\right)^{1/3}=0.837\text{ m}$，

比能 $E_{2c}=1.5y_{2c}=1.256\text{ m}$

渠床抬升段為臨界流時，上下游比能關係為$E_1=E_{2c}+\Delta Z_m+h_L$，

渠床抬升 $\Delta Z_m=E_1-E_{2c}-h_L=1.674-1.256-0.1174=0.301\text{ m}$

抬升段為臨界流時，渠床抬升所需高度 $\Delta Z=\Delta Z_m=0.301\text{ m}$，

渠床抬升段水面上升量 ΔH 為

$\Delta H=(y_{2c}+\Delta Z_m)-y_1=0.837+0.301-0.5=0.638\text{ m}$。

2.5 渠道寬度變化對水位之影響（Water Surface Change by Width Variation）

2.5.1 亞臨界流，下游渠寬變窄

當渠道下游寬度 B_2 變窄，單位寬度的流量 q_2 變大，臨界水深 y_{2c} 變大。B_2 過窄時，水流壅塞，上游水深 y_1 上升。

1. 當 $B_2 > B_{cm}$ 時，渠寬適度束縮，束縮段水深 y_2 下降；
2. 當 $B_2 = B_{cm}$ 時，渠寬臨界束縮，束縮段為臨界水深 y_{2c}；
3. 當 $B_2 < B_{cm}$ 時，渠寬過渡束縮，水流壅塞，上游水深 y_1 上升。

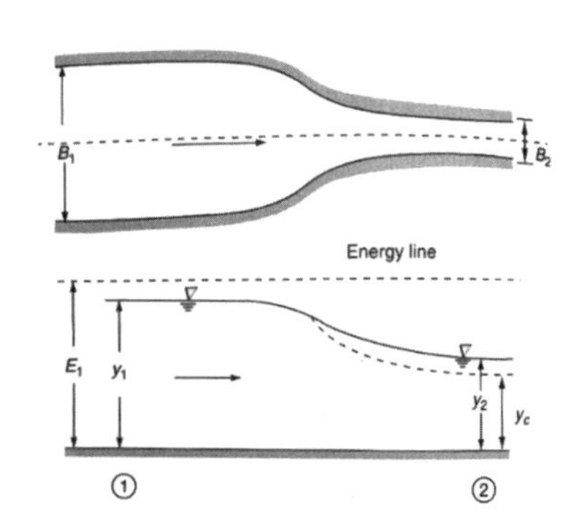

2.5.2 超臨界流，下游寬度 B_2 變窄

當渠道下游寬度 B_2 變窄，單位寬度的流量 q_2 變大，臨界水深 y_{2c} 變大。B_2 過窄時，水流壅塞，上游水深 y_1 下降。

1. 當 $B_2 > B_{2m}$ 時，渠寬適度束縮，束縮段水深 y_2 抬升；上游水深 y_1 不變。
2. 當 $B_2 = B_{2m}$ 時，渠寬臨界束縮，束縮段為臨界水深 y_{2c}；上游水深 y_1 不變。
3. 當 $B_2 < B_{2m}$ 時，渠寬過度束縮，發生壅塞，束縮段為臨界水深 y_{2c}；上游段水深 y_1 下降。

2.5.3 臨界束縮寬度

矩形渠道：不影響上游段條件下，渠寬束縮段之最小寬度 B_{2m}

渠寬束縮前比能 $E_1 = y_1 + \dfrac{Q^2}{2gA_1^2} = y_1 + \dfrac{Q^2}{2gB_1^2y_1^2} = y_1 + \dfrac{{q_1}^2}{2gy_1^2}$（$A_1 = B_1y_1$；$q_1 = Q/B_1$）；

渠寬束縮後比能 $E_2 = y_2 + \dfrac{Q^2}{2gA_2^2} = y_2 + \dfrac{Q^2}{2gB_2^2y_2^2} = y_2 + \dfrac{{q_2}^2}{2gy_2^2}$（$A_2 = B_2y_2$；$q_2 = Q/B_2$）；

渠寬臨界束縮，當 $B_2 = B_{2m}$（臨界束縮寬度）時，渠寬束縮段水深為臨界水深 y_{2c}，渠寬臨界束縮比能 $E_2 = E_{2c}$，$E_{2c} = y_{2c} + \dfrac{Q^2}{2gB_{2m}^2y_{2c}^2} = y_{2c} + \dfrac{q_{2c}^2}{2gy_{2c}^2}$。

$$E_{2c} = 1.5y_{2c}$$

矩形渠道臨界水深$y_{2c}=\left(\dfrac{q_{2c}^2}{g}\right)^{1/3}=\left(\dfrac{Q^2}{gB_{2m}^2}\right)^{1/3}$，臨界束縮寬度$B_{2m}=\sqrt{\dfrac{Q^2}{gy_{2c}^3}}$

不考慮能量損失下，比能相等 $E_1=E_2=E_{2c}=1.5y_{2c}$

$$\rightarrow \boxed{B_{2m}=\sqrt{\frac{Q^2}{gy_{2c}^3}}=\sqrt{\frac{27Q^2}{8gE_1^3}}} \tag{2.24}$$

例題 2.20

有一水平矩形渠道渠寬 $B_1=3.0$ m，流量 $Q=3.3$ cms，水深 $y_1=0.9$ m。當其下游段渠道寬度變窄為 B_2，單位寬度流量變大。在不影響上游水位及不考量能量損失下，渠寬束縮段 B_2 等於臨界渠寬 B_{2m} 時，水深為臨界水深 y_{2c}，試求此臨界水深 y_{2c} 及臨界渠寬 B_{2m}。

解答：

矩形渠道通水斷面積 $A=By$，單位寬度流量 $q=Q/B$

渠道上游段及束縮段之比能分別為

$$E_1=y_1+\frac{Q^2}{2gB_1^2y_1^2}=y_1+\frac{q_1^{\ 2}}{2gy_1^2}\ ;\ E_2=y_2+\frac{Q^2}{2gB_2^2y_2^2}=y_2+\frac{q_2^{\ 2}}{2gy_2^2}\ ;$$

當束縮段之渠寬 $B_2=B_{2m}$（不影響上游水深，束縮段最小之渠寬），束縮段水深為臨界水深 y_{2c}。

不考量能量損失，

$$比能E_1=E_{2c}=y_{2c}+\frac{Q^2}{2gB_{2m}^2y_{2c}^2}=y_{2c}+\frac{q_{2c}^2}{2gy_{2c}^2}=\frac{3}{2}y_{2c}$$

$$其中E_1=y_1+\frac{Q^2}{2gB_1^2y_1^2}=0.9+\frac{3.3^2}{2\times 9.81\times 3^2\times 0.9^2}=0.976\text{ m}$$

渠寬束縮段為臨界流，比能$E_{2c}=\dfrac{3}{2}y_{2c}=0.976$

→ 臨界水深 $y_{2c}=0.65$ m。當束縮段為臨界水深時，

$$\frac{Q^2}{g}=\frac{A_c^3}{T_c}=\frac{(B_{2m}y_{2c})^3}{B_{2m}}=B_{2m}^2y_{2c}^3=B_{2m}^2\left(\frac{2}{3}E_1\right)^3$$

$$B_{2m}=\sqrt{\frac{27Q^2}{8gE_1^3}}=\sqrt{\frac{27\times 3.3^2}{8\times 9.81\times 0.976^3}}=2.01\text{ m}$$

不影響上游水深，束縮段最窄渠寬為 $B_{2m}=2.01\text{ m}$

例題 2.21

已知水平矩形渠道流量 Q = 8.4 cms，上游段寬 B_1 = 12.0 m，水深 y_1 = 1.0 m，下游段渠寬變窄為 B_2 = 5.0 m，若不考量能量損失，試估算渠道上游段水深及下游段水深之變化。

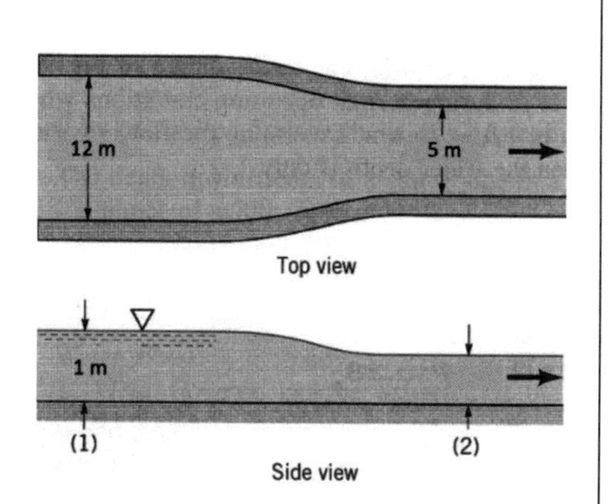

解答：

流速 $V_1 = Q/A = 8.4/(12\times 1) = 0.7\text{ m/s}$；

福祿數 $F_1=\frac{V_1}{\sqrt{gy_1}}=\frac{0.7}{\sqrt{9.81\times 1}}=0.223<1$

比能 $E_1=y_1+\frac{V_1^2}{2g}=1+\frac{0.7^2}{2\times 9.81}=1.025\text{ m}$；

比能 $E_1=E_2=\frac{3}{2}y_2\rightarrow y_2=\frac{2}{3}E_2$

上游不受干擾，束縮段最小渠寬 $B_{2m}=\sqrt{\frac{Q^2}{gy_{2c}^3}}$

$$B_{2m}=\sqrt{\frac{27Q^2}{8gE_1^3}}=\sqrt{\frac{27\times 8.4^2}{8\times 9.81\times 1.025^3}}=4.75\text{ m}$$

因為 $B_2 > B_{2m}$，渠寬適度束縮，上游段水深不變，下游段水深下降。

束縮段的單位寬度流量增加為 $q_2=\frac{Q}{B_2}=\frac{8.4}{5}=1.68\text{ m}^2/\text{s}$，

束縮段的臨界水深$y_{2c}=\left(\dfrac{q_2^2}{g}\right)^{1/3}=\left(\dfrac{1.68^2}{9.81}\right)^{1/3}=0.66\text{ m}$

已知 $E_1=1.025\text{ m}$，假如沒有能量損失，$E_2=E_1$，

$$\rightarrow y_2+\frac{Q^2}{2gB_2^2y_2^2}=y_2+\frac{q_2{}^2}{2gy_2^2}=y_2+\frac{1.68^2}{2\times9.81y_2^2}=1.025\text{ m}\rightarrow$$

$y_2+\dfrac{0.1439}{y_2^2}=1.025\rightarrow y_2^3-1.025y_2^2+0.1439=0$，試誤法求解得，渠寬束縮段水深 $y_2=0.80\text{ m}$。上游段水深不變（$y_1=1.0\text{ m}$），下游束縮段水面下降 $\delta=(y_1-y_2)=1.0-0.8=0.2\text{ m}$。

例題 2.22

已知水平矩形渠道流量 $Q=15.0$ cms，上游段渠道寬度 $B_1=3.5$ m，水深 $y_1=2.0\text{ m}$，下游段渠道寬度變窄為 $B_2=2.75\text{ m}$，若不考量能量損失，試估算渠道下游段水深 y_2，並評估上游及下游段水位之變化。

解答：

上游段流速$V_1=\dfrac{Q}{A}=\dfrac{15}{3.5\times2}=2.143\text{ m/s}$；

福祿數$F_{r1}=\dfrac{V_1}{\sqrt{gy_1}}=\dfrac{2.143}{\sqrt{9.81\times2}}=0.484<1$（亞臨界流）

比能$E_1=y_1+\dfrac{V_1^2}{2g}=2+\dfrac{2.143^2}{2\times9.81}=2.234\text{ m}$；

上游不受干擾之最小渠寬$B_{2m}=\sqrt{\dfrac{Q^2}{gy_{2c}^3}}=\sqrt{\dfrac{27Q^2}{8gE_1^3}}$

$$B_{2m}=\sqrt{\frac{27Q^2}{8gE_1^3}}=\sqrt{\frac{27\times15^2}{8\times9.81\times2.234^3}}=2.636\text{ m}$$

已知 $B_2=2.75\text{ m}$，$B_2>B_{2m}$，渠寬為適度縮減，上游段水深不變，下游段水深下降。

已知 $Q=15.0$ cms 及 $B_2=2.75$ m，束縮段$q_2=\dfrac{Q}{B_2}=5.4545\ m^2/s$

假設沒有能量損失 $E_2=E_1$，已知 $E_1=2.234$ m

$$\to y_2+\frac{q_2^{\,2}}{2gy_2^2}=y_2+\frac{5.4545^2}{2\times 9.81y_2^2}=2.234\text{ m}\to y_2+\frac{1.5164}{y_2^2}=2.234$$

$$\to y_2^3-2.234y_2^2+1.5164=0\to$$ 試誤法求得水深 $y_2=1.724$ m

因為渠道寬度束縮為 $B_2=2.75$ m，上游段水深不變（$y_1=2.0$ m），$\delta=(y_1-y_2)=2.0-1.724=0.276$ m。

上游段水位不變，下游束縮段水位下降 $\delta=0.276$ m。

例題 2.23

已知水平矩形渠道上游段寬 $B_1=3.5$ m，流量 $Q=15.0$ cms，水深 $y_1=2.0$ m，其下游段渠寬變窄為 $B_2=2.5$ m，若不考量能量損失，試評估渠道上游段水深及下游段水深之變化。

解答：

流速 $V_1=Q/A=15/(3.5\times 2)=2.143$ m/s；

福祿數$F_1=V_1/\sqrt{gy_1}=0.484<1$，渠流為亞臨界流。

比能$E_1=y_1+\dfrac{V_1^2}{2g}=2+\dfrac{2.143^2}{2\times 9.81}=2.234$ m；上游不受干擾下，下游

最小渠寬$B_{2m}=\sqrt{\dfrac{Q^2}{gy_{2c}^3}}=\sqrt{\dfrac{27Q^2}{8gE_1^3}}=\sqrt{\dfrac{27\times 15^2}{8\times 9.81\times 2.234^3}}=2.636\text{ m}>2.5\text{ m}$

因為 $B_2<B_{2m}$，下游渠寬過窄，發生壅塞，上游及下游段水深都受到影響。

下游段水深為臨界水深 $y_2=y_{2c}=\left(\dfrac{Q^2}{gB_2^2}\right)^{1/3}=\left(\dfrac{q_2^2}{g}\right)^{1/3}=\left(\dfrac{6.0^2}{9.81}\right)^{1/3}=$ 1.542 m（水深下降 0.458 m）。下游段臨界比能$E_{2c}=y_{2c}+\dfrac{Q^2}{2gB_2^2y_{2c}^2}$ $=1.5y_{2c}=2.314$ m

上游$q_1 = \frac{Q}{B_1} = \frac{15}{3.5} = 4.2857\ \text{m}^2/\text{s}$，下游為臨界水深，上游比能變為

$E_1^* = E_{2c} \rightarrow y_1^* + \frac{q_1^2}{2gy_1^{*2}} = 2.314 \rightarrow y_1^* + \frac{0.9362}{y_1^{*2}} = 2.314 \rightarrow y_1^{*3} - 2.314y_1^{*2}$
$+ 0.9362 = 0 \rightarrow y_1^* = 2.102\ \text{m}$，下游渠寬過窄，發生壅塞，上游水深壅高 $\Delta y_1 = 0.102\ \text{m}$。

2.6 渠寬束縮且渠床抬升對水位之影響（Surface change by width and bed variations）

對於水平渠道，在亞臨界流況下，下游渠寬適度縮減（渠寬由 B_1 變成 B_2），而且渠床適度抬升 ΔZ，會造成渠寬束縮段水面下降。

$$\text{渠道上游段比能 } E_1 = y_1 + \frac{V_1^2}{2g} = y_1 + \frac{Q^2}{2gA_1^2} = y_1 + \frac{Q^2}{2gB_1^2 y_1^2} = y_1 + \frac{q_1^2}{2gy_1^2}$$

$$\text{渠道束縮段比能} E_2 = y_2 + \frac{V_2^2}{2g} = y_2 + \frac{Q^2}{2gA_2^2} = y_2 + \frac{Q^2}{2gB_2^2 y_2^2} = y_2 + \frac{q_2^2}{2gy_2^2}$$

假設不考慮能量損失，當渠寬束縮段的渠床適度抬升 ΔZ（$< \Delta Z_m$），渠寬束縮段的比能 $E_2 = E_1 - \Delta Z$

渠道束縮段水面高程 $(y_2 + \Delta Z)$ 下降，即 $y_1 > y_2 + \Delta Z$

當渠寬縮減（渠寬 B_1 變成 B_2），下游渠床抬升有個臨界值 ΔZ_m，當 $\Delta Z = \Delta Z_m$ 時，水流處於臨界流況。

渠床臨界抬升量 $\Delta Z_m = E_1 - E_{2c}$

$$E_{2c} = E_1 - \Delta Z_\text{m} = E_{2\text{c}} = y_{2\text{c}} + \frac{V_{2\text{c}}^2}{2g} = y_{2\text{c}} + \frac{q_2^2}{2gy_{2\text{c}}^2}$$

當下游渠床過度抬升 $\Delta Z > \Delta Z_m$，發生壅塞現象，造成上游段水位抬高，渠床抬升段水流仍然處於臨界流況，但是上游段比能由 E_1 增加到 E_1^*，比能由 y_1 增加到 y_1^*。

由能量方程式可推求得水深 y_1^*

$$E_1^* = y_1^* + \frac{V_1^2}{2g} = y_1^* + \frac{q_1^{\ 2}}{2gy_1^{*2}} = E_1 + (\Delta Z - \Delta Z_m) = E_{2c} + \Delta Z \qquad (2.25)$$

例題 2.24

已知有一水平矩形渠道流量 $Q = 16.0$ cms，上游段寬 $B_1 = 4.0$ m，水深 $y_1 = 2.0$ m；下游段渠寬變窄，$B_2 = 3.5$ m，而且渠床抬升 $\Delta Z = 0.2$ m。不考量能量損失，試求渠道上游段水深 y_1、下游段水深 y_2 及水位之變化。

解答：

上游段單寬流量$q_1 = \dfrac{Q}{B_1} = \dfrac{16}{4} = 4.0\ \text{m}^2/\text{s}$，

流速$V_1 = \dfrac{Q}{A} = \dfrac{16}{4 \times 2} = 2.0\ \text{m/s}$；

福祿數$F_1 = \dfrac{V_1}{\sqrt{gy_1}} = 0.451 < 1$，

比能$E_1 = y_1 + \dfrac{V_1^2}{2g} = 2 + \dfrac{2^2}{2 \times 9.81} = 2.204\ \text{m}$；

下游單寬流量$q_2 = \dfrac{Q}{B_2} = \dfrac{16}{3.5} = 4.571\ \text{m}^2/\text{s}$；

渠寬束縮，單寬流量變大。

下游渠床抬升段渠寬束縮之臨界水深

$$y_{2c} = \left(\frac{q_2^2}{g}\right)^{1/3} = \left(\frac{4.571^2}{9.81}\right)^{1/3} = 1.287\ \text{m}$$

下游臨界比能

$$E_{2c}=y_{2c}+\frac{q_2^2}{2gy_{2c}^2}=1.287+\underbrace{\frac{4.571^2}{2\times 9.81\times 1.287^2}}_{0.643}=1.93\text{ m}。$$

上游段比能 E_1 = 2.204 m；下游臨界比能 E_{2c} = 1.93 m。上游段不受干擾之渠床臨界抬升高度 $\Delta Z_m = E_1 - E_{2c} = 2.204 - 1.93 = 0.274$ m。

已知下游渠床抬升 $\Delta Z = 0.2\text{ m} < \Delta Z_m$，沒有水面雍塞現象，上游段水深不變（$y_1 = 2.0$ m）。

下游渠床抬升段比能 $E_2 = E_1 - \Delta Z = 2.204 - 0.2 = 2.004$ m。

$$E_2=y_2+\frac{q_2^2}{2gy_2^2}\rightarrow 2.004=y_2+\frac{4.571^2}{2\times 9.81y_2^2}$$

$\rightarrow y_2^3-2.004y_2^2+1.065=0\rightarrow$ 試誤法求得下游水深 $y_2 = \underline{1.575}$ m。

下游渠床抬升段水面下降 $[y_1 - (y_2 + \Delta Z)] = 2 - 1.775 = \underline{0.225}$ m。

例題 2.25

已知有一水平矩形渠道流量 Q = 16.0 cms，上游段寬 B_1 = 4.0 m，水深 y_1 = 2.0 m，當其下游段渠寬變窄，B_2 = 3.5 m，且渠床抬升 ΔZ = 0.35 m。若不考量能量損失，試評估渠道上游水深 y_1、下游水深 y_2 及水面高程之變化。

解答：

上游流速 $V_1=\frac{Q}{A}=\frac{16}{4\times 2}=2.0$ m/s；福祿數 $F_1=\frac{V_1}{\sqrt{gy_1}}=0.452<1$；

比能 $E_1=y_1+\frac{V_1^2}{2g}=2.204$ m；單寬流量 $q_1 = V_1y_1 = 4.0\text{ m}^2/\text{s}$，

下游單寬流量 $q_2=\frac{Q}{B_2}=\frac{16}{3.5}=4.571\text{ m}^2/\text{s}$；下游單寬流量變大。

渠寬束縮且渠床抬升段之臨界水深

$$y_{2c}=\left(\frac{q_2^2}{g}\right)^{1/3}=\left(\frac{4.571^2}{9.81}\right)^{1/3}=1.287\text{ m}；$$

下游臨界比能$E_{2c} = y_{2c} + \dfrac{q_2^2}{2gy_{2c}^2} = 1.287 + \underbrace{\dfrac{4.571^2}{2\times 9.81\times 1.287^2}}_{0\ 643} = 1.93\text{ m}$。

臨界抬升量 $\Delta Z_m = E_1 - E_{2c} = 2.204 - 1.93 = 0.274$ m，渠床抬升 $\Delta Z = 0.35$ m

$\Delta Z > \Delta Z_m$，造成壅塞。下游為臨界水深 $y_{2c} = 1.287$ m，臨界比能 $E_{2c} = 1.93$ m。

渠床過度抬升，$\Delta Z > \Delta Z_m$，造成壅塞。渠床抬升段為臨界流況，臨界水深 $y_{2c} = 1.287$ m，臨界比能 $E_{2c} = 1.93$ m。上游段水位抬升，比能增加。

上游比能$E_1^* = E_{2c} + \Delta Z = 1.93 + 0.35 = 2.28$ m

$\rightarrow y_1^* + \dfrac{4^2}{2\times 9.81 y_1^{*2}} = 2.28 \rightarrow y_1^{*3} - 2.28 y_1^{*2} + 0.8155 = 0$

$\rightarrow y_1^* = 2.094$ m。

上游段受壅塞影響水深由 $y_1 = 2.0$ m 變為 $y_1^* = 2.094$ m，增加 0.094 m；下游渠床抬升段為臨界水深 $y_2 = y_{2c} = 1.287$ m，抬升段水面高程為 $y_2 + \Delta Z = 1.287 + 0.35 = 1.637$ m。下游渠床抬升段水面下降 $[y_1 - (y_2 + \Delta Z)] = 2 - 1.637 = 0.363$ m。

習題

習題 2.1

已知臨界流的特性，當比能固定時，流量為最大。請以矩形渠道為例，寫出流量與比能的關係，並證明在臨界流的條件下，流量存在極大值。

習題 2.2

有一寬度為 3.0 m 的矩形水平渠道，渠道下游段寬度逐漸縮減為 2.0 m，渠床高程逐漸抬升高度 ΔZ。當渠道流量為 15.0 cms 的定量流時，渠道上游段的水深為 2.0 m，下游渠寬束縮段渠床抬升量 ΔZ 為多少時，可使渠寬縮窄處（寬 2 m 處）的流況處於臨界流狀態，並將結果繪製於比能圖上呈現。

習題 2.3

有一座三角形斷面渠道，渠底寬為 B_3 m，渠岸邊坡水平垂直比為負值（$-m$），水深 y 愈大水面寬 T 愈窄，$T = B - 2my$。當渠底寬 $B = 3$ m，邊坡水平垂直比（$-m = -0.5$），流量 $Q = 12$ cms 時，試求此渠流的臨界水深 y_c 及其所對應之比能 E_c。

習題 2.4

有一水平梯形渠道，渠道底寬為 1.0 m，流量為 3.0 cms，渠道內發生水躍，水躍前水深為 $y_1 = 0.26$ m，水躍後水深為 y_2，水躍前比能為 E_1，水躍後比能為 E_2。假設底床摩擦力可忽略，試求 (1) 水躍後水深 y_2、(2) 在此流量下對應之臨界水深 y_c、(3) 水躍造成的比能損失 E_L，並 (4) 在比能與水深關係圖上標記出 y_1、y_2、y_c、E_1、E_2 及 E_L 之位置。

習題 2.5

有一條對稱梯形渠道，渠床坡度 $S_0 = 0.002$，渠底寬 $B = 2.0$ m，渠岸邊坡水平垂直比 $m = 1.5$，曼寧粗糙係數 $n = 0.015$。當流量 $Q = 5.0$ cms，試計算此渠流的臨界水深。

習題 2.6

試說明何謂第一水力指數 M（First hydraulic exponent），說明如何計算第一水力指數 M 值，然後計算一條對稱梯形渠道的第一水力指數 M 值，此梯形渠道底寬為 3.0 m，水深為 2.5 m，渠道邊坡坡角為 45 度。

習題 2.7

已知某一渠道的坡度為 S_0、流量為 Q、通水面積為 A、水面寬度為 T、濕周長度為 P、水深為 h、水的密度為 ρ、動力黏滯度為 μ 及重力加速度為 g。試回答下列問題：

(1) 寫出渠流水力深度 D 及水力半徑 R 和通水面積 A 之關係式。

(2) 寫出渠流雷諾數 Re 及福祿數 Fr 和流量 Q 之關係式。

(3) 寫出渠流為臨界流時其流量 Q 和通水面積 A 及水面寬度 T 之關係式。

(4) 假如渠道為矩形渠道，渠寬為 B，請比較水力深度 D 和水力半徑 R 之差異。

(5) 臨界流條件下三角形渠道中渠流比能 E 和水深 h 之關係式。

習題 2.8

有一條 50 m 寬的矩形斷面河道，設計流量為 200 cms，水深為 4 m。今欲在此河道興建一座跨河橋樑，然而為了縮短橋樑興建的長度，必須討論河寬縮減議題。在該設計流量條件下，河寬縮減不會影響上游水深時，試求橋樑興建處允許的最小河寬為何？並利用比能曲線圖說明河寬縮減處的水深與原先水深相比是上升或下降？

習題 2.9

有一條水平矩形渠道，渠寬為 2.5 m，流量為 6.0 cms，水深為 0.5 m，若欲使某斷面發生臨界流時，可於底床設計一座平頂之突出物，假設此突出物之能量損失為 0.1 倍之上游流速水頭，試求此平頂突出物高度為多少時，可使水流為臨界流況。

習題 2.10

有一水平矩形渠道，渠道內沿水流方向有一水平之突起階梯，突起高度為 ΔZ，此階梯段也是水平矩形渠道。渠流自上游流入階梯段區域時會發生水深及流速的變化。假設此渠道單位寬度流量為 2.4 m^2/s，上游水深為 1.8 m，忽略渠流經過階梯時的能量損失，在不影響上游水深及流速的條件下，試求 (1) 階梯段渠床突起高度 ΔZ 最大可為多少（即推求允許階梯最大高度）？並求 (2) 當階梯高度 $\Delta Z = 0.3$ m 時，水流在階梯區域的水深及流速為何？

水利人介紹 2. 周文德 教授（1919-1981）

這裡介紹周文德教授（Prof. Ven Te Chow）給本書讀者認識。我在 1982 年就讀於台大土木系研究所碩士班的時候，開始學習王燦汶教授所講授的「明渠水力學」，他用國際知名水利學專家周文德教授所撰寫的 *Open-Channel Hydraulics* 當作教科書，這是一本非常經典的明渠水力學專書。這門課及這本教科書讓我奠定了明渠水力學專業知識的良好基礎。因此周教授的認識是先從讀他的書而認識的；後來，我在美國唸書的時候認識陳振隆教授，他曾經在美國伊利諾大學香檳分校和周教授同事過幾年，陳教授也給我講一些有關周教授的情事。以下介紹周教授的生平概述。

周文德教授（Prof. Ven Te Chow），美籍華裔水文學家、水利工程師和教育家。1919 年出生於中國杭州，1940 年畢業於交通大學，獲得土木工程學士學位；1948 年畢業於美國賓夕法尼亞州立大學（Pennsylvania State University），獲得工程結構碩士學位；1950 年畢業於美國伊利諾大學香檳分校（University of Illinois at Urbana-Champaign），獲得水利工程博士學位。1951 年（32 歲）他在伊利諾伊大學香檳分校土木工程系任教，1958 年（39 歲）成為水利工程教授；1981 年 7 月 30 日在美國伊利諾州去世，享年 62 歲。

周教授學有專精，長壽聯合國之邀請到世界各國指導水利工程及水資源開發計畫。周文德教授是國際水資源協會（International Water Resources Association）的創始人和第一任主席；1973 年（54 歲）他入選美國國家工程科學院院士，1974 年（55 歲）獲選中華民國中央研究院第十屆院士；他的主要學術貢獻是在水資源系統分析、隨機水文學、流域水動力學和都市排水等方面。他的學術成就主要在於提升人類對水資源問題的理解及提升人類對水資源重要性的認識。他是兩本經典專業書籍的作者和主編，即《明渠水力學》（*Open-Channel Hydraulics*，1959 年初版）和《應用水文學手冊》（*Handbook of Applied Hydrology*，1964 年初版）；這兩本書深受學界推崇，至今仍是研究水文及水理的學者及工程師必備的參考書，各國水資源及水利建設機構爭相聘他為指導顧問，揚名海內外。周教授於 1974 年應政府邀請來台灣擔任水資源顧問，曾經參與台北翡翠水庫規劃及大台北防洪計畫的諮詢，為北台灣兩個重大水利建設貢獻過心力。（參考資料：維基百科；經濟部水利署——水利人的足跡）。

參考文獻與延伸閱讀

1. Chow, V.T. (1959). *Open-Channel Hydraulics*. McGraw-Hill, New York, N.Y.
2. Subramanya K. (2015). *Flow in Open Channels*. 4th edition, McGraw-Hill, Chennai, India.
3. Swamee, P.K. (1993). Critical depth equations for irrigation canals. *Journal of Irrigation and Drainage Engineering*, ASCE, Vol.119 (2): 400-409.
4. Vatankhah, A. R. and Easa, S. M. (2011). Explicit solutions for critical and normal depths in channels with different shapes. *FlowMeasurement and Instrumentation*, Vol.22: 43-49.
5. 經濟部水利署——水利人的足跡，水利署圖書典藏及影音數位平台。

Chapter 3

均勻流

（Uniform Flow）

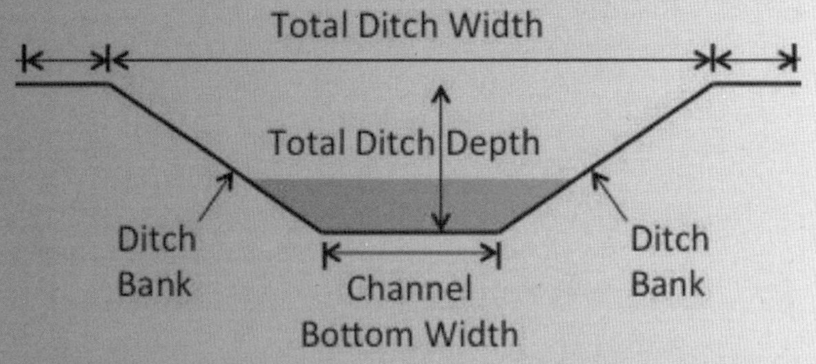

梯形渠道示意圖（Krider, et al., 2014）

3.1 前言
3.2 均勻流公式
3.3 曼寧粗糙係數n
3.4 複式渠道斷面
3.5 渠道輸水因子與斷面因子
3.6 第二水力指數N
3.7 標準修飾渠道
3.8 渠道最佳水力斷面
3.9 出水高度與彎道超高
3.10 穩定渠道設計
習題
水利人介紹3.顏清連教授
參考文獻與延伸閱讀

3.1 前言（Introduction）

均勻流（Uniform flow）：

- 在固定流量下，水流沿著流動方向具有固定的特性，水深不變、流速不變、通水斷面積不變、坡度不變。
- 均勻流的能量坡度、水面坡度及渠床坡度都是相同。

均勻流條件下

$y_1 = y_2 = y_0$

$V_1 = V_2 = V_0$

$A_1 = A_2 = A_0$

$S_f = S_w = S_0$

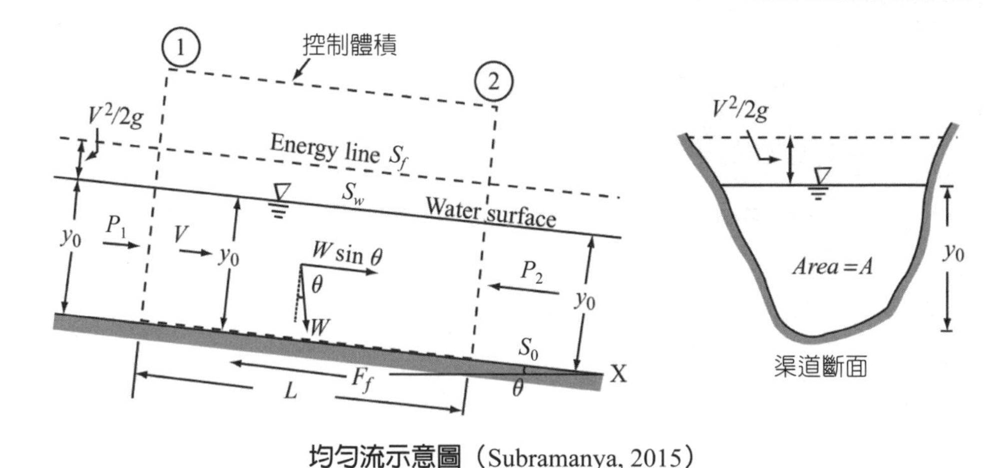

均勻流示意圖（Subramanya, 2015）

3.2 均勻流公式

3.2.1 均勻流動量方程式

- 一維定量流動量方程式

$$\underbrace{P_1 + W\sin\theta - F_f - P_2}_{\text{作用在控制體積的作用力}} = \underbrace{M_2 - M_1}_{\text{動量通量改變量}} \tag{3.1}$$

P_1 及 P_2 = 作用在控制體積上游面及下游面沿水流方向的水壓力

$W \sin \theta$ = 控制體積沿水流方向的重量分量

F_f = 作用在控制體積邊界上沿水流方向的阻力

M_1 及 M_2 = 控制體積上游面及下游面沿水流方向的動量通量

• 均勻流條件下：

$P_1 = P_2$ 及 $M_1 = M_2$ → 均勻流動量方程式 $\boxed{W \sin \theta = F_f}$

3.2.2 蔡斯公式（Chezy equation, 1769）

均勻渠流：渠床坡度 $\sin \theta = S_0$；水壓力 $P_1 = P_2$；動量通量 $M_1 = M_2$；控制體積的重量 $W = \rho gAL$；A = 通水斷面積；L = 控制體積長度；作用在控制體積邊界（濕周）的阻力 $F_f = \tau_0 PL$；P = 濕周的長度；τ_0 = 渠床平均剪應力；PL = 控制體積的濕周面積；$\gamma = \rho g$ = 單位重。

動量方程式 $W \sin \theta = F_f \rightarrow \gamma ALS_0 = \tau_0 PL \rightarrow \boxed{\tau_0 = \gamma \dfrac{A}{P} S_0 = \gamma RS_0}$，其中水力半徑（Hydraulic radius）$R = \dfrac{A}{P} = \dfrac{\text{通水斷面積}}{\text{斷面濕周長度}}$。

假設平均剪應力和流速兩次方呈正比 $\tau_0 = k\rho V^2$，其中 k 為比例係數，因此 $k\rho V^2 = \rho gRS_0$ → 蔡斯流速公式

$$\boxed{V = C\sqrt{RS_0}} \tag{3.2}$$

其中係數 $C = \sqrt{g / k}$（Chezy coefficient），與渠道及水流特性有關。Chezy 係數 C 具有單位：$[L^{1/2}T^{-1}]$。剪力速度定義為 $u_* = \sqrt{\dfrac{\tau_0}{\rho}} = \sqrt{gRS_0}$，具有速度單位。

$$\text{無因次蔡斯速度公式：}\boxed{\frac{V}{u_*} = \frac{C}{\sqrt{g}}} \tag{3.3}$$

3.2.3 曼寧公式（Manning equation, 1889）

- 曼寧公式是經驗式，公制：

$$\text{流速}\boxed{V=\frac{1}{n}R^{2/3}S_0^{1/2}}\text{；流量}\boxed{Q=\frac{1}{n}AR^{2/3}S_0^{1/2}} \quad (3.4)$$

（單位：V in m/s；A in m^2；R in m；Q in m^3/s）

- 曼寧公式中係數$\left(\frac{1}{n}\right)$具有單位$\left(\frac{L^{1/3}}{T}\right)$，但是習慣上讓 n 值不受單位影響，將單位問題丟給分子來承擔。英制將係數$\left(\frac{1}{n}\right)$改為$\left(\frac{1.49}{n}\right)$，即

$\boxed{V=\frac{1.49}{n}R^{2/3}S_0^{1/2}}$；$\boxed{Q=\frac{1.49}{n}AR^{2/3}S_0^{1/2}}$（$V$, ft/s；$A$ ft^2；R ft；Q m^3/s）

- 曼寧粗糙係數（Manning's roughness coefficient）n 或簡稱曼寧係數，它不僅與渠道斷面形狀、溝床表面粗糙高度及分布有關，同時也與流量及水流含砂量有關。自然河道由於河道形狀、河床糙度及植生狀況的不規則性很大，n 值的大小更為複雜。
- 應用曼寧公式計算平均流速或流量時，需先決定曼寧係數 n 值。

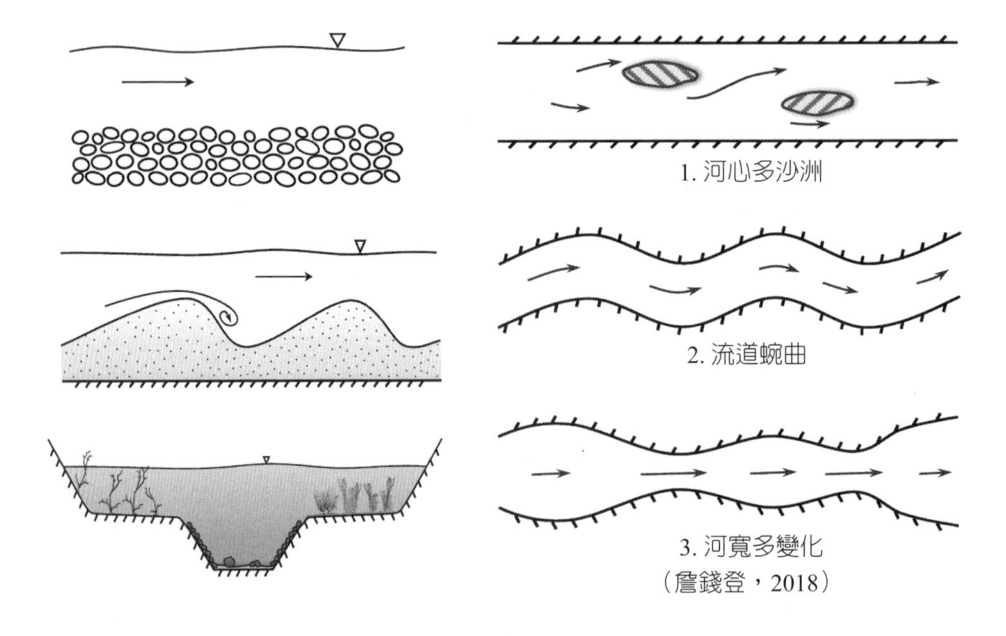

（詹錢登，2018）

影響渠道曼寧係數的主要因子：

(1) 渠道表面糙度、(2) 渠道植生情形、(3) 通水斷面形狀、(4) 渠道流路規則性、(5) 渠道水工結構物。

3.2.4 達西－外斯貝克公式（Darcy-Weisbach equation）

達西－外斯貝克公式是源自管流能量損失經驗公式，

$$\boxed{h_f = f\frac{L}{D}\frac{V^2}{2g}} \tag{3.5}$$

其中流速 $V = \sqrt{\frac{2gD}{f}\frac{h_f}{L}} = \sqrt{\frac{2g}{f}}\sqrt{DS_f}$，能量坡度 $S_f = \frac{h_f}{L}$，D = 管徑，L = 管長，V = 流速，h_f = 能損水頭，f = 摩擦係數。此公式是紀念 Henrry Darcy 及 Julius Weisbach 而命名。

管流達西摩擦係數 f 與管壁粗糙高度 ε_s 及管流雷諾數 Re $(=\frac{VD}{\nu})$ 有關，如穆迪圖（Moody diagram）及科爾布魯克公式（Colebrook equation）

$$\frac{1}{\sqrt{f}} = -2.0\log\left(\frac{\varepsilon_s / D}{3.7} + \frac{2.51}{\mathrm{Re}\sqrt{f}}\right) \tag{3.6}$$

穆迪圖（Moody diagram）是一個流體力學中的無因次圖，表示圓形截面管流中達西摩擦係數 f、雷諾數及管壁相對粗糙度之關係。圖中橫軸為雷諾數，縱軸為摩擦係數 f，圖中多條線對應不同的相對粗糙度。

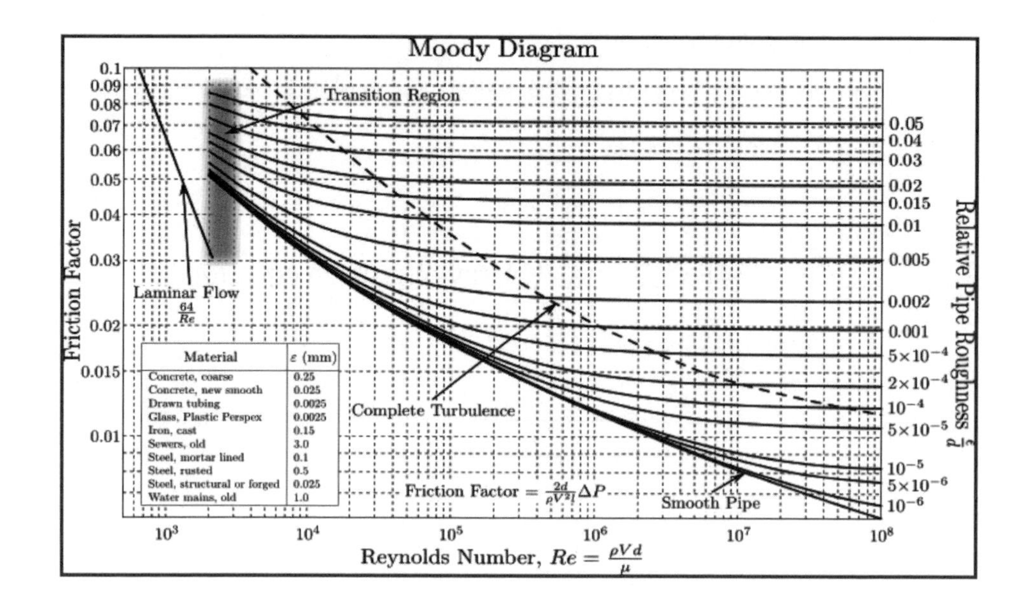

3.2.5 管壁光滑或粗糙的判斷方法

- 邊界雷諾數（Boundary Reynolds Number）的定義為$\mathrm{Re}_* = \dfrac{\varepsilon_s u_*}{\nu}$，$\varepsilon_s$ = 壁面粗糙高度，ν = 運動黏滯係數，剪力速度$u_* = \sqrt{\dfrac{\tau_0}{\rho}} = \sqrt{gRS_0}$
- 依據邊界雷諾數 Re_* 大小區分流體流經的邊界表面的粗糙程度可區分為三大類：

$$\begin{cases} \mathrm{Re}_* \le 4 & \text{水力光滑表面（Hydraulically smooth surface）} \\ 4 < \mathrm{Re}_* \le 60 & \text{光滑與粗糙的過渡區（Transition）} \\ \mathrm{Re}_* > 60 & \text{水力粗糙表面（Hydraulically rough surface）} \end{cases}$$

3.2.6 管流摩擦係數 f 之經驗公式

達西摩擦係數 f 與管壁粗糙高度 ε_s 及管流雷諾數 $\mathrm{Re} = \dfrac{VD}{\nu}$ 有關。

- 對於光滑管壁且 $Re < 10^5$，$f = 0.316Re^{-1/4}$（Blasius formula）（3.7）
- 對於光滑管壁且 $Re > 10^5$，$\frac{1}{\sqrt{f}} = 2.0\log Re\sqrt{f} - 0.8$（Karman-Prandtl equation）（3.8）
- 對於粗糙管壁且 $Re > 10^5$，$\frac{1}{\sqrt{f}} = -2.0\log\frac{\varepsilon_s}{D} + 1.14$（Karman-Prandtl equation）（3.9）
- 過渡區，$\frac{1}{\sqrt{f}} + 2.0\log\frac{\varepsilon_s}{D} = 1.14 - 2.0\log\left(1 + 9.35\frac{D/\varepsilon_s}{Re\sqrt{f}}\right)$（Colebrook-White quation）（3.10）

3.2.7 應用 Darcy-Weisbach 公式到明渠水流

- 管流是滿管流，管流的水力半徑 $R = \frac{A}{P} = \frac{\pi D^2/4}{\pi D} = \frac{1}{4}D \rightarrow \boxed{D = 4R}$，
- 以水力半徑 R 替代管徑 D，將 Darcy-Weisbach 公式應用到明渠水流，則能量損失經驗公式

$$h_f = f\frac{L}{4R}\frac{V^2}{2g} \rightarrow \frac{h_f}{L} = \underbrace{S_f}_{\text{能量坡度}} = \frac{f}{8g}\frac{V^2}{R} \rightarrow V = \sqrt{\frac{8g}{f}}\sqrt{RS_f}$$

對於均勻流，渠床坡度 S_0 = 能量坡度 $S_f \rightarrow$ 流速

$$\boxed{V = \sqrt{\frac{8g}{f}}\sqrt{RS_0}} \quad (3.11)$$

- 摩擦係數 f 與曼寧係數 n 及蔡斯係數 C 三者之關係為

$$\boxed{C = \sqrt{\frac{8g}{f}} = \frac{R^{1/6}}{n}} \quad (3.12)$$

3.2.8 明渠水流摩擦係數 f 之經驗公式

當管流 Darcy-Weisbach 公式應用到渠道均勻渠流時，渠床坡度等於能量坡度，$S_f = S_0$，以水力半徑 R 取代管徑 D，$D = 4R$，雷諾數 $\mathrm{Re} = 4VR/\nu$，係數 f 與粗糙高度 ε_s 及雷諾數 Re 之經驗關係式：

- 光滑渠道面 $\dfrac{1}{\sqrt{f}} = 1.80\log\mathrm{Re} - 1.5146$（Lieu equation）（3.13）
- 過渡區 $\dfrac{1}{\sqrt{f}} = 1.14 - 2.0\log\left(\dfrac{\varepsilon_s}{4R} + \dfrac{21.25}{\mathrm{Re}^{0.9}}\right)$（Lieu equation）（適用於 $5000 \le \mathrm{Re} \le 10^8$ 及 $10^{-6} \le \dfrac{\varepsilon_s}{4R} \le 10^{-2}$）（3.14）
- 粗糙渠道面 $\dfrac{1}{\sqrt{f}} = 1.14 - 2.0\log\left(\dfrac{\varepsilon_s}{4R}\right)$（Karman-Prandtl equation）（3.15）

例題 3.1

已知矩形渠道，渠寬 B = 2.0 m，渠床坡度 S_0 = 0.0004，水深 y_0 = 0.5 m，假如此渠道表面為粗糙的混凝土表面，粗糙高度 ε_s = 3.5 mm，水溫 20℃，試估算 Darcy-Weisbach 摩擦係數 f，並推估流量 Q 及對應之 Chezy 摩擦係數 C 及曼寧係數 n。

解答：

水力半徑 $R = \dfrac{A}{P} = \dfrac{By_0}{B + 2y_0} = \dfrac{1}{3}$，

無因次粗糙高度 $\dfrac{\varepsilon_s}{4R} = \dfrac{0.0035}{4/3} = 2.625 \times 10^{-3}$

水溫 20℃，水的運動黏滯度 ν = 1.0 mm²/s = 1.0 × 10^{-6} m²/s；剪力速度 $u_* = \sqrt{gRS_0}$

雷諾數 $\mathrm{Re}_* = \dfrac{\varepsilon_s u_*}{\nu} = \dfrac{0.0035 \times \sqrt{9.81 \times (1/3) \times 0.0004}}{10^{-6}} = 126.6 > 60$

粗糙渠道摩擦係數 $\dfrac{1}{\sqrt{f}} = 1.14 - 2.0\log\left(\dfrac{\varepsilon_s}{4R}\right) \rightarrow f = \underline{\underline{0.025}}$

- 流量$Q = AV = A\sqrt{\dfrac{8g}{f}}\sqrt{RS_0} = 2\times 0.5\sqrt{\dfrac{8\times 9.81}{0.025}}\sqrt{(1/3)\times 0.0004}$

  $= \underline{\underline{0.647}}$ cms

- Chezy 係數$C = \sqrt{\dfrac{8g}{f}} = \underline{\underline{56.0}}$；

  曼寧係數$n = \dfrac{R^{1/6}}{\sqrt{8g/f}} = \dfrac{(1/3)^{1/6}}{56.0} = 0.0149 \approx \underline{\underline{0.015}}$

例題 3.2

已知矩形渠道，渠寬 $B = 2.0$ m，渠床坡度 $S_0 = 0.0004$，水深 $y_0 = 0.5$ m，渠道具有光滑混凝土表面，粗糙高度 $\varepsilon_s = 0.25$ mm，水溫 20℃，試估算此渠道的 Darcy-Weisbach 摩擦係數 f，並推估流量 Q 及對應之 Chezy 摩擦係數 C 及曼寧粗糙係數 n。

解答：

先判別渠道表面水力學上的粗糙程度，水力光滑或粗糙？

矩形渠道水力半徑$R = \dfrac{A}{P} = \dfrac{By_0}{B+2y_0} = \dfrac{2\times 0.5}{2+2\times 0.5} = \dfrac{1}{3}$，

無因次粗糙高度$\dfrac{\varepsilon_s}{4R} = \dfrac{0.00025}{4/3} = 1.894\times 10^{-4}$，

水溫 20℃，水的運動黏滯度 $\nu = 1.0\ \text{mm}^2/\text{s} = 1.0\times 10^{-6}\ \text{m}^2/\text{s}$，

- 雷諾數$\text{Re}_* = \dfrac{\varepsilon_s u_*}{\nu} = \dfrac{\varepsilon_s\sqrt{gRS_0}}{\nu} = \dfrac{0.00025\times\sqrt{9.81\times 3^{-1}\times 0.0004}}{10^{-6}} = 9.04$，

  因為 $4 < \text{Re}_* < 60$，所以渠道表面水力學上的粗糙程度屬於過渡區，過渡區摩擦係數：

  $\dfrac{1}{\sqrt{f}} = 1.14 - 2.0\log\left(\dfrac{\varepsilon_s}{4R} + \dfrac{21.25}{\text{Re}^{0.9}}\right)$，其中$\text{Re} = \dfrac{4VR}{\nu}$

  流速$V = \sqrt{\dfrac{8g}{f}}\sqrt{RS_0}$，包含係數 f，因此雷諾數 Re 也是係數 f 的函數 → 用試誤法求解過渡區摩擦係數 f，得到$f = \underline{\underline{0.0145}}$

- 流速$V=\sqrt{\dfrac{8g}{f}}\sqrt{RS_0}=\sqrt{\dfrac{8\times 9.81}{0.0145}}\sqrt{\dfrac{1}{3}\times 0.0004}=\underline{\underline{0.85}}$ m/s，

  流量$Q=AV=\underline{\underline{0.85}}$ cms；

  雷諾數$\mathrm{Re}=\dfrac{4VR}{\nu}=\dfrac{4\times 0.85\times(1/3)}{10^{-6}}=1.13\times 10^{6}$

- Chezy 係數$C=\sqrt{\dfrac{8g}{f}}=\sqrt{\dfrac{8\times 9.81}{0.0145}}=\underline{\underline{73.57}}$；
- 曼寧係數$n=\dfrac{R^{1/6}}{\sqrt{8g/f}}=\dfrac{(1/3)^{1/6}}{73.57}=\underline{\underline{0.0113}}$

例題 3.3

已知有一條對稱梯形斷面渠道，渠底寬 $B=10.0$m，渠坡 $S_0=0.0003$，梯形邊坡係數 $m=1.5$（水平垂直比），曼寧係數 $n=0.012$。當均勻流水深 $y_0=3.0$ m，試計算渠流水力半徑 R 及用曼寧公式計算流量 Q。

解答：

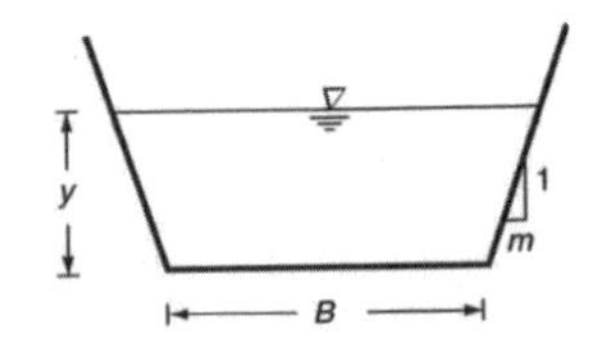

渠流為均勻時，水深為正常水深 $y=y_0$

通水面積$A=By_0+my_0^2$；

濕周長$P=B+2\sqrt{1+m^2}\,y_0$，

已知水深 $y_0=3.0$ m，

$$水力半徑R=\frac{A}{P}=\frac{By_0+my_0^2}{B+2\sqrt{1+m^2}\,y_0}=\frac{10\times 3+1.5\times 3^2}{10+2\sqrt{1+1.5^2}\times 3}=2.09\text{ m}$$

$$曼寧公式V=\frac{1}{n}R^{2/3}S_0^{1/2}=\frac{1}{0.012}2.09^{2/3}\times 0.0003^{1/2}=\frac{0.0283}{0.012}=2.36\text{ m/s}$$

$$流量Q=AV=(10\times 3+1.5\times 3^2)\times 2.36=43.5\times 2.36=\underline{\underline{102.66}}\text{ m}^3/\text{s}$$

3.2.9 正常水深（Normal depth）

正常水深（Normal depth）：均勻流的水深稱為正常水深，習慣上寫成 y_0 或 y_n。

在已知流量 Q、渠床坡度 S_0、渠道斷面形狀及粗糙度的情況下，用均匀流公式計算出來的水深就是正常水深。

蔡斯公式 $Q = CAR^{1/2}S_0^{1/2} \rightarrow AR^{1/2} = \dfrac{Q}{CS_0^{1/2}}$ 或寫成 $\dfrac{A^{3/2}}{P^{1/2}} = \dfrac{Q}{CS_0^{1/2}}$

曼寧公式 $Q = \dfrac{1}{n}AR^{2/3}S_0^{1/2} \rightarrow AR^{2/3} = \dfrac{nQ}{S_0^{1/2}}$ 或寫成 $\dfrac{A^{5/3}}{P^{2/3}} = \dfrac{nQ}{S_0^{1/2}}$

矩形渠道以蔡斯公式為例：$\dfrac{A^{3/2}}{P^{1/2}} = \dfrac{(By_0)^{3/2}}{(B+2y_0)^{1/2}} = \dfrac{Q}{CS_0^{1/2}}$，此式可推求 y_0

矩形渠道以曼寧公式為例：$\dfrac{A^{5/3}}{P^{2/3}} = \dfrac{(By_0)^{5/3}}{(B+2y_0)^{2/3}} = \dfrac{nQ}{S_0^{1/2}}$，此式可推求 y_0

3.2.10 用牛頓方法求解正常水深

已知流量 Q、渠床坡度 S_0、渠道斷面形狀及粗糙度的情況下，求均匀流正常水深 y_0。以曼寧公式為例，$AR^{2/3} = \dfrac{A^{5/3}}{P^{2/3}} = \dfrac{nQ}{S_0^{1/2}}$，求解正常水深常用試誤方法。

令猜測 y_0 所對應之誤差 $F_E(y_0) = \dfrac{A^{5/3}}{P^{2/3}} - \dfrac{nQ}{S_0^{1/2}}$

誤差 $F_E(y_0)$ 對 y_0 之微分為

$$\frac{dF_E}{dy_0} = \frac{5}{3}\frac{A^{2/3}}{P^{2/3}}\frac{dA}{dy_0} - \frac{2}{3}\frac{A^{5/3}}{P^{5/3}}\frac{dP}{dy_0}$$

$$= \frac{5}{3}R^{2/3}T - \frac{2}{3}R^{5/3}\frac{dP}{dy_0}$$

以梯形渠道為例：

$$\frac{dF_E}{dy_0} = \frac{5}{3}\left(\frac{(B+my_0)y_0}{B+2\sqrt{1+m^2}\,y_0}\right)^{2/3}(B+2my_0) - \frac{4\sqrt{1+m^2}}{3}\left(\frac{(B+my_0)y_0}{B+2\sqrt{1+m^2}\,y_0}\right)^{5/3}$$

牛頓方法：此次猜測水深 $y_0 = y_0^*$，下一次較佳之猜測水深 $y_0 = y_0^* + \Delta y_0$

其中 $\Delta y_0 = \dfrac{-F_E(y_0^*)}{(dF_E/dy_0)^*}$。

例題 3.4

已知有一條對稱梯形斷面渠道，渠底寬 $B = 5.0$ m，渠岸邊坡坡度參數 $m = 1.5$（水平垂直比），渠床坡度 $S_0 = 0.00035$，曼寧係數 $n = 0.015$。當渠流為均勻流，流量 $Q = 20\ \text{m}^3/\text{s}$，試計算此均勻流之正常水深 y_0、水力深度 D 及水力半徑 R。

解答：

$$水力半徑 R=\frac{A}{P}=\frac{By_0+my_0^2}{B+2\sqrt{1+m^2}\,y_0}=\frac{5y_0+1.5{y_0}^2}{5+3.606y_0}$$

$$曼寧流量公式 Q=\frac{1}{n}AR^{2/3}S_0^{1/2}=\frac{1}{n}\frac{A^{5/3}}{P^{2/3}}S_0^{1/2}\rightarrow\frac{A^{5/3}}{P^{2/3}}=\frac{nQ}{\sqrt{S_0}}$$

$$\frac{(5y_0+1.5{y_0}^2)^{5/3}}{(5+3.606y_0)^{2/3}}=\frac{0.015\times20}{\sqrt{0.00035}}=16.036\rightarrow$$

$$\underbrace{(5y_0+1.5{y_0}^2)^{5/3}}_{A}-\underbrace{16.036(5+3.606y_0)^{2/3}}_{B}=0$$

用試誤法或用計算軟體（Wolfram Alpha）可求解得水深 $y_0\rightarrow$ 正常水深 $y_0=\underline{\underline{1.82}}$ m

$$水力深度 D=\frac{A}{T}=\frac{By_0+my_0^2}{B+2my_0}=\frac{5y_0+1.5{y_0}^2}{5+3y_0}=\underline{1.34}\ \text{m}；$$

$$水力半徑 R=\frac{A}{P}=\frac{5y_0+1.5{y_0}^2}{5+3.606y_0}=\underline{1.22}\ \text{m}$$

試誤次數	Depth y_0 (m)	(A)	(B)	(A-B)	檢核
1	1.00	22.64	67.31	-44.67	太小
2	2.00	101.59	85.04	16.55	太大
3	1.80	79.79	81.66	-1.67	接近
4	1.82	81.99	82.00	-0.01	OK

牛頓方法：此次猜測水深 $y_0 = y_0^*$，下一次較佳之猜測水深 $y_0 = y_0^* + \Delta y_0$，其中 $\boxed{\Delta y_0=\frac{-F_E(y_0^*)}{(dF_E/dy_0)^*}}$，

$$F_E(y_0)=\frac{A^{5/3}}{P^{2/3}}-\frac{nQ}{S_0^{1/2}}=\frac{(5y_0+1.5y_0{}^2)^{5/3}}{(5+3.606y_0)^{2/3}}-\underbrace{\frac{0.015\times 20}{\sqrt{0.00035}}}_{16.036}$$

$$\frac{dF_E}{dy_0}=\frac{5}{3}\left(\frac{(B+my_0)y_0}{B+2\sqrt{1+m^2}\,y_0}\right)^{2/3}(B+2my_0)-\frac{4\sqrt{1+m^2}}{3}\left(\frac{(B+my_0)y_0}{B+2\sqrt{1+m^2}\,y_0}\right)^{5/3}$$

$$\frac{dF_E}{dy_0}=\frac{5}{3}\left(\frac{(5+1.5y_0)y_0}{5+3.606y_0}\right)^{2/3}(5+3y_0)-\frac{7.212}{3}\left(\frac{(5+1.5y_0)y_0}{5+3.606y_0}\right)^{5/3}$$

試誤次數	Depth y_0 (m)	$F_E(y_0)$	$F'_E(y_0)$	Δy_0	檢核
1	1.00	-10.64	9.55	1.11	太小
2	2.01	5.22	19.96	-0.26	太大
3	1.85	0.47	16.71	-0.03	接近
4	1.82	0.002	16.40	-0.001	OK

例題 3.5a

擬設計一條梯形渠道，已知渠床坡度為 S_0，邊坡係數為 m，曼寧粗糙係數為 n，設計流量為 Q，流速為 V，試求此梯形渠道渠底寬 B 及正常水深 y_0。

解答：

$$Q=\frac{1}{n}AR^{2/3}S_0^{1/2}=\frac{1}{n}\frac{[(B+my_0)y_0]^{5/3}}{(B+2\sqrt{1+m^2}\,y_0)^{2/3}}S_0^{1/2}$$

$$=\frac{1}{n}\frac{[(1+\frac{my_0}{B})\frac{my_0}{B}]^{5/3}B^{10/3}m^{-5/3}}{(1+2\frac{\sqrt{1+m^2}}{m}\frac{my_0}{B})^{2/3}B^{2/3}}S_0^{1/2}$$

$$V=\frac{1}{n}R^{2/3}S_0^{1/2}=\frac{1}{n}\frac{[(B+my_0)y_0]^{2/3}}{(B+2\sqrt{1+m^2}\,y_0)^{2/3}}S_0^{1/2}$$

$$=\frac{1}{n}\frac{[(1+\frac{my_0}{B})\frac{my_0}{B}]^{2/3}B^{4/3}m^{-2/3}}{(1+2\frac{\sqrt{1+m^2}}{m}\frac{my_0}{B})^{2/3}B^{2/3}}S_0^{1/2}$$

令$\eta_0 = \dfrac{my_0}{B}$及$\varepsilon = \dfrac{\sqrt{1+m^2}}{m}$得到$\begin{cases} 無因次流量\ \dfrac{Qnm^{5/3}}{S_0^{1/2}B^{8/3}} = \dfrac{[(1+\eta_0)\eta_0]^{5/3}}{(1+2\varepsilon\eta_0)^{2/3}} \\ 無因次流速\ \dfrac{Vnm^{2/3}}{S_0^{1/2}B^{2/3}} = \dfrac{[(1+\eta_0)\eta_0]^{2/3}}{(1+2\varepsilon\eta_0)^{2/3}} \end{cases}$

無因次流速取四次方，$\left(\dfrac{Vnm^{2/3}}{S_0^{1/2}B^{2/3}}\right)^4 = \dfrac{[(1+\eta_0)\eta_0]^{8/3}}{(1+2\varepsilon\eta_0)^{8/3}}$，和無因次流量相除，刪除渠寬 B 項，得到$\dfrac{QS_0^{3/2}}{V^4n^3m} = \dfrac{(1+2\varepsilon\eta_0)^2}{\eta_0^2+\eta_0} = M$，其中$\varepsilon = \dfrac{\sqrt{1+m^2}}{m}$

$$M\eta_0^2 + M\eta_0 = 4\varepsilon^2\eta_0^2 + 4\varepsilon\eta_0 + 1 \rightarrow (M-4\varepsilon^2)\eta_0^2 + (M-4\varepsilon)\eta_0 - 1 = 0$$

$\eta_0^2 + \dfrac{(M-4\varepsilon)}{(M-4\varepsilon^2)}\eta_0 - \dfrac{1}{(M-4\varepsilon^2)} = 0$，此二次方程式的解為：

$$\eta_0 = \frac{1}{2}\left(-\frac{(M-4\varepsilon)}{(M-4\varepsilon^2)} + \sqrt{\left(\frac{(M-4\varepsilon)}{(M-4\varepsilon^2)}\right)^2 + \frac{4}{(M-4\varepsilon^2)}}\right)$$

由無因次流速關係可得渠底寬

$$B = \left(\frac{Vnm^{2/3}}{S_0^{1/2}} \cdot \frac{(1+2\varepsilon\eta_0)^{2/3}}{[(1+\eta_0)\eta_0]^{2/3}}\right)^{3/2} = \frac{V^{3/2}n^{3/2}m}{S_0^{3/4}} \cdot \frac{(1+2\varepsilon\eta_0)}{[(1+\eta_0)\eta_0]}$$

由無因次水深關係可得正常水深$y_0 = \dfrac{B\eta_0}{m}$

計算結果可用流速或流量進行檢核，$V = \dfrac{1}{n}R^{2/3}S_0^{1/2}$ 或 $Q = \dfrac{1}{n}AR^{2/3}S_0^{1/2}$。

例題 3.5b

擬設計一條梯形渠道，設計流量 $Q = 60.0$ cms，流速 $V = 0.6$ m/s，渠床坡度 $S_0 = 0.0001$，渠道邊坡係數 $m = 1.5$，曼寧粗糙係數 $n = 0.025$，試在此條件下推求此梯形渠道適當的渠底寬 B 及正常水深 y_0。

解答：

$$\begin{cases} 曼寧公式\ Q=\frac{1}{n}AR^{2/3}S_0^{1/2}=\frac{1}{n}\frac{[(B+my_0)y_0]^{5/3}}{(B+2\sqrt{1+m^2}y_0)^{2/3}}S_0^{1/2} \\ 流速公式\ V=\frac{1}{n}R^{2/3}S_0^{1/2}=\frac{1}{n}\frac{[(B+my_0)y_0]^{2/3}}{(B+2\sqrt{1+m^2}y_0)^{2/3}}S_0^{1/2} \end{cases}$$

令$\eta_0=\frac{my_0}{B}$得到$\begin{cases} 無因次流量\ \frac{Qnm^{5/3}}{S_0^{1/2}B^{8/3}}=\frac{[(1+\eta_0)\eta_0]^{5/3}}{(1+2\sqrt{1+1/m^2}\eta_0)^{2/3}} \\ 無因次流速\ \frac{Vnm^{2/3}}{S_0^{1/2}B^{2/3}}=\frac{[(1+\eta_0)\eta_0]^{2/3}}{(1+2\sqrt{1+1/m^2}\eta_0)^{2/3}} \end{cases}$

整理後刪除渠寬 B 項，得到 $\frac{QS_0^{3/2}}{V^4n^3m}=\frac{(1+2\sqrt{1+1/m^2}\eta_0)^2}{\eta_0^2+\eta_0}=M$

無因次參數 $M=\frac{QS_0^{3/2}}{V^4n^3m}=\frac{60\times 0.0001^{3/2}}{0.6^4\times 0.025^3\times 1.5}=19.75$，

$\sqrt{1+1/m^2}=1.20$，代入前述關係式，

$\frac{QS_0^{3/2}}{V^4n^3m}=\frac{(1+2\sqrt{1+1/m^2}\eta_0)^2}{\eta_0^2+\eta_0}\rightarrow$

$\frac{(1+2.40\eta_0)^2}{\eta_0^2+\eta_0}=\frac{5.76\eta_0^2+4.80\eta_0+1}{\eta_0^2+\eta_0}=19.75$，重新整理可得

$13.99\eta_0^2+14.95\eta_0^2-1=0\rightarrow\eta_0=0.063$

由無因次流量關係可得

$$B^{8/3}=\frac{Qnm^{5/3}}{S_0^{1/2}}\cdot\frac{(1+2\sqrt{1+1/m^2}\eta_0)^{2/3}}{[(1+\eta_0)\eta_0]^{5/3}}$$

$$=\underbrace{\frac{60\times 0.025\times 1.5^{5/3}}{\sqrt{0.0001}}}_{294.83}\cdot\underbrace{\frac{(1+2.40\times 0.063)^{2/3}}{[(1+0.063)\times 0.063]^{5/3}}}_{99.46}$$

- 渠底寬 $B=(29323.8)^{3/8}=47.34\text{ m}$，

  水深$y_0=\frac{B\eta_0}{m}=\frac{47.34\times 0.063}{1.5}=1.99\text{ m}$。

- 檢核$V=\frac{1}{n}R^{2/3}S_0^{1/2}=\frac{1}{0.025}\left(\frac{\overbrace{(47.34+2.985)\times1.99}^{100.1}}{\underbrace{47.34+3.606\times1.99}_{54.52}}\right)^{2/3}\sqrt{0.0001}$

  $=0.60$ m/s，OK
- 檢核 $Q=AV=100.01\times0.60\approx60.0$ cms，OK。

3.3 曼寧粗糙係數n（Manning Roughness Coefficient）

3.3.1 不同溝床組成特性對應之渠道曼寧係數 n 之參考值

	溝床內物質	n 值範圍	平均 n 值
溝床無內面工者	黏土質溝身整齊者	0.016-0.022	0.020
	砂礫、粘壤土溝身整齊者	—	0.020
	稀疏草生	0.035-0.045	0.040
	全面密草生	0.040-0.060	0.050
	雜有直徑 1-3 公分小石	—	0.022
	雜有直徑 2-6 公分小石	—	0.025
	平滑均勻岩值	0.030-0.035	0.033
	不平滑岩值	0.035-0.045	0.040
溝床有內面工者	漿砌磚	0.012-0.017	0.014
	漿砌石	0.017-0.030	0.020
	乾砌石	0.025-0.035	0.033
	有規則土底兩岸砌石	—	0.025
	不規則土底兩岸砌石	0.023-0.035	0.030
	純水泥漿平滑者	0.010-0.014	0.012
	礫石底兩岸混凝土	0.015-0.025	0.020

（詹錢登，2018）

3.3.2 曼寧係數 n 值與泥沙粒徑 d 之關係

Stricker formula

$$n=\frac{d_{50}^{1/6}}{21.1}=0.0474\underbrace{d_{50}^{1/6}}_{\text{in m}}\text{，或寫成 } n=\frac{d_{50}^{1/6}}{21.1}=0.015\underbrace{d_{50}^{1/6}}_{\text{in mm}} \quad (3.16)$$

渠床泥沙粒徑愈粗，渠床水流阻力愈大，曼寧粗糙係數 n 愈大

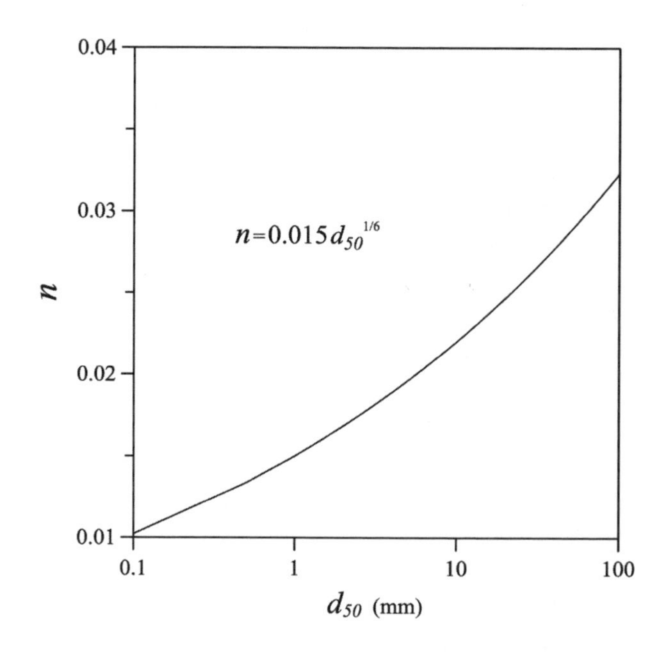

3.3.3 曼寧係數與溝床床面泥沙代表粒徑之經驗關係式

作者（年代）	n 值與粒徑 d 關係（原公式）	粒徑單位	n 值與粒徑 d 公式（統一粒徑單位）	粒徑單位
Stricker (1923)	$n=0.0474d_{50}^{1/6}$	m	$n=0.0150d_{50}^{1/6}$	mm
Meyer-Peter and Muller (1948)	$n=0.0385d_{90}^{1/6}$	m	$n=0.0122d_{90}^{1/6}$	mm

作者（年代）	n 值與粒徑 d 關係（原公式）	粒徑單位	n 值與粒徑 d 公式（統一粒徑單位）	粒徑單位
Williamson (1951)	$n=0.031d_{75}^{1/6}$	fl	$n=0.0120d_{75}^{1/6}$	mm
Lane and Carlson (1953)	$n=0.026d_{75}^{1/6}$	in	$n=0.0152d_{75}^{1/6}$	mm
Handerson (1966)	$n=0.034d_{50}^{1/6}$	ft	$n=0.0131d_{50}^{1/6}$	mm
Anderson (1970)	$n=0.0395d_{50}^{1/6}$	ft	$n=0.0152d_{50}^{1/6}$	mm
Raudkivi (1976)	$n=0.013d_{65}^{1/6}$	mm	$n=0.0130d_{65}^{1/6}$	mm
Garde and Raju (1978)	$n=0.039d_{50}^{1/6}$	ft	$n=0.0150d_{50}^{1/6}$	mm
Bray (1979)	$n=0.0593d_{50}^{0.179}$ $n=0.0561d_{65}^{0.176}$ $n=0.0495d_{90}^{0.160}$	m	$n=0.0171d_{50}^{0.179}$ $n=0.0166d_{65}^{0.176}$ $n=0.0164d_{90}^{0.160}$	mm
Subramanya (1982)	$n=0.047d_{50}^{1/6}$	m	$n=0.0149d_{50}^{1/6}$	mm
Rice (1998)	$n=0.029s^{0.147}d_{50}^{0.147}$	mm	$n=0.029s^{0.147}d_{50}^{0.147}$	mm

註：d_i＝百分之 i 的溝床質粒徑小於 d_i 值；S＝溝床坡度。

3.3.4 等價曼寧係數

當渠道斷面溼周上的粗糙程度不一致，溼周上有幾種不同的曼寧係數，將渠道溼周按照粗糙程度化分為數個小分段，每個小分段對應之溼周長度為 P_i 及曼寧係數為 n_i，代表全斷面的曼寧係數 n 值稱為等價曼寧糙度（Equivalent Manning's roughness）或組合曼寧糙度（Composit Manning's roughness）。

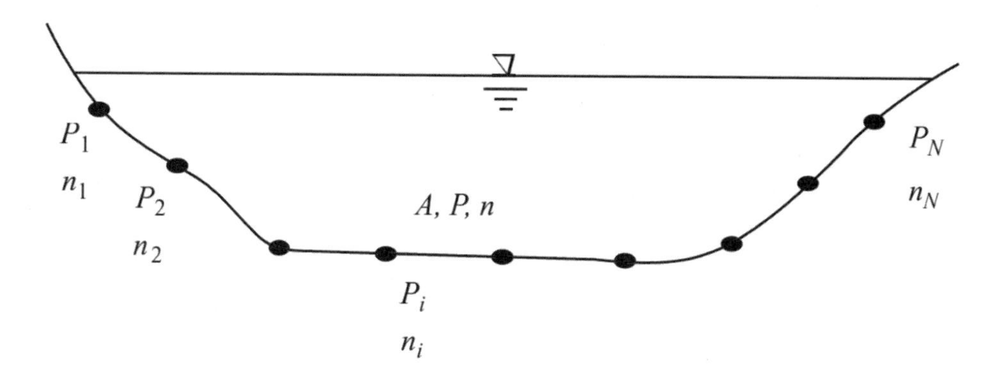

推求等價曼寧係數（Equivalent Manning coefficient）的方法很多，大致上可區分為下列幾種方法：

- 等總流量法（Lotter, 1932）：等價曼寧係數$n=\left(\dfrac{PR^{5/3}}{\sum(P_iR_i^{5/3}/n_i)}\right)$
- 等流速法（Horton, 1933）：$n=\left(\dfrac{\sum n_i^{3/2}P_i}{\sum P_i}\right)^{2/3}=\left(\dfrac{\sum n_i^{3/2}P_i}{P}\right)^{2/3}$
- 等總阻力法（Einstein & Bank,1950）：$n=\left(\dfrac{\sum n_i^2P_i}{\sum P_i}\right)^{1/2}=\left(\dfrac{\sum n_i^2P_i}{P}\right)^{1/2}$
- 濕周長度線性加權法（Yen, 1991）：$n=\dfrac{\sum n_iP_i}{\sum P_i}=\dfrac{\sum n_iP_i}{P}$
- 通水斷面積線性加權法（Yen, 1991）：$n=\dfrac{\sum n_iA_i}{\sum A_i}=\dfrac{\sum n_iA_i}{A}$

方程式中 n 為曼寧係數，P 為溼周長度，R 為水力半徑，各符號沒有下標的代表渠道斷面整體的數值，有下標「i」的代表每個小分段對應之數值。

例題 3.6

試依照等流速假設推導推估等價曼寧係數公式（Horton, 1933）。

解答：

將渠道溼周按照粗糙程度化分為數個小分段，每個小分段之通

水面積為 A_i、溼周長度為 P_i、水力半徑為 R_i 及曼寧係數為 n_i。全斷面之通水面積為 A、溼周長度為 P，水力半徑為 R，等價曼寧係數為 n。

- 荷頓（Horton, 1933）採用等流速假設，推求得等價曼寧係數 n，公式推導：假設全斷面及每個小分段的渠床坡度 S_0 及 V 流速都一樣，由曼寧公式，$S_0^{1/2}=\dfrac{nV}{R^{2/3}}=\dfrac{n_iV_i}{R_i^{2/3}}$，全斷面及子斷面的水力半徑分別為$R=\dfrac{A}{P}$及$R_i=\dfrac{A_i}{P_i}$。等流速法假設全斷面及每個子斷面的流速都一樣，即 $V=V_i$；$\rightarrow V=\dfrac{nP^{2/3}}{A^{2/3}}=V_i=\dfrac{n_iP_i^{2/3}}{A_i^{2/3}}\rightarrow$ $\left(\dfrac{A_i}{A}\right)^{2/3}=\dfrac{n_iP_i^{2/3}}{nP^{2/3}}$，通水面積比$\dfrac{A_i}{A}=\dfrac{n_i^{3/2}P_i}{n^{3/2}P}$，又$\dfrac{\sum A_i}{A}=\dfrac{\sum n_i^{3/2}P_i}{n^{3/2}P}=1$ $\rightarrow n^{3/2}=\dfrac{\sum n_i^{3/2}P_i}{P}\rightarrow$ 等價曼寧係數$n=\left(\dfrac{\sum n_i^{3/2}P_i}{P}\right)^{2/3}$

例題 3.7

有一對稱梯形渠道，渠底寬 B = 5 m，底床曼寧係數 n_1 = 0.025，渠岸邊坡係數 m = 1.5，渠岸曼寧係數 $n_2=n_3$ = 0.012，當水深 y_0 = 1.5 m 時，試用荷頓法、愛因斯坦法及顏本琦線性法推估等價曼寧係數 n。

解答：

當 $y_0=1.5$ m，渠底溼周 $P_1=B=5$ m，渠岸溼周$P_2=P_3=\sqrt{1+1.5^2}\times1.5=2.70$ m，

- 荷頓法（Horton, 1933），

$$n=\left(\frac{\sum n_i^{3/2}P_i}{P}\right)^{2/3}=\left(\frac{0.025^{3/2}\times5+2\times0.012^{3/2}\times2.70}{5+2\times2.70}\right)^{2/3}=\underline{0.0188}$$

- 愛因斯坦法（Einstein & Bank, 1950）：$n=\left(\dfrac{\sum n_i^2P_i}{P}\right)^{1/2}$

$$n=\left(\frac{0.025^2\times 5+2\times 0.012^2\times 2.70}{5+2\times 2.70}\right)^{1/2}=\underline{0.0194}$$

• 顏本琦線性法（Yen, 1991）：

$$n=\frac{\sum n_iP_i}{P}=\left(\frac{0.025\times 5+2\times 0.012\times 2.70}{5+2\times 2.70}\right)=\underline{0.0183}$$

以上三種方法所得結果略有差異，但是差異量不大（至多6%）。上述不同方法中 n 的指數次方愈大，所得等價曼寧係數 n 值愈大，但是計算結果必定在最小的曼寧係數 n_2 和最大的曼寧係數 n_1 之間。

3.4 複式渠道斷面（Compound-Section Channel）

複式斷面渠道是指渠道斷面具有明顯的主深槽（Mail channel）與洪水平原（Flood plain）。一般非汛期時期，水流主要是在主深槽流動；洪水期間，水流由主深槽溢流到洪水平原，主深槽水流較深而且流速較大，洪水平原水流較淺、流速較慢。

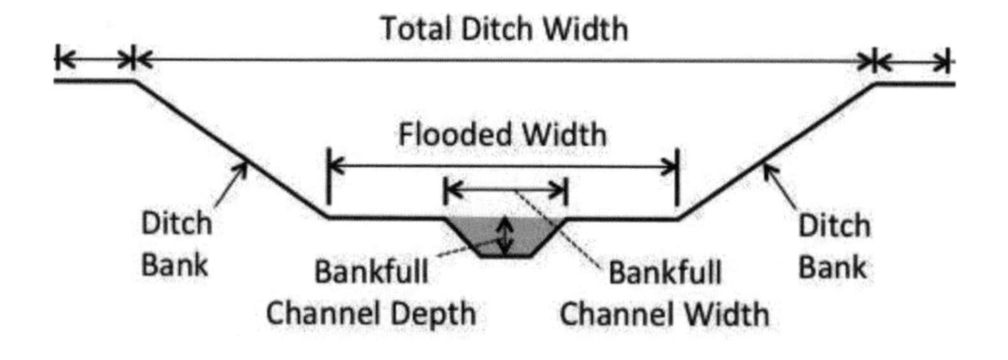

複式梯形渠道示意圖（Krider, et al., 2014）

宜蘭縣宜蘭河具有複式斷面渠道之特性，有明顯的主深槽與洪水平原。主深槽長年有水，洪水平原長年沒水，有不同程度的植生與耕作情形，它們的表面粗糙程度與主深槽不同。

3.4.1 複式渠道總流量計算方法 —— 分斷面計算法

- 複式斷面渠道具有明顯的主深槽與洪水平原。一般非汛期時期，水流主要是在主深槽流動；洪水期間，水流由主深槽溢流到洪水平原，主深槽植生少、曼寧係數較小、水流較深而且流速較大；洪水平原植生多、曼寧係數較大，水流較淺、流速較慢。主深槽與洪水平原交界處具有強烈渦流及動量傳輸，水流複雜。
- 簡化處理複式渠道總流量之計算方式，大致上可區分為分斷面計算法（Divided channel-section method）及全斷面計算法兩種方法。
- 分斷面計算法，假設主深槽、洪水平原與合在一起的複式斷面渠道都符合曼寧公式，它們的差別主要在於曼寧係數 n 值與水力半徑 R。將主深槽與洪水平原的水流分開計算，然後加總在一起得到總流量。子斷面分割方式會影響總流量的計算結果。總流量 $Q=\sum Q_i=\sum\left(\frac{1}{n_i}A_iR_i^{2/3}S_0^{1/2}\right)$。

3.4.2 複式渠道總流量計算方法── 全斷面計算法

- 全斷面法，考量主深槽與洪水平原曼寧係數及水力半徑的差異，找出代表複式斷面的水力半徑 R 及代表整個複式斷面的等價曼寧係數 n，然後直接用曼寧公式計算得到總流量。等價曼寧係數 n 的計算方法會影響總流量的計算結果。例如先用濕周長度線性加權法（Yen, 1991）求等價曼寧係數$n=\dfrac{\sum n_i P_i}{\sum P_i}=\dfrac{\sum n_i P_i}{P}$，由曼寧公式計算總流量$Q=\dfrac{1}{n}AR^{2/3}S_0^{1/2}$。
- 在洪水平原寬度大而水深淺時，全斷面法計算所得流量可能會低估，因為在水流由主槽溢淹到洪水平原時，濕周長度遽增，水力半徑劇減，導致計算所得的平均流速劇減。

3.4.3 複式斷面的子斷面劃分方法

- 複式斷面，如果洪水平原的寬度明顯大於主深槽的寬度，就不再適合使用全斷面法計算渠道的流量（或流速），因為洪水平原水深淺、濕周長度大，會導致全斷面的水力半徑變小，而低估了全斷面的流量。因此，對於洪水平原寬度明顯大於主深槽寬度的複式斷面，需要使用分斷面法來計算渠道的流量。
- 劃分複式斷面成為幾個子斷面的方法很多，常見有兩種：垂直介面法（Vertical interface method）及對角線介面法（Diagonal interface method）。

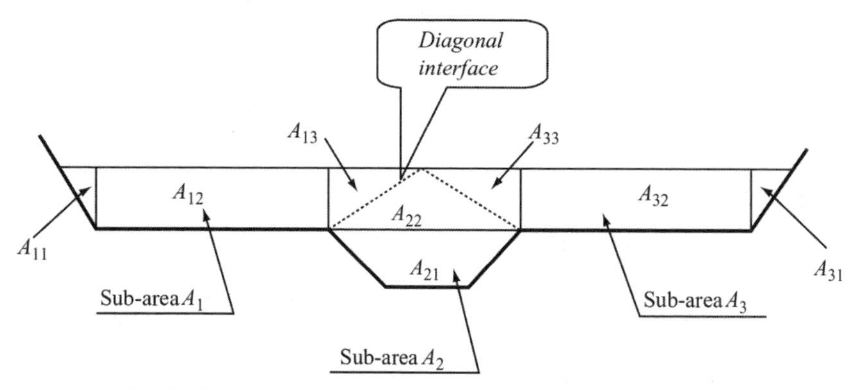

複式斷面渠道中子斷面劃分方法（Subramanya, 2015）

- 劃分所得的各子斷面，假設子斷面與子斷面水體間的交接面沒有動量傳輸，也沒有剪應力。在計算各子斷面濕周長度時，只考量各子斷面與固體邊界的交接長度，而不考慮子斷面與子斷面水體間交接面的長度。分別計算各子斷面的流速及流量，然後累加子斷面流量得到全斷面的流量，進而計算全斷面的平均流速。
- 一般而言，對角線介面法計算所得的總流量略小於垂直介面法的計算結果。美國陸軍工兵團的 HEC-RAS 水流計算模式是採用垂直介面法來劃分子斷面。

例題 3.8

已知有一複式斷面之矩形渠道，主深槽與洪水平原的渠床坡度均為 $S_0 = 0.0002$，主槽寬 3.0 m，曼寧係數 $n_2 = 0.02$；左右兩側為洪水平原，寬度均為 7.0 m，渠床高程比主河槽高程高 0.9 m，左右兩側洪水平原的曼寧係數分別為 $n_1 = 0.03$ 及 $n_3 = 0.035$。當主河槽水深 $y = 1.6$ m，試求計算代表全斷面之曼寧係數 n 及流量 Q。

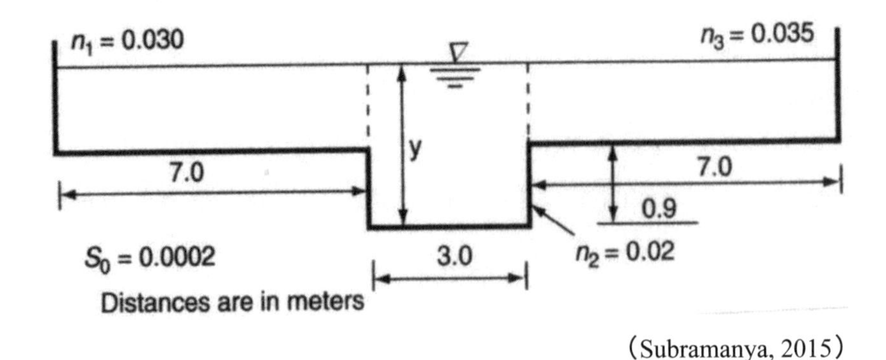

(Subramanya, 2015)

解答：

- 濕周長度線性加權法，

$$n = \frac{\sum n_i P_i}{P} = \left(\frac{0.03 \times 7.7 + 0.02 \times 4.8 + 0.035 \times 7.7}{20.2}\right) = 0.0295$$

- 等流速法，等總阻力，

$$n=\left(\frac{\sum n_i^{3/2}P_i}{P}\right)^{2/3}=\left(\frac{0.03^{3/2}\times 7.7+0.02^{3/2}\times 4.8+0.035^{3/2}\times 7.7}{20.2}\right)^{2/3}$$

$$=0.0298$$

• 等總阻力，

$$n=\left(\frac{\sum n_i^2 P_i}{P}\right)^{1/2}=\left(\frac{0.03^2\times 7.7+0.02^2\times 4.8+0.035^2\times 7.7}{20.2}\right)^{1/2}$$

$$=0.0301$$

以上三種方法計算結果相近，代表全斷面之曼寧係數$\underline{\underline{n\approx 0.030}}$，介於最大值（$n_1=0.035$）與最小值（$n_2=0.02$）之間。

用全斷面法推估流量：

通水面積$A=\sum A_i=0.7\times 7+3\times 1.6+0.7\times 7=14.6\ \text{m}^2$

濕周長度$P=\sum P_i=0.7+7+0.9+3+0.9+7+0.7=20.2\ \text{m}$

水力半徑 $R=A/P=14.6/20.2=0.723\ \text{m}$

用濕周長度線性加權法計算代表全斷面之等價曼寧係數

$$n=\frac{\sum n_i P_i}{P}=\left(\frac{0.03\times 7.7+0.02\times 4.8+0.035\times 7.7}{20.2}\right)=0.0295$$

用曼寧公式直接計算全斷面流量

全斷面流量$Q=\dfrac{1}{n}AR^{2/3}S_0^{1/2}=\dfrac{14.6\times 0.723^{2/3}\times 0.0002^{1/2}}{0.0295}=\underline{5.64}\ \text{m}^3/\text{s}$

例題 3.9

已知有一複式斷面之矩形渠道，主深槽與洪水平原的渠床坡度均為 $S_0=0.0002$，主槽寬 3.0 m，曼寧係數 $n_2=0.02$；左右兩側為洪水平原，寬度均為 7.0 m，渠床高程比主深槽高程高 0.9 m，兩側洪水平原曼寧係數分別為 $n_1=0.03$ 及 $n_2=0.035$。當主深槽水深 y = 1.6 m，試分別求主深槽與兩側洪水平原的平均流速 V_1、V_2 及 V_3，並用分段面法計算全斷面之流量 Q。

解答：

- 主深槽通水面積 $A_2 = 3 \times 1.6 = 4.8\ \text{m}^2$，濕周長 $P_2 = 3 + 2 \times 0.9 = 4.8\ \text{m}$，水力半徑 $R_2 = \dfrac{A_2}{P_2} = \dfrac{4.8}{4.8} = 1.0\ \text{m}$，
  主深槽平均流速 $V_2 = \dfrac{1}{n_2} R_2^{2/3} S_0^{1/2} = \dfrac{1}{0.02} 1.0^{2/3} \times 0.0002^{1/2} = \underline{0.707}\ \text{m/s}$，
  主深槽流量 $Q_2 = A_2 V_2 = 4.8 \times 0.707 = 3.32\ \text{cms}$
- 左側洪水平原：水深 $y_1 = 0.7\ \text{m}$，面積 $A_1 = 7 \times 0.7 = 4.9\ \text{m}^2$，濕周 $P_1 = 7 + 0.7 = 7.7\ \text{m}$，水力半徑 $R_1 = \dfrac{4.9}{7.7} = 0.636\ \text{m}$，平均流速 $V_1 = \dfrac{1}{0.03} 0.636^{2/3} \times 0.0002^{1/2} = \underline{0.349}\ \text{m/s}$，左側洪水平原流量 $Q_1 = A_1 V_1 = 4.9 \times 0.349 = 1.71\ \text{cms}$
- 右側洪水平原：水深 $y_3 = 0.7\ \text{m}$，面積 $A_3 = 7 \times 0.7 = 4.9\ \text{m}^2$，濕周 $P_3 = 7 + 0.7 = 7.7\ \text{m}$，水力半徑 $R_3 = \dfrac{4.9}{7.7} = 0.636\ \text{m}$，平均流速 $V_3 = \dfrac{1}{0.035} 0.636^{2/3} \times 0.0002^{1/2} = \underline{0.299}\ \text{m/s}$，右側洪水平原流量 $Q_3 = A_3 V_3 = 4.9 \times 0.299 = 1.47\ \text{cms}$
- 由子斷面流量累加之全斷面流量 $Q = Q_1 + Q_2 + Q_3 = 1.71 + 3.32 + 1.47 = \underline{6.5}\ \text{cms}$（大於前一例題使用全斷面法所得流量，$Q = 5.64\ \text{cms}$）。
- 若由全斷面流量推求對應之曼寧係數，則
  $n = \dfrac{AR^{2/3} S_0^{1/2}}{Q} = \dfrac{A^{5/3} S_0^{1/2}}{QP^{2/3}} = \dfrac{14.6^{5/3} \times 0.0002^{1/2}}{6.5 \times 20.2^{2/3}} = 0.0256$（略小於等價曼寧係數 ≈ 0.03）

例題 3.10

已知有一複式斷面梯形渠道，有一個主槽及左右對稱寬的洪水平原。主深槽及洪水平原的縱向坡度均為 $S_0 = 0.0009$。主深槽為對稱

梯形斷面，渠底寬 $B = 15.0$ m，邊坡係數 $m_2 = 1.5$（水平垂直比），主深槽滿岸深度為 3.0 m，曼寧係數 $n_2 = 0.03$。左右洪水平原的底寬 $B_1 = B_3 = 75.0$ m，邊坡係數 $m_1 = m_3 = 1.5$，曼寧係數 $n_1 = n_3 = 0.03$。當此渠流的主深槽水深 $y_2 = 4.2$ m 時，試計算此代表全斷面之曼寧粗糙係數 n、水力半徑 R 及此渠流流量 Q。

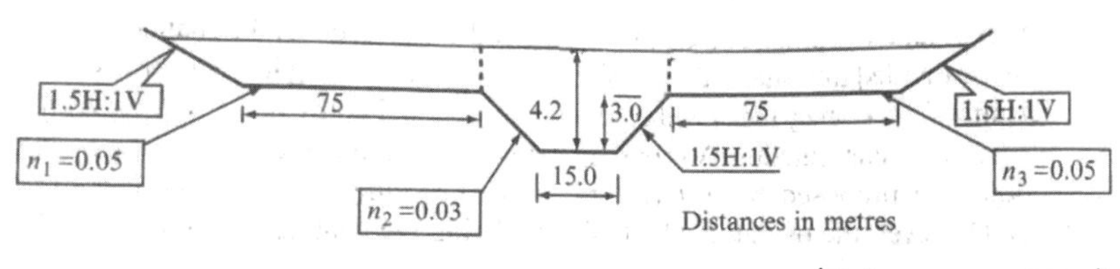

（Subramanya, 2015）

解答：

- 主深槽水深 $y_2 = 4.2$ m，濕周 $P_2 = 15 + 2\sqrt{1+1.5^2} \times 3 = 25.82$ m，通水面積 $A_2 = (24 \times 1.2 + 19.5 \times 3) = 87.3^2$，水力半徑 $R_2 = 87.3/25.82 = 3.38$ m；
- 洪水平原水深 $y_1 = y_3 = 1.2$ m，濕周 $P_1 = P_3 = 75 + \sqrt{1+1.5^2} \times 1.2 = 77.16$ m，通水面積 $A_1 = A_3 = (75 + 0.5 \times 1.5 \times 1.2) \times 1.2 = 91.08$ m^2，水力半徑 $R_1 = R_3 = 91.08/77.16 = 1.18$ m，
- 代表全斷面之曼寧粗糙係數

  $$n = \frac{\sum n_i P_i}{P} = \left(\frac{0.05 \times 77.16 \times 2 + 0.03 \times 25.82}{77.16 \times 2 + 25.82}\right) = \underline{0.047}$$

  代表全斷面之水力半徑

  $$R = \frac{A}{P} = \left(\frac{91.08 \times 2 + 87.3}{77.16 \times 2 + 25.82}\right) = \frac{269.46}{180.14} = \underline{1.50}\text{ m}$$

- 由代表全斷面之曼寧粗糙係數 n 及水力半徑 R 計算流量

  $$Q = \frac{1}{n} A R^{2/3} S_0^{1/2} = \frac{1}{0.047} 269.46 \times 1.5^{2/3} \times 0.0009^{1/2} = \underline{225.4}\text{ cms}$$

  （此計算結果偏小，原因在水由深槽溢淹到洪水平原時，周長度遽增，水力半徑劇減，造成流量低估）。

例題 3.11

已知一複式斷面梯形渠道，有一個主深槽及左右對稱寬的洪水平原。主深槽及洪水平原的縱向坡均為 $S_0 = 0.0009$。主深槽為對稱梯形斷面，渠底寬度 $B_2 = 15.0$ m，邊坡係數 $m_2 = 1.5$（水平垂直比），滿岸深度為 3.0 m，曼寧係數 $n_2 = 0.03$。左右洪水平原的底寬 $B_1 = B_2 = 75.0$ m，邊坡係數 $m_1 = m_3 = 1.5$，曼寧係數 $n_1 = n_3 = 0.03$。當主深槽水深 $y_2 = 4.2$ m 時，試用分斷面法計算洪水平原及主深槽流量，及此渠流之總流量 Q。

解答：

- 主深槽水深 $y_2 = 4.2$ m，

  主深槽濕周 $P_2 = 15 + 2\sqrt{1+1.5^2} \times 3 = 25.82$ m

  通水面積 $A_2 = (24 \times 1.2 + 19.5 \times 3) = 87.3$ m^2，

  水力半徑 $R_2 = 87.3/25.82 = 3.38$ m，

  主深槽流量 $Q_2 = \dfrac{1}{0.03} 87.3 \times 3.38^{2/3} \times 0.0009^{1/2} = 196.62$ cms

- 左右洪水平原水深 $y_1 = y_3 = 1.2$ m，

  濕周 $P_1 = P_3 = 75 + \sqrt{1+1.5^2} \times 1.2 = 77.16$ m，

  通水面積 $A_1 = A_3 = (75 + 0.5 \times 1.5 \times 1.2) \times 1.2 = 91.05$ m^2，

  水力半徑 $R_1 = R_3 = 91.08/77.16 = 1.18$ m，

  洪水平原流量 $Q_1 = Q_3 = \dfrac{1}{0.05} 91.08 \times 1.18^{2/3} \times 0.0009^{1/2} = 61.02$ cms，

- 分斷面法計算所得之總流量 $Q = Q_1 + Q_2 + Q_3 = 196.62 + 61.02 + 61.02 = \underline{318.7}$ cms，分斷面法計算所得之總流量大於全斷面法計算結果（$Q = 225.4$ cms），因為洪水平原的寬度是主深寬度的 3 倍。當洪水平原寬度明顯大於主深槽寬度時，宜用分斷面法計算流量。

例題 3.12

已知有一條複式斷面矩形渠道，由一個深槽及一個左側淺槽所組成。深槽及淺槽的縱向坡度相同，均為 S_0 = 1/900。深槽寬 B_1 = 100.0 m、水深 y_1 = 4.0 m、曼寧係數 n_1 = 0.02；左側淺槽寬度 B_2 = 400.0 m、水深 y_2 = 1.0 m、曼寧係數 n_2 = 0.05；深槽及淺槽的能量係數分別為 α_1 = 1.1 及 α_2 = 1.2。試求 (1) 深槽平均流速 V_1 與流量 Q_1、(2) 淺槽平均流速 V_2 與流量 Q_2、(3) 複式斷面全槽流量 Q（Q_1 + Q_2）、(4) 代表全槽曼寧係數 n 值、(5) 代表全槽的能量係數 α 值、(6) 直接用曼寧流量公式計算之全槽流量 Q。

解答：

(1) 深槽濕周長 $P_1 = 3 + 100 + 4 = 107$ mm，

通水面積 $A_1 = 4 \times 100 = 400\ \text{m}^2$，

水力半徑 $R_1 = A_1/P_1 = 400/107 = 3.74$ m

$$Q_1 = \frac{1}{n_1} A_1 R_1^{2/3} S_0^{1/2} = \frac{1}{0.02} 400 \times 3.74^{2/3} (1/900)^{1/2}$$

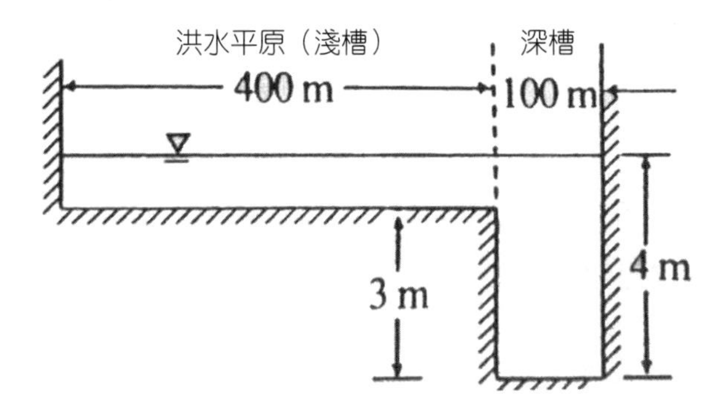

深槽流量 Q_1 = <u>1606.3</u> cms。

深槽流速 $V_1 = \dfrac{Q_1}{A_1} = \dfrac{1606.3}{400} = 4.016$ m/s

(2) 淺槽濕周長 $P_2 = 400 + 1 = 401$ m，

通水面積 $A_2 = 1 \times 400 = 400\ \text{m}^2$，

水力半徑 $R_2 = A_2/P_2 = 400/401 = 0.9975$ m

淺槽流量

$$Q_2 = \frac{1}{n_2} A_2 R_2^{2/3} S_0^{1/2} = \frac{1}{0.05} 400 \times 0.9975^{2/3} (1/900)^{1/2} = \underline{266.2} \text{ cms}。$$

$$淺槽平均流速 V_2 = \frac{Q_1}{A_2} = \frac{266.2}{400} = 0.6655 \text{ m/s}$$

(3) 全槽流量 Q = 主槽流量 Q_1 + 淺槽流量 Q_2 = $\underline{1872.5}$ cms。

全槽通水斷面積 $A = A_1 + A_2 = 800 \text{ m}^2$。

$$全槽平均流速 V = \frac{Q}{A} = \frac{1872.5}{800} = 2.34 \text{ m/s}$$

(4) 代表全槽曼寧係數

$$n = \frac{\sum n_i P_i}{\sum P_i} = \frac{n_1 P_1 + n_2 P_2}{P_1 + P_2} = \frac{\overbrace{0.02 \times 107 + 0.05 \times 401}^{22.19}}{\underbrace{107 + 401}_{508}} = \underline{0.044}$$

(5) 代表全槽的能量係數

$$\alpha = \frac{\sum \alpha_i V_i^3 A_i}{V^3 A} = \frac{\overbrace{1.1 \times 4.016^3 \times 400 + 1.2 \times 0.6655^3 \times 400}^{28640.8}}{\underbrace{2.34^3 \times 800}_{10250.3}} = \underline{2.79}$$

(6) 直接用曼寧公式計算全槽流量

$$Q = \frac{1}{n} A R^{2/3} S_0^{1/2} = \frac{1}{0.044} 800 \times \left(\frac{800}{508}\right)^{2/3} (1/900)^{1/2}$$

全槽流量 $Q = \underline{820.4}$ cms，

注意：直接用曼寧公式計算全槽流量的計算結果（Q = $\underline{820.4}$ cms）明顯偏小，甚至小於前項主深槽流量計算結果（1606.3 cms），不合理，原因在於水由深槽溢淹到淺槽（洪水平原）時，濕周長度遽增，水力半徑劇減，造成流量低估。當洪水平原寬度遠大於主深槽寬度時，不適合直接用曼寧公式計算全槽流量。

3.5 渠道輸水因子與斷面因子

3.5.1 渠道輸水因子與斷面因子

渠道輸水因子（Conveyance）之定義為

$$K = \frac{1}{n} AR^{2/3} \qquad (3.17)$$

斷面因子（Section factor）之定義：$nK = AR^{2/3}$

$$曼寧公式\ Q = \frac{1}{n} AR^{2/3} S_0^{1/2} = K\sqrt{S_0} \rightarrow \boxed{AR^{2/3} = \frac{nQ}{\sqrt{S_0}}} \qquad (3.18)$$

此為渠道斷面因子 $AR^{2/3}$ 與流量 Q 及坡度 S_0 之關係式。

3.5.2 梯形渠道的斷面因子

以梯形渠道為例 $A = (B + my)y,\ P = B + 2y\sqrt{1+m^2}$，$R = \dfrac{(B+my)y}{B+2y\sqrt{1+m^2}}$，

斷面因子與流量之關係為$AR^{2/3} = \dfrac{A^{5/3}}{P^{2/3}} = \dfrac{[(B+my)y]^{5/3}}{(B+2y\sqrt{1+m^2})^{2/3}} = f(B,m,y) = \dfrac{nQ}{\sqrt{S_0}}$

無因次化關係為$\phi = \dfrac{AR^{2/3}}{B^{8/3}} = \dfrac{A^{5/3}}{B^{8/3}P^{2/3}} = \dfrac{\left([1+m(y/B)](y/B)\right)^{5/3}}{\left(1+2(y/B)\sqrt{1+m^2}\right)^{2/3}} = f[m,(y/B)]$

對於矩形渠道（$m = 0$），$\phi = \dfrac{AR^{2/3}}{B^{8/3}} = \dfrac{A^{5/3}}{B^{8/3}P^{2/3}} = \dfrac{\left(y/B\right)^{5/3}}{\left(1+2(y/B)\right)^{2/3}} = f[(y/B)]$

3.5.3 梯形渠道無因次斷面因子與深寬比之關係

渠道斷面因子 $AR^{2/3}$ 與流量之關係為 $\boxed{\dfrac{nQ}{\sqrt{S_0}} = AR^{2/3} = \dfrac{A^{5/3}}{P^{2/3}}}$。對於梯形渠道而言，其無因次斷面因子與深寬比（$y/B$）之關係可以表示為

$$\phi = \frac{nQ}{B^{8/3}\sqrt{S_0}} = \frac{AR^{2/3}}{B^{8/3}} = \frac{A^{5/3}}{B^{8/3}P^{2/3}} = \frac{\left([1+m(y/B)](y/B)\right)^{5/3}}{\left(1+2(y/B)\sqrt{1+m^2}\right)^{2/3}}$$

- 矩形渠道，$m = 0$，當深寬比 $y/B = 1$ 時，無因次斷面因子 $\phi = AR^{2/3}/B^{8/3} = 0.481$
- 梯形渠道，$m = 1$，當深寬比 $y/B = 1$ 時，無因次斷面因子 $\phi = AR^{2/3}/B^{8/3} = 1.297$
- 梯形渠道，$m = 1.5$，當深寬比 $y/B = 1$ 時，無因次斷面因子 $\phi = AR^{2/3}/B^{8/3} = 1.664$

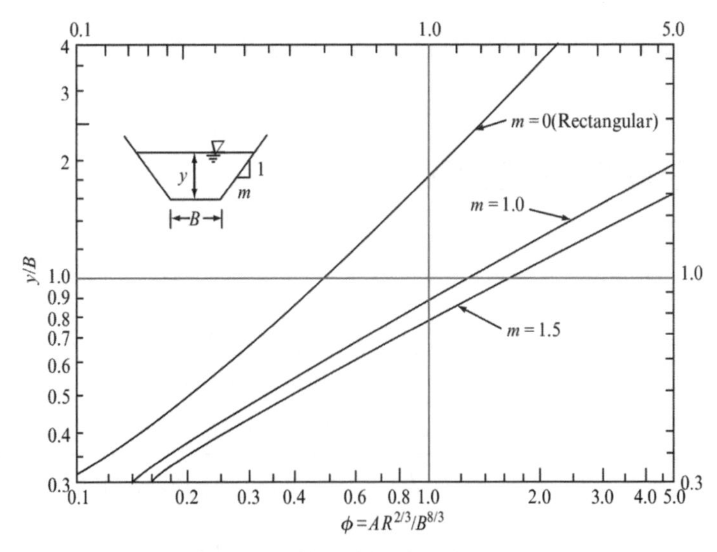

梯形渠道無因次斷面因子與其深寬比之關係圖（Subramanya, 2015）

3.5.4 圓形渠道的斷面因子

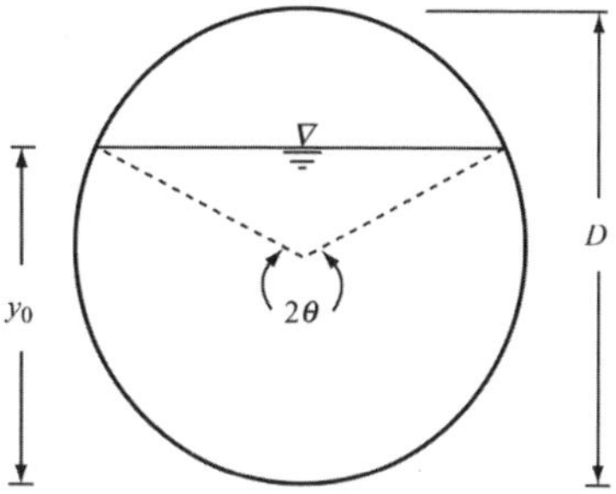

圓形渠道半徑 r_0，直徑 $D = 2r_0$

濕周 $P = 2r_0\theta = D\theta$，

水面寬 $T = 2r_0 \sin\theta = D\theta$

通水面積 $A = \underbrace{\frac{1}{2}r_0^2 2\theta}_{\text{扇狀面積}} - \underbrace{\frac{1}{2}2r_0 \sin\theta \, r_0 \cos\theta}_{\text{三角形面積}}$

$$\rightarrow \boxed{A = \frac{D^2}{8}(2\theta - \sin 2\theta)}$$

(Subramanya, 2015)

水力半徑 $R = \frac{A}{P} = \frac{(2\theta - \sin 2\theta)D}{8\theta}$；水力深度 $D_0 = \frac{A}{T} = \frac{(2\theta - \sin 2\theta)D}{8\sin\theta}$

$\cos\theta = \frac{r_0 - y_0}{r_0} = 1 - \frac{2y_0}{D} \rightarrow \boxed{\theta = \cos^{-1}(1 - \frac{2y_0}{D})}$，$0 \le y_0/D \le 1$，$0 \le \theta \le \pi$

$$\text{圓形渠道斷面因子} AR^{2/3} = \frac{A^{5/3}}{P^{2/3}} = \frac{D^{10/3}}{8^{5/3}} \frac{(2\theta - \sin 2\theta)^{5/3}}{(D\theta)^{2/3}}$$

$$= \frac{(2\theta - \sin 2\theta)^{5/3} D^{8/3}}{32\theta^{2/3}}$$

$$\text{圓形渠道無因次斷面因子} \phi = \frac{AR^{2/3}}{D^{8/3}} = \frac{A^{5/3}}{D^{8/3}P^{2/3}} = \frac{(2\theta - \sin 2\theta)^{5/3}}{32\theta^{2/3}}$$

圓形渠道斷面因子 $AR^{2/3}$ 與流量之關係為

$$\frac{nQ}{\sqrt{S_0}} = AR^{2/3} = \frac{(2\theta - \sin 2\theta)^{5/3} D^{8/3}}{32\theta^{2/3}}$$

理論上，當 $2\theta = 2\pi$ 時為滿管流（實際上它已經不是明渠流了），滿管流水力半徑

$$R = \frac{A}{P} = \frac{(2\pi - \sin 2\pi)D/8}{\pi} = \frac{1}{4}D \text{（i.e. } D = 4R\text{）} \quad (3.19)$$

因此 $\left(\frac{nQ}{\sqrt{S_0}}\right)_f = AR^{2/3} = \frac{\pi D^{8/3}}{2^{10/3}} \rightarrow$ 滿管流量 $Q_f = \frac{AR^{2/3}\sqrt{S_0}}{n} = \frac{\pi D^{8/3}\sqrt{S_0}}{2^{10/3}n}$。

圓形渠道明渠流量 Q 與其滿管流量 Q_f 之比值為

$$\boxed{\frac{Q}{Q_f}=\frac{1}{2^{5/3}\pi}\frac{(2\theta-\sin 2\theta)^{5/3}}{\theta^{2/3}}} \tag{3.20}$$

3.5.5 圓形渠道最大流量之水深

圓形渠道，$A=\frac{D^2}{8}(2\theta-\sin 2\theta)$，$P=D\theta$，$AR^{2/3}=\frac{(2\theta-\sin 2\theta)^{5/3}D^{8/3}}{32\theta^{2/3}}$

最大流量，即最大斷面因子$(AR^{2/3})\rightarrow\frac{d(AR^{2/3})}{d\theta}=0$

$\frac{d(AR^{2/3})}{d\theta}=\frac{d(A^{5/3}/P^{2/3})}{d\theta}=\frac{5}{3}\frac{A^{2/3}}{P^{2/3}}\frac{dA}{d\theta}-\frac{2}{3}\frac{A^{5/3}}{P^{5/3}}\frac{dP}{d\theta}=0$，左式乘上$\frac{3P^{5/3}}{A^{2/3}}$，

整理後得$5P\frac{dA}{d\theta}-2A\frac{dP}{d\theta}=0$，其中$\frac{dA}{d\theta}=\frac{D^2}{8}(2-2\cos 2\theta)$，$\frac{dP}{d\theta}=D$

$\rightarrow 5D\theta\frac{D^2}{8}(2-2\cos 2\theta)-2\frac{D^2}{8}(2\theta-\sin 2\theta)D=0\rightarrow$

$\boxed{3\theta-5\theta\cos 2\theta+\sin 2\theta=0}$，求解得$\boxed{\theta\approx 151.2^\circ}$。

最大流量不是發生在滿管流（$\theta=\pi$），而是發生在 $\theta\approx 151.2^\circ$ 處。

最大流量 Q_{max} 發生在 $\frac{y_0}{D}=\frac{1-\cos\theta}{2}=0.938$ 處，即 $\boxed{y_0=0.938D}$。

$\frac{Q_{max}}{Q_f}=\frac{1}{2^{5/3}\pi}\frac{(2\theta-\sin 2\theta)^{5/3}}{\theta^{2/3}}\bigg|_{\theta=151.2^\circ}\approx 1.076$。

最大流量 Q_{max} 比滿管流量 Q_f 多 7.6%。

3.5.6 圓形渠道最大流速之水深

圓形渠道流速之關係為$\frac{nV}{\sqrt{S_0}}=R^{2/3}=\left(\frac{A}{P}\right)^{2/3}=\left(\frac{D}{8}\right)^{2/3}\left(\frac{2\theta-\sin 2\theta}{\theta}\right)^{2/3}$

當 $2\theta=2\pi$ 時為滿管流（它已經不是明渠流），

$$\left(\frac{nV}{\sqrt{S_0}}\right)_f=R^{2/3}\Big|_{\theta=\pi}=\left(\frac{D}{4}\right)^{2/3}$$

滿管流速 $V_f = \frac{1}{n} R^{2/3} \sqrt{S_0} = \frac{1}{n}\left(\frac{D}{4}\right)^{2/3} \sqrt{S_0}$。

因此圓形渠道明渠流速度 V 和其滿管流速度 V_f 之比值為

$$\frac{V}{V_f} = \left(\frac{2\theta - \sin 2\theta}{2\theta}\right)^{2/3} = \left(1 - \frac{\sin 2\theta}{2\theta}\right)^{2/3}$$

最大流速，即最大水力半徑，$\frac{dR}{d\theta} = \frac{d(A/P)}{d\theta} = 0 \rightarrow$

$$\frac{dR}{d\theta} = \frac{1}{P}\frac{dA}{d\theta} - \frac{A}{P^2}\frac{dP}{d\theta} = 0 \rightarrow \frac{D^2(2 - 2\cos 2\theta)}{8D\theta} - \frac{D^2(2\theta - \sin 2\theta)}{8(D\theta)^2} D = 0$$

$\rightarrow \boxed{-2\theta \cos 2\theta + \sin 2\theta = 0} \rightarrow \tan 2\theta = 2\theta \rightarrow 2\theta \approx 257.45°$。

最大流速 V_{max} 不是發生在滿管流，而是發生在 $\theta \approx 128.73°$ 處。即

$\frac{y_0}{D} = \frac{1 - \cos\theta}{2} = 0.813$，最大流速對應之水深為 $\boxed{y_0 = 0.813D}$。

$$\frac{V_{max}}{V_f} = \left(\frac{2\theta - \sin 2\theta}{2\theta}\right)^{2/3}\Bigg|_{\theta=128.73^\circ} \approx 1.140$$

最大流速 V_{max} 比滿管流速 V_f 多 14.0%。

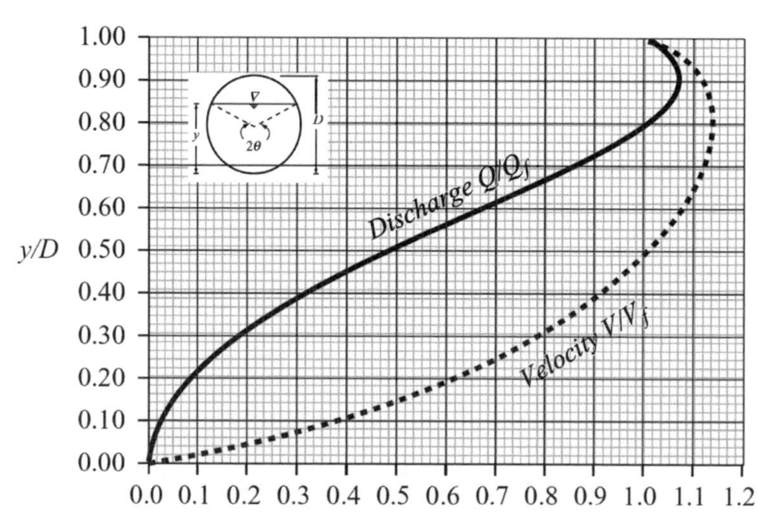

圓形渠道最大流速發生在 $y_0/D = 0.813$ 處；最大流量發生在 $y_0/D = 0.938$ 處。

3.6 第二水力指數N

曼寧公式 $Q=\frac{1}{n}AR^{2/3}S_0^{1/2}=K\sqrt{S_0}$，其中$K=\frac{1}{n}AR^{2/3}$ = 渠道輸水因子；$AR^{2/3}=nK$ = 斷面因子。在漸變流水面線分析時，令

$$K^2=\left(\frac{1}{n}AR^{2/3}\right)^2=C_2y^N \tag{3.21}$$

其中 N = 第二水力指數（Second hydraulic exponent）。例如：

- 三角形渠道：面積 $A=my^2$，濕周長度$P=2y\sqrt{1+m^2}$，
  水力半徑$R=\frac{my}{2\sqrt{1+m^2}}$，因此
  $$K^2=\left(\frac{AR^{2/3}}{n}\right)^2=\frac{(my^2)^2}{n^2}\left(\frac{my}{2\sqrt{1+m^2}}\right)^{4/3}=\underbrace{\frac{m^{10/3}}{2^{4/3}n^2(1+m^2)^{2/3}}}_{C_2}y^{16/3}=C_2y^{16/3}$$
  $$\rightarrow \boxed{N=\frac{16}{3}}$$
- 矩形渠道：$A=By$，$P=B+2y$，$R=\frac{By}{B+2y}$，因此
  $$K^2=\left(\frac{AR^{2/3}}{n}\right)^2=\frac{B^2y^{10/3}}{n^2[1+(2y/B)]^{4/3}}$$
- 對於寬渠（$y/B<<1.0$）：$K^2=\frac{By^{10/32}}{n^2[1+(2y/B)]^{4/3}}\approx\underbrace{\frac{B^2}{n^2}}_{C_2}y^{10/3}=C_2y^{10/3}$
  $$\rightarrow \boxed{N=\frac{10}{3}}$$

一般渠道的第二水力指數 N 介於 $\frac{10}{3}$ 至 $\frac{16}{3}$ 之間。

3.6.1 對數法求 N 值

明渠水力學有兩個重要的水力指數，第一水力指數 M 及第二水力指數 N。第二章介紹過第一水力指數 M 及其計算方法。在此介紹第二水力指數 N 的計算方法。對於任一形狀的渠道斷面，水力指數的求法有二種：對數法及微分法。

對數法：先將 $K^2 = C_2 y^N$ 取對數，寫成 $2\log K = \log C_2 + N\log y$，取兩個不同水深 y_1 及 y_2，代入前述對數式，可得

$2\log K_1 = \log C_{21} + N\log y_1$ 及 $2\log K_2 = \log C_{22} + N\log y_2$，

將上述兩個方程式相減，得第二水力指數

$$N = \frac{2\log(K_2/K_1) - \log(C_{22}/C_{21})}{\log(y_2/y_1)}$$

假設兩個不同水深所對應之係數相同，即 $C_{21} = C_{22}$，則

$$\text{第二水力指數}\ \boxed{N = 2\frac{\log(K_2/K_1)}{\log(y_2/y_1)}} \tag{3.22}$$

由兩個不同水深所對應之 K_1 及 K_2 可求得兩個不同水深之間的代表 N 值。

例題 3.13

已知有一條對稱的梯形渠道，渠底寬 $B = 2.0$ m，渠岸邊坡為 45 度，水深 $y = 2$ m，曼寧係數 $n = 0.02$，試計算渠道的輸水因子 K，並用對數法估算水深 2 m 時所對應之第二水力指數 N 值。

解答：

梯形渠道 $A = (B+my)y,\ P = B + 2y\sqrt{1+m^2},\ R = \dfrac{(B+my)y}{B+2y\sqrt{1+m^2}}$，$m = 1$

輸水因子

$$K = \frac{1}{n}AR^{2/3} = \frac{[(B+my)y]^{5/3}}{n(B+2y\sqrt{1+m^2})^{2/3}} = \frac{[2(2+2)]^{5/3}}{0.02(2+4\sqrt{2})^{2/3}} = \underline{411.86}\ \text{m}^3/\text{s}$$

$$K^2 = \left(\frac{1}{n}AR^{2/3}\right)^2 = \left(\frac{[(B+my)y]^{5/3}}{n(B+2y\sqrt{1+m^2})^{2/3}}\right)^2$$

$$=\left(\frac{[(2+y)y]^{5/3}}{0.02(2+2\sqrt{2}y)^{2/3}}\right)^2=C_2y^N$$

假設係數 C_2 為常數，由對數法求得 $N=2\dfrac{\log(K_2/K_1)}{\log(y_2/y_1)}$。

取水深 $y = 2$ m 鄰近的水深，$y_1 = 1.8$ m 及 $y_2 = 2.2$ m，先求其對應之 K_1 及 K_2，

$$K_1=\frac{[(2+y_1)y_1]^{5/3}}{0.02(2+2\sqrt{2}y_1)^{2/3}}=\frac{[(2+1.8)\times1.8]^{5/3}}{0.02(2+2\sqrt{2}\times1.8)^{2/3}}=333.88$$

$$K_2=\frac{[(2+y_2)y_2]^{5/3}}{0.02(2+2\sqrt{2}y_2)^{2/3}}=\frac{[(2+2.2)\times2.2]^{5/3}}{0.02(2+2\sqrt{2}\times2.2)^{2/3}}=499.37$$

代入第二水力指數關係式得

$$N=\frac{2\log(K_2/K_1)}{\log(y_2/y_1)}=\frac{2\log(499.37/333.88)}{\log(2.2/1.8)}=\underline{4.01}$$。

3.6.2 微分法求 N 值

先將輸水因子平方$K^2=\left(\dfrac{1}{n}AR^{2/3}\right)^2=\dfrac{1}{n^2}\dfrac{A^{10/3}}{P^{4/3}}=C_2y^N$取自然對數，得到 $\dfrac{10}{3}\ln A-\dfrac{4}{3}\ln P=\ln(n^2C_2)+N\ln y$。

假設曼寧係數 n 及係數 C_2 不隨水深變化，然後將此式對水深 y 微分，得到

$$\frac{10}{3A}\frac{dA}{dy}-\frac{4}{3P}\frac{dP}{dy}=\frac{N}{y}\rightarrow\frac{2}{3}\left(\frac{5T}{A}-\frac{2}{P}\frac{dP}{dy}\right)=\frac{N}{y}\longrightarrow \text{第二水力指數}$$

$$\boxed{N=\frac{2y}{3}\left(\frac{5T}{A}-\frac{2}{P}\frac{dP}{dy}\right)} \tag{3.23}$$

- 梯形渠道：$A = (B + my)y$，$T = (B + 2my)$，$P=B+2y\sqrt{1+m^2}$，

$$\frac{dP}{dy}=2\sqrt{1+m^2}$$

第二水力指數$N=\frac{2y}{3}\left(\frac{5T}{A}-\frac{2}{P}\frac{dP}{dy}\right)=\frac{2y}{3}\left(\frac{5(B+2my)}{(B+my)y}-\frac{4\sqrt{1+m^2}}{B+2y\sqrt{1+m^2}}\right)$

- 三角形渠道：$B=0\rightarrow N=\frac{2y}{3}\left(\frac{10my}{my^2}-\frac{2\sqrt{1+m^2}}{y\sqrt{1+m^2}}\right)==\frac{20}{3}-\frac{4}{3}=\frac{16}{3}$
- 矩形渠道：$m=0\rightarrow N=\frac{2y}{3}\left(\frac{5}{y}-\frac{4}{B+2y}\right)=\frac{10}{3}-\frac{8(y/B)}{3[1+2(y/B)]}$，

矩形渠道 N 值和（y/B）有關，寬渠，$y/B<<1$，$N=\frac{10}{3}$。

例題 3.14

已知有一條對稱的梯形渠道，渠底寬 B = 2.0 m，渠岸邊坡為 45 度，水深 y = 2 m，曼寧係數 n = 0.02，試用微分法所得公式估算水深 y = 2 m 所對應之第二水力指數 N 值。

解答：

輸水因子平方$K^2=\left(\frac{1}{n}AR^{2/3}\right)^2=\frac{1}{n^2}\frac{A^{10/3}}{P^{4/3}}=C_2y^N$，取自然對數，得到$\frac{10}{3}\ln A-\frac{4}{3}\ln P=\ln(n^2C_2)+N\ln y$，對水深 y 微分並重新整理後，得到$N=\frac{2y}{3}\left(\frac{5T}{A}-\frac{2}{P}\frac{dP}{dy}\right)$。梯形渠道，$A=(B+my)y$，$P=B+2y\sqrt{1+m^2}$，$T=(B+2my)$，$\frac{dP}{dy}=2\sqrt{1+m^2}\rightarrow$

$$N=\frac{2y}{3}\left(\frac{5(B+2my)}{(B+my)y}-\frac{4\sqrt{1+m^2}}{B+2y\sqrt{1+m^2}}\right)$$

已知 $B=2.0$ m、$y=2$ m、邊坡 45 度 $\rightarrow m=1$，代入上式，得

$$N=\frac{2y}{3}\left(\frac{5(B+2my)}{(B+my)y}-\frac{4\sqrt{1+m^2}}{B+2y\sqrt{1+m^2}}\right)=\frac{4}{3}\left(\frac{5(2+4)}{(2+2)\times 2}-\frac{4\sqrt{2}}{2+4\sqrt{2}}\right)=\underline{4.01}$$

微分法所得結果與前一個例題對數法所得結果相同。

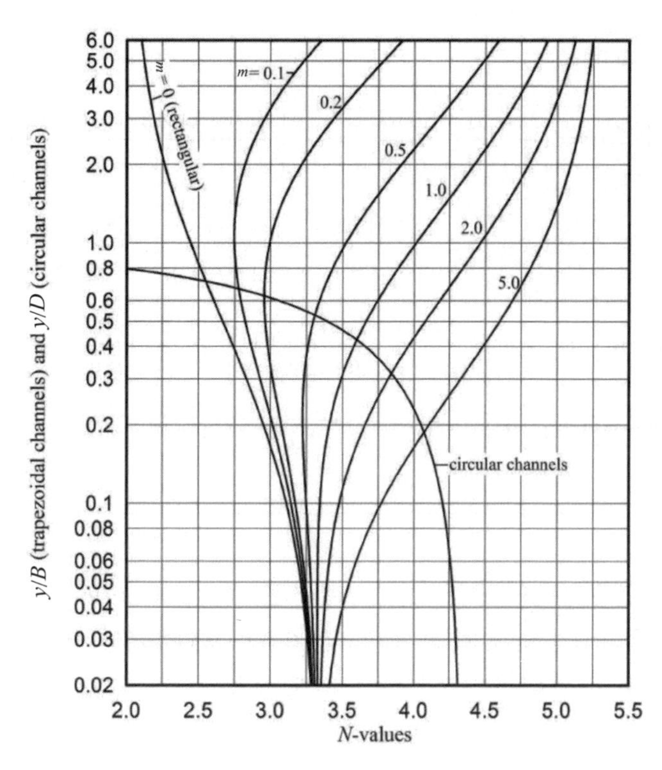

梯形、矩形及圓形渠道第二水力指數（Jan, 2014）

3.7 標準修飾渠道

3.7.1 標準修飾梯形渠道（Standard lined trapzoidal channel）

修飾梯形渠道是指梯形斷面底部和岸邊夾角圓弧化。對於標準修飾梯形渠道，其斷面積$A=\underbrace{By_0}_{\text{矩形面積}}+\underbrace{my_0^2}_{\text{三角形面積}}+\underbrace{\theta y_0^2}_{\text{扇形面積}}$，其中$\cot\theta=m\rightarrow\theta=\tan^{-1}\left(\frac{1}{m}\right)$。因此$A=By_0+my_0^2+\theta y_0^2=(B+\varepsilon y_0)y_0$，其中$\varepsilon=m+\theta=m+\tan^{-1}\left(\frac{1}{m}\right)$。水面寬$T=B+2\sqrt{1+m^2}\,y_0$，濕周長度$P=B+2my_0+2\theta y_0=B+2\varepsilon y_0$，水力深度$D=\frac{A}{T}=\frac{By_0+my_0^2+\theta y_0^2}{B+2\sqrt{1+m^2}\,y_0}$，水力半徑$R=\frac{A}{P}=\frac{(B+\varepsilon y_0)y_0}{B+2\varepsilon y_0}$

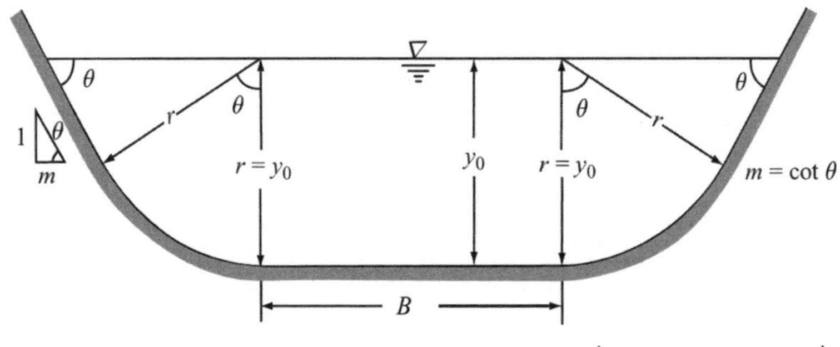

(Subramanya, 2015)

令$\eta_0 = \dfrac{\varepsilon y_0}{B}$，

水力半徑$R = \dfrac{A}{P} = \dfrac{(B+\varepsilon y_0)y_0}{B+2\varepsilon y_0} \rightarrow$ 無因次水力半徑 $\dfrac{\varepsilon R}{B} = \dfrac{(1+\eta_0)\eta_0}{(1+2\eta_0)}$

曼寧流量公式$Q = \dfrac{1}{n}AR^{2/3}S_0^{1/2} = \dfrac{1}{n}\dfrac{A^{5/3}}{P^{2/3}}S_0^{1/2} = \dfrac{1}{n}\dfrac{[(B+\varepsilon y_0)y_0]^{5/3}}{(B+2\varepsilon y_0)^{2/3}}S_0^{1/2}$

曼寧流速公式$V = \dfrac{1}{n}R^{2/3}S_0^{1/2} = \dfrac{1}{n}\dfrac{A^{2/3}}{P^{2/3}}S_0^{1/2} = \dfrac{1}{n}\dfrac{[(B+\varepsilon y_0)y_0]^{2/3}}{(B+2\varepsilon y_0)^{2/3}}S_0^{1/2}$

無因次流量 $\boxed{\dfrac{Qn\varepsilon^{5/3}}{S_0^{1/2}B^{8/3}} = \dfrac{[(1+\eta_0)\eta_0]^{5/3}}{(1+2\eta_0)^{2/3}}}$ ；　(3.24)

無因次流速 $\boxed{\dfrac{Vn\varepsilon^{2/3}}{S_0^{1/2}B^{2/3}} = \dfrac{[(1+\eta_0)\eta_0]^{2/3}}{(1+2\eta_0)^{2/3}}}$　(3.25)

例題 3.15

有一條標準修飾梯形渠道，邊坡係數 $m = 1.5$，渠底寬 $B = 10$ m，曼寧係數 $n = 0.016$，渠床坡度 $S_0 = 0.0002$。當流量 $Q = 100$ cms，試求此渠流的正常水深 y_0、水力深度 D、水力半徑 R 及作用在渠床的平均剪應力 τ_0。

解答：

水面寬$T = B + 2\sqrt{1+m^2}\,y_0$，

濕周長度 $P = B + 2my_0 + 2\theta y_0 = 10 + 4.176y_0$

邊坡坡角$\theta = \tan^{-1}\left(\dfrac{1}{m}\right) = \tan^{-1}\left(\dfrac{1}{1.5}\right) = 0.588$ rad（$\theta = 33.69°$），

通水面積$A = By_0 + my_0^2 + \theta y_0^2 = [B + (m+\theta)y_0]y_0 = (10 + 2.088y_0)y_0$

水力深度$D = \dfrac{A}{T} = \dfrac{(B + my_0 + \theta y_0)y_0}{B + 2\sqrt{1+m^2}\,y_0} = \dfrac{(10 + 1.5y_0 + 0.588y_0)y_0}{10 + 2\sqrt{3.25}y_0}$

水力半徑$R = \dfrac{A}{P} = \dfrac{(10 + 2.088y_0)y_0}{10 + 4.176y_0}$，曼寧公式$Q = \dfrac{1}{n}AR^{2/3}S_0^{1/2}$

$\rightarrow \dfrac{A^{5/3}}{P^{2/3}} = \dfrac{nQ}{S_0^{1/2}} \rightarrow \dfrac{[(10 + 2.088y_0)y_0]^{5/3}}{(10 + 4.176y_0)^{2/3}} = \dfrac{100 \times 0.016}{\sqrt{0.0002}} = 113.14$，

曼寧公式$Q = \dfrac{1}{n}AR^{2/3}S_0^{1/2} \rightarrow \dfrac{A^{5/3}}{P^{2/3}} = \dfrac{nQ}{S_0^{1/2}}$

$\rightarrow \dfrac{[(10 + 2.088y_0)y_0]^{5/3}}{(10 + 4.176y_0)^{2/3}} = 113.14$

試誤法求解，得$y_0 = \underline{\underline{3.544}}$ m。

水力深度$D = \dfrac{A}{T} = \dfrac{(10 + 2.088y_0)y_0}{10 + 2\sqrt{3.25}y_0} = \underline{2.707}$ m

水力半徑$R = \dfrac{A}{P} = \dfrac{(10 + 2.088y_0)y_0}{10 + 4.176y_0} = \underline{2.487}$ m。

渠床上的平均剪應力 $\tau_0 = \rho gRS_0 = 1000 \times 9.81 \times 2.487 \times 0.0002 =$ $\underline{\underline{4.88}}$ Pa〔壓力單位 Pa（Pascal）= N/m^2 = (kg-m/s)/m^2〕

3.7.2 已知標準修飾梯形渠道流量及流速推求水深

標準修飾梯形渠道，流量 $Q = \dfrac{1}{n}AR^{2/3}S_0^{1/2} = \dfrac{1}{n}\dfrac{[(B + \varepsilon y_0)y_0]^{5/3}}{(B + 2\varepsilon y_0)^{2/3}}S_0^{1/2}$，流速 $V = \dfrac{1}{n}R^{2/3}S_0^{1/2} = \dfrac{1}{n}\dfrac{[(B + \varepsilon y_0)y_0]^{2/3}}{(B + 2\varepsilon y_0)^{2/3}}S_0^{1/2}$，其中 $\varepsilon = m + \theta = m + \tan^{-1}\left(\dfrac{1}{m}\right)$。令 $\eta_0 = \dfrac{\varepsilon y_0}{B}$，代入前式，分別可以得到無因次流量及流速公式

$$\boxed{Q_* = \frac{Qn\varepsilon^{5/3}}{S_0^{1/2}B^{8/3}} = \frac{[(1+\eta_0)\eta_0]^{5/3}}{(1+2\eta_0)^{2/3}}} \ ; \ \boxed{V_* = \frac{Vn\varepsilon^{2/3}}{S_0^{1/2}B^{2/3}} = \frac{[(1+\eta_0)\eta_0]^{2/3}}{(1+2\eta_0)^{2/3}}}$$

。將無因次流量 Q_* 除以（無因次流速 V_*）^{4}，消除 $B^{8/3}$ 後得到

$$\frac{Q_*}{V_*^4} = \frac{\dfrac{Qn\varepsilon^{5/3}}{S_0^{1/2}B^{8/3}}}{\left(\dfrac{Vn\varepsilon^{2/3}}{S_0^{1/2}B^{2/3}}\right)^4} = \frac{\dfrac{[(1+\eta_0)\eta_0]^{5/3}}{(1+2\eta_0)^{2/3}}}{\left(\dfrac{[(1+\eta_0)\eta_0]^{2/3}}{(1+2\eta_0)^{2/3}}\right)^4} \rightarrow \frac{QS_0^{3/2}}{V^4n^3\varepsilon} = \frac{(1+2\eta_0)^2}{\eta_0^2+\eta_0} = \frac{4\eta_0^2+4\eta_0+1}{\eta_0^2+\eta_0}$$

前述標準修飾梯形渠道，令 $\boxed{M_* = \dfrac{QS_0^{3/2}}{V^4n^3\varepsilon}}$，整理後可得

$\boxed{\eta_0^2+\eta_0-\dfrac{1}{M_*-4}=0}$，其中 $\eta_0 > 0$，$M_* > 4$。

求解此二次方程式，可以得無因次水深

$$\boxed{\eta_0 = \frac{1}{2}\left(-1+\sqrt{1+\frac{4}{M_*-4}}\right)} \tag{3.26}$$

- 已知標準修飾梯形渠道渠岸坡度係數 m 值，可求得參數 $\varepsilon = m+\tan^{-1}\left(\dfrac{1}{m}\right)$

  已知渠道坡度 S_0、曼寧係數 n、參數 ε、設計流量 Q 及設計流速 V，計算 $M_* = \dfrac{QS_0^{3/2}}{V^4n^3\varepsilon}$，可得無因次水深 η_0，進而可得水深 $y_0 = \dfrac{B}{\varepsilon}\eta_0$。

例題 3.16

擬設計一條標準修飾梯形渠道，設計流量 $Q = 60.0$ cms，允許流速 $V_{max} = 0.62$ m/s，渠床坡度 $S_0 = 0.0001$，邊坡係數 $m = 1.5$（邊坡斜率為 $1/m$），曼寧係數 $n = 0.025$。考慮設計流速 $V = 0.6$ m/s 及 $V = 0.4$ m/s 兩種情況，試分別求出適當的渠底寬 B 及水深 y_0。

解答：

無因次水深$\eta_0 = \dfrac{\varepsilon y_0}{B}$，無因次流量$Q_* = \dfrac{Qn\varepsilon^{5/3}}{S_0^{1/2}B^{8/3}} = \dfrac{[(1+\eta_0)\eta_0]^{5/3}}{(1+2\eta_0)^{2/3}}$，

$M_* = \dfrac{QS_0^{3/2}}{V^4 n^3 \varepsilon}$，無因次水深關係式$\eta_0 = \dfrac{1}{2}\left(-1+\sqrt{1+\dfrac{4}{M_*-4}}\right)$，其中 $\varepsilon = m + \tan^{-1}(1/m)$。

$B^{8/3} = \dfrac{Qn\varepsilon^{5/3}}{S_0^{1/2}}\dfrac{(1+2\eta_0)^{2/3}}{[(1+\eta_0)\eta_0]^{5/3}}$。當 $m = 1.5$，$\varepsilon = 1.5 + \tan^{-1}\left(\dfrac{1}{1.5}\right) = 2.088$

$$B = \left(\underbrace{\frac{60\times 0.025\times 2.088^{5/3}}{\sqrt{0.0001}}}_{511.65}\frac{(1+2\eta_0)^{2/3}}{[(1+\eta_0)\eta_0]^{5/3}}\right)^{3/8} = 10.372\left(\frac{(1+2\eta_0)^{2/3}}{[(1+\eta_0)\eta_0]^{5/3}}\right)^{3/8}$$

(1) 當設計流速 $V = 0.6$ m/s：

$$M_* = \frac{QS_0^{3/2}}{V^4 n^3 \varepsilon} = \frac{60\times 0.0001^{3/2}}{0.6^4\times 0.025^3\times 2.088} = 14.19\text{；}$$

$$\eta_0 = \frac{1}{2}\left(-1+\sqrt{1+\frac{4}{14.19-4}}\right) = 0.090$$

$$B = 10.372\left(\frac{(1+2\eta_0)^{2/3}}{[(1+\eta_0)\eta_0]^{5/3}}\right)^{3/8} = 10.372\left(\frac{(1+2\times 0.09)^{2/3}}{\underbrace{[(1+0.09)\times 0.09]^{5/3}}_{53.51}}\right)^{3/8}$$

$= 46.13$ m

→ 渠底寬 $B = \underline{46.13}$ m 及

正常水深$y_0 = \dfrac{B\eta_0}{\varepsilon} = \dfrac{46.13\times 0.09}{2.088} = \underline{1.99}$ m。

檢核流量：流量$Q = \dfrac{1}{n}AR^{2/3}S_0^{1/2} = \dfrac{1}{n}\dfrac{[(B+\varepsilon y_0)y_0]^{5/3}}{(B+2\varepsilon y_0)^{2/3}}S_0^{1/2}$

$$Q = \frac{1}{0.025}\frac{\overbrace{[(46.13+2.088\times 1.99)\times 1.99]^{5/3}}^{2156.85}}{\underbrace{(46.13+2\times 2.088\times 1.99)^{2/3}}_{14.364}}\sqrt{0.0001} \approx 60.0\text{ cms，OK}$$

(2) 當設計流速 V = 0.4 m/s：

$$M_* = \frac{QS_0^{3/2}}{V^4 n^3 \varepsilon} = \frac{60 \times 0.0001^{3/2}}{0.4^4 \times 0.025^3 \times 2.088} = 71.84；$$

$$\eta_0 = \frac{1}{2}\left(-1 + \sqrt{1 + \frac{4}{71.84 - 4}}\right) = 0.0145$$

$$B = 10.372\left(\frac{(1+2\eta_0)^{2/3}}{[(1+\eta_0)\eta_0]^{5/3}}\right)^{3/8} = 10.372\left(\frac{(1+2\times 0.0145)^{2/3}}{\underbrace{[(1+0.0145)\times 0.0145]^{5/3}}_{1154.1}}\right)^{3/8}$$

$= 145.95$ m

→ 渠底寬 $B = \underline{145.95}$ m 及

正常水深$y_0 = \frac{B\eta_0}{\varepsilon} = \frac{145.95 \times 0.0145}{2.088} = \underline{1.014}$ m。

與設計流速 0.6 m/s 之結果相比，設計流速較低，在相同流量條件下渠底寬較大，水深較小。

檢核流量：流量$Q = \frac{1}{n}AR^{2/3}S_0^{1/2} = \frac{1}{n}\frac{[(B+\varepsilon y_0)y_0]^{5/3}}{(B+2\varepsilon y_0)^{2/3}}S_0^{1/2}$，

$$Q = \frac{1}{0.025}\frac{\overbrace{[(145.95+2.088\times 1.014)\times 1.014]^{5/3}}^{4241.26}}{\underbrace{(145.95+2\times 2.088\times 1.014)^{2/3}}_{28\ 254}}\sqrt{0.0001} \approx 60.0 \text{ cms}，$$

OK

3.7.3 標準修飾三角形渠道（Stanhard lined triangular channel）

標準修飾三角形渠道，斷面積$A = \underbrace{my_0^2}_{三角形面積} + \underbrace{\theta y_0^2}_{扇形面積} = (m+\theta)y_0^2 \rightarrow A = \varepsilon y_0^2$，

$\tan\theta = \frac{1}{m} \rightarrow$ 邊坡坡角$\theta = \tan^{-1}\left(\frac{1}{m}\right)$，邊坡參數$\varepsilon = m + \theta = m + \tan^{-1}\left(\frac{1}{m}\right)$

水面寬$T = 2\sqrt{1+m^2}\,y_0$，水力深度$D = \frac{A}{T} = \frac{\varepsilon y_0^2}{2\sqrt{1+m^2}\,y_0} = \frac{\varepsilon y_0}{2\sqrt{1+m^2}}$

濕周長$P = 2my_0 + 2\theta y_0 = 2\varepsilon y_0$，水力半徑$R = \dfrac{A}{P} = \dfrac{\varepsilon y_0^2}{2\varepsilon y_0} = \dfrac{y_0}{2}$；

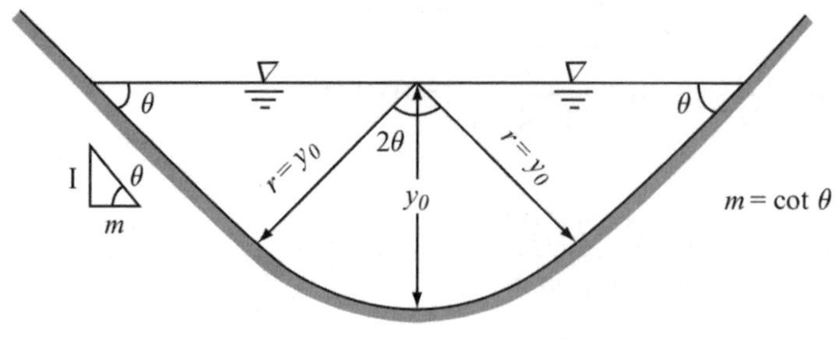

（Subramanya, 2015）

曼寧流量公式 $Q = \dfrac{1}{n} A R^{2/3} S_0^{1/2} = \dfrac{1}{n} \varepsilon y_0^2 \left(\dfrac{y_0}{2}\right)^{2/3} S_0^{1/2} = \dfrac{\varepsilon y_0^{8/3} S_0^{1/2}}{2^{2/3} n}$

$$\rightarrow \text{無因次流量}\ \boxed{Q_* = \frac{Qn}{\varepsilon S_0^{1/2} y_0^{8/3}} = \frac{1}{2^{2/3}} = 0.63} \tag{3.27}$$

曼寧流速公式 $V = \dfrac{1}{n} R^{2/3} S_0^{1/2} = \dfrac{1}{n}\left(\dfrac{y_0}{2}\right)^{2/3} S_0^{1/2} = \dfrac{y_0^{2/3} S_0^{1/2}}{2^{2/3} n}$

$$\rightarrow \text{無因次流速}\ \boxed{V_* = \frac{Vn}{S_0^{1/2} y_0^{2/3}} = \frac{1}{2^{2/3}} = 0.63} \tag{3.28}$$

標準修飾三角形渠道，無因次參數 $M_* = \dfrac{QS_0^{3/2}}{V^4 n^3 \varepsilon} = \dfrac{Q_*}{V_*^4} = \dfrac{1}{2^{2/3}} \times \left(2^{2/3}\right)^4 = 4$

例題 3.17

有一標準修飾三角形渠道，邊坡係數 $m = 1.25$，曼寧係數 $n = 0.015$，渠床坡度 $S_0 = 0.001$。試求流量 $Q = 25$ cms 的水流經此渠道所對應之正常水深 y_0、平均流速 V 及作用在渠床的平均剪應力 τ_0。

解答：

邊坡坡角$\theta=\tan^{-1}\left(\frac{1}{m}\right)=\tan^{-1}\left(\frac{1}{1.25}\right)=0.675$（$\theta=38.66°$），

圓弧夾角 $2\theta=77.32°$

通水面積$A=my_0^2+\theta y_0^2=(m+\theta)y_0^2=\varepsilon y_0^2=1.925y_0^2$，

水面寬$T=2\sqrt{1+m^2}\,y_0$，濕周$P=2my_0+2\theta y_0=2\varepsilon y_0=3.85y_0$，

水力半徑 $R=\frac{A}{P}=\frac{(m+\theta)y_0^2}{2(m+\theta)y_0}=\frac{1}{2}y_0$

流量$Q=\frac{1}{n}AR^{2/3}S_0^{1/2}=\frac{1.925y_0^2}{0.015}\left(\frac{1}{2}y_0\right)^{2/3}\sqrt{0.001}=25\rightarrow 2.5565y_0^{8/3}=25$

→ 正常水深$y_0=\underline{\underline{2.352}}$ m；

平均流速 $V=\frac{Q}{A}=\frac{Q}{\varepsilon y_0^2}=\frac{25}{1.925\times 2.353^2}=\underline{2.35}$ m/s

作用在渠床的平均剪應力

$\tau_0=\rho gRS_0=1000\times 9.81\times\frac{2.352}{2}\times 0.001=\underline{\underline{11.54}}$ Pa

剪應力 τ_0 的單位：

1 Pa (Pascal) = 1 N/m^2 = 1 kg × (m/s^2)/m^2 = 1 kg/(m × s^2)。

3.8 渠道最佳水力斷面

渠道通水斷面的輸水因子$K=\frac{1}{n}AR^{2/3}=\frac{A^{5/3}}{nP^{2/3}}$，在固定通水面積 A 情況下，最小濕周 P 可以達到最大輸水因子 K，稱此通水斷面為水力有效率斷面（Hydraulically efficient channel section），或直接稱為最佳斷面（Best section）。

固定通水面積 A 情況下，$\frac{dK}{dy_0}=0$，即$\frac{dP}{dy_0}=0$

在最佳斷面情況下，渠道已知流量 Q 對應最小的濕周長度 P；或是，已知濕周長度 P 對應最大的流量 Q。

3.8.1 矩形最佳斷面

矩形斷面積 $A = By_0 = \text{Constant} \rightarrow B = \dfrac{A}{y_0}$，

濕周長度 $P = B + 2y_0 = \dfrac{A}{y_0} + 2y_0$

最佳斷面情況下，有最小之濕周 $P \rightarrow \dfrac{dP}{dy_0} = -\dfrac{A}{y_0^2} + 2 = 0 \rightarrow \boxed{A = 2y_0^2}$

渠寬 $B = \dfrac{A}{y_0} = \dfrac{2y_0^2}{y_0} = 2y_0$，水力半徑$R = \dfrac{A}{P} = \dfrac{A}{B + 2y_0} = \dfrac{2y_0^2}{2y_0 + 2y_0} = \dfrac{1}{2}y_0$

水深洽為渠寬的一半，$\boxed{y_0 = \dfrac{1}{2}B}$，水力半徑洽為水深的一半，$\boxed{R = \dfrac{1}{2}y_0}$。

最佳斷面情況下，流量 $Q = \dfrac{1}{n}AR^{2/3}S_0^{1/2} = \dfrac{1}{n}2y_0^2\left(\dfrac{1}{2}y_0\right)^{2/3}S_0^{1/2} = \dfrac{\sqrt[3]{2}}{n}y_0^{8/3}S_0^{1/2}$

最佳斷面情況下，無因次流量

$$\boxed{\frac{Qn}{S_0^{1/2}y_0^{8/3}} = \sqrt[3]{2} = 1.260} \tag{3.29}$$

3.8.2 梯形最佳水力斷面（固定邊坡係數 m）

梯形斷面通水面積 $A = (B + my_0)y_0 \rightarrow$ 渠底寬 $B = \dfrac{A}{y_0} - my_0$，濕周$P = B + 2y_0\sqrt{1+m^2} \rightarrow P = \dfrac{A}{y_0} - my_0 + 2y_0\sqrt{1+m^2}$。在固定面積 A 及邊坡係數 m 時，最佳斷面的條件是最小濕周 P，$\dfrac{dP}{dy_0} = 0 \rightarrow \dfrac{dP}{dy_0} = -\dfrac{A}{y_0^2} - m + 2\sqrt{1+m^2} = 0 \rightarrow$

$\boxed{A = \left(2\sqrt{1+m^2} - m\right)y_0^2}$（最佳斷面時斷面積和水深之關係）

此時，渠底寬$B = \dfrac{A}{y_0} - my_0 = \dfrac{\left(2\sqrt{1+m^2} - m\right)y_0^2}{y_0} - my_0 = 2\left(\sqrt{1+m^2} - m\right)y_0$，

濕周$P=\frac{A}{y_0}-my_0+2y_0\sqrt{1+m^2}=\frac{\left(2\sqrt{1+m^2}-m\right)y_0^2}{y_0}-my_0+2y_0\sqrt{1+m^2}\rightarrow$

$$P=2\left(2\sqrt{1+m^2}-m\right)y_0$$

水力半徑$R=\frac{A}{P}=\frac{\left(2\sqrt{1+m^2}-m\right)y_0^2}{2\left(2\sqrt{1+m^2}-m\right)y_0}=\frac{1}{2}y_0$，最佳斷面的水力半徑為水深的一半。

已知梯形最佳斷面$A=\left(2\sqrt{1+m^2}-m\right)y_0^2$，水力半徑$R$為水深$y_0$的一半。

流量$Q=\frac{1}{n}AR^{2/3}S_0^{1/2}=\frac{1}{n}\left(2\sqrt{1+m^2}-m\right)y_0^2\left(\frac{1}{2}y_0\right)^{2/3}S_0^{1/2}$

梯形最佳水力斷面的流量$Q=\frac{(2\sqrt{1+m^2}-m)}{2^{2/3}n}y_0^{8/3}S_0^{1/2}$

梯形最佳水力斷面的無因次流量關係式

$$\boxed{\frac{Qn}{S_0^{1/2}y_0^{8/3}}=\frac{(2\sqrt{1+m^2}-m)}{2^{2/3}}} \tag{3.30}$$

例如：當 $m=0$，無因次流量 $\frac{Qn}{S_0^{1/2}y_0^{8/3}}=\frac{2\sqrt{1+0}-0}{2^{2/3}}=2^{1/3}=1.260$；

當 $m=1$，無因次流量 $\frac{Qn}{S_0^{1/2}y_0^{8/3}}=\frac{2\sqrt{2}-1}{2^{2/3}}=1.152$；

當 $m=2$，無因次流量 $\frac{Qn}{S_0^{1/2}y_0^{8/3}}=\frac{2\sqrt{5}-2}{2^{2/3}}=1.557$。

3.8.3 梯形最佳水力斷面（最佳邊坡係數 m）

梯形最佳斷面的通水面積$A=\left(2\sqrt{1+m^2}-m\right)y_0^2$，

正常水深$y_0=\frac{A^{1/2}}{(2\sqrt{1+m^2}-m)^{1/2}}$，濕周長

$$P = 2\left(2\sqrt{1+m^2} - m\right) y_0 = \frac{2\left(2\sqrt{1+m^2}-m\right)A^{1/2}}{\left(2\sqrt{1+m^2}-m\right)^{1/2}} = 2\sqrt{A(2\sqrt{1+m^2}-m)}$$

推求最佳之 m 值，則取 P 對 m 之微分

$$\frac{dP}{dm} = \frac{d}{dm}\left(2\sqrt{A(2\sqrt{1+m^2}-m)}\right) = \frac{A\left(\dfrac{2m}{\sqrt{1+m^2}}-1\right)}{\sqrt{A(2\sqrt{1+m^2}-m)}} = 0$$

$\rightarrow \dfrac{2m}{\sqrt{1+m^2}} = 1 \rightarrow \dfrac{4m^2}{1+m^2} = 1 \rightarrow 3m^2 = 1 \rightarrow$ 最佳之 m 值，$m = \dfrac{1}{\sqrt{3}} = \cot\theta$

梯形最佳斷面之最佳邊坡係數 $\boxed{m = \dfrac{1}{\sqrt{3}}}$，

最佳邊坡坡角$\theta = \cot^{-1}\left(\dfrac{1}{\sqrt{3}}\right) = 60^{\circ}$，

梯形最佳水力斷面為正六邊形的一半。

最佳邊坡坡角下，最佳斷面通水面積$A = \left(2\sqrt{1+m^2}-m\right)y_0^2 = \sqrt{3}y_0^2$，

最佳濕周$P = 2\left(2\sqrt{1+m^2}-m\right)y_0 = 2\sqrt{3}y_0$，

最佳渠底寬$B = 2\left(\sqrt{1+m^2}-m\right)y_0 = \dfrac{2}{\sqrt{3}}y_0$，

水力半徑$R = \dfrac{A}{P} = \dfrac{\sqrt{3}y_0^2}{2\sqrt{3}y_0} = \dfrac{1}{2}y_0$（最佳斷面的水力半徑 R 為水深 y_0 的一半）。

最佳斷面之流量$Q = \dfrac{1}{n}AR^{2/3}S_0^{1/2} = \dfrac{1}{n}\sqrt{3}y_0^2\left(\dfrac{1}{2}y_0\right)^{2/3}S_0^{1/2} = \dfrac{\sqrt{3}}{2^{2/3}n}y_0^{8/3}S_0^{1/2}$

最佳斷面之無因次流量

$$\boxed{\frac{Qn}{S_0^{1/2}y_0^{8/3}} = \frac{\sqrt{3}}{2^{2/3}} = 1.0911} \qquad (3.31)$$

3.8.4 三角形渠道最佳水力斷面

三角形渠道的通水斷面積$A = my_0^2 \rightarrow m = \dfrac{A}{y_0^2}$，

濕周$P = 2y_0\sqrt{1+m^2} = 2y_0\sqrt{1+\dfrac{A^2}{y_0^4}}$。

最佳斷面的條件是最小濕周P，$\dfrac{dP}{dy_0} = 2\sqrt{1+\dfrac{A^2}{y_0^4}} - \left(1+\dfrac{A^2}{y_0^4}\right)^{-1/2}\left(\dfrac{4A^2}{y_0^4}\right) = 0$，

即

$$\sqrt{1+\frac{A^2}{y_0^4}} = 2\left(1+\frac{A^2}{y_0^4}\right)^{-1/2}\left(\frac{A^2}{y_0^4}\right) \rightarrow 1+\frac{A^2}{y_0^4} = 2\left(\frac{A^2}{y_0^4}\right) \rightarrow \frac{A}{y_0^2} = 1 \rightarrow \boxed{A = y_0^2}$$。

當$A = y_0^2$，表示邊坡係數$m = 1.0$，邊坡為45度，最佳斷面渠底夾角為90度。濕周長$P = 2\sqrt{2}y_0$，水面寬$T = 2y_c$，水力半徑$R = \dfrac{A}{P} = \dfrac{y_0^2}{2\sqrt{2}y_0} = \dfrac{1}{2\sqrt{2}}y_0$，

最佳斷面流量$Q = \dfrac{1}{n}AR^{2/3}S_0^{1/2} = \dfrac{1}{n}y_0^2\left(\dfrac{1}{2\sqrt{2}}y_0\right)^{2/3}S_0^{1/2} = \dfrac{1}{n}\left(\dfrac{1}{2}\right)y_0^{8/3}S_0^{1/2}$

最佳斷面無因次流量

$$\boxed{\frac{Qn}{S_0^{1/2}y_0^{8/3}} = \left(\frac{1}{2\sqrt{2}}\right)^{2/3} = \frac{1}{2}} \qquad (3.32)$$

3.8.5 圓形渠道最佳水力斷面

圓形渠道的通水斷面積$A = \dfrac{D^2}{8}(2\theta - \sin 2\theta)$，直徑$D = \left(\dfrac{8A}{2\theta - \sin 2\theta}\right)^{1/2}$，

$\cos\theta = \left(1 - \dfrac{2y_0}{D}\right)$，濕周長度$P = D\theta = \left(\dfrac{8A}{2\theta - \sin 2\theta}\right)^{1/2}\theta$。在固定通水面積$A$下，最小濕周$\rightarrow \dfrac{dP}{d\theta} = 0$，$\dfrac{dP}{d\theta} = \left(\dfrac{8A}{2\theta - \sin 2\theta}\right)^{1/2} - \dfrac{1}{2}(8A)^{1/2}\left(\dfrac{1}{2\theta - \sin 2\theta}\right)^{3/2}$

$$(2-2\cos 2\theta)\,\theta=0\rightarrow\left(\frac{8A}{2\theta-\sin 2\theta}\right)^{1/2}=\frac{1}{2}\left(\frac{8A}{2\theta-\sin 2\theta}\right)^{1/2}\left(\frac{(2-2\cos 2\theta)\theta}{2\theta-\sin 2\theta}\right)\rightarrow$$

$\dfrac{(1-\cos 2\theta)\theta}{2\theta-\sin 2\theta}=1$ 最小濕周 $\rightarrow \boxed{\theta+\theta\cos 2\theta=\sin 2\theta} \rightarrow \theta=\dfrac{\pi}{2}$（i.e. $2\theta=\pi$）

圓形渠道最佳水力斷面情況下，濕周的水面夾角$\theta=\dfrac{\pi}{2}$

正常水深 $y_0=\dfrac{D}{2}$，圓形渠道的最佳水力斷面為半圓形斷面，

通水面積 $A=\dfrac{D^2}{8}(2\theta-\sin 2\theta)=\dfrac{\pi}{2}y_0^2$，濕周$P=D\theta=2y_0\dfrac{\pi}{2}=\pi y_0$，

水力半徑 $R=\dfrac{A}{P}=\dfrac{1}{2}y_0$

最佳斷面的流量

$$Q=\frac{1}{n}AR^{2/3}S_0^{1/2}=\frac{1}{n}\left(\frac{\pi}{2}y_0^2\right)\left(\frac{1}{2}y_0\right)^{2/3}S_0^{1/2}=\frac{1}{n}\left(\frac{\pi}{2}\right)\left(\frac{1}{2}\right)^{2/3}y_0^{8/3}S_0^{1/2}$$

最佳斷面的無因次流量

$$\boxed{\frac{nQ}{S_0^{1/2}y_0^{8/3}}=\frac{\pi}{2}\left(\frac{1}{2}\right)^{2/3}=0.9895} \tag{3.33}$$

渠道最佳水力斷面特性表

渠道形狀	斷面特性	面積 A	濕周 P	渠底寬 B	水面寬 T	水力深度 D	水力半徑 R	無因次流量 Q^*
矩形	正方形的一半	$2y_0^2$	$4y_0$	$2y_0$	$2y_0$	y_0	$\frac{1}{2}y_0$	1.26
梯形	正六邊形的一半	$\sqrt{3}y_0^2$	$2\sqrt{3}y_0$	$\frac{2}{\sqrt{3}}y_0$	$\frac{4}{\sqrt{3}}y_0$	$\frac{3}{4}y_0$	$\frac{1}{2}y_0$	1.091
圓形	圓形的一半	$\frac{\pi}{2}y_0^2$	πy_0	—	$2y_0$	$\frac{\pi}{4}y_0$	$\frac{1}{2}y_0$	0.9895
三角形	等腰直角三角形	y_0^2	$2\sqrt{2}y_0$	—	$2y_0$	$\frac{1}{2}y_0$	$\frac{1}{2\sqrt{2}}y_0$	0.5

註：無因次流量$Q^*=\dfrac{Qn}{S_0^{1/2}y_0^{8/3}}$

3.9 出水高度與彎道超高

3.9.1 出水高度（Free board）

均勻流條件下計算出的水深或水位是在風平浪靜的水深或水位，也就是理想條件下計算所得的水深或水位，沒有考慮環境些微變化及表面波浪等不確定因素造成的水深或水位變化。

工程設計上處理不確定因素造成的水深或水位變化的處理方式是將原先計算所得的渠道設計水深或水位額外加上一個特定的量，這個特定量叫做「出水高度」。

一般出水高度可依照流量的大小決定，流量愈大所需出水高度愈大。下表出水高度與流量之關係可作為參考：

流量 Q (cms)	<0.15	0.15～0.75	0.75～1.50	1.50～9.0	>9.0
出水高度（m）	0.30	0.45	0.60	0.75	0.90

3.9.2 彎道超高（Supper elevation）

水流流經彎道，受到離心力的作用，彎道外側的水位上升，內側的水位下降，彎道外側與內側的水位差稱之為彎道超高 Δy。

彎道超高量與流速 V、渠寬 T 及彎道中間曲率半徑 r_c 有關。

彎道超高$\Delta y = \alpha \dfrac{V^2 T}{g r_c}$，亞臨界流取 $\alpha = 1.0$，超臨界流取 $\alpha = 2.0$。

一般彎道超高要額外計算，不包含在出水高度中。

3.10 穩定渠道設計（Stable Channel Design）

3.10.1 渠床剪應力分布

均勻流況下，作用在濕周的剪應力 τ 隨位置不同而有所不同。以梯形渠道為例，剪應力 τ 在寬度方向由左岸到右岸的變化，$\tau(s) = \alpha(s)\gamma y_0 S_0$，單位重 $\gamma = \rho g$ 其中 $\alpha(s)$ = 剪應力 τ 沿著濕周由左岸到右岸的變化係數，$0 \le \alpha(s) \le 1.0$。作用在濕周的平均剪應力：$\tau_0 = \gamma \dfrac{A}{P} S_0 = \gamma R S_0$，其中$R = \dfrac{A}{P}$ = 水力半徑，$0 < R < y_0$。下圖為梯形渠道底床剪應力分布（Chow, 1959）

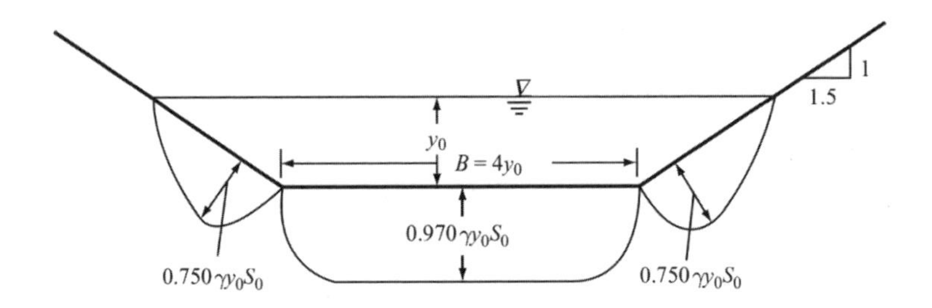

圖中顯示某一條梯形渠道的實驗量測結果，渠底寬 $B = 4y_0$，邊坡係數 $m = 1.5$，水面上剪應力 $\tau = 0$；邊坡與渠底交接處，$\tau = 0$；渠底中間，$\tau = 0.97\gamma y_0 S_0$。

3.10.2 渠岸與渠床泥沙顆粒啓動臨界拖曳力比 K

梯形渠道，渠岸坡度為 ϕ，作用在渠岸上泥沙顆粒的拖曳力（Tractive force）有顆粒重量在斜坡的分量 $W_s \sin\phi$ 及水流作用在泥沙顆粒的拖曳力 aT_s，其中 a 為泥沙顆粒的斷面積。

- 作用在渠岸上泥沙顆粒拖曳力的合力為 $\sqrt{(W_s \sin\phi)^2 + (aT_s)^2}$
- 渠岸上泥沙的安息角為 θ，泥沙抵抗外力的阻力為 $W_s \cos\phi \tan\theta$

- 渠床上（$\phi = 0$），水流作用在泥沙顆粒的拖曳力 aT_L，泥沙抵抗外力的阻力為 $W_s \tan\theta$，拖曳力與阻力的平衡式 $aT_L = W_s \tan\theta$。

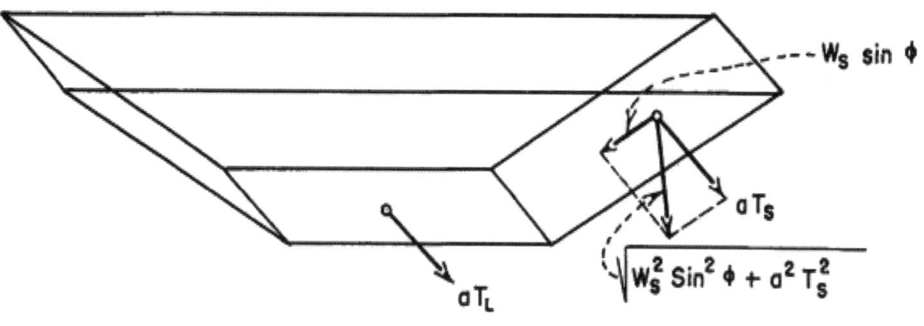

渠岸及渠床拖曳力合力分析圖

梯形渠道渠床上由水流作用在泥沙顆粒拖曳力與阻力的平衡，可以推知顆粒重量在臨界條件之關係式為 $\boxed{W_s = aT_L/\tan\theta}$。

作用在梯形渠道渠岸上泥沙的拖曳力等於泥沙抵抗外力的阻力，即 $\sqrt{(W_s\sin\phi)^2 + (aT_s)^2} = W_s\cos\phi\tan\theta$，將顆粒重量臨界關係式代入方程式，

得 $\sqrt{\left(\dfrac{aT_L\sin\phi}{\tan\theta}\right)^2 + (aT_s)^2} = aT_L\cos\phi$，取方程式平方

$$\rightarrow \left(\frac{aT_L\sin\phi}{\tan\theta}\right)^2 + (aT_s)^2 = (aT_L\cos\phi)^2 \rightarrow (aT_s)^2 = (aT_L\cos\phi)^2 - \left(\frac{aT_L\sin\phi}{\tan\theta}\right)^2$$

$$\rightarrow T_s^2 = (T_L\cos\phi)^2\left[1 - \left(\frac{\tan\phi}{\tan\theta}\right)^2\right] \rightarrow T_s = T_L\cos\phi\sqrt{1 - \frac{\tan^2\phi}{\tan^2\theta}} \rightarrow \boxed{T_s = KT_L}，$$

渠岸與渠床泥沙顆粒啟動臨界拖曳力比 K

$$K = \frac{T_s}{T_L} = \cos\phi\sqrt{1 - \frac{\tan^2\phi}{\tan^2\theta}}$$

$$\rightarrow K = \sqrt{\frac{\cos^2\phi\sin^2\theta - \sin^2\phi\cos^2\theta}{\sin^2\theta}}$$

$$= \sqrt{\frac{\cos\phi^2\sin^2\theta - \sin^2\phi(1 - \sin^2\theta)}{\sin^2\theta}}$$

$$= \sqrt{\frac{\sin^2\theta(\cos\phi^2 + \sin^2\phi) - \sin^2\phi}{\sin^2\theta}}$$

$$= \sqrt{1 - \frac{\sin^2\phi}{\sin^2\theta}} \text{ 其中} \begin{pmatrix} \phi = \text{渠岸坡角} \\ \theta = \text{泥沙安息角} \end{pmatrix}$$

泥沙顆粒啟動臨界拖曳力比

$$\boxed{K = \sqrt{1 - \frac{\sin^2\phi}{\sin^2\theta}}} \tag{3.34}$$

3.10.3 允許拖曳力法的分析步驟（以梯形渠道為例）

1. 已知渠道的流量 Q、縱向坡度 S、曼寧係數 n 及渠岸邊坡係數 m，假設合理之寬深比（B/y）。水流作用在渠岸最大拖曳力為 $T_s = C_s\gamma yS$。

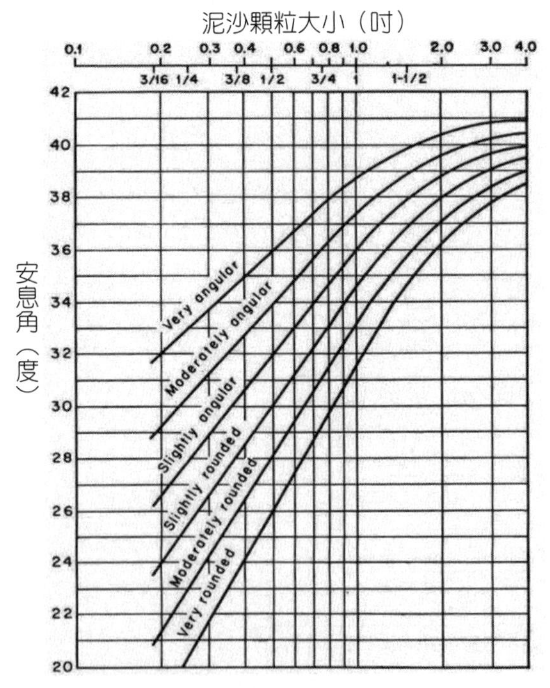

非黏性泥沙安息角與泥沙粒徑及形狀之關係（US Bureau of Reclamation）

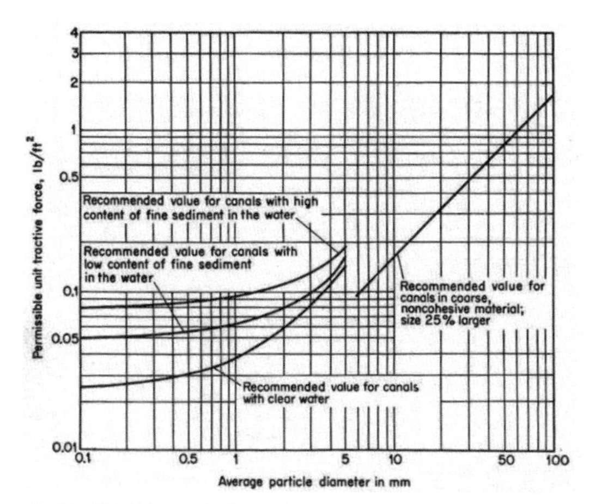

非黏性泥沙最大允許剪應力與泥沙粒徑之關係（US Bureau of Reclamation）

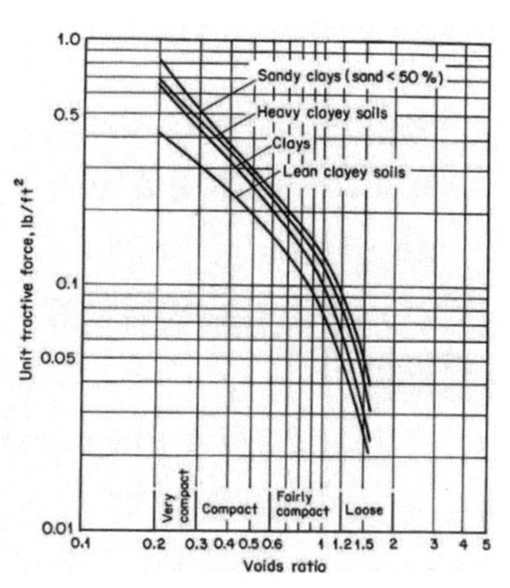

黏性泥沙材料最大允許剪應力與孔細比之關係（US Bureau of Reclamation）

2. 由寬深比（B/y）及邊坡係數 m 推估渠岸最大拖曳力係數 C_s；
3. 由泥沙粒徑 d_{25} 推估泥沙安息角 θ，並由渠岸邊坡係數 m 求渠岸坡角 ϕ；
4. 計算渠岸與渠床臨界拖曳力比值 $\boxed{K = \dfrac{T_s}{T_L}}$，拖曳力比$K = \sqrt{1 - \dfrac{\sin^2\phi}{\sin^2\theta}}$。
5. 由泥沙材料特性推估其最大允許剪應力 $T_{L\max}$，對於粗顆粒泥沙（> 5 mm），$T_{L\max}$ (lb/ft^2) = $0.4 \times d_{25}$ (in)。
6. 令渠床（無坡度）拖曳力 T_L = 最大允許剪應力 $T_{L\max}$，然後推求渠岸最大允許拖曳力 $\boxed{T_{s\max} = KT_{L\max}}$
7. 令渠岸拖曳力 $T_s = T_{s\max}$，推求最大允許水深 y，$y = T_{s\max}/(C_s\gamma S)$，然後由先前假設（$B/y$）值計算渠底寬 B。
8. 由已知 Q、S、n、m 及 B 用曼寧公式計算水深 y_0，y_0 必須小於 y，如果 $y_0 > y$ 則加大（B/y）值重新計算。

例題 3.18

擬使用允許拖曳力法設計一條對稱的梯形渠道，渠道縱向坡度 S = 0.0016，渠岸邊坡係數 $m = 2$，曼寧係數 $n = 0.025$，渠道為泥沙材質，粒徑 $d_{25} = 1.25$ in（≈ 32 mm），設計流量 $Q = 10$ cms，試求此梯形渠道的設計渠底寬 B 及渠道高度 h。

解答：

1. 已知 $Q = 10$ cms、$S = 0.0016$、$n = 0.025$ 及 $m = 2$，先假設寬深比 $B/y = 4.0$
2. 由 $B/y = 4.0$ 及 $m = 2$，查圖求得 $C_s = 0.775$；
   渠岸水流拖曳力 $\boxed{T_s = C_s\gamma yS}$
3. 由粒徑 $d_{25} = 1.25$ in（≈ 32 mm），查圖推求得安息角 θ = 33.5°；
   由渠岸邊坡係數 $m = 2$，推求得安息角渠岸坡角 $\phi = 26.5°$；
4. 計算渠岸與渠床拖曳力比
   $$K = \sqrt{1 - \frac{\sin^2\phi}{\sin^2\theta}} = \sqrt{1 - \frac{\sin^2(26.5)}{\sin^2(33.5)}} = 0.587$$
5. 由泥沙粒徑 $d_{25} = 1.25$ in（≈ 32 mm）推求最大允許拖曳力 $T_{L\max}$
   $T_{L\max} = 0.4 \times 1.25 = 0.5\ \text{lb/h}^2 = 2.441\ \text{kg/m}^2$；
6. 求最大允許渠岸拖曳力
   $T_{s\max} = KT_{\text{L}\max} = 0.587 \times 0.5 = 0.294\ \text{lb/h}^2 = 2.441\ \text{kg/m}^2$
   $T_{s\max} = 1.432\ \text{kg/m}^2$
7. 由 $T_s = C_s\gamma yS$，並令 $T_s = T_{s\max}$，求最大允許水深 $y = \dfrac{T_{s\max}}{C_s\gamma S}$
   $$y = \frac{1.432}{0.775 \times 1000 \times 0.0016}\ y = 1.15\ \text{m}$$
   → 最大允許水深 $\boxed{y = 1.15\ \text{m}}$；
8. 由曼寧公式 $Q = \dfrac{1}{n}AR^{2/3}S^{1/2} = \dfrac{0.0016^{1/2}AR^{2/3}}{0.025} = 1.6AR^{2/3} = 10$

$$\rightarrow \frac{[(B+2y)y]^{5/3}}{(B+2\sqrt{5}y)^{2/3}} = 6.25$$

$$\rightarrow \frac{(B/y+2)^{5/3}y^{8/3}}{(B/y+2\sqrt{5})^{2/3}} = \underbrace{\frac{(4+2)^{5/3}}{(4+2\sqrt{5})^{2/3}}}_{4.767} y^{8/3} = 6.25$$

$\rightarrow \boxed{y^{8/3} = y_0^{8/3} = 1.31} \rightarrow$ 正常水深 y0 = 1.11m < 1.15 m，OK，檢核通過。

如果沒有檢核通過，要加大（B/y）值重新計算。

9. 總結：寬深比 $B/y = 4$，水深 $y = 1.15$ m，底寬 B = 4 × 1.15 = 4.6 m，設計出水高 $\Delta h = 0.9$ m，設計渠道高度 $h = y + \Delta h = 2.05$ m。

P.S.：由於寬深比 $B/y \geq 4.0$，渠岸水流拖曳力係數 C_s 趨於定值，如果取 $B/y = 5$ 重新計算，C_s 值仍為 0.775，K 值仍為 0.578，最大允許水深 y 仍為 1.15 m，由曼寧公式得 $y_0^{8/3} = 1.09$，正常水深 $y_0 = 1.03$ m < 1.15 m。採用 $B/y = 5$ 設計也 OK。

3.10.4 郭俊克允許拖曳力法（Tractive force method）

水流作用在渠床及渠岸的剪應力（拖曳力）τ_b 及 τ_w，隨位置不同的分布，先前沒有解析解。郭俊克教授團隊假設渦流係數為常數的條件下，求得矩形渠道底床及渠岸剪應力的解析解（Patel et al., 2020）。

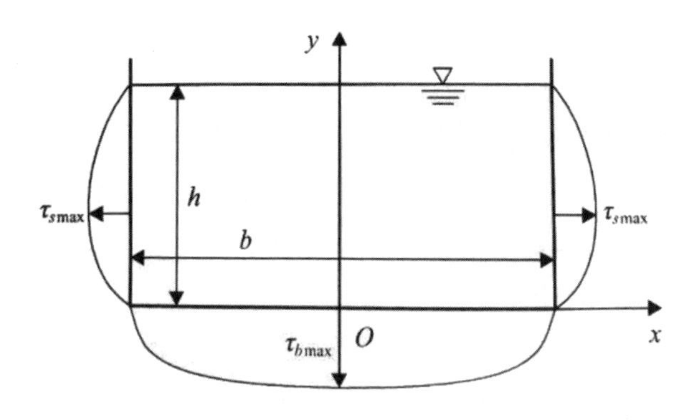

均勻流作用在渠床及岸壁的剪應力，隨位置不同而有所不同，郭俊克團隊研究成果為

底床剪應力分布 $\boxed{\dfrac{\tau_b}{\gamma hS}=\dfrac{b[K(m_1)-F(\phi_1|m_1)]}{\pi h}\cos\left(\dfrac{\pi x_1}{b}\right)}$，

渠岸剪應力分布 $\boxed{\dfrac{\tau_w(y_1)}{\gamma hS}=\dfrac{b[K(m_3)-F(\phi_3|m_3)]}{\pi h}\tanh\left(\dfrac{\pi y_1}{b}\right)}$

其中$m_1=\sin^2\left(\dfrac{\pi x_1}{b}\right)$，$\phi_1=\sin^{-1}\left(\operatorname{sech}(\dfrac{\pi h}{b})\right)$，$K(m_1)$ 及 $F(\phi_1|m_1)$ 分別為第一類完全及不完全橢圓積分函數。$K(m_3)$ 及 $F(\phi_3|m_3)$ 分別為第一類完全及不完全橢圓積分函數，$m_3=\operatorname{sech}^2\left(\dfrac{\pi y_1}{b}\right)$，$\phi_3=\sin^{-1}\left(\operatorname{sech}(\dfrac{\pi h}{b})\cosh(\dfrac{\pi y_1}{b})\right)$。

底床最大允許剪應力（經實驗資料校正）：

$$\frac{\tau_{b\max}}{\gamma hS}=\frac{2}{9}\left(\frac{b}{h}\right)^{\pi/4}\sin^{-1}\left(\tanh\left(\frac{9}{2}(\frac{h}{b})^{\pi/4}\right)\right) \tag{3.35}$$

岸壁最大允許剪應力（經實驗資料校正）：

$$\frac{\tau_{w\max}}{\gamma hS}=\frac{b}{\pi h}\sin^{-1}\left(\tanh\left(\frac{\pi h}{1.51b}\right)\right) \tag{3.36}$$

已知渠床坡度 S，由上述公式及曼寧公式即可推求出兩組水深，取水深較小者，並再檢查渠床及渠岸剪應力是否超過其對應之允許剪應力。

例題 3.19

擬使用郭俊克教授團隊所提出的允許拖曳力法設計一條對稱的矩形渠道，已知設計渠道縱向坡度 S = 0.001，曼寧係數 n = 0.024，渠床允許剪應力 $\tau_{b\max}$ = 7.18 Pa，渠岸允許剪應力 $\tau_{w\max}$ = 5.39 Pa，設計流量 Q = 10 cms，試求此矩形渠道的設計渠底寬 b 及水深 h。

解答：

由流量關係式 $Q=\frac{1}{n}AR^{2/3}S^{1/2}=\frac{\sqrt{0.001}}{0.024}\frac{h^{8/3}(b/h)^{5/3}}{(b/h+2)^{2/3}}=10\rightarrow$

$$\frac{h^{8/3}(b/h)^{5/3}}{(b/h+2)^{2/3}}=7.59$$

由渠床最大剪應力 $\frac{\tau_{b\max}}{\gamma hS}=\frac{2}{9}\left(\frac{b}{h}\right)^{\pi/4}\sin^{-1}\left(\tanh\left(\frac{9}{2}(\frac{h}{b})^{\pi/4}\right)\right)$

$$\rightarrow 3.2936=h\left(\frac{b}{h}\right)^{\pi/4}\sin^{-1}\left(\tanh\left(\frac{9}{2}(\frac{h}{b})^{\pi/4}\right)\right)$$

$$\rightarrow 23.94=h^{8/3}\left(\frac{b}{h}\right)^{2\pi/3}\left[\sin^{-1}\left(\tanh\left(\frac{9}{2}(\frac{h}{b})^{\pi/4}\right)\right)\right]^{8/3}$$

將渠床最大剪應力與流量關係式兩者相除，刪去 $h^{8/3}$，

$$\rightarrow\frac{(b/h)^{2\pi/3}}{(b/h)^{5/3}}\frac{\left[\sin^{-1}\left(\tanh\left(\frac{9}{2}(\frac{h}{b})^{\pi/4}\right)\right)\right]^{8/3}}{(b/h+2)^{-2/3}}=\frac{23.94}{7.59}=3.154$$

$$F(b/h)=(b/h)^{0.4277}(b/h+2)^{2/3}[\sin^{-1}(\tanh(4.5(b/h)^{-\pi/4}))]^{8/3}=3.154$$

$$\rightarrow 試誤法求解取\begin{cases}b/h=12\rightarrow F(12)=4.299>3.154\\ b/h=15\rightarrow F(15)=3.540>3.154\\ b/h=17\rightarrow F(17)=3.160\approx 3.154\ \text{OK}\end{cases}$$ 取 $b/h=17$，

並代入曼寧公式 $\rightarrow\frac{h^{8/3}(17)^{5/3}}{(17+2)^{2/3}}=7.59\rightarrow h^{8/3}=0.481\rightarrow \text{h}=0.76\text{ m}$，

由渠床允許剪應力得水深 h = 0.76 m → 渠寬 b = 0.76 × 17 = 12.92m。

由渠岸允許剪應力 $\frac{\tau_{w\max}}{\gamma hS}=\frac{b}{\pi h}\sin^{-1}\left(\tanh\left(\frac{\pi h}{1.51b}\right)\right)$

$$\rightarrow 1.726=h\left(\frac{b}{h}\right)\sin^{-1}\left(\tanh\left(\frac{2.081h}{b}\right)\right)$$

$$\rightarrow 4.286=h^{8/3}\left(\frac{b}{h}\right)^{8/3}\sin^{-1}\left(\tanh\left(\frac{2.081h}{b}\right)\right)^{8/3}$$

將渠床最大剪應力與流量關係式兩者相除，刪去 $h^{8/3}$，

$$\rightarrow \frac{(b/h)^{8/3}}{(b/h)^{5/3}}\frac{\left[\sin^{-1}\left(\tanh\left(\frac{2.081h}{b}\right)\right)\right]^{8/3}}{(b/h+2)^{-2/3}}=\frac{4.286}{7.59}=0.565$$

$F(b/h) = (b/h)(b/h + 2)^{2/3}[\sin^{-1}(\tanh(2.081/(b/h)))]^{8/3} = 0.562$，

$$\text{試誤法求解}\rightarrow\begin{cases}b/h=12\rightarrow F(12)=0.643>0.565\\ b/h=13\rightarrow F(13)=0.591>0.565\\ b/h=13.6\rightarrow F(13.6)=0.563\approx 0.565\text{ OK}\end{cases}\quad \text{取 } b/h=13.6，$$

$$\text{並代入流量關係式}\rightarrow\frac{h^{8/3}(13.6)^{5/3}}{(13.6+2)^{2/3}}=7.59\rightarrow h^{8/3}=0.612\rightarrow h=0.83\text{ m}$$

由渠岸允許剪應力得水深 h = 0.83 m 渠寬 → b = 0.83 × 13.6 = 11.31 m。

比較渠床及渠岸允許剪應力分析結果，

取水深小者 $h = \min(0.76, 0.83) = 0.76$ m，

設計寬深比 $B/h = 13.6$，渠底寬 $B = 13.6 \times 0.83 = 11.29$ m。

設計出水高 $\Delta h = 0.9$ m，加上出水高後設計渠道高度為 1.66 m。

3.10.5 郭俊克河制理論法（Regime theory method）

渠道水流作用在底床及岸壁的剪應力（拖曳力）隨位置不同的分布尚未有解析解。郭俊克教授研究團隊在均勻流況及渦流係數為常數的假設條件下求得矩形渠道底床及岸壁最大剪應力的解，並經實驗資料校正（Patel et al., 2020），分別為

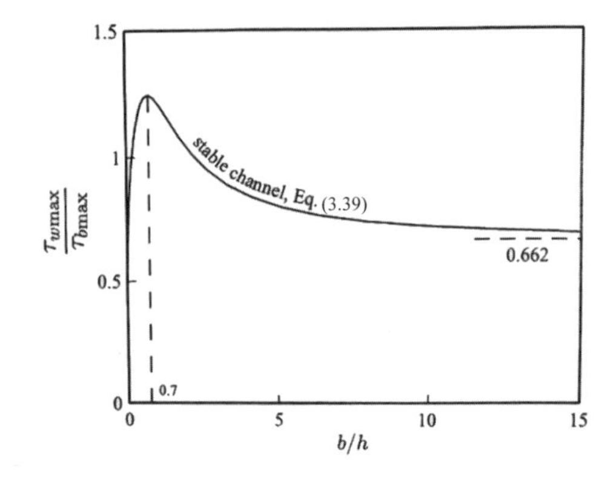

渠床最大剪應力$\dfrac{\tau_{b\max}}{\gamma hS}=\dfrac{2}{9}\left(\dfrac{b}{h}\right)^{\pi/4}\sin^{-1}\left(\tanh\left(\dfrac{9}{2}(\dfrac{h}{b})^{\pi/4}\right)\right)$ （3.37）；

渠岸最大剪應力$\dfrac{\tau_{w\max}}{\gamma hS}=\dfrac{b}{\pi h}\sin^{-1}\left(\tanh\left(\dfrac{\pi h}{1.51b}\right)\right)$ （3.38）

最大剪應力比值為$\dfrac{\tau_{w\max}}{\tau_{b\max}}=\dfrac{9}{2\pi}\left(\dfrac{b}{h}\right)^{1-\pi/4}\dfrac{\sin^{-1}\left(\tanh\left(\dfrac{\pi h}{1.51b}\right)\right)}{\sin^{-1}\left(\tanh\left(\dfrac{9}{2}(\dfrac{h}{b})^{\pi/4}\right)\right)}$ （3.39）

渠岸與渠床最大剪應力比值範圍 $0.662<\dfrac{\tau_{w\max}}{\tau_{b\max}}<1.25$，最大值發生在 $b/h=0.7$ 處。

河制理論法 — 渠床坡度 S 可變動

1. 已知最大剪應力 $\tau_{b\max}$ 及值 $\tau_{s\max}$，由公式 (C) 求寬深比 b/h；
2. 由公式（3.38）求$bS=\dfrac{\pi\tau_{w\max}/\gamma}{\sin^{-1}\left(\tanh\left(\dfrac{\pi h}{1.51b}\right)\right)}$；
3. 由公式（3.37）求$hS=\dfrac{4.5\tau_{b\max}(h/b)^{\pi/4}/\gamma}{\sin^{-1}\left(\tanh\left(\dfrac{9}{2}(\dfrac{h}{b})^{\pi/4}\right)\right)}$；
4. 由曼寧公式 $Q=\dfrac{1}{n}AR^{2/3}S^{1/2}=\dfrac{1}{n}\dfrac{(bh)^{5/3}}{(b+2h)^{2/3}}S^{1/2}$

$\rightarrow \dfrac{Q}{(bS)(hS)}=\dfrac{1}{n}\left(\dfrac{bS}{b/h+2}\right)^{2/3}S^{-13/6}$

$\rightarrow$ 渠床坡度 $\boxed{S=\left(\dfrac{(bS)(hS)}{nQ}\left(\dfrac{bS}{2+b/h}\right)^{2/3}\right)^{6/13}}$

5. 當求出渠床坡度 S 後，再分別計算出渠寬 b 及水深 h。

例題 3.20

擬使用河制理論法設計一條對稱的矩形渠道，已知設計渠道的曼寧係數 $n = 0.024$，渠床允許剪應力 $\tau_{b\,\max} = 7.18$ Pa，渠岸允許剪應力 $\tau_{w\,\max} = 5.39$ Pa，設計流量 Q = 10 cms，試求此矩形渠道的渠床坡度 S、渠底寬 b 及水深 h。

解答：

使用郭俊克教授團隊所提出的河制理論法設計一條對稱的矩形渠道

1. 已知剪應力 $\tau_{b\,\max}$ 及 $\tau_{w\,\max}$，由剪應力比

$$\frac{\tau_{w\max}}{\tau_{b\max}} = \frac{9}{2\pi}\left(\frac{b}{h}\right)^{1-\pi/4} \frac{\sin^{-1}\left(\tanh\left(\dfrac{\pi h}{1.51b}\right)\right)}{\sin^{-1}\left(\tanh\left(\dfrac{9}{2}(\dfrac{h}{b})^{\pi/4}\right)\right)} = \frac{5.39}{7.18} = 0.75$$

求解 $\left(\dfrac{b}{h}\right)^{0.2146} \dfrac{\sin^{-1}\left(\tanh\left(2.08/(b/h)\right)\right)}{\sin^{-1}\left(\tanh\left(4.5/(b/h)^{0.7854}\right)\right)} = 0.5236$

→ 寬深比 $b/h = 6.95$

2. 求 $bS = \dfrac{\pi\tau_{w\max}/\gamma}{\sin^{-1}\left(\tanh\left(\dfrac{\pi h}{1.51b}\right)\right)} = \dfrac{3.1416\times 5.39/(1000\times 9.81)}{\sin^{-1}\left(\tanh\left(2.08/6.95\right)\right)}$

→ $\boxed{bS = 0.00585}$

3. 求 $hS = \dfrac{4.5\tau_{b\max}(h/b)^{\pi/4}/\gamma}{\sin^{-1}\left(\tanh\left(\dfrac{9}{2}(\dfrac{h}{b})^{\pi/4}\right)\right)} = \dfrac{4.5\times 7.18/(6.95^{0.7854}\times 9810)}{\sin^{-1}\left(\tanh\left(4.5/6.95^{0.7854}\right)\right)}$

→ $\boxed{bS = 0.00084}$

4. 求渠床坡度 $S = \left(\dfrac{(bS)(hS)}{nQ}\left(\dfrac{bS}{2+b/h}\right)^{2/3}\right)^{6/13}$

$$= \left(\frac{0.00585\times 0.00084}{0.024\times 10}\left(\frac{0.00585}{2+6.95}\right)^{2/3}\right)^{6/13} = 7.24\times 10^{-4}$$

→ $\boxed{S = 7.24 \times 10^{-4}}$

5. 求出渠床坡度 S 後，分別計算出渠寬 $b = 0.00585/S = 8.08$ m，及水深 $h = 0.00084/S = 1.16$ m。
再加上出水高度 $\Delta h = 0.9$ m，設計的渠道高度為 2.06 m。

3.10.6 允許流速法（Permissible velocity method）

渠道設計時需要考慮到水流速度，以避免渠道發生沖蝕現象。構成渠道的質料決定避免沖蝕現象發生的最大流速，此最大流速稱之為允許流速。

渠道表面材料與允許流速之關係

序號	渠道表面材料	允許流速（m/s）
1	沙土壤（Sandysoil）	0.3～0.6
2	黑棉土壤（Blackcottonsoil）	0.6～0.9
3	硬土壤（MuramandHardsoil）	0.9～1.1
4	硬黏土與壤土（Firmclayandloam）	0.9～1.15
5	礫石（Gravel）	1.0～1.25
6	崩解岩石（Disintegratedrock）	1.3～1.5
7	大卵石（Boulder）	1.0～1.5
8	漿點磚塊石（Brickmasonrywithcementpointing）	2.5
9	漿砌磚塊石（Brickmasonrywithcementplaster）	4.0
10	硬岩石（Hardrock）	3.0～4.0
11	混凝土（Concrete）	6.0
12	鋼襯表面（Steellining）	10.0

例題 3.21

擬設計一條對稱的梯形渠道，渠道坡度 $S = 0.0004$，渠岸邊坡為 45 度，流量 $Q = 50$ cms。此梯形渠道擬建在質地很硬的土地上，渠道表面採用混凝土襯底（Concrete lining），試依這些條件設計渠道的底床寬度 B、水深 y 及渠道高度 h。

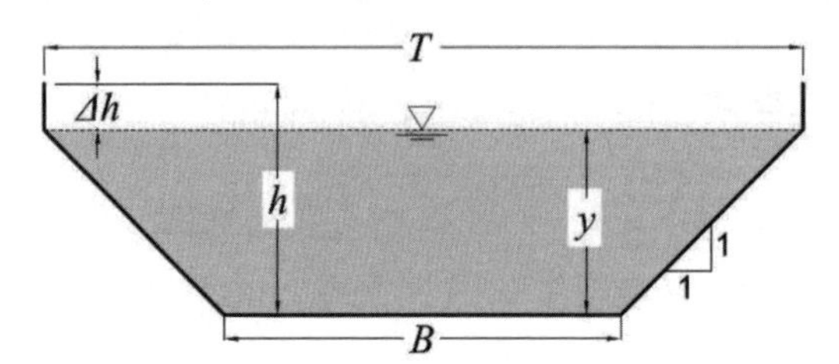

解答：

梯形渠道邊坡 45 度，$m = 1$，通水面積 $A = (B + my)y = (B + y)y$

濕周長 $P = B + 2y\sqrt{1+m^2} = B + 2\sqrt{2}y$

水力半徑 $R = \dfrac{(B+my)y}{B+2y\sqrt{1+m^2}} = \dfrac{(B+y)y}{B+2\sqrt{2}y}$

混凝土襯底 → $n = 0.013$，$V_{max} \le 6.0$ m/s。

流速 $V = \dfrac{1}{n}R^{2/3}S^{1/2} = \dfrac{0.0004^{1/2}R^{2/3}}{0.013} = 1.5385R^{2/3} \le 6.0 \rightarrow R \le 7.702$ m

流量 $Q = \dfrac{1}{n}AR^{2/3}S^{1/2} = \dfrac{0.0004^{1/2}AR^{2/3}}{0.013} = 1.5385AR^{2/3}$

$$\rightarrow 1.5385\frac{[(B+y)y]^{5/3}}{(B+2\sqrt{2}y)^{2/3}} = 50 \rightarrow \frac{[(B+y)y]^{5/3}}{(B+2\sqrt{2}y)^{2/3}} = 32.5$$

試誤法取 $\boxed{B = 10 \text{ m}}$，代入上式求 $\dfrac{[(10+y)y]^{5/3}}{(10+2\sqrt{2}y)^{2/3}} = 32.5$

$\rightarrow \boxed{y = 2.02 \text{ m}}$

檢查流速 $V = \dfrac{1}{n}R^{2/3}S^{1/2} = 1.5385\left(\dfrac{(B+y)y}{B+2\sqrt{2}y}\right)^{2/3}$

$$\rightarrow V = 1.5385\left(\frac{\overbrace{(10+2.02)2.02}^{24.28}}{\underbrace{10+2\sqrt{2}\times 2.02}_{15.713}}\right)^{2/3} = 2.06 \ \leq 6.0 \text{ m/s}，\text{OK}$$

檢查流量$Q = \frac{1}{n}AR^{2/3}S^{1/2} = 1.5385\frac{[(B+y)y]^{5/3}}{(B+2\sqrt{2}y)^{2/3}}$

$$\rightarrow Q = 1.5385\frac{[(10+2.02)2.02]^{5/3}}{(10+2\sqrt{2}\times 2.02)^{2/3}} = 49.93 \approx 50 \text{ cms}，\text{OK}$$

決定出水高度 Δh，因為流量 Q = 50 cms > 9 cms，取出水高度 Δh = 0.9 m。依這些條件，設計渠底寬 B = 10 m，則水深 y = 2.06 m，流速 V = 2.06 m/s 及渠道高度 h = y + Δh = 2.96 m。

例題 3.22

擬設計一條對稱的梯形渠道，渠道坡度 S = 0.0004，渠岸邊坡為 45 度，流量 Q = 50 cms。此梯形渠道擬建在質地很硬的土地上，渠道表面採用混凝土襯底（Concrete lining），而且要求渠道頂部寬度 T（水面寬）不得超過 10.0 m，試依照這些條件設計渠道底床寬度 B、水深 y 及渠道高度 h。

解答：

梯形渠道邊坡 45 度，$m = 1$，通水面積 $A = (B + my)y = (B + y)y$

濕周長$P = B + 2y\sqrt{1+m^2} = B + 2\sqrt{2}y$

水力半徑 $R = \frac{(B+my)y}{B+2y\sqrt{1+m^2}} = \frac{(B+y)y}{B+2\sqrt{2}y}$

混凝土襯底 → $n = 0.013$，$V_{max} \leq 6.0$ m/s

流速$V = \frac{1}{n}R^{2/3}S^{1/2} = \frac{0.0004^{1/2}R^{2/3}}{0.013} = 1.5385R^{2/3} \leq 6.0 \rightarrow R \leq 7.702$ m

流量 $Q = \frac{1}{n}AR^{2/3}S^{1/2} = \frac{0.0004^{1/2}AR^{2/3}}{0.013} = 1.5385AR^{2/3}$

$$\rightarrow 1.5385\frac{[(B+y)y]^{5/3}}{(B+2\sqrt{2}y)^{2/3}}=50 \rightarrow \frac{[(B+y)y]^{5/3}}{(B+2\sqrt{2}y)^{2/3}}=32.5$$

設計渠底寬 $\boxed{B=5\text{ m}} \rightarrow \frac{[(5+y)y]^{5/3}}{(5+2\sqrt{2}y)^{2/3}}=32.5$

→ 試誤法求得 $\boxed{y=2.87\text{ m}}$

設計渠底寬 $\boxed{B=5\text{ m}}$，求得水深 $\boxed{y=2.87\text{ m}}$，

檢查流速$V=\frac{1}{n}R^{2/3}S^{1/2}$

$$\rightarrow V=1.5385\left(\frac{(B+y)y}{B+2\sqrt{2}y}\right)^{2/3}=1.5385\left(\frac{\overbrace{(5+2.87)2.87}^{22.59}}{\underbrace{5+2\sqrt{2}\times 2.87}_{13.12}}\right)^{2/3}$$

$$=2.21\leq 6.0\text{ m/s}，\text{OK}$$

檢查流量$Q=\frac{1}{n}AR^{2/3}S^{1/2}=1.5385\frac{[(B+y)y]^{5/3}}{(B+2\sqrt{2}y)^{2/3}}$

$$Q=1.5385\frac{[(5+2.02)2.87]^{5/3}}{(5+2\sqrt{2}\times 2.87)^{2/3}}=49.93\approx 50\text{ cms}，\text{OK}$$

決定出水高度 Δh，因為流量 Q = 50 cms > 9 cms，取出水高度 $\Delta h = 0.9$ m。

- 設計渠道底床寬度 $B = 5$ m，計算出水深 $y = 2.87$ m，流速 $V = 2.21$ m/s 及及渠高 $h = y + \Delta h = 3.77$ m，渠頂寬 $T = B + 2y = 10.74$ m > 10 m。
- 同理，如果設計渠底寬 $B = 4$ m，則水深 $y = 3.14$ m，流速 $V = 2.23$ m/s 及渠高 $h = y + \Delta h = 4.04$ m，渠頂寬 $T = B + 2y = 10.28$ m > 10 m。
- 同理，如果設計渠底寬 $B = 3$ m，則水深 $y = 3.46$m，流速 $V = 2.24$ m/s 及渠高 $h = y + \Delta h = 4.34$ m，渠頂寬 T = B + 2y = 9.92 m < 10 m。
- 在渠道頂部寬度 T（水面寬）不得超過 10.0 m 的條件下，取渠底寬 $B = 3$ m 這組結果進行設計。

習題

習題 3.1

一般管流在其雷諾數（Reynolds number）大約小於 2000 時，水流流況屬於層流；然而為何明渠水流在其雷諾數大約小於 500 時，才將渠流流況視為層流？請說明原因。

習題 3.2

明渠水流常使用之曼寧公式是適用於層流或是紊流流況？請說明理由。

習題 3.3

有一座圓形渠道（涵管渠道），管徑為 1.5 m，渠底坡度 $S_0 = 0.01$，曼寧粗糙係數 $n = 0.013$，輸水流量 $Q = 4$ cms，於常溫常壓下，試計算此渠流正常水深、臨界流速及評估此渠流為亞臨界流或超臨界流。

習題 3.4

有一座寬闊渠道，渠底坡度 $S_0 = 0.009$，曼寧粗糙係數 $n = 0.015$，單位寬度流量 $q = 1.0\ \mathrm{m^2/s}$，於常溫常壓下，試計算此渠流 (1) 正常水深、臨界流速及作用在渠床之平均剪應力；(2) 評估此渠流為層流或亂流；並 (3) 評估此渠流為亞臨界流或超臨界流。

習題 3.5

有一座矩形渠道，渠寬為 2.5 m，曼寧粗糙係數 n 為 0.013。請回答下列問題：(1) 當流量 Q 為 25 cms 及渠床坡度 S_0 為 0.006 時，正常水深為多少？渠道為緩坡或陡坡渠道？(2) 當流量 Q 為 60 cms 及渠床坡度 S_0 為 0.006 時，正常水深為多少？渠道為緩坡或陡坡渠道？(3)

任何流量情況下，渠床坡度 S_0 小於多少時，渠道皆可被視為緩坡渠道。

習題 3.6

有一對稱梯形渠道，渠底寬 B = 2.0 m，渠岸邊坡水平垂直比 m =1，渠床坡度 S_0 = 0.0004，曼寧粗糙係數 n = 0.018。當渠流為均勻流，流量 Q = 5.0 cms 時，試求此渠流的臨界水深 y_c、正常水深 y_0、水力深度 D、水力半徑 R、平均流速 V_0、平均渠床剪應力 τ_0、水流福祿數 F_{r1} 及比能 E，並計算此渠流的交替水深 y_2 及其所對應之水流福祿數 F_{r2}。

習題 3.7

有一條對稱梯形渠道，渠底寬 B = 1.5 m，渠岸邊坡水平垂直比 m = 3，渠床縱坡 S_0 = 0.0016，曼寧係數 n = 0.015。有一均勻流，水深 y = 1.50 m，在此渠道內流動，試求該渠流之平均流速 V、流量 Q 及渠床平均剪應力 τ_0，並評估該渠流是亞臨界流、臨界流或超臨界流。

習題 3.8

有一條梯形渠道，渠底寬 B = 1.0 m，渠床縱坡 S_0 = 0.015，渠道梯形斷面為不對稱，左渠岸邊壁的水平垂直比 m_1 = 1，右渠岸邊壁的水平垂直比 m_2 = 2，曼寧粗糙係數 n = 0.013。當渠流為均勻流，流量 Q = 3.5 m^3/s 時，試求該渠流的臨界水深 y_c、正常水深 y_0，並求正常水深對應之水力半徑 R、水力深度 D、渠床平均剪應力 τ_0 及剪力速度產 u_*。

習題 3.9

有一條非對稱五邊形渠道，如下圖所示，渠底寬 B = 120 cm，渠床坡度 S_0 = 0.0004，渠流為均勻流，當流量 Q = 2.0 cms 時，水深 y_0 = 100 cm，水面寬 T = 270 cm，試求此渠流的水力半徑 R、水力深度

D、平均流速 V_0、平均渠床剪應力 τ_0、曼寧粗糙係數 n、水流福祿數 F_r 及比能 E，並計算此渠流的臨界水深 y_c。

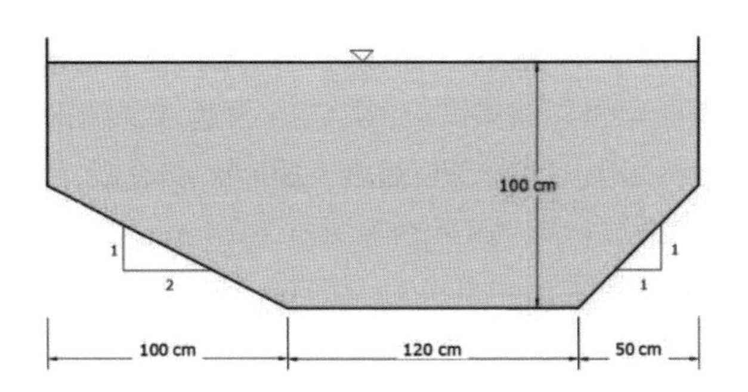

習題 3.10

有一條寬渠具有粗糙渠床，水深為 h，流速分布可以對數流速分布來表示，試證明渠流水深平均流速 V 大約等於水面下 $0.6h$ 處之流速 $V_{0.6}$，也等於水面下 $0.2h$ 處之流速 $V_{0.2}$ 和水面下 $0.8h$ 處之流速 $V_{0.8}$ 的平均值，即證明 $V \approx V_{0.6}$ 及 $V \approx (V_{0.2} + V_{0.8})/2$。

習題 3.11

已知有一寬廣矩形渠道，河床大致平整，大部分為礫石，水流接近均勻流，水流深度 h = 1.2 m，水溫約為 20℃，流速量測結果如下表：

離渠床距離 y (m)	0.15	0.45	0.75	1.05
流速 u (m/s)	0.16	0.26	0.30	0.33

試選用適當對數流速公式估算下列參數：(a) 剪力速度（Shear velocity）u_*、(b) 渠床剪應力 τ_0、(c) 邊界層流次層厚度 δ、(d) 能量坡度 S_f、(e) 水深平均流速（U）、(f) 水面流速 u_s、(g) 水流福祿數 Fr、(h) Darcy-Weisbach 摩擦係數 f、(i) 曼寧係數 n、(j) 動量修正係數 β、及 (k) 能量修正係數 α。

習題 3.12

有一矩形渠道，渠寬 $B = 3.6$ m，水流深度 $h = 1.8$ m，渠床坡度 $S = 0.0005$，水流接近均勻流。某人放置一浮體於渠流表層，隨水流漂流，浮體入水深度為 0.2 m，用以量測渠流表層平均流速 u_s（浮體移動速度）。假設可以忽略渠岸摩擦阻力，而且水深流速分布 $u(z)$ 可以用冪定律（Power law）公式來描述，即 $u/u_* = \alpha_0(y/k_s)^{1/6}$，$0 \le y \le h$，其中 u_* = 剪力速度，k_s = 渠床粗糙高度 = 0.4 mm，α_0 = 無因次係數。當浮體移動平均流速 u_s=1.0 m/s，試推求此渠流之平均流速 V 及流量 Q。

習題 3.13

擬設計一座標準修砌三角形斷面渠道（Standard lined triangular channel），渠道曼寧粗糙係數 $n = 0.015$，渠床縱向坡度 $S_0 = 0.0005$，渠岸邊坡的水平垂直比 $m = 1.25$。當設計流量 $Q = 20$ cms，且水流為均勻流時，試求此渠流通水斷面積 A 與水深 y_0 之關係式、正常水深 y_0、水力深度 D、水流福祿數 Fr、水力半徑 R 及渠床平均剪應力 τ_0。

習題 3.14

擬設計一座標準修砌梯形斷面渠道（Standard lined trapezoidal channel），此渠道為混凝土材質渠道，曼寧粗糙係數 $n = 0.013$，渠床縱向坡度 $S_0 = 0.00025$，當設計流量 $Q = 150$ cms 及平均流速 $U = 1.6$ m/s 時，採用最佳水力斷面設計原理，試求此渠流通水斷面積 A 與渠底寬 B 及水深 y_0 之關係式；在此設計條件下推求合適的渠底寬度 B 及渠流水深 y_0，並計算作用在渠床上的平均剪應力 τ_0。

習題 3.15

在工程經濟的考量下，於相同渠道斷面積 A 的條件下，能輸送最大流量 Q 之渠道斷面被稱之為最佳水力斷面（Best hydraulic section）。試證明矩形渠道之最佳水力斷面是渠寬 B 為水深 y 的二倍（即 $B =$

$2y$，及證明正六邊形的一半為梯形渠道之最佳水力斷面。

習題 3.16

擬設計一座非對稱梯形渠道，渠道左岸為垂直邊壁，右岸為斜坡邊壁，右岸邊壁的水平垂直比為 2H：1V，曼寧粗糙係數 $n = 0.014$。當設計流量為 28.0 cms 時，平均流速為 1.5 m/s。請依最佳水力斷面原理設計此非對稱梯形斷面渠道的渠底寬度、深度及渠床縱向坡度。

習題 3.17

有一圓形斷面渠道，曼寧係數與坡度皆為定值，請依最佳水力斷面分析原理，推求最大流量發生時，此渠流水深 y_0 與圓管直徑 D 的關係。

習題 3.18

當流量 $Q = 6.91$ cms，渠底坡度 $S_0 = 0.0032$ 及曼寧係數 $n = 0.025$ 時，試設計一個矩形渠道的最佳水力斷面。若此渠道不襯砌，渠底材質為粘土，允許的最高流速為 1.8 m/s（渠道不被水流沖刷），試評估所設計得渠道斷面是否可以滿足此最高流速之限制。

習題 3.19

有一條非對稱梯形渠道，渠床坡度 $S_0 = 0.0004$，渠底寬度 $B = 10.0$ m，正常水深 $y_0 = 3.0$ m，渠道左右兩側邊坡水平垂直比分別為 $m_1 = 1.0$ 及 $m_1 = 2.0$，渠道邊坡與底床具有不同的粗糙度，它們的曼寧係數 n 值分別為左邊坡 $n_1 = 0.025$，底床 $n_2 = 0.015$，右邊坡 $n_3 = 0.035$。試計算此渠道曼寧係數 n 的代表值、計算此渠流的水力半徑 R、用曼寧公式計算此渠流的流量 Q 及對應之水流福祿數 Fr。

習題 3.20

有一複合式矩形渠道，由 3 個不同寬度與深度的矩形渠道所組成，形成一個主河道與兩個洪水平原，其斷面如圖所示。當主河道與洪水平原的底床坡度 S_0 均為 0.0004，河道邊壁有三種不同的曼寧粗糙係數 $n_1 = 0.015$、$n_2 = 0.025$ 與 $n_3 = 0.035$。當主河道水深達 6.3 公尺時，忽略各分區通水斷面間摩擦損失，試推求此河道通水流量 Q 及判斷主河道流況為亞臨界流或超臨界流。

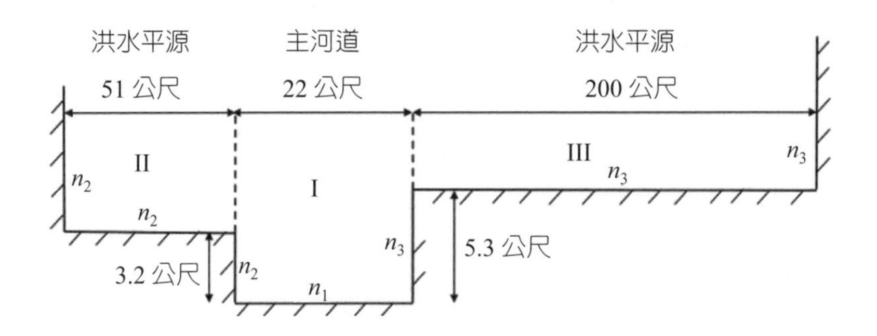

習題 3.21

有一條寬度為 B 之單槽矩形渠道，渠床坡度為 S_0。若在渠寬中間加一垂直薄板（厚度可忽略不計），形成對稱雙槽矩形渠道，寬度各為 $B/2$。當水深相同時，此單槽和雙槽矩形渠道具有相同的通水面積。假如薄板與渠道表面具有相同曼寧粗糙係數，試評估：(1) 前述雙槽渠道與單槽渠道有相同水深條件下，試評估薄板加入後渠流總輸水流量是增加或減少，並說明流量會改變的原因；(2) 假設雙槽渠道與單槽渠道具有相同的輸水流量，試比較雙槽渠道水深與單槽渠道水深之差異，並說明水深不一致的原因。

習題 3.22

有一矩形渠道，渠底寬度 2.5 m，曼寧粗糙係數 $n = 0.013$。請回答下列問題：(1) 當渠床坡度 $S_0 = 0.006$ 及流量 $Q = 25$ cms 時，試求正常水深，並據此判斷此渠道為緩坡渠道或是陡坡渠道；(2) 當渠床坡度 $S_0 = 0.006$ 及流量 $Q = 58$ cms 時，試求正常水深，並據此判斷此渠道

為緩坡渠道或是陡坡渠道；(3) 請問渠道坡度小於多少時，任何流量情況下此渠道皆可視為緩坡渠道

習題 3.23

有一蜿蜒矩形渠道由甲地流至乙地，全長為 L，高程差為 ΔZ，渠道寬度為 B，曼寧粗糙係數為 n_0，設計流量為 Q_0，水深為 y_0，流速為 V_0。後來因為都市發展需求，規劃將此渠道進行截彎取直且寬度減半。截彎取直後，渠道甲地至乙地的長度減為 $0.75L$，渠寬減為 $0.5B$，假設曼寧係數 n_0 不變，試計算截彎取直及渠寬減半後渠道的水深及流速，並討論截彎取直及渠寬減半對河道水流特性之影響。

水利人介紹 3. 顏清連 教授（1937-2023）

這裡介紹顏清連教授給本書讀者認識。我 1982 年剛到台大土木研究所水利組碩士班就讀時，顏教授是水利組召集人，是一位聲望很高的教授。他知道我是從海洋大學來的同學，特別提醒我不可以只修海洋類的課程，要利用機會選修水利工程方面的課程。我非常感謝顏老師的提醒，水利工程的知識對於我後來考取水利技師，以及在大學的教研工作有很大的幫助。我碩士就讀期間曾經選修顏老師的「變量流理論」，他條理分明的學理解說與公式推導，讓我受益良多。我 1982 年碩士畢業，服完兵役後於 1984 年應指導教授林銘崇教授之囑咐，回到台大土木系水利組擔任研究助理，協助進行濁水溪河口淤沙問題研究。期間，有次在走廊上我與顏老師相遇，他請我一起去聽一位學長的博士論文口試（因為這篇論文主題與我的碩士論文實驗相關）。口試結束後，老師把我叫到他的研究室，討論剛才論文口試尚待進一步研究的沙波形成問題，並鼓勵我試著去研究這個問題。花了幾個月時間，多次與老師討論，我終於用數值模擬方法有效模擬沙波形成的過程；接著顏老師又進一步鼓勵我把模擬方法及結果寫成英文期刊論文，由他幫我做英文修改，經過多次討論及修改，幾年後終於完成我的第 1 篇英文期刊論文。1988 年我獲得教育部公費留學的機會，出國前往美國進修之前，到老師研究室辭行，老師特別叮嚀「出國不只是到美國念書而已，要好好學習他們做研究的嚴謹態度」。感謝老師的教導與培育之恩。以下介紹顏教授的生平概述。

顏教授 1937 年出生於台南市安南區，先後於台南農校初級部及高級部畢業，1956 年考進台大農業工程學系，1960 年大學畢業及服完兵役後，於 1961 年就讀於台大土木研究所碩士班（水利組）。碩士班一年級時獲得加拿大 Queen’s University 土木系獎學金而出國進修。完成碩士學位後於 1964 年轉往美國愛荷華大學力學及水力學系進修，1967 年獲得博士學位，1968 年至華盛頓特區 Howard University 土木系任教近十年，並榮升至正教授。由於心懷故鄉台灣的發展，毅然於 1977 年回台灣，擔任台大土木系教授，至 2003 年屆齡退休，榮任名譽教授，2023 年 6 月 28 日蒙主寵召享年 87 高壽。他將人生精華奉獻給台灣。

顏教授自美返台引進最新的變量流理論及數模技術，對國內河川洪水及都市淹水等防災課題之研究及應用，起了關鍵性之影響；他在河川彎道沖淤變遷及橋墩沖刷等重要研究課題，也具有引領之地位。著有《電腦在水利工程上之應用》（中國土木水利工程學會出版）及《實用流體力學》（五南出版社出版）。兼顧學理創新及實務應用研究，顏教授學術及教學成就卓越，先後獲得國科會傑出研究獎及特約研究員獎、中國工程師學會論文獎及傑出工程教授獎、美國土木土木工程學會及中國土木水利工程學會會士等榮譽。

此外，顏教授在學術行政、公務機關與業界服務也有極為突出之貢獻。曾擔任台大土木系所主任及工學院院長、國科會土木水利學門召集人、教育部科技顧問室主任、防災國家型科技計畫總主持人、行政院科技顧問組顧問兼執行秘書、國家資訊基本建設產業發展協進會執行長、國際水理研究協會亞太分會副主席、中興工程顧問社董事等要職。有鑑於受到氣候邊遷之影響，台灣天然災害頻傳，災害防救成為政府亟須解決之重要課題，國科會遂於 1997 年成立防災國家型科技計畫，顏教授擔任第一期計畫總主持人，並於 2003 年催生成立國家災害防救科技中心，統籌重大災害的防減災規劃及管理工作。顏教授在水利署及中興工程顧問社扮演重要的水利工程技術諮詢角色，參與之代表性計畫包括翡翠水庫環境影響評估及其溢洪道通氣槽模型試驗、台北捷運系統之防洪設計、台南科學園區滯洪池設計之顧問工作等。鑒於顏教授在水利工程之學術與實務上卓越貢獻，水利署於 2019 年頒贈「終身成就獎」最高榮譽，予以表彰。顏教授治學嚴謹，培育人才，重視研究及實務應用，造福人群，成果豐碩，足為表率。（參考資料：經濟部水利署 —— 水利人的足跡；台大土木 —杜風電子報）。

參考文獻與延伸閱讀

1. Chaudhry, M.H. (2008). *Open-Channel Flow*. Second Edition, Springer.
2. Chow, V.T. (1959). *Open-Channel Hydraulics*. McGraw-Hill, New York, N.Y.
3. Jan, C. D. (詹錢登)（2014）Gradually-varied flow Profiles in Open Channels. Springer.
4. Krider, L., Kramer, G., Hansen B., Magner, J., Lahti, L., DeZiel, B., Zhang, L., Peterson, J., Wilson, B., Lazarus, B., and Nieber J. (2014), Minnesota Pollution Control Agency Final Report: Cedar River Alternative Ditch Designs.
5. Patel, N., Mohebbi, A., Jan, C.D., and Guo, J. (2020), Maximum shear stress method for stable channel design. Journal of Hydraulic Engineering, ASCE, Vol. 146(12).
6. Subramanya K. (2015). *Flow in Open Channels*. 4th edition McGraw-Hill, Chennai, India.
7. Swamee, P.K. (1994). Normal-depth equations for irrigation canals. *Journal of Irrigation and Drainage Engineering*, ASCE, Vol.120(5): 942-948.
8. Swamee, P.K. and Rathie, P.N. (2016). Normal-depth equations for parabolic open channel sections. *Journal of Irrigation and Drainage Engineering*, ASCE, Vol.142(6): 06016003.
9. 台灣大學土木系（2023），永懷摯友顏清連教授，杜風電子報，第184期。
10. 詹錢登（2018）泥沙運行學，五南圖書。
11. 經濟部水利署——水利人的足跡，水利署圖書典藏及影音數位平台。

Chapter 4

漸變流理論

（Gradually Varied Flow Theory）

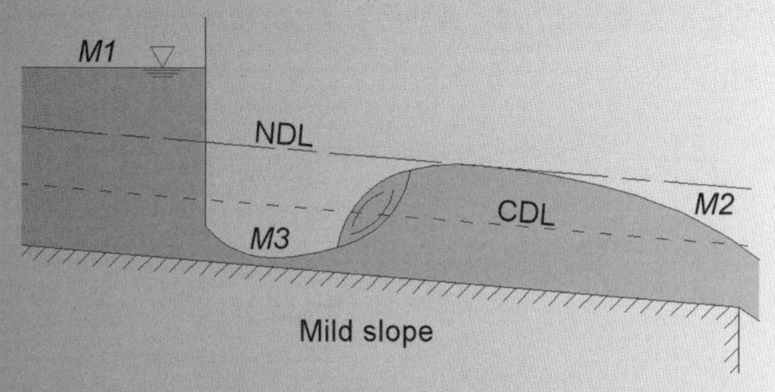

4.1 前言
4.2 漸變流方程式
4.3 漸變流水面線分類
4.4 漸變流水面線案例
4.5 控制斷面
4.6 水面線分析
習題
水利人介紹4.吳建民先生
參考文獻與延伸閱讀

4.1 前言（Introduction）

- 漸變流（Gradullary Varied Flow, GVF）又稱緩變流，是一種非均勻流，雖然流量固定，Q = Constant，但是水深及流速沿著渠流方向逐漸有所變化，$\frac{d(...)}{ds} \neq 0$。
- 在漸變流情況下，渠流的能量坡度S_f、水面坡度S_w與渠床坡度S_0不相同。
- 本章所討論的是定量漸變流，是一種非均勻流，但流量、水深及流速在時間上沒有變化，$\frac{d(...)}{dt} = 0$。

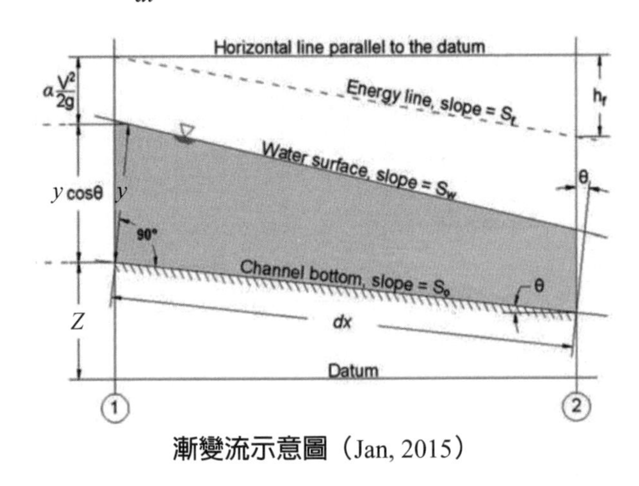

漸變流示意圖（Jan, 2015）

4.1.1 漸變流理論的基本假設

本章將介紹漸變流的理論，首先說明漸變流分析的兩個基本假設。

(1) 假設水壓為靜水壓分布。

漸變流水面線會略微彎曲，產生些微的垂直加速度。在漸變流分析時為了簡化，忽略水面線彎曲所造成垂直加速度，並假設水壓為靜水壓分布。

(2) 能量損失坡度 S_f（簡稱能量坡度）可用曼寧公式來估算。

曼寧公式原先是用於分析均勻流的公式，漸變流分析時為了簡化問題，假設曼寧公式也可以使用於漸變流，由能量坡度 S_f 取代渠床坡度 S_0。

也就是說，可用曼寧公式來估算能量坡度 S_f，即

均勻流 $Q=\frac{1}{n}AR^{2/3}S_0^{1/2}$；漸變流 $Q=\frac{1}{n}AR^{2/3}S_f^{1/2}$；漸變流 $\boxed{S_f=\frac{n^2V^2}{R^{4/3}}=\frac{n^2Q^2}{A^2R^{4/3}}}$

4.2 漸變流方程式（GVF Equation）

4.2.1 漸變流微分方程式

假如渠床坡度小，$\cos\theta\approx 1.0$，能量修正係數 $\alpha=1$，漸變流總能量 H 等於底床高程 Z、水深 y 及速度水頭 $V^2/2g$ 之合，而且沿著渠流方向位置 x 不同而有所不同，則漸變流總能量 $\boxed{H(x)=Z(x)+\underbrace{y(x)+\frac{V^2}{2g}}_{\text{比能}E(x)}=Z(x)+E(x)}$

將總能量 對位置進行微分，可得

$$\underbrace{\frac{dH}{dx}}_{\text{Energy slope }-S_f}=\underbrace{\underbrace{\frac{dZ}{dx}}_{\text{Bottom slope }-S_0}+\underbrace{\frac{dy}{dx}}_{\text{Depth derivative}}}_{\text{Water surface slope }S_w}+\frac{d}{dx}\left(\frac{V^2}{2g}\right) \tag{4.1}$$

$\frac{dH}{dx}=-S_f=$ 能量坡度，$\frac{dZ}{dx}=-S_0=$ 渠床坡度，$S_w=-S_0+\frac{dy}{dx}=$ 水面坡度

能量坡度 S_f 及渠床坡度 S_0 習慣上用正值來表示。

速度水頭的微分 $\frac{d}{dx}\left(\frac{V^2}{2g}\right)=\frac{d}{dx}\left(\frac{Q^2}{2gA^2}\right)=-\frac{Q^2}{gA^3}\frac{dA}{dy}\frac{dy}{dx}=-\frac{Q^2T}{gA^3}\frac{dy}{dx}$

將 $\frac{dH}{dx}=-S_f$、$\frac{dZ}{dx}=-S_0$、$S_w=S_0-\frac{dy}{dx}$ 及 $\frac{d}{dx}\left(\frac{V^2}{2g}\right)=-\frac{Q^2T}{gA^3}\frac{dy}{dx}$

代入總水頭 $H(x)$ 之微分式，可得 $-S_f=-S_0+\frac{dy}{dx}-\frac{Q^2T}{gA^3}\frac{dy}{dx}$

整理後得到漸變流水深的微分方程式

$$\boxed{\frac{dy}{dx}=\frac{S_0-S_f}{1-\frac{Q^2T}{gA^3}}} \tag{4.2}$$

4.2.2 不同表達方式之漸變流微分方程式

均匀流曼寧公式，流量 $Q=\left(\frac{1}{n}AR^{2/3}\right)_0 S_0^{1/2}=K_0S_0^{1/2}$，其中 $K_0=\left(\frac{1}{n}AR^{2/3}\right)_0$；

漸變流曼寧公式，流量 $Q=\left(\frac{1}{n}AR^{2/3}\right)S_f^{1/2}=KS_f^{1/2}$，其中 $K=\left(\frac{1}{n}AR^{2/3}\right)$；

因此漸變流能量坡度 S_f 與渠床坡度 S_0 比值為 $\boxed{\frac{S_f}{S_0}=\left(\frac{K_0}{K}\right)^2}$

其中 $\frac{K_0}{K}$ 為均匀流輸水因子 K_0 與漸變流輸水因子 K 的比值

渠道斷面因子 $Z^2=\frac{A^3}{T}$。在臨界流時，$\frac{Q^2}{g}=\frac{A_c^3}{T_c}=Z_c^2$

因此漸變流福祿數的平方，$\frac{Q^2T}{gA^3}=\frac{Q^2}{g}\left(\frac{A^3}{T}\right)^{-1}=\left(\frac{Z_c}{Z}\right)^2$，

假如渠床坡度小，$\cos\theta\approx 1.0$，能量修正係數 $\alpha=1$，漸變流水深微分方程式可以寫成

$$\boxed{\frac{dy}{dx}=\frac{S_0(1-S_f/S_0)}{1-(Q^2T/gA^3)}=S_0\frac{1-\left(K_0/K\right)^2}{1-\left(Z_c/Z\right)^2}} \tag{4.3}$$

又 $Z^2=C_1y^M$ 及 $Z_c^2=C_1y_c^M$，則 $\left(Z_c/Z\right)^2=\left(y_c/y\right)^M$，其中 $M=$ 第一水力指數

$K^2=C_2y^N$，$K_0^2=C_2y_0^N$，則 $\left(K_0/K\right)^2=\left(y_0/y\right)^N$，其中 $N=$ 第二水力指數

代入前述微分方程式，可得

$$\boxed{\frac{dy}{dx}=S_0\frac{1-\left(K_0/K\right)^2}{1-\left(Z_c/Z\right)^2}=S_0\frac{1-\left(y_0/y\right)^N}{1-\left(y_c/y\right)^M}} \tag{4.4}$$

漸變流方程式描述水深導數 $\frac{dy}{dx}$ 與水深 y、正常水深 y_0 及臨界水深 y_c 之關係。

4.3 漸變流水面線分類（Classification of Water Surfaces）

渠流流況可區分為亞臨界流（$y_0 > y_c$）、臨界流（$y_0 = y_c$）及超臨界流（$y_0 < y_c$）等三種。

漸變流方程式 $\boxed{\dfrac{dy}{dx} = S_0 \dfrac{1-(y_0/y)^N}{1-(y_c/y)^M}}$ 依 y_0, y_c 及 y 之相對大小，具有不同之水面曲線之特性。

4.3.1 緩坡漸變 M 曲線

- 當渠流為亞臨界流（$y_0 > y_c$），漸變流水深 y 可能處於下列 3 種情況之一：
  1. 當 $y > y_0 > y_c$，方程式的分子及分母均大於零，因此 $dy/dx > 0$，表示沿流動方向水深 y 逐漸增大，水面線為 M_1 曲線。
  2. 當 $y_0 > y > y_c$，方程式的分子小於零及分母大於零，因此 $dy/dx < 0$，表示水深 y 逐漸減小，水面線為 M_2 曲線。
  3. 當 $y_0 > y_c > y$，方程式的分子及分母均小於零，因此 $dy/dx > 0$，表示水深 y 逐漸增大，水面線為 M_3 曲線。

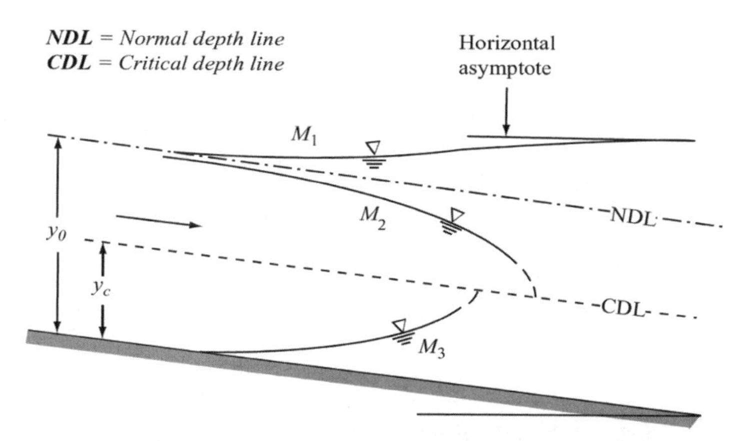

緩坡渠道對應之三種水面 M 曲線（Subramanya, 2019）

緩坡漸變流水面線的特性

- 亞臨界流況，正常水深大於臨界水深
- M_1 曲線 - 水深大於正常水深
- M_2 曲線 - 水深小於正常水深但大於臨界水深
- M_3 曲線 - 水深小於臨界水深
- M_1 曲線以漸進方式貼近正常水深線，
- M_2 及 M_3 曲線以垂直方式穿越臨界水深線。

例題 4.1

有一對稱三角形渠道，渠岸邊坡坡度參數 m = 1.5，渠床坡度 S_0 = 0.0004，曼寧係數 n = 0.022。當渠流流量 Q = 1.5 cms 時，渠道上某斷面的水深 y = 1.2 m，試計算此渠流的正常水深 y_0、臨界水深 y_c、判別此漸變渠流在水深 y = 1.2 m 的水面線型態及水面坡度 S_w。

解答：

由曼寧公式計算三角形渠道正常水深（Normal depth）y_0：

$$Q=\frac{AR^{2/3}S_0^{1/2}}{n}=\frac{(my_0^2)^{5/3}S_0^{1/2}}{n(2\sqrt{1+m^2}\,y_0)^{2/3}}$$

$$\rightarrow 1.5=\frac{1.5^{5/3}\times 0.0004^{1/2}\,y_0^{8/3}}{0.022\times(2\sqrt{1+1.5^2})^{2/3}}=0.76y_0^{8/3}$$

$$\rightarrow y_0^{8/3}=\frac{1.5}{0.76}=1.974\ \rightarrow \text{正常水深}\ \underline{y_0\approx 1.29\text{ m}}$$

由臨界流公式計算三角形渠道臨界水深（Critical depth）y_c：

$$\frac{Q^2T_c}{gA_c^3}=\frac{Q^2(2my_c)}{g(my_c^2)^3}=\frac{2Q^2}{gm^2y_c^5}=1\ \rightarrow y_c^5=\frac{2Q^2}{gm^2}=\frac{2\times1.5^2}{9.81\times1.5^2}=0.204$$

$$\rightarrow \text{臨界水深}\ y_c=\underline{0.728\text{ m}}$$

漸變渠流水深 y = 1.2 m，介於臨界水深與正常水深之間，$y_0 > y > y_c$，因此判斷水面線為 M_2 曲線。水深 y = 1.2 m，斷面積：$A = my^2 = 1.5 \times 1.2^2 = 2.16\text{ m}^2$

濕周長度 $P = 2\sqrt{1+m^2}\,y = 2\sqrt{1+1.5^2} \times 1.2 = 4.327$ m，

水力半徑 $R = \dfrac{A}{P} = \dfrac{2.16}{4.327} = 0.499$ m，水面寬 $T = 2my = 2 \times 1.5 \times 1.2$ $= 3.60$ m

$$S_f = \frac{n^2Q^2}{A^2R^{4/3}} = \frac{0.022^2 \times 1.5^2}{2.16^2 \times 0.499^{4/3}} = 0.00059 \text{ ，}$$

$$\frac{Q^2T}{gA^3} = \frac{1.5^2 \times 3.6}{9.81 \times 2.16^3} = 0.0819 \rightarrow \text{福祿數 } Fr = 0.286 \text{。}$$

漸變流水深微分方程式 $\dfrac{dy}{dx} = \dfrac{S_0 - S_f}{1 - \dfrac{Q^2T}{gA^3}} = \dfrac{0.0004 - 0.00059}{1 - 0.0819} = -0.00021$

水深 y 沿 x 方向遞減。

水面坡度 $S_w = -S_0 + \dfrac{dy}{dx} = -0.0004 - 0.00021 = -0.00061$，水面逐漸下降。

例題 4.2

有一矩形渠道，渠寬 B = 4.0 m，渠床坡度 S_0 = 0.0008，渠道曼寧係數 n = 0.016，渠流為漸變流。當流量 Q = 1.5 cms，試計算渠道的正常水深 y_0 及臨界水深 y_c，並分析水深 y = 0.3 m 處的水面線型態。

解答：

由曼寧公式計算正常水深 y_0：$Q = \dfrac{1}{n}AR^{2/3}S_0^{1/2} = \dfrac{A^{5/3}S_0^{1/2}}{nP^{2/3}} = \dfrac{(By_0)^{5/3}S_0^{1/2}}{n(B+2y_0)^{2/3}}$

$\rightarrow 1.5 = \dfrac{(4y_0)^{5/3}(0.0008)^{1/2}}{0.016 \times (4+2y_0)^{2/3}} \rightarrow \dfrac{(4y_0)^{5/3}}{(4+2y_0)^{2/3}} = 0.8485$，試誤法求解

$\rightarrow$ 正常水深 $\underline{y_0 = 0.426 \text{ m}}$

由臨界流公式計算臨界水深 y_c：$\dfrac{Q^2T}{gA^3} = 1 \rightarrow \dfrac{Q^2B}{gB^3y_c^3} = \dfrac{Q^2}{gB^2y_c^3} = 1$

$\rightarrow$ 臨界水深 $y_c = \left(\dfrac{Q^2}{gB^2}\right)^{1/3} = \left(\dfrac{1.5^2}{9.81 \times 4.0^2}\right)^{1/3} = \underline{0.243 \text{ m}}$

當已知渠流某處的水深 $y = 0.3$ m，此水深介於臨界水深與正常水深之間，而且正常水深大於臨界水深，即 $y_0 > y > y_c$，由此判斷水面線為 M_2 曲線。

4.3.2 陡坡漸變流 S 曲線

漸變流方程式 $\frac{dy}{dx} = S_0 \frac{1-(y_0/y)^N}{1-(y_c/y)^M}$，當渠流為超臨界流，$y_0 < y_c$，

漸變流水深 y 可能處於下列 3 種可能情況：

1. 當 $y > y_c > y_0$，方程式的分子及分母均大於零，因此 $dy/dx > 0$，水深逐漸增大，水面線為 S_1 曲線
2. 當 $y_c > y > y_0$，方程式的分子大於零及分母小於零，因此 $dy/dx < 0$，水深逐漸變小，水面線為 S_2 曲線
3. 當 $y_c > y_0 > y$，方程式的分子及分母均小於零，因此 $dy/dx > 0$，水深逐漸增大，水面線為 S_3 曲線

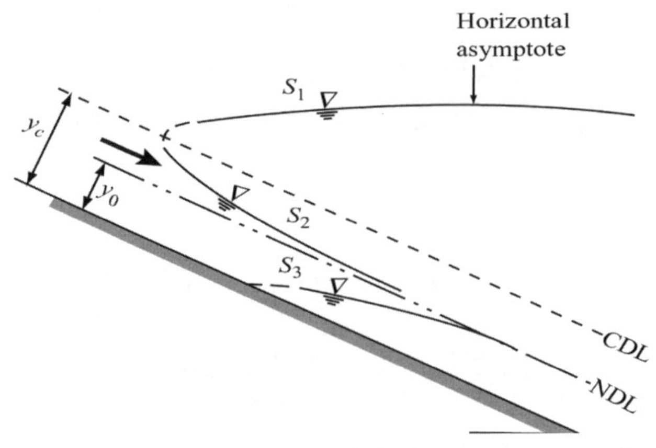

陡坡渠道對應之三種水面 S 曲線（Subramanya, 2019）

陡坡漸變流水面線的特性

- 超臨界流況，臨界水深大於正常水深
- S_1 曲線 - 水深大於臨界水深
- S_2 曲線 - 水深小於臨界水深但大於正常水深
- S_3 曲線 - 水深小於正常水深
- S_1 曲線以垂直方式穿越臨界水深線
- S_2 及 S_3 曲線以漸進方式貼近正常水深線

例題 4.3

有一對稱三角形渠道，渠岸邊坡坡度參數 $m = 1.5$，渠床坡度 $S_0 = 0.009$，曼寧係數 $n = 0.015$，渠流為漸變流。當流量 $Q = 2.0$ cms，試判別渠道上水深 $y = 1.0$ m 處渠流水面線型態，並計算水面坡度 S_w。

解答：

由曼寧公式計算三角形渠道正常水深 y_0：

$$Q = \frac{AR^{2/3}S_0^{1/2}}{n} = \frac{(my_0^2)^{5/3}S_0^{1/2}}{n(2\sqrt{1+m^2}\,y_0)^{2/3}} \rightarrow 2.0 = \frac{1.5^{5/3} \times 0.009^{1/2} y_0^{8/3}}{0.015 \times (2\sqrt{1+1.5^2})^{2/3}}$$

$$= 5.287 y_0^{8/3} \rightarrow y_0^{8/3} = 0.379 \rightarrow \underline{y_0 = 0.695 \text{ m}}$$

由臨界流公式計算三角形渠道臨界水深 y_c：

$$\frac{Q^2 T_c}{gA_c^3} = \frac{Q^2(2my_c)}{g(my_c^2)^3} = \frac{2Q^2}{gm^2 y_c^5} = 1 \rightarrow y_c^5 = \frac{2Q^2}{gm^2} = \frac{2 \times 2^2}{9.81 \times 1.5^2} = 0.362$$

$\rightarrow$ 臨界水深 $y_c = \underline{0.816 \text{ m}} > y_0$

某斷面水深 $y = 1.0$ m，大於臨界水深與正常水深，$y > y_c > y_0$，因此判斷水面線屬於 S_1 曲線。

三角形渠道，水深 $y = 1.0$ m，斷面積 $A = my^2 = 1.5 \times 1^2 = 1.5$ m^2，

濕周長 $P = 2\sqrt{1+m^2}\,y = 2\sqrt{1+1.5^2} \times 1 = 3.606$，

水力半徑 $R=\dfrac{A}{P}=\dfrac{1.5}{3.606}=0.416$ m，水面寬 $T=2my=2\times1.5\times1$ $=3.0$ m

$$S_f=\frac{n^2Q^2}{A^2R^{4/3}}=\frac{0.015^2\times2^2}{1.5^2\times0.416^{4/3}}=0.00129，$$

$$\frac{Q^2T}{gA^3}=\frac{2^2\times3}{9.81\times1.5^3}=0.3624，$$

漸變流水面線微分式 $\dfrac{dy}{dx}=\dfrac{S_0-S_f}{1-\dfrac{Q^2T}{gA^3}}=\dfrac{0.009-0.00129}{1-0.3624}=0.0121>0$

水深 y 沿 x 方向遞增。

$$S_w=-S_0+\frac{dy}{dx}=-0.009+0.0121=0.0031，$$

即水面坡度 $S_w=\underline{0.0031}$

4.3.3 臨界渠坡漸變流 C 曲線

漸變流方程式 $\boxed{\dfrac{dy}{dx}=S_0\dfrac{1-(y_0/y)^N}{1-(y_c/y)^M}}$，當渠流為臨界流 $y_0=y_c$ 時，

漸變流水深 y 可能處於下列 2 種可能情況之一。

1. 當 $y>y_0=y_c$，方程式的分子及分母均大於零，因此 $dy/dx>0$，水深逐漸增大，水面線為 C_1 曲線
2. 當 $y_0=y_c>y$，方程式的分子及分母均小於零，因此 $dy/dx>0$，水深逐漸增大，水面線為 C_3 曲線

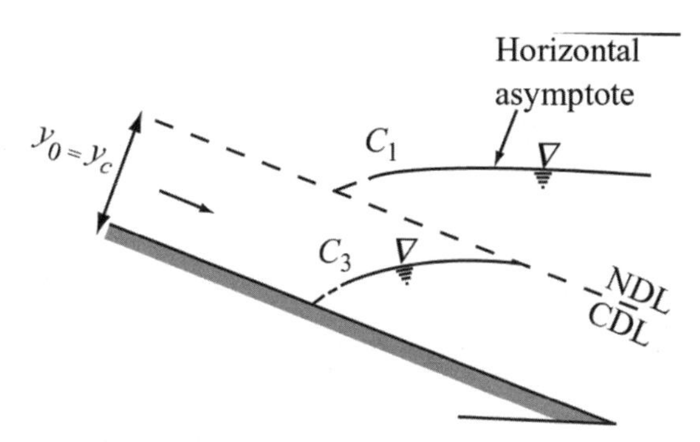

臨界坡度渠道對應之二種水面 C 曲線（Subramanya, 2019）

臨界坡度漸變流水面線的特性

- 臨界坡度渠道，臨界水深與正常水深重疊
- 臨界坡度渠道有 C_1 及 C_3 曲線，但是沒有 C_2 曲線

4.3.4 水平渠道漸變流 H 曲線

水平渠道的渠床坡度 $S_0 = 0$，正常水深 $y_0 = \infty$，漸變流流量 $Q = K\sqrt{S_f}$，

漸變流方程式為

$$\boxed{\frac{dy}{dx} = -\frac{S_f}{1-\dfrac{Q^2T}{gA^3}} = -\frac{\dfrac{Q^2}{K^2}}{1-\dfrac{Q^2T}{gA^3}} = -\frac{Q^2}{C_2}\frac{\dfrac{1}{y^N}}{1-\left(\dfrac{y_c}{y}\right)^M}} \quad (4.5)$$

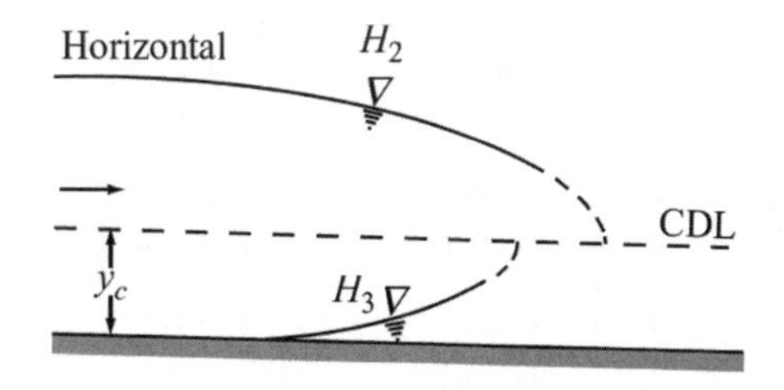

水平渠道對應之二種水面 H 曲線（Subramanya, 2019）

水平渠道漸變流水面線的特性

- 水平渠道，沒有正常水深，臨界水深平行於水平渠道
- 水平渠道有 H_2 及 H_3 曲線，但是沒有 H_1 曲線

4.3.5 逆坡渠道漸變流 A 曲線

逆坡渠道的渠床坡度$S_0 < 0$，沒有正常水深y_0，漸變流流量$Q = K\sqrt{S_f}$，

漸變流方程式改寫成

$$\boxed{\frac{dy}{dx} = \frac{S_0 - S_f}{1 - \dfrac{Q^2T}{gA^3}} = \frac{S_0 - \dfrac{Q^2}{K^2}}{1 - \dfrac{Q^2T}{gA^3}} = \frac{S_0 - \dfrac{Q^2}{C_2 y^N}}{1 - \left(\dfrac{y_c}{y}\right)^M}} \quad (4.6)$$

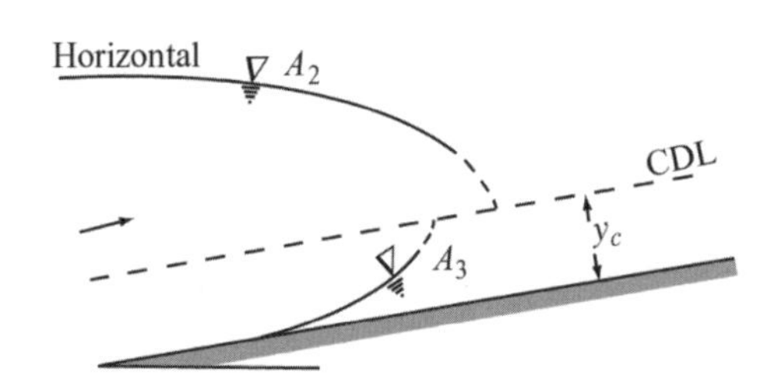

逆坡渠道漸變流水面線的特性

- 逆坡渠道沒有正常水深，臨界水深平行於逆坡渠床
- 逆坡渠道有 A_2 及 A_3 曲線，但是沒有 A_1 曲線

逆坡渠道對應之二種水面 A 曲線（Subramanya, 2019）

4.3.6 渠道漸變流水面線的各種不同型式

渠道坡度類別	區域	水深 y 和 y_n 及 y_c 之關係	水面曲線型式	流態
1. Horizontal bed	2 3	$y > y_c$ $y < y_c$	H2: drawdown H3: backwater	Subcritical Supercritical
2. Mild slope	1 2 3	$y > y_n > y_c$ $y_n > y > y_c$ $y_n > y_c > y$	M1: backwater M2: drawdown M3: backwater	Subcritical Subcritical Supercritical
3. Critical slope	1 3	$y > y_n = y_c$ $y < y_n = y_c$	C1: backwater C3: backwater	Subcritical Supercritical
4. Steep slope	1 2 3	$y > y_c > y_n$ $y_c > y > y_n$ $y_c > y_n > y$	S1: backwater S2: drawdown S3: backwater	Subcritical Supercritical Supercritical
5. Adverse slope	2 3	$y > y_c$ $y < y_c$	A2: drawdown A3: backwater	Subcritical Supercritical

4.4 漸變流水面線案例（Examples of Water Surfaces）

- 緩坡水流流經溢流堰，M_1 曲線；緩坡水流流入水池或河道，M_2 曲線；
- 從閘門流出之緩坡水流，M_3 曲線；陡坡水流流經溢流堰，S_1 曲線；
- 溢洪道陡坡水流，S_2 曲線；從閘門流出之陡坡水流，S_3 曲線。

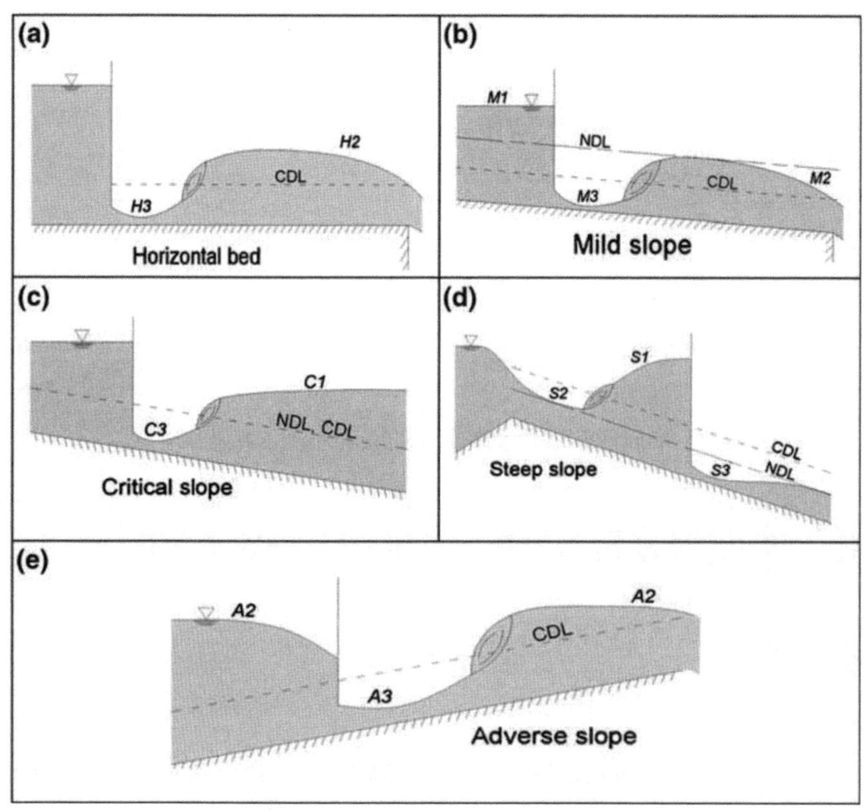

漸變流水面線示意圖（Jan, 2014）

4.5 控制斷面（Control section）

- 河道斷面有明確流量與水深之關係者，稱之為控制斷面。
- 堰及閘門是常見的控制斷面，臨界水深也是一個控制斷面。
- 任何一條漸變流水面線（GVF）都至少有一個控制斷面。
- 亞臨界流的控制斷面在其下游處，超臨界流的控制斷面在其上游處。

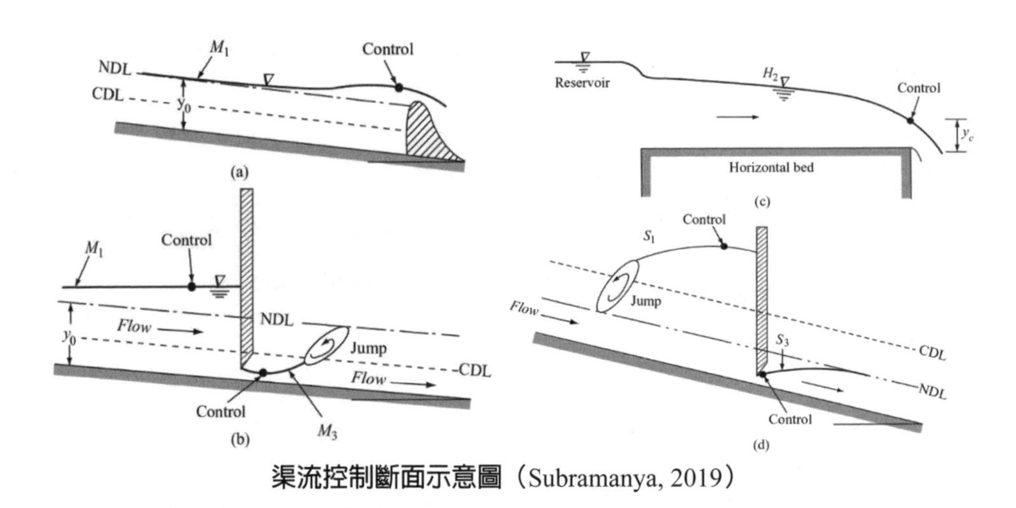

渠流控制斷面示意圖（Subramanya, 2019）

4.6 水面線分析（Analysis of flow profile）

分析步驟

- 繪製河道縱斷面；
- 計算已知流量下河道的臨界水深及正常水深，並標記為 CDL 及 NDL；
- 標記所有控制斷面點；
- 繪製可能的水面線。

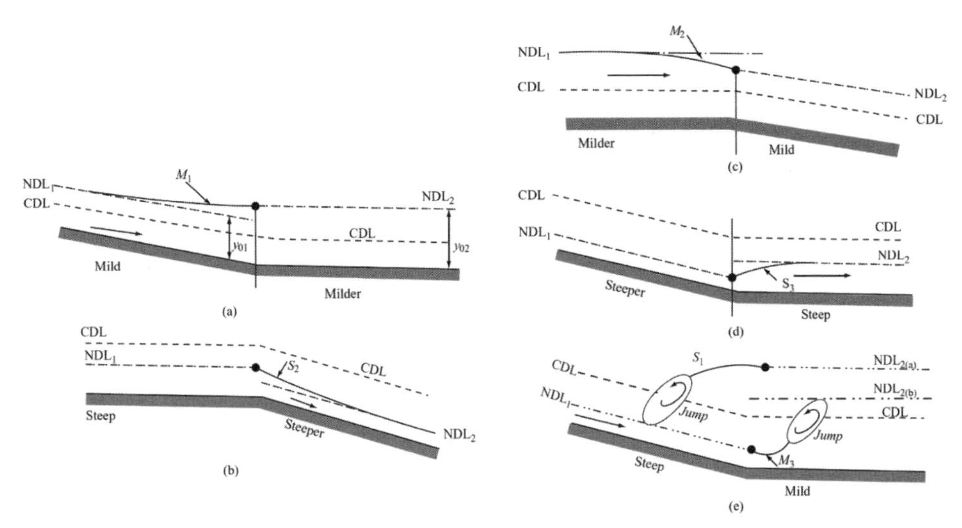

繪製渠流在不同情況下之水面線示意圖（Subramanya, 2019）

例題 4.4

有一矩形渠道，渠道由上游往下游可區分為渠段 A 及渠段 B 兩個連續渠段，各渠段寬度均為 4.0m，曼寧係數均為 $n = 0.025$，但各渠段有不同的渠床坡度 S_0。上游渠段 A 的渠床坡度 $S_0 = 0.0004$；下游渠段 B 的渠床坡度 $S_0 = 0.015$。假設各渠段長度足夠長，可完全發展漸變流水面線。當流量 $Q = 6.0$ cms，試計算各渠段的正常水深 y_0 及臨界水深 y_c，並繪出各渠段漸變流水面線。

解答：

由曼寧公式計算正常水深 y_0：$Q=\dfrac{1}{n}AR^{2/3}S_0^{1/2}=\dfrac{A^{5/3}S_0^{1/2}}{nP^{2/3}}=\dfrac{(By_0)^{5/3}S_0^{1/2}}{n(B+2y_0)^{2/3}}$

渠段 A：$6=\dfrac{(4y_0)^{5/3}(0.0004)^{1/2}}{0.025\times(4+2y_0)^{2/3}}=\dfrac{0.8\times(4y_0)^{5/3}}{(4+2y_0)^{2/3}} \rightarrow \dfrac{(4y_0)^{5/3}}{(4+2y_0)^{2/3}}=7.5$，

試誤法求解，正常水深 $\underline{y_0=1.906\text{ m}}$

渠段 B：$6=\dfrac{(4y_0)^{5/3}(0.015)^{1/2}}{0.025\times(4+2y_0)^{2/3}}=\dfrac{4.9\times(4y_0)^{5/3}}{(4+2y_0)^{2/3}} \rightarrow \dfrac{(4y_0)^{5/3}}{(4+2y_0)^{2/3}}=1.224$，

試誤法求解，正常水深 $\underline{y_0=0.54\text{ m}}$

由臨界流公式計算臨界水深 y_c：

$$y_c = \left(\frac{Q^2}{gB^2}\right)^{1/3} = \left(\frac{6^2}{9.81\times 4^2}\right)^{1/3} = \underline{0.612\ \text{m}}$$

渠段 A 及渠段 B 兩連續渠段交接處為控制斷面，渠段交接處水深臨界水深，並依此繪出各渠段的漸變水面線。

渠段 A：緩坡渠道，水深關係為 $y_0 > y > y_c$，水面線為 M_2 曲線。

渠段 B：陡坡渠道，水深關係為 $y_c > y > y_0$，水面線為 S_2 曲線。

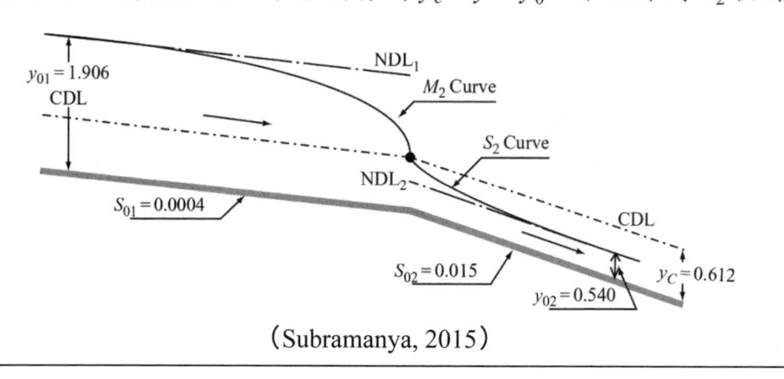

(Subramanya, 2015)

例題 4.5

有一對稱梯形渠道，渠道由上游往下游可區分為 3 個連續渠段，各渠段的寬度均為 4.0 m，渠岸邊坡係數均為 m = 1.0，但各渠段具有不同的渠床坡度 S_0 及曼寧粗糙係數 n。渠段 A-B：S_0 = 0.0004 及 n = 0.015；渠段 B-C：S_0 = 0.009 及 n = 0.012；渠段 C-D：S_0 = 0.004 及 n = 0.015。假設各渠段長度足夠長，可完全發展漸變流水面線。當流量 Q = 22.5 cms，試計算各渠段的臨界水深 y_c 及正常水深 y_0，並繪出各渠段的漸變水面線。

解答：

由臨界條件計算臨界水深 y_c：

$$\frac{Q^2}{g} = \frac{A_c^3}{T_c} = \frac{[(B+my_c)y_c]^3}{B+2my_c} \rightarrow \frac{22.5^2}{9.81} = \frac{[(4+y_c)y_c]^3}{4+2y_c} \rightarrow \frac{[(4+y_c)y_c]^3}{2+y_c} = 103.21$$

試誤法可得臨界水深 y_c = 1.316 m。又 $\psi = \dfrac{Q^2 m^3}{gB^5} = \dfrac{22.5^2}{9.81\times 4^5} = 0.0502$

由經驗公式 $y_c = \frac{B}{m}\psi^{1/3}\left(1+1.1524\psi^{0.347}\right)^{-0.339} \rightarrow y_c = 1.316\text{ m}$。

流量固定，渠寬相同，渠段 A-B、渠段 B-C 及渠段 B-C 的臨界水深均相同。

由曼寧公式求正常水深 y_0：

$$Q = \frac{1}{n}AR^{2/3}S_0^{1/2} = \frac{A^{5/3}S_0^{1/2}}{nP^{2/3}} = \frac{[(B+my_0)y_0]^{5/3}S_0^{1/2}}{n(B+2\sqrt{1+m^2}\,y_0)^{2/3}}$$

渠段 A-B：$22.5 = \frac{[(4+y_0)y_0]^{5/3}(0.0004)^{1/2}}{0.015\times(4+2\sqrt{2}y_0)^{2/3}} = \frac{1.333\times[(4+y_0)y_0]^{5/3}}{(4+2\sqrt{2}y_0)^{2/3}}$

$\rightarrow \frac{[(4+y_0)y_0]^{5/3}}{(4+2\sqrt{2}y_0)^{2/3}} = 16.875$，試誤法求解，正常水深 $\underline{y_0 = 2.224\text{ m}}$

渠段 B-C：$22.5 = \frac{[(4+y_0)y_0]^{5/3}(0.009)^{1/2}}{0.012\times(4+2\sqrt{2}y_0)^{2/3}} = \frac{7.906\times[(4+y_0)y_0]^{5/35/3}}{(4+2\sqrt{2}y_0)^{2/3}}$

$\rightarrow \frac{[(4+y_0)y_0]^{5/3}}{(4+2\sqrt{2}y_0)^{2/3}} = 2.846$，試誤法求解，正常水深 $\underline{y_0 = 0.812\text{ m}}$

渠段 C-D：$22.5 = \frac{[(4+y_0)y_0]^{5/3}(0.004)^{1/2}}{0.015\times(4+2\sqrt{2}y_0)^{2/3}} = \frac{4.216\times[(4+y_0)y_0]^{5/3}}{(4+2\sqrt{2}y_0)^{2/3}}$

$\rightarrow \frac{[(4+y_0)y_0]^{5/3}}{(4+2\sqrt{2}y_0)^{2/3}} = 5.336$，試誤法求解，正常水深 $\underline{y_0 = 1.172\text{ m}}$

正常水深及臨界水深計算結果列於下表。渠段 A-B 與渠段 B-C 及渠段 B-C 與渠段 C-D 兩個轉折處為控制斷面，並依此繪出各渠段的漸變水面線。

渠段	y_0 (m)	y_c (m)	判別	渠坡	水面線
A-B	2.224	1.316	$y_0 > y_c$	緩坡	M_2 曲線
B-C	0.812	1.316	$y_0 < y_c$	陡坡	S_2 曲線
C-D	1.172	1.316	$y_0 < y_c$	陡坡	S_3 曲線

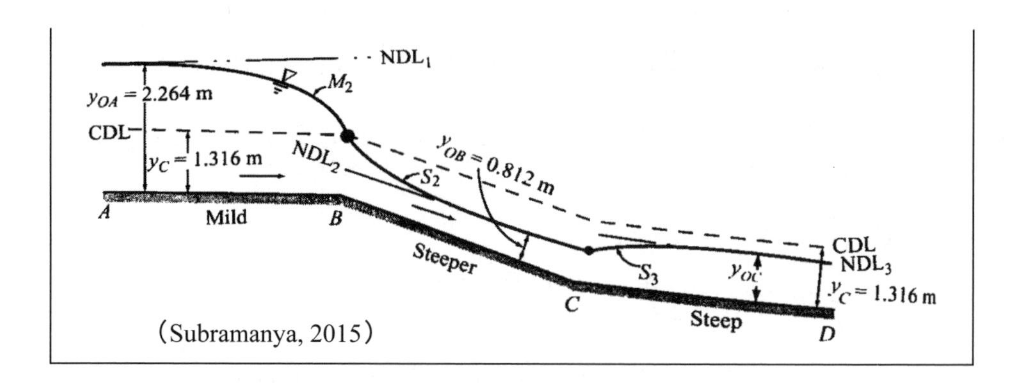

(Subramanya, 2015)

例題 4.6

有一矩形渠道，渠道由上游往下游可區分為 3 個連續渠段，經評估渠段 A-B 為緩坡（Mild slope）渠段，渠段 B-C 為較陡緩坡（Steeper mild slope）渠段，渠段 C-E 為較緩緩坡（Milder mild slope）渠段，渠段 C-E 中間 D 處設有一個閘門，渠段尾端 E 處為自由跌水（Free overfall）。試按此條件找出渠流的控制斷面，及繪出各渠段的漸變流水面線。

解答：

三個連續渠段雖然坡度不一樣，但均屬於緩坡渠段，正常水深均大於臨界水深，渠道 B、C、D 及 E 處為渠流控制斷面。漸變流水面線：在渠段 A-B 為 M_2 曲線，在渠段 BC 為 M_1 曲線，在渠段 DE 水躍前為 M_3 曲線，水躍後為 M_2 曲線。

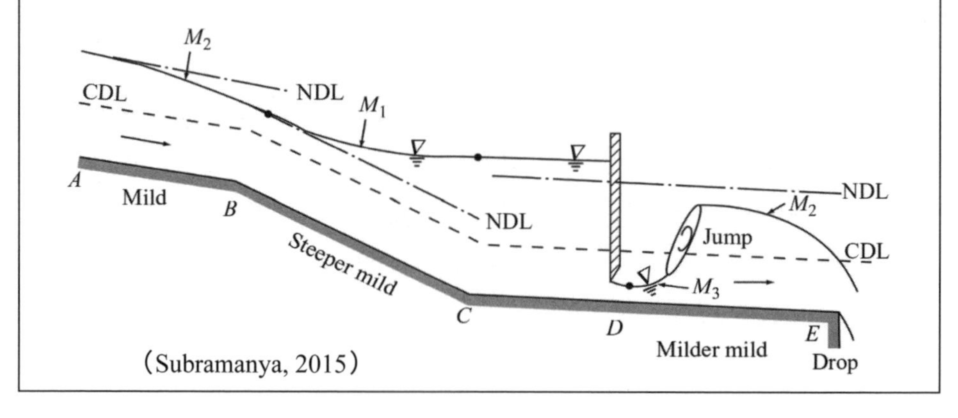

(Subramanya, 2015)

習題

習題 4.1

有一條寬度為 6 m 之矩形渠道，糙度曼寧 n 值為 0.015，其設計流量為 100 cms。因渠床坡度 S_0 之差異，該渠道分成二渠段，上游段坡度較緩，渠底坡度為 0.003；下游段坡度較陡，渠底坡度為 0.01。假設各渠段的長度足夠長，可以完全發展漸變流水面線。試求各渠段之臨界水深及正常水深，並據以繪出該渠道水面線變化情形及標示水面線名稱。

習題 4.2

有一條矩形渠道，渠寬 $B = 6.0$ m，曼寧係數 $n = 0.016$，按照渠床坡度 S_0 之差異，渠道可區分為 A 及 B 兩段。渠段 A（上游段）的渠床坡度 $S_0 = 0.016$，渠段 B（下游段）的坡度 $S_0 = 0.0004$。假設各渠段足夠長，可以完全發展漸變流水面線，當流量 $Q = 10$ cms，試計算各渠段的正常水深 y_0 及臨界水深 y_c，並據此繪出各渠段的正常水深、臨界水深及漸變流水面線示意圖。

習題 4.3

有一條等寬矩形渠道，渠寬為 3.0 m，渠道由上游往下游方向可以區分成 A、B 及 C 等 3 個渠段，各渠段的渠床坡度 S_0 及曼寧粗糙係數 n 值不相同。渠段 A：$S_0 = 0.0004$、$n = 0.015$；渠段 B：$S_0 = 0.009$、$n = 0.012$；渠段 C：$S_0 = 0.0008$、$n = 0.015$。假如各渠段長度足夠長，可以完全發展漸變流水面線。當渠流流量為 20.0 cms 時，試計算各渠段臨界水深及正常水深，然後繪出各渠段漸變流水面線並註明水面線型態名稱。

習題 4.4

有一條具有梯形斷面之渠道，由上游往下游方向，由長度相當的 A、B 及 C 三個渠段所構成。此三個梯形斷面渠段之底床寬度均為 4.0 m、兩側邊坡坡度均為 45 度，但具有不同渠床坡度及粗糙度。此三個渠段對應之底床坡度分別為 $S_{0a} = 0.0004$、$S_{0b}= 0.009$ 及 $S_{0c} = 0.004$，曼寧糙率係數分別為 $n_a = 0.015$、$n_b = 0.012$ 及 $n_c = 0.015$。當渠道流量為 25.0 cms 時，試求各渠段正常水深及臨界水深，試繪製各渠段水面線（註明水面線型態名稱）。

習題 4.5

當渠道為寬廣渠道，渠床坡度為 S_0，渠道內水流為漸變流，當使用蔡司公式（Chezy formula）來描述均勻流流速關係式時，試求渠流的第一及第二水力指數 M 及 N 值，並推導出描述渠流漸變流水面線的微分方程式，即水深微分 (dy/dx) 與水深 y、渠床坡度 S_0、正常水深 y_0 及臨界水深 y_c 之關係式。

習題 4.6

有一條定量緩變渠流，渠底高程為 Z，渠床坡度為 S_0，流量為 Q，水深為 y，通水斷面積為 A，水面寬為 T，能量坡度為 S_f 及水流福祿數 F_r，試證明此緩變渠流的水深沿水流行進方向 x 的變化方程式可以寫成 $\dfrac{dy}{dx} = \dfrac{S_0 - S_f}{1 - F_r^2}$，其中 $F_r^2 = \dfrac{Q^2 T}{gA^3}$。

習題 4.7

有一渠道系統係由二條矩形但渠寬不同之渠道，中間以一小段漸變渠道（渠寬漸縮水平矩形渠道）銜接而成，如下圖所示。已知上游端矩形渠道的單寬流量為 1.0 m^2/s，正常水深為 0.8 m，下游端寬度縮減後矩形渠道的單寬流量為 1.5 m^2/s，正常水深為 0.5 m，忽略漸變渠道之能量損失，試分析此渠道系統上游段、漸變段及下游段可能之水面線（註明水面線型態名稱）。

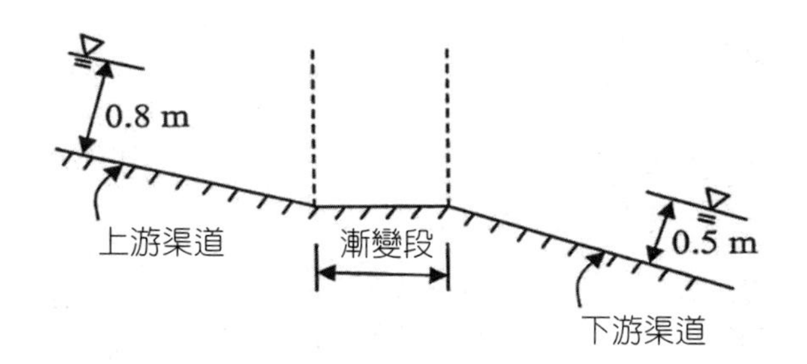

習題 4.8

有一寬廣渠道，渠床坡度為 S_0，渠道內水流為漸變流，當使用蔡司公式（Chezy formula）來描述均勻流流速關係式時，試回答下列問題：(1) 此渠流的第一及第二水力指數 M 及 N、(2) 此渠流的漸變流水面線的微分方程式，即水深微分與水深 y、渠床坡度 S_0、正常水深 y_0 及臨界水深 y_c 之關係式；(3) 用直接積分法及 Bresse 函數推導出此漸變流水面線解析解。

習題 4.9

有一銜接蓄水庫之渠道如下圖所示，渠道中設有一閘門，其下游端以自由跌水方式流出。其臨界水深如圖中所示，試畫出所有可能之水面線並加以說明。

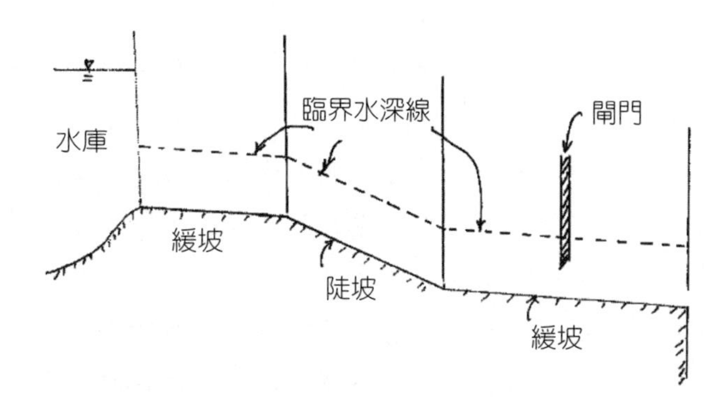

水利人介紹 4. 吳建民 先生（1934-2003）

這裡介紹曾經擔任經濟部水資源統一規劃委員會（水資會）主任委員的吳建民先生給本書讀者認識。吳先生在工作忙碌之餘，在台灣大學擔任兼任教授，將水資源開發建設的實務工作經驗傳授給學生們。本書作者在台灣大學土木工程研究所就讀時，曾經受教於吳先生，所以我要尊稱他為老師。吳老師上課的方式很特別，是我們到他上班的會議室上課，他沒有指定的教科書，信手拈來，以聊天方式，介紹水資源方面的知識。當時我還年輕，記不清當時的學習內容，但對老師中氣十足、聲若洪鐘、面帶微笑的上課方式，印象非常深刻。

吳先生 1934 年出身於臺北，曾經就讀於松山國小、成功中學、台灣大學農業工程學系及土木工程研究所。自臺大畢業後，他進入經濟部中央水利實驗處（1959 年被併入經濟部水資源統一規劃委員會，簡稱水資會）工作，專攻水壩工程。由於工作表現優異，吳先生曾獲得到世界各國參與計畫、講學的機會，也曾經獲邀到泰國亞洲理工學院擔任客座講學。早在我國仍具有聯合國會員身分時，才華出眾的吳先生被延攬進入聯合國擔任水利顧問，曾經被派駐泰國、印尼、菲律賓，也曾到荷蘭進修水利經濟學，到史瓦濟蘭出任水利團團長。在我國退出聯合國後，曾應世界銀行、亞洲開發銀行之邀出任水利顧問，援助世界各國水庫興建貸款申請事務。

在水資會服務時，吳先生曾經參與臺北地區防洪計畫，主張預防臺北盆地水患，需多管齊下，一方面擴建加高堤防，另一方面積極經營集水區水土保持。他也曾經主持明德水庫興建計畫。吳先生認為水庫工程必須兼顧安全、經濟、環保及生態層面，因為永續與否，取決於一個工程師是大自然的雕刻師，還是無情的破壞者，也認為水資源永續利用應優先解決汙染問題，並發展海水淡化技術，達到節流與開源的目標。他曾經編撰《泥沙運移學》（中國土木水利工程學會出版），一本河道沖淤分析方面的專業書籍，也曾經負責《臺灣地區水資源史》總編纂（國史館台灣文獻館出版），為台灣水利史千秋大業留下彌足珍貴的歷史足跡，被譽為建立台灣水利史千秋大業的才子。(參考資料：經濟部水利署——水利人的足跡)。

參考文獻與延伸閱讀

1. Chow, V.T. (1959), *Open Channel Hydraulics*, McGraw, New York.
2. Jan, C.D. (2014), Gradually-varied flow profiles in open channels. Springer.
3. Subramanya, H. (2015、2019), Flow in Open Channels, 4th and 5th editions, McGraw-Hill, Chennai. (東華書局).
4. 經濟部水利署—— 水利人的足跡，水利署圖書典藏及影音數位平台。

Chapter 5

漸變流計算

（GVF Computation）

基隆河員山子側流堰及分洪堰

5.1　前言
5.2　直接積分法
5.3　直接步推法
5.4　標準步推法
5.5　龍格—庫塔法
習題
水利人介紹5.程禹先生
參考文獻與延伸閱讀

5.1 前言（Introduction）

- 分析渠道（河道）水流時，例如河道治理規劃，或河水溢堤淹水災害檢討，常需要計算渠道內的漸變流水面線（GVF profile），用以瞭解渠道特性及渠道內水工結構物對渠流速度及水深的影響。
- 漸變流水面線的計算大致上區分為 (1) 直接積分法、(2) 數值計算方法，及 (3) 圖解法。圖解法是將直接積分法或數值計算方法的計算結果以圖形方式呈現供後續使用。
- 直接積分法的適用對象較窄，僅限於定型渠道，學術興趣較濃。
- 天然渠道有渠寬、渠床及糙度的明顯變化，甚為複雜，因此天然渠道水面線的計算有賴於數值方法，常使用「標準步推數值方法」來處理。
- 本章主要介紹直接積分法及數值計算方法的基本原理及計算案例。

5.2 直接積分法（Direct Integration）

當渠床坡度小 $\cos\theta \approx 1.0$，能量修正係數 $\alpha \approx 1$，漸變流微分方程式可以寫成

$$\frac{dy}{dx}=\frac{S_0(1-S_f/S_0)}{1-(Q^2T/gA^3)}=\frac{S_0(1-S_f/S_0)}{1-F_r^2}=S_0\frac{1-(K_0/K)^2}{1-(Z_c/Z)^2}$$

令斷面因子（Section factor）$Z^2=\dfrac{A^3}{T}=C_1y^M$，臨界流條件下 $Z_c^2=C_1y_c^M$，則 $(Z_c/Z)^2=(y_c/y)^M$，其中 $M=$ 第一水力指數。

再令輸水因子（Conveyance）$K^2=\left(\dfrac{AR^{2/3}}{n}\right)^2=C_2y^N$，均勻流條件下 $K_0^2=C_2y_0^N$，則 $(K_0/K)^2=(y_0/y)^N$，其中 $N=$ 第二水力指數，則漸變流微分方程式可以改寫成

$$\boxed{\frac{dy}{dx}=S_0\frac{1-\left(y_0/y\right)^N}{1-\left(y_c/y\right)^M}=F(y,y_0,y_c,M,N,S_0)} \tag{5.1}$$

上述方程式相當複雜，無法直接求得解析解，需要一些特別的處理，才可得到部分的解析解。

漸變流微分方程式用無因次水深表示時，$\boxed{\frac{dy}{dx}=S_0\frac{1-\left(y_0/y\right)^N}{1-\left(y_c/y\right)^M}}$，求解此方程式事先要知道第一及第二水力指數 M 及 N。

- M 與水深及斷面特性之關係為 $M=\frac{y}{A}\left[3T-\frac{A}{T}\frac{dT}{dy}\right]$。

  例如矩形渠道，$M=3$；三角形渠道，$M=5$。

- 當輸水因子 K^2 用曼寧公式表達，$N=\frac{y}{A}\left[\frac{10}{3}T-\frac{4A}{3P}\frac{dP}{dy}\right]$

  例如寬廣矩形渠道，$N=\frac{10}{3}$；三角形渠道，$N=\frac{16}{3}$。

- 如果輸水因子 K^2 用蔡斯公式表達，則 $N=\frac{y}{A}\left[3T-\frac{A}{P}\frac{dP}{dy}\right]$

  例如寬廣矩形渠道，$N=3$；三角形渠道，$N=5$。

- 梯形渠道，斷面積 $A=(B+my)y$，濕周長 $P=(B+2\sqrt{1+m^2}\,y)$，

  水面寬 $T=B+2my$，微分項 $\frac{dT}{dy}=2m$，$\frac{dP}{dy}=2\sqrt{1+m^2}$

$$\begin{cases}M=\frac{y}{A}\left[3T-\frac{A}{T}\frac{dT}{dy}\right]=\frac{y}{(B+my)y}\left[3(B+2my)-\frac{2m(B+my)y}{B+2my}\right]\\ N=\frac{y}{A}\left[\frac{10}{3}T-\frac{4A}{3P}\frac{dP}{dy}\right]=\frac{y}{(B+my)y}\left[\frac{10(B+2my)}{3}-\frac{8\sqrt{1+m^2}(B+my)y}{3(B+2\sqrt{1+m^2}\,y)}\right]\\ \qquad\text{（曼寧公式）}\\ N=\frac{y}{A}\left[3T-\frac{A}{P}\frac{dP}{dy}\right]=\frac{y}{(B+my)y}\left[3(B+2my)-\frac{2\sqrt{1+m^2}(B+my)y}{B+2\sqrt{1+m^2}\,y}\right]\\ \qquad\text{（蔡斯公式）}\end{cases}$$

$$M = 3\frac{B+2my}{B+my} - \frac{2my}{B+2my}$$ ；（5.2）

$$N = \frac{10}{3}\frac{B+2my}{B+my} - \frac{8}{3}\frac{\sqrt{1+m^2}y}{(B+2\sqrt{1+m^2}y)}$$ （5.3）

（曼寧公式）

$$N = 3\frac{B+2my}{B+my} - \frac{2\sqrt{1+m^2}y}{B+2\sqrt{1+m^2}y}$$ （蔡斯公式）（5.4）

5.2.1 Bresse 解析解

對於寬廣渠道，用蔡斯公式（Chezy formula）描述均勻流流速關係式，在此特殊情況，水力指數 $M = N = 3$，在 1860 年 Bresse 就已經求得此特殊情況的水面線（Chow, 1959）

$$x = \frac{y_0}{S_0}\left[u - (1-\lambda^3)F(u,3)\right] + Const. \tag{5.5}$$

其中 $F(u,3) = \int_0^u \frac{1}{1-u^3}du$ 為 Bresse 函數。

$$F(u,3) = \int_0^u \frac{1}{1-u^3}du = \frac{1}{6}\ln\left(\frac{u^2+u+1}{(u-1)^2}\right) + \frac{1}{\sqrt{3}}\tan^{-1}\left(\frac{2u+1}{\sqrt{3}}\right) - \frac{1}{\sqrt{3}}\tan^{-1}\left(\frac{1}{\sqrt{3}}\right) \tag{5.6}$$

也就是說

$$x = \frac{y_0}{S_0}\left[u - (1-\lambda^3)\frac{1}{6}\ln\left(\frac{u^2+u+1}{(u-1)^2}\right) + \frac{1}{\sqrt{3}}\tan^{-1}\left(\frac{2u+1}{\sqrt{3}}\right) - \frac{1}{\sqrt{3}}\tan^{-1}\left(\frac{1}{\sqrt{3}}\right)\right] + Const.$$

此解不需要查表，可以直接計算出結果；配合邊界條件可求出 *Const.* 常數值。

因為 $\tan^{-1}\left(\frac{2u+1}{\sqrt{3}}\right)=\frac{\pi}{2}-\cot^{-1}\left(\frac{2u+1}{\sqrt{3}}\right)=\frac{\pi}{2}-\tan^{-1}\left(\frac{\sqrt{3}}{2u+1}\right)$，

所以 Bresse 函數 $F(u, 3)$ 也可以寫成

$$F(u,3)=\int_0^u \frac{1}{1-u^3}du=\frac{1}{6}\ln\left(\frac{u^2+u+1}{(u-1)^2}\right)-\frac{1}{\sqrt{3}}\cot^{-1}\left(\frac{2u+1}{\sqrt{3}}\right)+\frac{1}{\sqrt{3}}\cot^{-1}\left(\frac{1}{\sqrt{3}}\right)$$

或

$$F(u,3)=\int_0^u \frac{1}{1-u^3}du=\frac{1}{6}\ln\left(\frac{u^2+u+1}{(u-1)^2}\right)-\frac{1}{\sqrt{3}}\tan^{-1}\left(\frac{\sqrt{3}}{2u+1}\right)+\frac{1}{\sqrt{3}}\tan^{-1}\left(\sqrt{3}\right)$$

5.2.2 Bakhmeteff 水面線解

蘇聯科學家巴克梅提夫（Bakhmeteff, 1932）假設福祿數 $F_r^2=\beta_*\frac{S_f}{S_0}=\beta_*\left(\frac{y_0}{y}\right)^N$，代入漸變流方程式

$$\frac{dy}{dx}=\frac{S_0\left(1-\frac{S_f}{S_0}\right)}{1-\left(\frac{Q^2T}{gA^3}\right)}=\frac{S_0\left(1-\frac{S_f}{S_0}\right)}{1-F_r^2}=\frac{S_0\left(1-\frac{S_f}{S_0}\right)}{1-\beta_*\frac{S_f}{S_0}}=\frac{S_0\left(1-\left(\frac{y_0}{y}\right)^N\right)}{1-\beta_*\left(\frac{y_0}{y}\right)^N}$$

$$\rightarrow dx=\frac{1}{S_0}\frac{1-\beta_*\left(\frac{y_0}{y}\right)^N}{\left(1-\left(\frac{y_0}{y}\right)^N\right)}dy=\frac{1}{S_0}\frac{\left(\frac{y}{y_0}\right)^N-\beta_*}{\left(\left(\frac{y}{y_0}\right)^N-1\right)}dy$$

其中 $\beta_*=F_r^2\frac{S_0}{S_f}=\frac{Q^2T}{gA^3}\frac{S_0C^2A^2R}{Q^2}=\frac{T}{gA}\frac{S_0C^2A}{P}=\frac{C^2S_0}{g}\frac{T}{P}$

令 $u=\frac{y}{y_0}$，$dx=\frac{1}{S_0}\frac{u^N-\beta_*}{(u^N-1)}dy=\frac{1}{S_0}\left(1-\frac{1-\beta_*}{(1-u^N)}\right)dy\ \rightarrow x=\frac{y_0}{S_0}\int_0^u\left(1-\frac{1-\beta_*}{(1-u^N)}\right)du$

$$x=\frac{y_0}{S_0}\left(u-(1-\beta_*)\int_0^u \frac{1}{(1-u^N)}du\right)+Const. \rightarrow x=\frac{y_0}{S_0}\left(u-(1-\beta_*)F(u,N)\right)+Const.$$

$$\boxed{x=\frac{y_0}{S_0}\left(u-(1-\beta_*)F(u,N)\right)+Const.} \tag{5.7}$$

其中 $\int_0^u \frac{1}{1-u^N}du = F(u,N) =$ Bakhmeteff 變流函數（Varied-flow function）

- 早在 1932 年 Bakhmeteff 就已經用數值方法計算出變流函數 $F(u, N)$，並列表（Castro-Orgaz and Sturm, 2018）。
- 周文德（Chow, 1959）集變流函數之大成，建立更詳細的變流函數 $F(u, N)$ 表。由已知 (u, N) 值，透過查表，配合內插方式，可直接得到所需要的變流函數 $F(u, N)$ 值。
- Gill（1976）曾經在特定條件下提出由解析解可推求變流函數 $F(u, N)$。
- 詹錢登與陳振隆（Jan, 2014）提出可使用高斯超幾何函數（Gaussian hyperbolic function）來直接求解 $F(u, N)$。

5.2.3 周文德的直接積分解

法國科學家 Jules Dupuit（1804-1866）早在 1848 年就想嘗試去推求水面線的直接積分解，後續有許多學者提出不同的水面線直接積分解，例如前面提到的 Bresse 解及 Bakhmeteff 變流函數解。

美籍華裔學者周文德（Chow, V.T.）集直接積分解之大成，改善 Bakhmeteff 變流函數解，用單一變流函數完整表達水面線直接積分解（Chow, 1959）。以下介紹周文德的直接積分法求解過程。首先將水深 y 無因次化，令變數 $u=\frac{y}{y_0}$，則微分 $dy = y_0du$，將此代入漸變流微分方程式，可得

$$\frac{du}{dx}=\frac{S_0}{y_0}\frac{1-\left(\frac{y_0}{y}\right)^N}{1-\left(\frac{y_c}{y_0}\right)^M\left(\frac{y_0}{y}\right)^M}=\frac{S_0}{y_0}\frac{1-\frac{1}{u^N}}{1-\left(\frac{y_c}{y_0}\right)^M\left(\frac{1}{u^M}\right)}=\frac{S_0}{y_0}\frac{1-u^{-N}}{1-\lambda^M u^{-M}}$$

其中 $\lambda=\frac{y_c}{y_0}$ = 臨界水深與正常水深之比值。

將上述方程式改寫成 $dx=\frac{y_0}{S_0}\frac{-u^N+\lambda^M u^{N-M}}{1-u^N}du=\frac{y_0}{S_0}\left[1-\frac{1}{1-u^N}+\lambda^M\frac{u^{N-M}}{1-u^N}\right]du$

積分後漸變流水面線的解為

$$x=\frac{y_0}{S_0}\left[u-\int_0^u\frac{1}{1-u^N}du+\lambda^M\int_0^u\frac{u^{N-M}}{1-u^N}du\right]+Const. \quad (5.8)$$

其中括號內的第一個積分 $\int_0^u\frac{1}{1-u^N}du=F(u,N)=$ Varied-flow function。

為了簡化漸變流水面線解括號內的第二個積分函數，令 $v=u^{N/J}$，

其中 $J=\frac{N}{N-M+1}$，因此 $v=u^{(N-M+1)}$，$dv=(N-M+1)u^{N-M}du$，

括號內的第二個積分函數 $\int_0^u\frac{u^{N-M}}{1-u^N}du=\frac{1}{(N-M+1)}\int_0^v\frac{1}{1-v^J}dv=\frac{J}{N}F(v,J)$

括號內的第二個積分函數也可以用變流函數（Varied-flow function）來表示。漸變流水面線解括號內的二個積分項都可以用變流函數來表示。因此漸變流水面線可以寫成

$$x=\frac{y_0}{S_0}\left[u-F(u,N)+\lambda^M\frac{J}{N}F(v,J)\right]+Const. \quad (5.9)$$

周文德（Chow, 1959）精進 Bakhmeteff 的變流函數 $F(u, N)$ 表，建立更豐富詳細的變流函數 $F(u, N)$ 表，由已知 (u, N) 值，透過查表及內插方式直接得到所需要的變流函數 $F(u, N)$ 值；例如由表查出 $F(0.69, 3.2) = 0.751$ 及 $F(0.70, 3.2) = 0.766$，由線性內插推估出 $F(0.698, 3.2) = 0.763$。

對於 (x_{i+1}, u_{i+1}) 及 (x_i, u_i)，即 (x_{i+1}, y_{i+1}) 及 (x_i, y_i)，連續兩個斷面之間的水面關係為

$$x_{i+1} = x_i + \frac{y_0}{S_0}\left[(u_{i+1} - u_i) - \left[F(u_{i+1}, N) - F(u_i, N)\right] + \lambda^M \frac{J}{N}\left[F(v_{i+1}, J) - F(v_i, J)\right]\right]$$

例題 5.1

已知梯形渠道，底寬 B = 5.0 m，渠坡 S_0 = 0.0004，渠岸邊坡係數 $m = 2$，曼寧係數 $n = 0.02$，渠道下游處銜接水池，水池水面高程比渠道下游處渠床高程高 1.25 m，假如渠道正常水深 y_0 = 3.0 m，試推求此渠流 (1) 流量 Q；(2) 臨界水深 y_c；(3) 漸變渠流的水面線形態；(4) 代表水面線之平均第一及第二水力指數 $\overline{M}$ 及 $\overline{N}$；(5) 用直接積分法漸變流水面線。

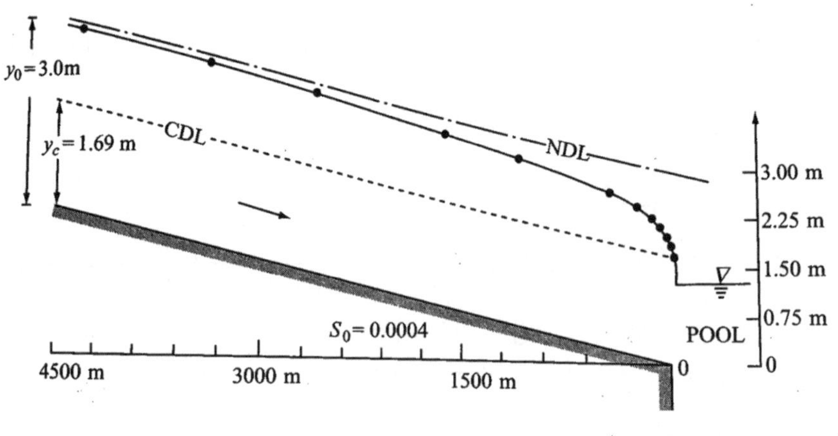

（Subramanya, 2015）

解答：

(1) 計算水流流量 Q：

已知水深 y_0 = 3.0 m，則通水面積 $A_0 = (B + my_0)y_0 = (5 + 2 \times 3) \times 3 = 33\ \text{m}^2$

濕周 $P_0 = B + 2\sqrt{1+m^2}\,y_0 = 5 + 2 \times \sqrt{5} \times 3 = 18.41\ \text{m}$，

水力半徑 $R_0 = \dfrac{A_0}{P_0} = 1.793\ \text{m}$

流量 $Q=\dfrac{1}{n}A_0R_0^{2/3}S_0^{1/2}=\dfrac{1}{0.02}\times 33\times 1.793^{2/3}\times 0.0004^{1/2}=48.7\,\text{m}^3/\text{s}$。

(2) 計算臨界水深 y_c：臨界條件 $\dfrac{Q^2T_c}{gA_c^3}=1\rightarrow\dfrac{A_c^3}{T_c}=\dfrac{[(B+my_c)y_c]^3}{B+2my_c}=$

$\dfrac{Q^2}{g}\rightarrow\dfrac{[(5+2y_c)y_c]^3}{5+4y_c}=\dfrac{48.7^2}{9.81}=241.76$，由試誤法推求可得 y_c $=1.69$ m。

(3) 先判斷水面線型式：正常水深 $y_0=3.0$ m > 臨界水深 $y_c=1.69$ m，緩坡水流。渠道下游銜接水池處水池高於渠床的水深 $y=$ 1.25 m < 臨界水深 $y_c=1.69$ m，因此渠道下游銜接水池處為控制斷面（Control section），其水深為臨界水深 y_c。渠道上水深介於 y_0 和 y_c 之間，其水面線為 M_2 曲線。

(4) 推求梯形渠道上水深介於 y_0 和 y_c 之間的平均水力指數 $\overline{M}$ 及 $\overline{N}$ 值：

$$M=3\frac{B+2my}{B+my}-\frac{2my}{B+2my}=\frac{3(5+4y)}{5+2y}-\frac{4y}{5+4y}=\begin{cases}3.63\text{ 當 }y=1.69\text{ m}\\3.93\text{ 當 }y=3.0\text{ m}\end{cases}$$

$$N=\frac{10}{3}\frac{B+2my}{B+my}-\frac{8}{3}\frac{\sqrt{1+m^2}\,y}{B+2\sqrt{1+m^2}\,y}=\frac{10}{3}\frac{5+4y}{5+2y}-\frac{8}{3}\frac{\sqrt{5}y}{5+2\sqrt{5}y}$$

$$=\begin{cases}3.88\text{ 當 }y=1.69\text{ m}\\4.18\text{ 當 }y=3.0\text{ m}\end{cases}$$

水深 3.0 m > y > 1.69 m，水力指數為 $3.93>M>3.63$ 及 $4.18>N>3.88$，可取平均 $\overline{M}=3.75$ 及 $\overline{N}=4.0$。

(5) 無因次水深 $u=y/3$，平均參數 $\overline{J}=\dfrac{\overline{N}}{\overline{N}-\overline{M}+1}=\dfrac{4.0}{4-3.75+1}=\dfrac{4.0}{1.25}$ $=3.2$，

無因次水深 $v=u^{\overline{N}/\overline{J}}=u^{1.25}$，$\dfrac{y_0}{S_0}=\dfrac{3.0}{0.0004}=7500$，

$\lambda=\dfrac{y_c}{y_0}=\dfrac{1.69}{3.0}=0.563$，$\lambda^{\overline{M}}(\overline{J}/\overline{N})=0.093$，代入水面線

$$x=\frac{y_0}{S_0}\left[u-F(u,N)+\lambda^M\frac{J}{N}F(v,J)\right]+Const.$$

則漸變流水面線為 $\boxed{x = 7500\left[u - F(u,4.0) + 0.093F(v,3.2)\right] + Const.}$

$u = \dfrac{y}{3}$，$v = u^{1.25}$，$\overline{M} = 3.75$，$\overline{N} = 4.0$，$\overline{J} = 3.2$，$\dfrac{y_0}{S_0} = \dfrac{3}{0.0004} = 7500$

$\lambda = 0.563$，下游銜接水池處為邊界條件，臨界水深 $y_c = 1.69$ m，$x(u) = x(0.563) = 0$，$F(u, 4.0) = F(0.564, 4.0) \approx 0.575$，$F(v, 3.2) = F(0.488, 3.2) \approx 0.501$，代入水面線解，求得積分常數 $Const. = -259.4$。

漸變流水面線 $x = 7500\left[u - F(u,4.0) + 0.093F(v,3.2)\right] - 259.4$，其中 $0.563 \le u < 1$，即 $y_c \le y < y_0$。水池銜接處上游位置 x 為負值，下游 x 為正值。

選擇適當水深，逐步往上游計算，例如：$y = 1.80$ m，$u = 0.600$，$v = u^{1.25} = 0.528F(u, 4.0) = F(0.600, 4.0) \approx 0.617$，$F(v, 3.2) = F(0.528, 3.2) \approx 0.547$，代入水面線解，求得 $x = -5.36$ m。計算過程需查變流函數表，計算至水深 $y = 2.97$ m $(0.99y_0)$，計算結果如下表。

漸變流水面線為 $x = 7500\left[u - F(u,4.0) + 0.093F(v,3.2)\right] - 259.4$

No.	y(m)	u	v	$F(u, 4.0)$	$F(v, 3.2)$	$-x$(m)
1	1.69	0.563	0.488	0.575	0.501	0
2	1.80	0.600	0.528	0.617	0.547	5
3	1.89	0.630	0.561	0.652	0.585	16
4	2.01	0.670	0.606	0.701	0.639	46
5	2.13	0.710	0.652	0.752	0.699	87
6	2.25	0.750	0.698	0.808	0.763	162
7	2.37	0.790	0.745	0.870	0.836	276
8	2.49	0.830	0.792	0.940	0.918	444
9	2.61	0.870	0.840	1.025	1.019	711
10	2.73	0.910	0.889	1.133	1.152	1128

No.	y(m)	u	v	$F(u, 4.0)$	$F(v, 3.2)$	$-x$(m)
11	2.82	0.940	0.926	1.246	1.293	1653
12	2.91	0.970	0.967	1.431	1.562	2627
13	2.94	0.980	0.975	1.536	1.649	3279
14	2.97	0.990	0.988	1.714	1.889	4372

例題 5.2

已知有一梯形渠道，底寬 $B = 5.0$ m，渠坡 $S_0 = 0.0004$，渠岸邊坡係數 $m = 2$，曼寧係數 $n = 0.02$，渠道下游處銜接水池，水池水面高程比渠道下游處渠床高程高 1.25 m，渠道正常水深 $y_0 = 3.0$ m，此漸變流水面線為 M_2 曲線，水面線解析解為 $x = 7500[u - F(u, 4.0) + 0.093F(v, 3.2)] + Const.$ 試估算此漸變流斷面 A（水深 $y_A = 1.8$ m）至斷面 B（水深 $y_B = 2.25$ m）之距離。

解答：

水力指數取平均 $\overline{M} = 3.75$，$\overline{N} = 4.0$ 及 $\overline{J} = 3.2$（詳例題 5.1）

斷面 A：$y_A = 1.8$ m，$u_A = 1.8/3 = 0.6$，$v_A = u_A^{1.25} = 0.528$，

由變流函數表查出 $F(u_A, 4.0) = 0.617$ 及 $F(v_A, 3.2) = 0.547$

斷面 B：$y_B = 2.25$ m，$u_B = 2.25/3 = 0.75$，$v_B = u_B^{1.25} = 0.698$，

由變流函數表查出 $F(u_B, 4.0) = 0.808$ 及 $F(v_B, 3.2) = 0.763$

斷面 A 至斷面 B 之距離為 $L = |x_B - x_A|$

$$= 7500 \times \left(\underbrace{(u_B - u_A)}_{0.15} - [\underbrace{F(u_B, 4.0) - F(u_A, 4.0)}_{0.191}] + 0.093\,[\underbrace{F(v_B, 3.2) - F(v_A, 3.2)}_{0.216}] \right)$$

$= \underline{\underline{156.8 \text{ m}}}$。斷面 A 至斷面 B 之距離為 156.8 m。

例題 5.3

已知有一寬廣渠道，寬 B = 50 m，渠床坡度 S_0 = 0.0001，蔡斯阻力係數（Chezy coefficient）C = 45，渠流流量 Q = 62.5 cms，試推估此渠流的正常水深 y_0 及臨界水深 y_c。現因取水需要，擬計畫在渠道上設置攔河堰，堰址處的水位將被抬升 3.0 m，堰址上游會產生迴水效應（Backwater effect），試使用 Bresse 方法分析堰址上游的迴水曲線（Backwater curve）。

解答：

此渠道為寬廣渠道，單位寬度的流量 $q = Q/B = 62.5/50 = 1.25\ \text{m}^2/\text{s}$。

使用 Chezy 流速公式 $q = Cy_0^{3/2}S_0^{1/2} \rightarrow 1.25 = 45\sqrt{0.0001}y_0^{3/2}$

$\rightarrow y_0^{3/2}$=2.778 → 正常水深 $y_0 = \underline{1.976\ \text{m}}$

臨界水深 $y_c = \left(\dfrac{q^2}{g}\right)^{1/3} = \left(\dfrac{1.25^2}{9.81}\right)^{1/3} = \underline{0.542\ \text{m}}$；比值 $\lambda = \dfrac{y_c}{y_0} = \dfrac{0.542}{1.976}$ $= 0.274$；$\dfrac{y_0}{S_0} = \dfrac{1.976}{0.0001} = 19,760$；無因次水深 $u = \dfrac{y}{y_0} = \dfrac{y}{1.976}$，代入 Bresse 的解析解

$$\rightarrow x = \frac{y_0}{S_0}\left[u-(1-\lambda^3)F(u,3)\right]+Const.$$

堰址上游迴水曲線 $\boxed{x = 19,760\left[u-0.9794F(u,3)\right]+Const.}$

其中 $F(u,3) = \dfrac{1}{6}\ln\left(\dfrac{u^2+u+1}{(u-1)^2}\right)+\dfrac{1}{\sqrt{3}}\tan^{-1}\left(\dfrac{2u+1}{\sqrt{3}}\right)-\dfrac{1}{\sqrt{3}}\tan^{-1}\left(\dfrac{1}{\sqrt{3}}\right)$

控制斷面位於堰址處，水深抬高 3.0 m，水深 y = 1.976 + 3.0 = 4.976 m，無因次水深 $u = \dfrac{4.976}{1.976} = 2.518$，堰址處為邊界條件 $x(u) = x(2.518) = 0$，

$$F(2.518,3)=\underbrace{\frac{1}{6}\ln\left(\frac{u^2+u+1}{(u-1)^2}\right)}_{0.24225}+\underbrace{\frac{1}{\sqrt{3}}\tan^{-1}\left(\frac{2u+1}{\sqrt{3}}\right)}_{0.74556}-\underbrace{\frac{1}{\sqrt{3}}\tan^{-1}\left(\frac{1}{\sqrt{3}}\right)}_{0.30230}$$

$$=0.6855\rightarrow x=19,760\left(\underbrace{2.518-0.9794\times0.6855}_{1.8466}\right)+Const.$$

$$=0\rightarrow Const.=-36488.8\text{ m}$$

堰址上游的迴水曲線為 $\boxed{x=19,760\left[u-0.9794F(u,3)\right]-36488.8}$

堰址上游的迴水曲線（M_1 曲線）為

$$\boxed{x=19,760\left[u-0.9794F(u,3)\right]-36488.9}$$

其中 $u=\dfrac{y}{y_0}=\dfrac{y}{1.976}$，

$$F(u,3)=\frac{1}{6}\ln\left(\frac{u^2+u+1}{(u-1)^2}\right)+\frac{1}{\sqrt{3}}\tan^{-1}\left(\frac{2u+1}{\sqrt{3}}\right)-\frac{1}{\sqrt{3}}\tan^{-1}\left(\frac{1}{\sqrt{3}}\right)$$

迴水曲線計算從堰址處 $(x, u)=(0, 2.518)$ 往上游計算至 $u=1.01$，結果如下表：

No.	y(m)	u	$F(u, 3)$	$-x$(m)
1	4.976	2.518	0.68552	0
2	4.347	2.20	0.71203	6797
3	3.952	2.00	0.73639	11220
4	3.557	1.80	0.77080	15838
5	3.162	1.60	0.82254	20791
6	2.766	1.40	0.90853	26408
7	2.371	1.20	1.08439	33763
8	2.075	1.05	1.50037	44778
9	2.016	1.02	1.79603	51092
10	1.996	1.01	2.02378	55697

5.3 直接步推法（Direct-Step Method）

直接步推法是最簡單的數值方法，適用於定型渠道，渠道內能量損失主要為摩擦損失。直接步推法是由先給定斷面水深在推求對應的斷面位置。

渠流總水頭 $H(x)=Z(x)+y(x)+\frac{V^2}{2g}=Z(x)+E(x)$，將其對 x 微分得

$$\underbrace{\frac{dH(x)}{dx}}_{-S_f}=\underbrace{\frac{dZ(x)}{dx}}_{-S_0}+\frac{dE(x)}{dx} \rightarrow \boxed{\frac{dE}{dx}=S_0-S_f} \qquad (5.10)$$

將此微分式寫成有限差分式 $\boxed{\frac{\Delta E}{\Delta x}=S_0-\overline{S}_f}$，其中 $\overline{S}_f$ 為渠段 Δx 範圍內的平均能量損失坡度。斷面 (i) 及 $(i+1)$ 之間的距離為 Δx，斷面 (i) 及 $(i+1)$ 之間的平均能量損失坡度 $\overline{S}_f=\frac{1}{2}\left(S_f(x_{i+1})+S_f(x_i)\right)$

將 $\frac{\Delta E}{\Delta x}=S_0-\overline{S}_f$ 改寫表示成 $\boxed{\Delta x=\frac{\Delta E}{S_0-\overline{S}_f}}$

渠段 Δx 距離間的比能差異

$$\Delta E=E(x_{i+1})-E(x_i)=\left(y_{i+1}+\frac{Q^2}{2gA_{i+1}^2}\right)-\left(y_i+\frac{Q^2}{2gA_i^2}\right)$$

用曼寧公式估算能量損失坡度 $S_f=\frac{n^2Q^2}{A^2R^{4/3}}$，

斷面 (i) 及 $(i+1)$ 之間的平均能量損失坡度 $\overline{S}_f=\frac{n^2Q^2}{2}\left(\frac{1}{A_{i+1}^2R_{i+1}^{4/3}}+\frac{1}{A_i^2R_i^{4/3}}\right)$

$$\rightarrow \boxed{x_{i+1}-x_i=\frac{E(x_{i+1})-E(x_i)}{S_0-\frac{1}{2}\left(S_f(x_{i+1})+S_f(x_i)\right)}=\frac{\left(y_{i+1}+\frac{Q^2}{2gA_{i+1}^2}\right)-\left(y_i+\frac{Q^2}{2gA_i^2}\right)}{S_0-\frac{n^2Q^2}{2}\left(\frac{1}{A_{i+1}^2R_{i+1}^{4/3}}+\frac{1}{A_i^2R_i^{4/3}}\right)}}$$

由已知 S_0、Q、x_i、y_i 及 y_{i+1}，推知 A_i、A_{i+1}、R_i 及 R_{i+1}，進而推求 x_{i+1}

例題 5.4

已知有一梯形渠道，底寬 B = 5.0 m，渠坡 S_0 = 0.0004，渠岸邊坡係數 m = 2，曼寧係數 n = 0.02，渠道下游處銜接水池，水池水面高程比渠道下游處渠床高程高 1.25 m，假如渠道正常水深 y_0 = 3.0 m，試用直接步推法（Direct-step method）推求此漸變渠流的水面線。

解答：

(1) 計算流量 Q：水深 $y_0 = 3.0$ m，則 $A_0 = (B + my_0)y_0 = (5 + 2 \times 3) = 33\ \text{m}^2$

$$P_0 = B + 2\sqrt{1+m^2}\,y_0 = 5 + 2\sqrt{5} \times 3 = 18.41\ \text{m}，$$

$$R_0 = \frac{A_0}{P_0} = \frac{33}{18.41} = 1.793\ \text{m}$$

$$Q = \frac{1}{n} A_0 R_0^{2/3} S_0^{1/2} = \frac{33 \times 1.793^{2/3} \times \sqrt{0.0004}}{0.02} = 48.7\ \text{m}^3/\text{s}。$$

(2) 臨界條件 $\dfrac{Q^2}{g} = \dfrac{A^3}{T} \rightarrow \dfrac{48.7^2}{9.81} = \dfrac{[(5+2y_c)y_c]^3}{5+4y_c} = 241.76 \rightarrow$ 臨界水深 $y_c = 1.69$ m

(3) 均勻流水深 y_0 = 3.0 m > 臨界水深 y_c = 1.69 m。渠道下游銜接水池處水池水面高於渠床 1.25 m，小於臨界水深 y_c = 1.69 m，水面線為 M_2 曲線。

計算時以銜接水池處為控制斷面，水深 $y = y_c = 1.69$ m。

(4) 直接步推法 $\Delta x = \dfrac{\Delta E}{S_0 - \overline{S}_f}$，因此計算式可寫成：

$$x_{i+1} = x_i + \left(y_{i+1} + \frac{Q^2}{2gA_{i+1}^2}\right) - \left(y_i + \frac{Q^2}{2gA_i^2}\right)$$

$$/\left[S_0 - \frac{n^2Q^2}{2}\left(\frac{1}{A_{i+1}^2 R_{i+1}^{4/3}} + \frac{1}{A_i^2 R_i^{4/3}}\right)\right]$$

y(m)	A(m)	P(m)	R(m)	V(m/s)	E(m)	ΔE(m)	$S_0 - \bar{S}_f$	$\bar{S}_f$	$S_0 - \bar{S}_f$	Δx(m)	$-x$(m)
1.69	14.162	12.558	1.1278	3.439	2.293	-----	0.00403	-------	-------	------	0.0
1.80	15.480	13.050	1.1862	3.146	2.304	0.0118	0.00315	0.00359	-0.00319	-3.7	3.7
2.00	18.000	13.944	1.2909	2.706	2.373	0.0686	0.00208	0.00262	-0.00222	-30.9	34.6
2.10	19.320	14.391	1.3425	2.521	2.424	0.0508	0.00172	0.00190	-0.00150	-33.8	68.5
2.20	20.680	14.839	1.3937	2.355	2.483	0.0588	0.00142	0.00157	-0.00117	-50.2	118.7
2.30	22.080	15.286	1.4445	2.206	2.548	0.0653	0.00119	0.00131	-0.00091	-71.9	190.6
2.40	23.520	15.733	1.4949	2.071	2.619	0.0706	0.00100	0.00110	-0.00070	-101.2	291.8
2.50	25.000	16.180	1.5451	1.948	2.693	0.0749	0.00085	0.00093	-0.00053	-142.2	434.0
2.60	26.520	16.628	1.5949	1.836	2.772	0.0785	0.00072	0.00079	-0.00039	-202.9	636.9
2.70	28.080	17.075	1.6445	1.734	2.853	0.0814	0.00062	0.00067	-0.00027	-299.6	936.4
2.80	29.680	17.522	1.6939	1.641	2.937	0.0839	0.00053	0.00058	-0.00018	-475.2	1142
2.85	30.495	17.746	1.7185	1.597	2.980	0.0428	0.00050	0.00051	-0.00011	-373.5	1785
2.90	31.320	17.969	1.7430	1.555	3.023	0.0432	0.00046	0.00048	-0.00008	-552.0	2337
2.96	32.323	18.238	1.7723	1.507	3.076	0.0525	0.00042	0.00044	-0.00004	-1243	3581

5.4 標準步推法（Standard-Step Method）

如前所述直接步推法適用於定型渠道，渠道內能量損失主要為摩擦損失。對於自然渠道，渠道斷面與斷面間的變化較大，渠道內能量損失除了摩擦損失（Friction loss）之外，也有相當大的能量損失是由於渠道斷面大小或形狀改變而造成的損失，即渦流能量損失（Eddy loss）。

標準步推法可以分別考量摩擦能量損失及渦流能量損失，由兩斷面之間的總能量平衡方程式來求解。

渠流為亞臨界流，控制斷面在下游，由已知下游斷面 1 的水深 y_1，用試誤法推求上游斷面 2 的水深 y_2。總能量平衡方程式寫成：$H_2 = H_1 + h_f + h_e$

渠流為超臨界流，控制斷面在上游，由已知上游斷面 1 的水深 y_1，用試誤法推求下游斷面 2 的水深 y_2。總能量平衡方程式寫成：$H_1 = H_2 + h_f + h_e$

5.4.1 標準步推法——亞臨界流

渠流為亞臨界流時，控制斷面在下游，由已知下游斷面 1 的水深 y_1，用試誤法推求上游斷面 2 的水深 y_2。總能量平衡方程式寫成：$H_2 = H_1 + h_f + h_e$

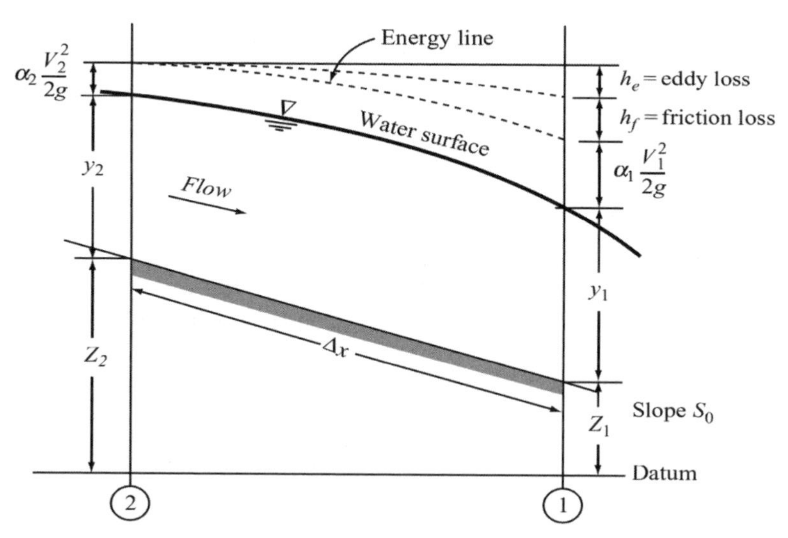

渠道斷面能量及水面線關係示意圖（Subramanya, 2019）

以亞臨界流為例，控制斷面在下游，由已知流量 Q、渠床坡度 S_0、斷面 (1) 的水深 y_1、斷面 (1) 及 (2) 之距離 Δx。

兩斷面間的摩擦損失 $h_f = \overline{S}_f \Delta x = \dfrac{S_{f1} + S_{f2}}{2} \Delta x$，

用曼寧公式計算摩擦損失

$$S_f = \frac{n^2 V^2}{R^{4/3}} = \frac{n^2 Q^2}{A^2 R^{4/3}} \ ; \qquad (5.11)$$

用速度水頭差估算渦流能量損失

$$h_e = C_e \left| \frac{\alpha_2 V_2^2 - \alpha_1 V_1^2}{2} \right| \qquad (5.12)$$

渦流能量損失係數 C_e 值適情況而定，例如等寬渠道 $C_e \approx 0$，漸縮渠段 $C_e \approx 0.1$，漸寬渠段 $C_e \approx 0.3$，突縮渠段 $C_e \approx 0.6$，突寬渠段 $C_e \approx 0.8$。

由總能量平衡，$H_2 = H_1 + h_f + h_e$，推求斷面 (2) 之適當水深 y_2。先猜一個適當的水深 y_2，用試誤法方式或牛頓求解法（Rhodes, 1995; Paine, 1992）推求最佳的水深 y_2。

例題 5.5

已知有一梯形渠道，渠底寬 B = 10 m，渠床坡度 S_0 = 0.001，渠岸邊坡係數 m = 2，曼寧係數 n = 0.013，能量係數 α = 1，流量 Q = 30 cms，試推估此渠流的正常水深 y_0 及臨界水深 y_c。現因取水需要，擬計畫在渠道上設置攔河堰，堰址處的水位將被抬升至 5.0 m，堰址上游會產生迴水效應，試使用標準步推法分析堰址上游 1 km、2 km、3 km 及 4 km 處的水深。

解答：

流量 $Q = \dfrac{1}{n} AR^{2/3} S_0^{1/2} = \dfrac{1}{n} \dfrac{[(B+my_0)y_0]^{5/3}}{(B+2\sqrt{1+m^2}\,y_0)^{2/3}} S_0^{1/2}$

$$= \frac{\sqrt{0.001}}{0.013} \frac{[(10+2y_0)y_0]^{5/3}}{(10+2\sqrt{5}y_0)^{2/3}} = 30 \rightarrow \frac{[(10+2y_0)y_0]^{5/3}}{(10+2\sqrt{5}y_0)^{2/3}} = 12.33 \rightarrow$$

正常水深 $y_0 = \underline{1.091\ \text{m}}$

由 $\dfrac{Q^2}{g} = \dfrac{A^3}{T} = \dfrac{[(B+my_c)y_c]^3}{B+2my_c} = \dfrac{[(10+2y_c)y_c]^3}{10+4y_c} = \dfrac{30^2}{9.81} = 91.74 \rightarrow$

臨界水深 $y_c = \underline{0.911\ \text{m}}$

水深 $y > y_0 > y_c$，渠流為亞臨界流，M_1 曲線。

假設沒有渦流能量損失，用試誤法，讓誤差 $H_E = 0$，即

$$H_E = H_2 - (H_1 + h_f) = 0 \rightarrow \underbrace{Z_2 + y_2 + \frac{V_2^2}{2g}}_{H_2} - \left(\overbrace{\underbrace{Z_1 + y_1 + \frac{V_1^2}{2g}}_{H_1} + \underbrace{\overline{S}_f \Delta x}_{h_f}}^{H_2^*} \right) = 0$$

用曼寧公式計算摩擦損失 $S_f = \dfrac{n^2V^2}{R^{4/3}} = \dfrac{n^2Q^2}{A^2R^{4/3}}$；平均值

$$\overline{S}_f = \frac{n^2Q^2}{2}\left(\frac{1}{A_2^2R_2^{4/3}} + \frac{1}{A_1^2R_1^{4/3}}\right)$$

使用標準步推法，先猜一個適當的水深 y_2，用試誤法，使誤差 $H_E = H_2 - H_2^* = 0$，求最佳的水深 y_2。計算過程列於下表。

計算結果堰址上游 1 km、2 km、3 km 及 4 km 處的水深，分別為 4.002 m、3.007 m、2.038 m 及 1.263 m。

x(m)	y(m)	A(m^2)	R(m)	V(m/s)	Z(m)	H(m)	S_f (x10^{-4})	$\overline{S}_f$ (x10^{-4})	h_f(m)	H^*(m)	H_E(m)
0	5.000	100.0	3.090	0.300	0.0	5.0046	0.0379	----	----	----	----
-1000	4.001	72.0	2.582	0.417	1.0	5.0095	0.0828	0.0583	0.0058	5.0104	0.0009
	4.002	72.04	2.583	0.416	1.0	5.0104	0.0827	0.0583	0.0058	5.0104	0.0000
-2000	3.003	48.10	2.052	0.624	2.0	5.0233	0.2525	0.1676	0.0168	5.0272	0.0038
	3.007	48.16	2.054	0.623	2.0	5.0271	0.2512	0.1670	0.0167	5.0271	0.0000
-3000	2.014	28.30	1.487	1.062	3.0	5.0719	1.1224	0.6868	0.6868	5.0958	0.2390
	2.038	28.68	1.501	1.046	3.0	5.0935	1.0763	0.6638	0.0664	5.0935	0.0000
-4000	1.078	13.10	0.884	2.290	4.0	5.3450	10.451	5.7635	0.5764	5.6698	0.3249
	1.232	15.40	0.990	1.954	4.0	5.4263	6.5429	3.8096	0.3810	5.4744	0.0481
	1.263	15.83	1.011	1.896	4.0	5.4465	5.9837	3.5300	0.3530	5.4465	0.0000

5.4.2 牛頓－拉普深法（Newton-Raphson method）——沒有渦流能量損失

總水頭誤差 $H_E(y_2) = H_2(y_2) - (H_1 + h_f(y_2) + h_e(y_2))$，用牛頓－拉普深法修正較好的水深 y_2 猜測值，其基本原理是求其最小總水頭誤差值，即 $\dfrac{dH_E}{dy_2} = 0$。為了方便了解牛頓－拉普深法，先讓問題簡化些，假設渦流能量損失 $h_e = 0$。將 H_E 對 y_2 微分，

$$\frac{dH_E}{dy_2}=\frac{d}{dy_2}\left[Z_2+y_2+\frac{\alpha_2 V_2^2}{2g}-Z_1-y_1-\frac{\alpha_1 V_1^2}{2g}-\frac{S_{f1}+S_{f2}}{2}\Delta x\right]$$

移除與 y_2 無關的項次，得

$$\boxed{\frac{dH_E}{dy_2}=1+\frac{d}{dy_2}\left(\frac{\alpha_2 V_2^2}{2g}\right)-\frac{1}{2}\frac{dS_{f2}}{dy_2}\Delta x} \qquad (5.13)$$

其中 $\frac{d}{dy_2}\left(\frac{\alpha_2 V_2^2}{2g}\right)=\frac{d}{dy_2}\left(\frac{\alpha_2 Q^2}{2gA_2^2}\right)=-\frac{\alpha_2 Q^2}{gA_2^3}\frac{dA_2}{dy_2}=-\frac{\alpha_2 Q^2 T_2}{gA_2^3}=-F_{r2}^2$；

$$\frac{dS_{f2}}{dy_2}=\frac{d}{dy_2}\left(\frac{n^2Q^2}{A_2^2R_2^{4/3}}\right)=n^2Q^2\frac{d}{dy_2}\left(\frac{P_2^{4/3}}{A_2^{10/3}}\right)=-\frac{10n^2Q^2P_2^{4/3}}{3A_2^{13/3}}\frac{dA_2}{dy_2}+\frac{4n^2Q^2P_2^{1/3}}{3A_2^{10/3}}\frac{dP_2}{dy_2}$$

$$\rightarrow\frac{dS_{f2}}{dy_2}=-\left(\frac{n^2Q^2}{A_2^2R_2^{4/3}}\right)\left(\frac{10T_2}{3A_2}-\frac{4}{3P_2}\frac{dP_2}{dy_2}\right)$$

$$\rightarrow\frac{dS_{f2}}{dy_2}=-S_{f2}\left(\frac{10T_2}{3A_2}-\frac{4}{3P_2}\frac{dP_2}{dy_2}\right)=-\frac{2S_{f2}}{3}\left(\frac{5T_2}{A_2}-\frac{2}{P_2}\frac{dP_2}{dy_2}\right)$$

因此 $\frac{dH_E}{dy_2}\approx\frac{\Delta H_E}{\Delta y_2}\approx 1+\frac{d}{dy_2}\left(\frac{\alpha_2 V_2^2}{2g}\right)-\frac{1}{2}\frac{dS_{f2}}{dy_2}\Delta x$

$$=1-F_{r2}^2+\frac{S_{f2}}{3}\left(\frac{5T_2}{A_2}-\frac{2}{P_2}\frac{dP_2}{dy_2}\right)\Delta x$$

用牛頓－拉普深求解法，

$$\boxed{\Delta y_2=\frac{-H_E}{dH_E/dy_2}=\frac{-H_E}{1-F_{r2}^2+\frac{S_{f2}}{3}\left(\frac{5T_2}{A_2}-\frac{2}{P_2}\frac{dP_2}{dy_2}\right)\Delta x}} \qquad (5.14)$$

如果此次的水深 y_2 猜測值 $y_2=Y_2$ 不夠好（H_E 尚未接近於零），下一次較好的水深 y_2 猜測值為 $y_2=Y_2+\Delta y_2$，依此類推。一般試二次或三次就可以獲得很好的答案。

5.4.3 能量坡度對水深之微分

$$\frac{dS_f}{dy}=\frac{d}{dy}\left(\frac{n^2Q^2}{A^2R^{4/3}}\right)=\frac{d}{dy}\left(\frac{n^2Q^2P^{4/3}}{A^{10/3}}\right)=-\frac{2S_f}{3}\left(\frac{5T}{A}-\frac{2}{P}\frac{dP}{dy}\right)$$

- 矩形渠道：$A = By$，$T = B$，$P = B + 2y$，$\frac{dP}{dy}=2$，$\frac{T}{A}=\frac{1}{y}$

$$\frac{dS_f}{dy}=-\frac{2S_f}{3}\left(\frac{5T}{A}-\frac{2}{P}\frac{dP}{dy}\right)=-\frac{2S_f}{3}\left(\frac{5}{y}-\frac{4}{B+2y}\right)$$

- 寬廣渠道：$B >> y$，$\frac{dS_f}{dy}\approx-\frac{10S_f}{3y}\approx-\frac{10S_f}{3R}$
- 三角形渠道：$A = my^2$，$T = 2my$，$P=2\sqrt{1+m^2}\,y$，$\frac{dP}{dy}=2\sqrt{1+m^2}$，$\frac{T}{A}=\frac{2}{y}$

$$\frac{dS_f}{dy}=-\frac{2S_f}{3}\left(\frac{5T}{A}-\frac{2}{P}\frac{dP}{dy}\right)=-\frac{2S_f}{3}\left(\frac{10}{y}-\frac{2}{y}\right)=-\frac{16S_f}{3y}$$

- 對稱梯形渠道：$A = (B + my)y$，$T = B + 2my$，$P=B+2\sqrt{1+m^2}\,y$

$$\frac{dP}{dy}=2\sqrt{1+m^2}\quad,\ \frac{T}{A}=\frac{B+2my}{(B+my)y}$$

$$\boxed{\frac{dS_f}{dy}=-\frac{2S_f}{3}\left(\frac{5T}{A}-\frac{2}{P}\frac{dP}{dy}\right)=-\frac{2S_f}{3}\left(\frac{5(B+2my)}{(B+my)y}-\frac{4\sqrt{1+m^2}}{B+2\sqrt{1+m^2}\,y}\right)}\quad(5.15)$$

- 非對稱梯形渠道：左右渠岸的邊坡係數不一樣，分別為 m_1 及 m_2，

$$A=\left(B+0.5(m_1+m_2)y\right)y\quad,\ T=B+(m_1+m_2)y\quad,\ P=B+(\sqrt{1+m_1^2}+\sqrt{1+m_2^2})y$$

$$\frac{dP}{dy}=\sqrt{1+m_1^2}+\sqrt{1+m_2^2}\quad,\ \frac{T}{A}=\frac{B+(m_1+m_2)y}{\left(B+0.5(m_1+m_2)y\right)y}$$

$$\boxed{\frac{dS_f}{dy}=-\frac{2S_f}{3}\left(\frac{5[B+(m_1+m_2)y]}{\left(B+0.5(m_1+m_2)y\right)y}-\frac{2(\sqrt{1+m_1^2}+\sqrt{1+m_2^2})}{B+(\sqrt{1+m_1^2}+\sqrt{1+m_2^2})y}\right)} \qquad (5.16)$$

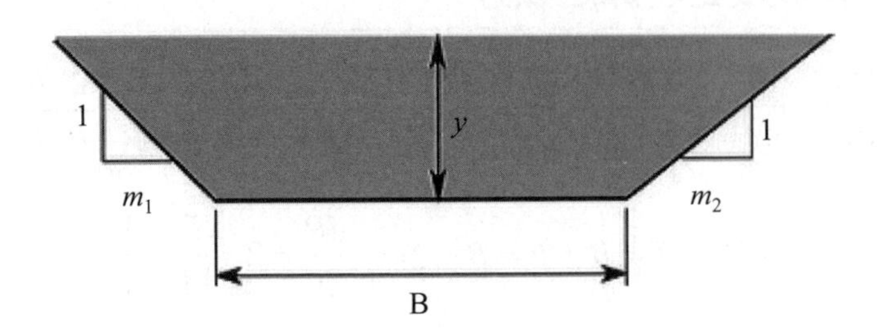

5.4.4 牛頓－拉普深法 —— 有渦流能量損失

考慮有渦流能量損失 $h_e=C_e\left|\frac{\alpha_2V_2^2-\alpha_1V_1^2}{2}\right|=\pm C_e\left(\frac{\alpha_2V_2^2-\alpha_1V_1^2}{2}\right)$，

當 $\alpha_2V_2^2>\alpha_1V_1^2$，取 "$+C_e$"；當 $\alpha_2V_2^2<\alpha_1V_1^2$，取 "$-C_e$"。

亞臨界流，下游往上游計算，猜測誤差 $H_E(y_2)=H_2(y_2)-[H_1+h_f(y_2)+h_e(y_2)]$。本次猜測水深 y_2 如果不夠好，求下次較好的水深 y_2 猜測值，取 $\frac{dH_E}{dy_2}=0$。

$$\frac{dH_E}{dy_2}=\frac{d}{dy_2}\left[Z_2+y_2+\frac{\alpha_2V_2^2}{2g}-Z_1-y_1-\frac{\alpha_1V_1^2}{2g}-\frac{S_{f1}+S_{f2}}{2}\Delta x\mp C_e\left(\frac{\alpha_2V_2^2-\alpha_1V_1^2}{2}\right)\right]$$

移除與 y_2 無關的項次，得

$$\boxed{\frac{dH_E}{dy_2}=1+(1\mp C_e)\frac{d}{dy_2}\left(\frac{\alpha_2V_2^2}{2g}\right)-\frac{1}{2}\frac{dS_{f2}}{dy_2}\Delta x} \qquad (5.17)$$

其中 $\frac{d}{dy_2}\left(\frac{\alpha_2V_2^2}{2g}\right)=\frac{d}{dy_2}\left(\frac{\alpha_2Q^2}{2gA_2^2}\right)=-\frac{\alpha_2Q^2}{gA_2^3}\frac{dA_2}{dy_2}=-\frac{\alpha_2Q^2T_2}{gA_2^3}=-F_{r2}^2$

$$\frac{dS_{f2}}{dy_2}=\frac{d}{dy_2}\left(\frac{n^2Q^2}{A_2^2R_2^{4/3}}\right)=-S_{f2}\left(\frac{10T_2}{3A_2}-\frac{4}{3P_2}\frac{dP_2}{dy_2}\right)=-\frac{2S_{f2}}{3}\left(\frac{5T_2}{A_2}-\frac{2}{P_2}\frac{dP_2}{dy_2}\right)$$

簡化 $\frac{dS_f}{dy}$ 的計算，用寬廣渠道結果推估 $\frac{dS_f}{dy}\approx-\frac{10S_f}{3y}\approx-\frac{10S_f}{3R}$

因此誤差對水深的微分為 $\frac{dH_E}{dy_2}\approx\frac{\Delta H_E}{\Delta y_2}\approx 1-(1\mp C_e)F_{r2}^2+\frac{5}{3}\frac{S_{f2}}{R_2}\Delta x$

假設下次猜測的 y_2 是正確，沒有誤差，則

$$\frac{0-H_E}{\Delta y_2}\approx 1-(1\mp C_e)F_{r2}^2+\frac{5}{3}\frac{S_{f2}}{R_2}\Delta x$$

如果此次猜測水深 $y_2 = Y_2$，不夠好（H_E 尚未接近於零），則下一次較好的水深 y_2 猜測值為 $y_2 = Y_2 + \Delta y_2$，

其中

$$\Delta y_2=\frac{-H_E}{1-(1\mp C_e)F_{r2}^2+\frac{5}{3}\frac{S_{f2}}{R_2}\Delta x} \tag{5.18}$$

適用亞臨界流，由下游往上游計算，當 $\alpha_2V_2^2 > \alpha_1V_1^2$，取 "$-C_e$"；當 $\alpha_2V_2^2 < \alpha_1V_1^2$，取 "$+C_e$"。水面線為 M_1 曲線，取 "$-C_e$"，水面線為 M_2 曲線，取 "$+C_e$"。

假如是超臨界流，控制斷面在上游，由上游往下游計算。已知上游斷面 1 的水深 y_1，用試誤法推求下游斷面 2 的水深 y_2。總能量平衡 $H_1 = H_2 + h_f + h_e$ 試誤法猜測水深 y_2，總能量誤差 $H_E(y_2) = H_2(y_2) + h_f(y_2) + h_e(y_2) - H_1$

$$\frac{dH_E}{dy_2}=\frac{d}{dy_2}\left[Z_2+y_2+\frac{\alpha_2V_2^2}{2g}+\frac{S_{f1}+S_{f2}}{2}\Delta x\pm C_e\left(\frac{\alpha_2V_2^2-\alpha_1V_1^2}{2}\right)-Z_1-y_1-\frac{\alpha_1V_1^2}{2g}\right]$$

移除與 y_2 無關的項次，得 $\boxed{\frac{dH_E}{dy_2}=1+(1\pm C_e)\frac{d}{dy_2}\left(\frac{\alpha_2V_2^2}{2g}\right)+\frac{1}{2}\frac{dS_{f2}}{dy_2}\Delta x}$

$$\frac{dH_E}{dy_2} \approx \frac{\Delta H_E}{\Delta y_2} \approx 1-(1 \pm C_e)F_{r2}^2 - \frac{5}{3}\frac{S_{f2}}{R_2}\Delta x$$（用寬廣渠道結果推估 dS_f/dy）

如果此次的猜測水深 $y_2 = Y_2$，不夠好（H_E 尚未接近於零），則下一次較好的水深 y_2 猜測值為 $y_2 = Y_2 + \Delta y_2$，其中

$$\boxed{\Delta y_2 = \frac{-H_E}{1-(1 \pm C_e)F_{r2}^2 - \frac{5}{3}\frac{S_{f2}}{R_2}\Delta x}} \tag{5.19}$$

適用於超臨界流，由下游往上游計算，當 $\alpha_2 V_2^2 > \alpha_1 V_1^2$，取 "$+C_e$"；當 $\alpha_2 V_2^2 < \alpha_1 V_1^2$，取 "$-C_e$"。水面線為 S_1 曲線，取 "$-C_e$"，水面線為 S_2 曲線，取 "$+C_e$"。

例題 5.6

有一梯形渠道，渠岸邊坡係數數 m = 1.5 固定，但是渠底寬度有漸縮情形，渠道上由下游往上游有 A、B 及 C 三個斷面，它們的位置、底床高程及渠底寬度如下表所列。渠道曼寧係數 n = 0.02，能量修正係數 $\alpha \approx 1.0$。當流量 Q = 100 cms 時，斷面 A 的水面高程為 104.5 m，試用標準步推法估算斷面 B 及 C 的水面高程。

斷面	位置 x (m)	渠床高程 Z (m)	渠底寬 B (m)
A	100,000	100.0	14.0
B	102,000	100.8	12.5
C	103,500	101.4	10.0

解答：

先求斷面 A 的臨界水深 y_{Ac}，

$$\frac{Q^2}{g} = \frac{A^3}{T} = \frac{[(B+my)y]^3}{B+2my} = \frac{100^2}{9.81} = 1019.4,$$

→ 臨界水深 y_{Ac} = 1.63 m。斷面 A 水深為 y_A = 104.5 – 100 = 4.5 m > y_{Ac}。

渠流為亞臨界流，推測水面線為 M_1 曲線，斷面 A 為已知條件，用標準步推法往上游計算。

先猜一個適當的水深 $y_B = Y_B$ 給斷面 B，然後用牛頓求解法修正較好的水深 y_B，即令 $y_B = Y_B + \Delta y_B$，

其中 $\Delta y_B = \dfrac{-H_E}{[1-(1-C_e)F_{rB}^2 + 1.67 S_{fB}\Delta x/R_B]}$，

斷面 B 水流福祿數 $F_{rB}^2 = \dfrac{Q^2 T_B}{g A_B^3}$；能量損失坡度 $S_{fB} = \dfrac{n^2 Q^2}{A_B^2 R_B^{4/3}}$

當斷面 B 的水深 y_B 確定後，依此類推，由斷面 B 水深 y_B 推求斷面 C 水深 y_C。計算結果：

斷面 B 的水深 y_B=3.97 m，水面高程為 104.77 m，總水頭為 104.87 m；斷面 C 的水深 y_C=3.74 m，水面高程為 105.14 m，總水頭為 105.29 m。

斷面	Trial No.	Z(m)	y(m)	V-head (m)	Total H (m)	R(m)	S_f (10^{-4})	$\bar{S}_f$ (10^{-4})	Δx (m)	F. loss h_f(m)	F. loss h_e (m)	Total H^* (m)	誤差 H_E (m)	調整 Δy (m)
A	0	100.0	4.50	0.0585	104.558	3.089	1.02	-----	2000	-------	-------	------	-------	-----
B	1	100.8	4.40	0.0722	105.272	2.963	1.33	1.18	2000	0.235	0.004	104.797	0.475	-0.424
	2	100.8	3.97	0.0950	104.865	2.732	1.95	1.49	2000	0.297	0.011	104.866	-0.001	0.001
	End													
C	1	101.4	3.50	0.1789	105.079	2.360	4.47	3.21	1500	0.481	0.025	105.377	-0.298	0.216
	2	101.4	3.72	0.1517	105.272	2.475	3.56	2.75	1500	0.413	0.017	105.300	-0.028	0.022
	3	101.4	3.74	0.1495	105.290	2.486	3.49	2.72	1500	0.407	0.016	105.294	-0.004	0.003
	End													

例題 5.7

水庫連接一條矩形溢洪渠道，渠道寬度 B = 3 m，渠床坡度 S_0 = 0.017，曼寧係數 n = 0.015，和水庫連接處渠床高程為 100 m，如下圖所示。假如水庫的水位高程為 102 m，由水庫流入渠道入口的能量損失約為入口處流速水頭的 0.2 倍，試估算渠流流量 Q 及用直接步推法計算渠道上水面線。

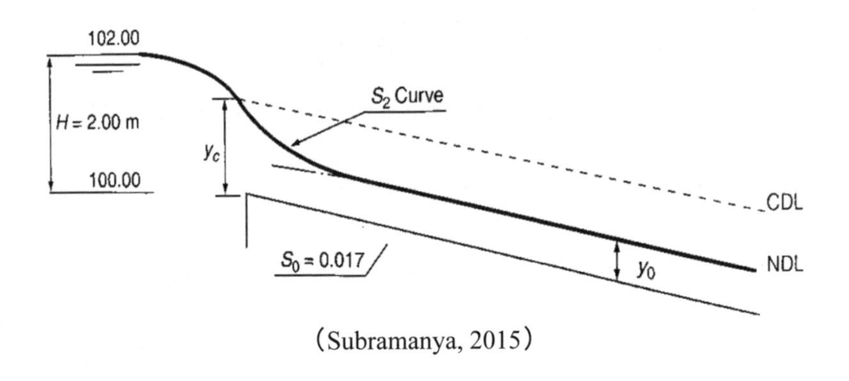

（Subramanya, 2015）

解答：

渠流為陡坡水流，渠流入口處的水深為臨界水深 y_c，然後用能量守恒推求 y_c，即

$$H = y_c + \frac{V_c^2}{2g} + 0.2\frac{V_c^2}{2g} \to 2.0 = y_c + 1.2\frac{V_c^2}{2g} = y_c + 1.2 \times 0.5 y_c = 1.6 y_c$$

$\to$ 臨界水深 $y_c = \dfrac{2.0}{1.6} = 1.25$ m。由控制斷面臨界水深推估流量 Q，

對於矩形渠道，福祿數 $\dfrac{V_c^2}{g y_c} = 1 \to V_c = \sqrt{g y_c} = \sqrt{9.81 \times 1.25}$

$$\to \boxed{V_c = 3.502 \text{ m/s}}$$

因此渠流流量 $Q = A_c V_c = B y_c V_c = 3 \times 1.25 \times 3.502 = 13.13$

$$\to \boxed{Q = 13.13 \text{ m}^3/\text{s}}$$

曼寧流量公式 $Q = \dfrac{1}{n} A R^{2/3} S_0^{1/2} \to 13.13 = \dfrac{1}{0.015}(3y_0)(\dfrac{3y_0}{3+2y_0})^{2/3}(0.017)^{1/2}$

$\to y_0(\dfrac{3y_0}{3+2y_0})^{2/3} = 0.5035$，試誤法求解，

均匀流正常水深 $\boxed{y_0 = 0.785\ \text{m}}$

渠流水深，$y_c > y > y_0$，流況為超臨界流，水面線為 S_2 曲線。

使用直接步推法（Direct-step method）求解，$\Delta x = \dfrac{\Delta E}{S_0 - \overline{S}_f}$

$$\rightarrow \quad x_{i+1} = x_i + \frac{E(x_{i+1}) - E(x_i)}{S_0 - \frac{1}{2}\left(S_f(x_{i+1}) + S_f(x_i)\right)} = \frac{\left(y_{i+1} + \frac{Q^2}{2gA_{i+1}^2}\right) - \left(y_i + \frac{Q^2}{2gA_i^2}\right)}{S_0 - \frac{n^2Q^2}{2}\left(\frac{1}{A_{i+1}^2 R_{i+1}^{4/3}} + \frac{1}{A_i^2 R_i^{4/3}}\right)}$$

由上游渠流入口處往下游計算至水深 $y = 1.01y_0 = 1.01 \times 0.785 = 0.793$ m。

計算結果列於下表。離渠流入口處距離大於 132.6 m (i.e., $x > 132.6$ m) 的渠流可視為均匀流。注意間距 Δy 的選擇對計算的結果會略有影響。

No.	y(m)	V(m)	E(m)	ΔE(m)	R(m)	S_f	$\overline{S}_f$	S_0 - $\overline{S}_f$	Δx(m)	x(m)
1	1.250	3.502	1.875	------	0.682	0.00460	-----	-----	-----	0.0
2	1.100	3.979	1.907	0.0321	0.635	0.00653	0.00556	0.01144	2.8	2.8
3	0.950	4.607	2.032	0.1249	0.582	0.00984	0.00818	0.00882	14.2	17.0
4	0.850	5.149	2.201	0.1695	0.543	0.01348	0.01166	0.00534	31.7	48.7
5	0.810	5.403	2.298	0.0968	0.526	0.01547	0.01448	0.00252	38.3	87.0
6	0.793	5.519	2.346	0.0475	0.519	0.01644	0.01596	0.00104	45.5	132.6

例題 5.8

水庫連接一條矩形溢洪渠道，渠寬 $B = 3$ m，渠床坡度 $S_0 = 0.017$，曼寧係數 $n = 0.015$，和水庫連接處渠床高程為 100 m，如下圖所示。假如水庫的水位高程為 102 m，由水庫流入渠道入口的能量損失約為入口處流速水頭的 0.2 倍，試用 Bresses Solution 計算渠道上的水面線。

解答：

接續上一個例題計算結果，流量 $Q = 13.13\ \text{m}^3/\text{s}$，臨界水深 $y_c = 1.25\ \text{m}$，正常水深 $y_0 = 0.785\ \text{m}$，比值 $\lambda = y_c / y_0 = 1.592$；

用 Bresses 方法計算水面線：$x = \dfrac{y_0}{S_0}\left[u - (1-\lambda^3)F(u,3)\right] + Const.$

其中 $u = \dfrac{y}{y_0}$，

$$F(u,3) = \frac{1}{6}\ln\left(\frac{u^2+u+1}{(u-1)^2}\right) + \frac{1}{\sqrt{3}}\tan^{-1}\left(\frac{2u+1}{\sqrt{3}}\right) - \frac{1}{\sqrt{3}}\tan^{-1}\left(\frac{1}{\sqrt{3}}\right)。$$

由已知條件，$\dfrac{y_0}{S_0} = \dfrac{0.785}{0.017} = 46.176$；$u = \dfrac{y}{y_0} = \dfrac{y}{0.785}$。

邊界條件在渠流入口臨界水深處，$u = \dfrac{y_c}{y_0} = \dfrac{1.25}{0.785} = 1.592$，$x(u) = x(1.592) = 0$

$$46.176\left[1.592 - \underbrace{(1-1.592^3)}_{-3.035}\underbrace{F(1.592,3)}_{0.8252}\right] + Const. = 0 \ \rightarrow Const. = 189.2$$

→ 水面線：$\boxed{x = 46.176[u + 3.035F(u,3)] - 189.2}$

計算結果列於下表，表中可以看出在距離入口處 $x > 140$ m，水流接近均勻流。此結果與例題 5.7 之結果（132.6m）相近。

No.	y(m)	u	$F(u, 3)$	x(m)
1	1.250	1.592	0.8250	0.0
2	1.100	1.401	0.9078	2.7
3	0.950	1.210	1.0708	16.7
4	0.850	1.082	1.3427	49.0
5	0.810	1.032	1.6448	89.0
6	0.793	1.010	2.0175	140.2

5.5 龍格—庫塔法（Runge-Kutta Method）

數值計算方法中龍格一庫塔法（Runge-Kutta methods）是求解非線性常微分方程式的重要方法之一，這是由龍格（Runge）及庫塔（Kutta）二位數學家於 1900 年左右發明的。在各種龍格 — 庫塔法中，經典四階龍格庫塔法（簡稱 RK4 法）最常被使用。該方法主要是在已知方程式導數和初始值時，省去求解微分方程式的過程。

對於水面線微分方程式及初始值可以寫成

$$\frac{dy}{dx}=\frac{S_0-S_f}{1-[\alpha Q^2T/(gA^3)]}=\frac{S_0-S_f}{1-F_r^2}=F(y) \quad \text{with } y(x_1)=y_1$$

其中福祿數平方 $F_r^2=\dfrac{\alpha Q^2T}{gA^3}$，能損坡度 $S_f=\dfrac{n^2Q^2}{A^2R^{4/3}}$；

經典四階龍格庫塔方法（RK4 法）的解為

$$\boxed{y_{i+1}=y_i+\frac{K_1+2K_2+2K_3+K_4}{6}} \tag{5.20}$$

其中 $K_1=\Delta xF(y_i)$，$K_2=\Delta xF(y_i+0.5K_i)$，$K_3=\Delta xF(y_i+0.5K_2)$，

$K_4=\Delta xF(y_i+K_3)$，$F(y_i)=\dfrac{S_0-S_f(y_i)}{1-F_r^2(y_i)}$，其中 $F_r^2(y_i)=\dfrac{\alpha_iQ^2T_i}{gA_i^3}$，

$S_f(y_i)=\dfrac{n^2Q^2}{A_i^2R_i^{4/3}}$

注意使用 RK4 法計算時，在福祿數 F_r 接近 1.0 處 Δx 必需足夠小，Δx 不可以取太大。在福祿數 $F_r\approx 1.0$ 處，若取太大的 Δx 值會造成過大的 K_1 值，導致計算結果發散。

例題 5.9

水庫連接一條矩形溢洪渠道，渠寬 $B = 3$ m，渠床坡度 $S_0 = 0.017$，曼寧係數 $n = 0.015$，和水庫連接處的渠床高程為 100 m，如下圖所示。假如水庫的水位高程為 102 m，由水庫流入渠道入口的能量損失約為入口處流速水頭的 0.2 倍，試用經典四階龍格庫塔法（RK4 法）計算渠道上的水面線。

解答：

接續上一個例題計算結果，流量 $Q = 13.13\ \text{m}^3/\text{s}$，

$q = \dfrac{Q}{B} = \dfrac{13.13}{3} = 4.377\ \text{m}^2/\text{s}$，用 RK4 法求解，

$\boxed{y_{i+1} = y_i + \dfrac{1}{6}(K_1 + 2K_2 + 2K_3 + K_4)}$；其中 $K_1 = \Delta x F(y_i)$

$K_2 = \Delta x F(y_i + \dfrac{K_1}{2})$，$K_3 = \Delta x F(y_i + \dfrac{K_2}{2})$，$K_4 = \Delta x F(y_i + K_3)$，

$$F(y_i) = \frac{S_0 - S_f(y_i)}{1 - F_r^2(y_i)}$$

對於矩形渠道，福祿數 $F_r^2(y_i) = \dfrac{q^2}{g y_i^3}$，

能損坡度 $S_f(y_i) = \dfrac{n^2 q^2}{y_i^2 [B y_i / (B + 2y_i)]^{4/3}}$。

上游邊界 (x_1, y_1) 恰好處於臨界條件，$F_r^2(y_1) = 0$，為避免造成 $F(y_1) = \infty$，令上游邊界水深比臨界水深 $y_c = 1.25$ m 略小一點，取 $y(x_1) = y(0) = 1.249$ m。

計算由水深 $y = 1.249$ m 計算至水深 $y = 0.790$ m 止。計算間距 Δx 採逐漸增加方式，$\Delta x_{i+1} = 0.005 + 0.02\Delta x_i$ m。下表列出 RK4 法部分計算結果，表中可以看出在距離入口處 $x > 50$ m，水流接近均勻流。

i No.	x(m)	Δx(m)	$K1$	$K2$	$K3$	$K4$	Mean K	y(m)
1	0.0	------	------	------	------	------	------	1.250
19	0.100	0.0069	-0.00134	-0.00119	-0.00093	-0.00092	-0.00108	1.215
32	0.203	0.0089	-0.00122	-0.00108	-0.00084	-0.00084	-0.00099	1.201
58	0.508	0.0149	-0.00127	-0.00112	-0.00086	-0.00085	-0.00101	1.176
84	1.018	0.0249	-0.00146	-0.00129	-0.00096	-0.00096	-0.00115	1.148
113	2.002	0.0442	-0.00179	-0.00155	-0.00112	-0.00111	-0.00137	1.111
156	5.027	0.1035	-0.00246	-0.00208	-0.00136	-0.00136	-0.00179	1.043
189	10.096	0.2029	-0.00316	-0.00258	-0.00147	-0.00147	-0.00212	0.976
223	20.035	0.3977	-0.00403	-0.00311	-0.00132	-0.00132	-0.00237	0.900
269	50.191	0.9890	-0.00566	-0.00379	-0.00014	-0.00017	-0.00228	0.790

習題

習題 5.1

有一條寬度為 3.0 m 的矩型渠道，渠床坡度為 $S_0 = 0.00015$，曼寧粗糙係數 $n = 0.02$。當渠道內是流量為 0.85 cms 的緩變流，試求水深為 0.75 m 處的水面坡度（相對於水平面），並判別此處水面線之類別。

習題 5.2

有一條對稱三角形渠道，渠槽底部夾角為 90 度，渠床坡度 $S_0 = 0.0004$，曼寧粗糙係數 $n = 0.012$。渠流為漸變流，當流量 $Q = 2.0$ cms，試計算此渠流的 (1) 臨界水深 y_c、(2) 正常水深 y_0、(3) 判別某斷面水深 $y = 1.1$m 處附近的漸變流水面線形態、(4) 計算水深 $y = 1.1$m 處的水面坡度 S_w。

習題 5.3

試推導「直接步推法」渠道緩變流水面線計算基本方程式，$\Delta x = \Delta E / (S_0 - \overline{S}_f)$，其中 Δx 為分析渠段長度，ΔE 為分析渠段前後斷面比能 E 之差異，$\Delta E = E_2 - E_1$，S_0 為渠床縱向坡度，$\overline{S}_f$ 為分析渠段之平均能量坡度，以分析渠段前後斷面能量坡度 S_f 之平均值計算，即 $\overline{S}_f = (S_{f2} + S_{f1}) / 2$。

習題 5.4

有一條矩形混凝土寬渠，曼寧粗糙係數 $n = 0.013$，渠床坡度 $S_0 = 0.001$，單位寬度流量為 2 m^2/s。該渠道下游端設置一座低堰，堰高為 1.25 m，則從低堰往上游多遠處可出現正常水深之流況？

習題 5.5

有一條矩形渠道，渠寬為 5 m，流量為 6.0 cms，渠床坡度 S_0 為 0.0033，曼寧粗糙係數 n 為 0.05。已知渠道上游斷面 A 處的水深為 1.1 m，經過一段距離 L，下游斷面 B 處的水深為 0.8 m。請回答下列問題：(1) 計算此渠流之正常水深、(2) 寫出上游至下游的水面線類別代號、(3) 用直接步推法計算斷面 A 至斷面 B 之距離 L（使用直接步推法時，可用一步計算斷面 A 至斷面 B 之距離）。

習題 5.6

有一條對稱梯形斷面渠道，渠寬 B = 10 m，渠岸邊坡水平垂直比為 2H：1V，渠床縱向坡度 S_0 = 0.001，曼寧粗糙係數 n = 0.016。當渠道流量 Q = 30 cms 時，試推求此渠流之臨界水深及正常水深；(2) 若渠道下游有一攔河堰，受攔河堰之影響，水位抬升，緊鄰攔河堰上游面（座標 $x = 0$）的水深 y 增為 5.0 m，試按照緩變量流「直接步推法」推算攔河堰上游水深 y = 4.5 m 及 y = 4.0 m 的座標位置，並據此繪出此緩變流水面線示意圖。

習題 5.7

有一條對稱漸縮梯形渠道，渠床縱向坡度 S_0 = 0.001，曼寧粗糙係數 $n = 0.016$，渠道設計流量 $Q = 200$ cms。此漸縮梯形渠道由上游段（$x = 0$）底寬為 15 m，渠岸邊坡水平垂直比為 3：1，逐漸縮窄至下游 100 m 處（x = 100m）的底寬為 10 m，邊坡水平垂直比為 2：1，此處水深為 7 m。試按照緩變量流用「標準步推法」推算上游斷面（$x = 0$）之水深，並據此繪出此緩變流水面線示意圖。

習題 5.8

有一寬渠（Wide channel），渠床坡度 S_0 = 0.001，曼寧粗糙係數 n = 0.015，單位寬度流量 q = 3.0 cms，渠道中設有一座高 0.8 m 的梯形平台，平台長度夠長，足以使平台上的水流平行於渠床，如圖 1 所示。試求此渠流的正常水深 h_n（Normal depth）、臨界水深 h_c（Critical depth）、梯形平台水深上游水深 h_1 及其下游之水深 h_2（忽略梯形平台的能量損失）。

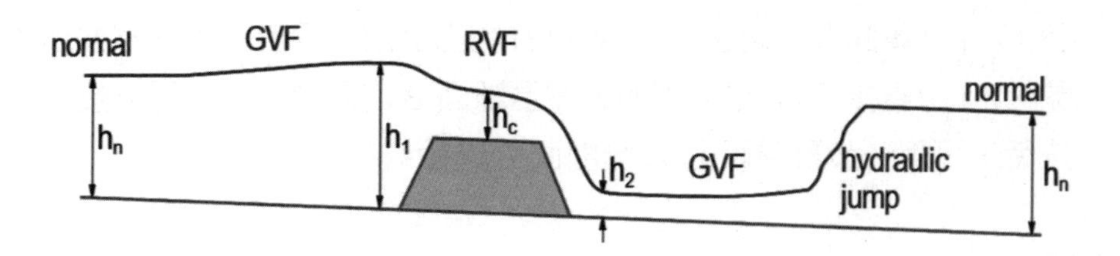

水利人介紹 5. 程禹 先生（1924-2013）

這裡介紹曾任財團法人中興工程顧問社（中興社）董事長的程禹先生給本書讀者。我在台灣大學就讀研究所時曾經獲得「中興社」所提供的獎學金，因此對中興社有特別的情感，對程先生有粗淺的認識，知道他是一位非常優秀的工程師。以下介紹程先生的生平概述。

程禹先生 1924 年出生於江蘇武進縣，1947 至 1949 年就讀於北京大學土木工程學系，1950 年轉入台灣大學土木工程學系。程先生 1952 年大學畢業後任職於台灣電力公司，1954 年奉調至石門水庫建設委員會（石建會）工作，1956 年派往美國紐約 TAMS 工程顧問公司及美國墾務局實習，並協同辦理石門大壩基本設計。1958 年返台後擔任石建會大壩小組長、設計組長。1958 年石門大壩工程開工，1964 年石門水庫竣工，工程完成後，程先生擔任石門水庫管理局營運處副處長，1967 年調至中國技術服務社擔任曾文水庫計畫土木組長。程先生參與石門水庫規劃、設計、施工，見證了石門水庫從無到有的過程。

程先生於 1970 年轉入財團法人中興工程顧問社（中興社）工作，歷任水工部經理、總社協理、副總經理、總經理、董事長等職；1994 年轉任中興工程顧問公司董事長，至 1997 年退休。任內，參與國內外許多重要工程建設，其中又以曾文水庫、榮華水庫、翡翠水庫、明湖與明潭抽蓄發電工程等重大工程規劃與設計享譽業界。除了工程顧問服務外，程先生也致力於工程科技研究發展、人力培育與技術提升，使中興工程成為世界上知名的工程顧問公司之一。此外，程先生擔任中興工程科技研究發展基金會董事長期間（1991～2005），致力於工程科技書籍之編譯、工程技術學術交流、青年工程師培育，卓然有成。

程先生參與台灣多項重大水庫及水力發電工程之規劃與設計工作，為台灣水利、電力、土木建設奉獻畢生心力，對台灣經濟發展貢獻良多。2010 年獲得經濟部水利署頒發「終身成就獎」的最高榮譽，感念他終其一生為台灣建設水庫的功勞。姚忠達先生曾經編著《一位工程老兵 —— 程禹先生的故事》一書（中興工程科技研究發展基金會出版）。程先生長年的工程師生涯中，默默耕耘，嚴守清廉，功績卓著，退休後仍以義工身份，對高級工程人才的培育、工程知識的普及化不遺餘力，令人欽佩。（參考資料：經濟部水利署 —— 水利人的足跡；台大土木 —— 杜風電子報）。

參考文獻與延伸閱讀

1. Bakhmeteff, B.A. (1932). Hydraulics of Open Channels. McGraw-Hill, New York.
2. Castro-Orgaz, O. and Sturm, T.W. (2018), Boris A. Bakhmeteff and the development of specific energy and momentum concepts. Journal of Hydraulics, ASCE, Vol. 144(2): 02518004.
3. Castro-Orgaz, O. and Montes, J.S. (2015), Minimum specific energy in open-channel flows: the Salas-Dominguez contribution. Journal of Hydraulic Research, Vol.53(2), 151-160.
4. Chow, V.T. (1959), *Open Channel Hydraulics*, McGraw-Hill, New York.
5. Gill, M.A. (1976), Exact solutions of gradually-veried flow. Hydraulic Division, ASCE, 1353-1364.
6. Jan, C.D., (2014), *Gradually-varied Flow Profiles in Open Channels*, Springer, Heidelberg.
7. Paine, J.N. (1992), Open-channel flow algorithm in Newton-Raphson form. Journal of Irrigation and Drainage Engineering, ASCE, Vol. 118(2), 306-319.
8. Rhodes, D.G. (1995), Newton-Raphson solution for gradually varied flow. Journal of Hydraulic Research, Vol. 33(2), 213-218.
9. Subramanya, H. (2015、2019), *Flow in Open Channels*, 4th 及 5th editions, McGraw-Hill, Chennai. (東華書局).
10. 台灣大學土木系（2010），台灣大學2010年傑出校友——程禹先生，杜風電子報，第37期。
11. 經濟部水利署——水利人的足跡，水利署圖書典藏及影音數位平台。

Chapter 6

急變流1——水躍
（RVF-Hydraulic Jump）

曾文水庫溢洪道洩洪（水利署南區水資源局）

6.1 前言

6.2 水躍動量方程式

6.3 水平矩形渠道上的水躍

6.4 水平三角形渠道上的水躍

6.5 水平梯形渠道上的水躍

6.6 水平圓形渠道上的水躍

6.7 斜坡矩形渠道上的水躍

6.8 斜坡矩形束縮渠道上的水躍

習題

水利人介紹6.陳振隆教授

參考文獻與延伸閱讀

6.1 前言（Introduction）

- 急變流（Rapidly-varied flow, RVF）是指水流的水位及流速在很短的河段內發生劇烈的變化。急變流中水流的能量損失，除了摩擦阻力所造成的能量損失之外，還包含大量的渦流能量損失。
- 水躍（Hydraulic jump）是渠道中最為常見的急變流之一，它是明渠水流由超臨界流狀態轉變為亞臨界流狀態的過渡狀態。水躍發生後渠流水深急遽增加，流速急遽變緩，水面表層產生劇烈渦流，水流能量大幅消散。
- 水躍大致可區分為表面滾流區（Roller）及主流區（Main flow）。表面滾流區旋流翻滾，有逆流現象，飽摻空氣，白色表面，它的位置及範圍不是穩定不變的，而是會有擺動現象。
- 表面滾流區下方是主流區，主流區內的水流有如射流，深度由小變大，速度由快變慢。
- 表面滾流區及主流區不是截然分開的獨立區域，但是兩區交界面的速度梯度大，紊流摻混遽烈，兩區之間持續進行至大量的質量交換。
- 在水利水電工程中，閘門、水壩溢洪道及陡槽等洩水構造物的下游一般都會產生水躍，並利用水躍來消除高速水流的巨大能量。水躍除了可以被使用當作消能設施之外，也可被用來促使化學材料充分混合或促使水體加速曝氣。
- 水躍表面滾流區起始點的斷面稱為躍前斷面，該處水深稱為躍前水深；表面滾流區末端的斷面稱為躍後斷面，該處水深稱為躍後水深。
- 水躍高度（躍高）是指躍後水深與躍前水深之差值；水躍長度（躍長）是指躍後斷面與躍前斷面之間的距離。
- 躍後水深與躍前水深之間存在有一定的關係，稱為共軛水深（Conjugate depths）關係。本章將介紹水躍的共軛水深及能量損失的理論公式及其他相關經驗關係式。

6.2 水躍動量方程式（Momentum Equation for Hydraulic Jump）

考量有一斜坡渠道，渠床坡角為 θ，水流為定量流，水壓為靜水壓力，斜坡渠道上發生水躍，水躍前後的斷面分別命名為斷面 1 及斷面 2，選一個包含水躍區的控制體積，如圖所示。沿渠流方向（縱向）的動量方程式可以寫成（Chow, 1959; Subramanya, 2015）

$$\boxed{P_{f1} - P_{f2} - F_s + W\sin\theta = M_2 - M_1} \qquad (6.1)$$

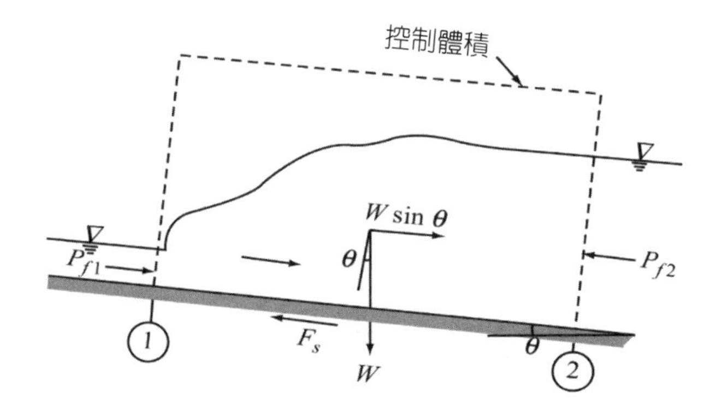

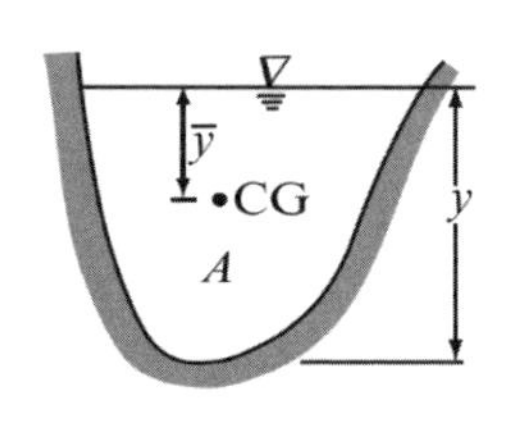

(Subramanya, 2015)

其中

P_{f1} = 作用在控制體積斷面 1（水躍前）的靜水壓力 $= \rho g A_1 \bar{y}_1 \cos\theta$，

　　$\bar{y}_1$ = 斷面 1 水面至重心的距離

P_{f2} = 作用在控制體積斷面 2（水躍後）的靜水壓力 $= \rho g A_2 \bar{y}_2 \cos\theta$，

　　$\bar{y}_2$ = 斷面 2 水面至重心的距離

F_s = 作用在控制體積底部的摩擦阻力（來自渠床的阻力）

M_1 = 流出控制體積斷面 1 的縱向動量通量（Momentum flux）$= \beta_1 \rho Q V_1$，

　　β_1 = 斷面 1 動量修正係數

M_2 = 流出控制體積斷面 2 的縱向動量通量（Momentum flux）$= \beta_2 \rho Q V_2$，

β_2 = 斷面 2 動量修正係數

W = 水躍區的水體重量，$W \sin\theta$ = 水躍區水體重量在沿渠流方向的重量分量，其中 $\sin\theta$ = 渠床坡度 S_0。

6.2.1 水平渠道水躍共軛水深關係式

對於渠道坡度很緩或是水平渠道（$\sin\theta \approx 0$），忽略渠床的阻力（$F_f \approx 0$），而且假設動量係數 $\beta = 1$，則沿渠流方向的動量方程式簡化為：

$$\boxed{\underbrace{P_{f1} - P_{f2}}_{\text{水壓力差}} = \underbrace{M_2 - M_1}_{\text{動量通量差}}} \tag{6.2}$$

將靜水壓力及動量通量關係式代入前述簡化動量方程式，可得

$$\rho g A_1 \overline{y}_1 - \rho g A_2 \overline{y}_2 = \rho Q V_2 - \rho Q V_1 = \rho Q^2 \left(\frac{1}{A_2} - \frac{1}{A_1}\right) = \rho g \left(\frac{Q^2 T_1}{g A_1^3}\right)\left(\frac{A_1^3}{T_1}\right)\left(\frac{1}{A_2} - \frac{1}{A_1}\right)$$

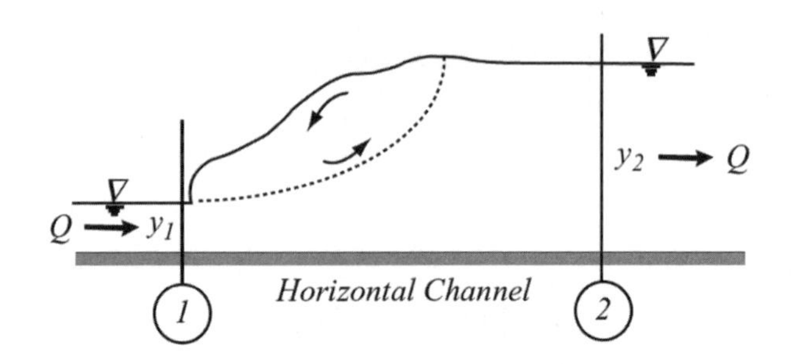

將前述簡化動量方程式 $\rho g\left(A_1 \overline{y}_1 - A_2 \overline{y}_2\right) = \rho g \left(\frac{Q^2 T_1}{g A_1^3}\right)\left(\frac{A_1^3}{T_1}\right)\left(\frac{1}{A_2} - \frac{1}{A_1}\right)$

整理後可得 $A_2 \overline{y}_2 - A_1 \overline{y}_1 = F_{r1}^2 \left(\frac{A_1^2}{T_1}\right)\left(1 - \frac{A_1}{A_2}\right)$

再將上述方程式除以 $A_1 \overline{y}_1$，得到

任一斷面形狀水平渠道的水躍共軛水深關係式（忽略渠床的阻力）：

$$\boxed{\left(\frac{A_2\overline{y}_2}{A_1\overline{y}_1}-1\right)=F_{r1}^2\left(\frac{D_1}{\overline{y}_1}\right)\left(1-\frac{A_1}{A_2}\right)} \qquad (6.3)$$

其中 $F_{r1}^2=\dfrac{Q^2T_1}{gA_1^3}$ = 斷面 1 福祿數平方，$D_1=\dfrac{A_1}{T_1}$ = 斷面 1 水力深度。

6.2.2 指數型水平渠道水躍共軛水深關係式

任一斷面形狀水平渠道水躍共軛水深關係式為

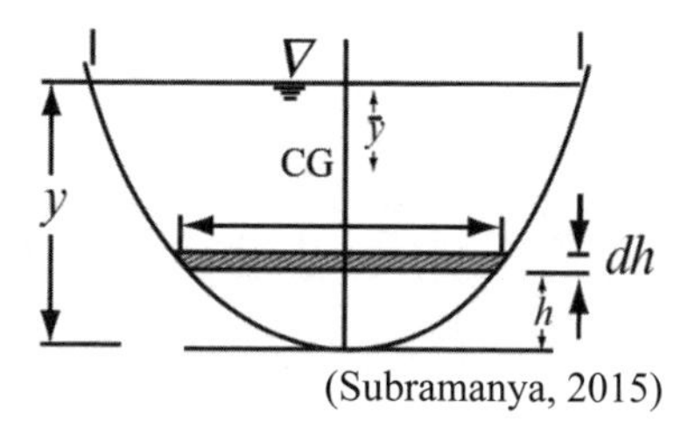

(Subramanya, 2015)

$$\left(\frac{A_2\overline{y}_2}{A_1\overline{y}_1}-1\right)=F_{r1}^2\left(\frac{D_1}{\overline{y}_1}\right)\left(1-\frac{A_1}{A_2}\right)$$

指數型渠道斷面積 A 與水深 y 關係

$\boxed{A=k_*y^a}$

水面寬 $T=\dfrac{dA}{dy}=k_*ay^{a-1}$，$D=\dfrac{A}{T}=\dfrac{y}{a}$，

水面至斷面重心距離 $\overline{y}=\dfrac{1}{A}\displaystyle\int_0^y k_*ah^{a-1}(y-h)dh=\dfrac{y}{1+a}$，代入共軛水深關係式

$$\left(\frac{k_*y_2^a\dfrac{y_2}{1+a}}{k_*y_1^a\dfrac{y_1}{1+a}}-1\right)=F_{r1}^2\left(\frac{\dfrac{y_1}{a}}{\dfrac{y_1}{1+a}}\right)\left(1-\frac{k_*y_1^a}{k_*y_2^a}\right)\rightarrow\left(\left(\frac{y_2}{y_1}\right)^{a+1}-1\right)=F_{r1}^2\left(\frac{a+1}{a}\right)\left(1-\left(\frac{y_1}{y_2}\right)^a\right)$$

上式左右兩邊乘上 $\left(\dfrac{y_2}{y_1}\right)^a$ 可得指數型水平渠道水躍共軛水深關係式為

$$\boxed{\left(\frac{y_2}{y_1}\right)^{2a+1}-\left[1+F_{r1}^2\left(\frac{a+1}{a}\right)\right]\left(\frac{y_2}{y_1}\right)^a+F_{r1}^2\left(\frac{a+1}{a}\right)=0} \qquad (6.4)$$

- 水平矩形渠道（$a=1$）：$\left(\frac{y_2}{y_1}\right)^3-\left(1+2F_{r1}^2\right)\left(\frac{y_2}{y_1}\right)+2F_{r1}^2=0$

  整理後可得$\left(\frac{y_2}{y_1}-1\right)\left(\left(\frac{y_2}{y_1}\right)^2+\left(\frac{y_2}{y_1}\right)-2F_{r1}^2\right)=0\rightarrow\boxed{\left(\frac{y_2}{y_1}\right)^2+\left(\frac{y_2}{y_1}\right)-2F_{r1}^2=0}$

- 水平三角形渠道（$a=2$）：$\left(\frac{y_2}{y_1}\right)^5-\left[1+\frac{3}{2}F_{r1}^2\right]\left(\frac{y_2}{y_1}\right)^2+\frac{3}{2}F_{r1}^2=0$

  上式為 5 次方程式，有些複雜，可用數學軟體求解前述方程式，例如 Wolfram alpha (https://www.wolframalpha.com)。

6.3 水平矩形渠道上的水躍（Jump in a Horizontal Rectangular Channel）

6.3.1 水平矩形渠道水躍共軛水深關係式

考量有一水平矩形渠道，水流為定量流，水壓為靜水壓力，水平渠道上發生水躍，水躍前後的斷面分別命名為斷面 1 及斷面 2，選一個包含水躍區的控制體積，並忽略作用在控制體積底部的邊界摩擦阻力，則沿渠流方向單位寬度的動量方程式可以簡化寫成

$$P_{f1}-P_{f2}=M_2-M_1$$

靜水壓力 $P_{f1}=\frac{1}{2}\rho g y_1^2$ 及 $P_{f2}=\frac{1}{2}\rho g y_2^2$；動量通量 $M_1=\beta_1\rho qV_1$ 及 $M_2=\beta_2\rho qV_2$

假設 $\beta_1=\beta_2=1$，則單位寬度動量方程式為 $\frac{1}{2}\rho g y_1^2-\frac{1}{2}\rho g y_2^2=\rho qV_2-\rho qV_1$

其中單位寬度流量 $q=y_1V_1=y_2V_2$，$V_1=\frac{q}{y_1}$，$V_2=\frac{q}{y_2}$

因此 $(y_1^2-y_2^2)=\frac{2q^2}{g}\left(\frac{1}{y_2}-\frac{1}{y_1}\right)=\frac{2q^2}{g}\left(\frac{y_1-y_2}{y_1y_2}\right)$，進一步整理得

$$y_1y_2(y_1+y_2)=\frac{2q^2}{g}$$

將方程式 $y_1y_2(y_1+y_2)=\frac{2q^2}{g}$ 除以 y_1^3 可得 $\frac{y_2}{y_1}\left(1+\frac{y_2}{y_1}\right)=\frac{2q^2}{gy_1^3}=2F_{r1}^2$

$\rightarrow\left(\frac{y_2}{y_1}\right)^2+\frac{y_2}{y_1}-2F_{r1}^2=0$，$F_{r1}=\frac{q}{y_1\sqrt{gy_1}}=$ 福祿數

前式為二次方程式，它具有物理意義的解為

$$\boxed{\frac{y_2}{y_1}=\frac{1}{2}\left(-1+\sqrt{1+8F_{r1}^2}\right)} \tag{6.5}$$

此為水平矩形渠道水躍共軛水深關係式。上式說明由水躍前的水深 y_1 及福祿數 F_{r1} 可以推求得水躍後的水深 y_2。

同理水平矩形渠道水躍共軛水深關係式也可以表示成

$$\boxed{\frac{y_1}{y_2}=\frac{1}{2}\left(-1+\sqrt{1+8F_{r2}^2}\right)} \tag{6.6}$$

此式說明由水躍後的水深 y_2 及福祿數 F_{r2} 可以推求得水躍前的水深 y_1。

6.3.2 水平矩形渠道上水躍的能量損失

能量損失 $E_L=E_1-E_2=\left(y_1+\frac{V_1^2}{2g}\right)-\left(y_2+\frac{V_2^2}{2g}\right)$，由水流連續性 $q=V_1y_1=V_2y_2\rightarrow V_1=\frac{q}{y_1}$，$V_2=\frac{q}{y_2}\rightarrow E_L=(y_1-y_2)+\frac{q^2}{2g}\left(\frac{1}{y_1^2}-\frac{1}{y_2^2}\right)=(y_1-y_2)+\frac{q^2}{2g}\left(\frac{y_2^2-y_1^2}{y_1^2y_2^2}\right)$

又由共軛水深關係 $\boxed{y_1 y_2 (y_1 + y_2) = \frac{2q^2}{g}}$

$$\rightarrow E_L = (y_1 - y_2) + \frac{y_1 y_2 (y_1 + y_2)}{4}\left(\frac{y_2^2 - y_1^2}{y_1^2 y_2^2}\right) = \frac{4 y_1 y_2 (y_1 - y_2) + (y_1 + y_2)(y_2^2 - y_1^2)}{4 y_1 y_2}$$

$$\rightarrow E_L = \frac{4(y_1^2 y_2 - y_1 y_2^2) + (y_1 y_2^2 - y_1^3) + (y_2^3 - y_1^2 y_2)}{4 y_1 y_2} = \frac{y_2^3 - 3 y_1 y_2^2 + 3 y_1^2 y_2 - y_1^3}{4 y_1 y_2}$$

→水平矩形渠道上水躍的能量損失

$$\boxed{E_L = \frac{(y_2 - y_1)^3}{4 y_1 y_2}} \tag{6.7}$$

水躍相對能量損失 $\frac{E_L}{E_1} = \frac{\frac{(y_2 - y_1)^3}{4 y_1 y_2}}{y_1 + \frac{q^2}{2 g y_1^2}} = \frac{\frac{(y_2 - y_1)^3}{4 y_1 y_2}}{y_1 + \frac{y_2 (y_1 + y_2)}{4 y_1}}$，其中 $\frac{q^2}{g} = \frac{y_1 y_2 (y_1 + y_2)}{2}$

→用水深表示水躍相對能量損失

$$\boxed{\frac{E_L}{E_1} = \frac{(y_2 - y_1)^3}{y_2^3 + y_1 y_2^2 + 4 y_1^2 y_2}} \tag{6.8}$$

如果用福祿數來表示 $\frac{E_L}{E_1} = \frac{\frac{(y_2 - y_1)^3}{4 y_1 y_2}}{y_1 + \frac{q^2}{2 g y_1^2}} = \frac{\left(\frac{y_2}{y_1} - 1\right)^3}{4 \frac{y_2}{y_1}(1 + \frac{q^2}{2 g y_1^3})} = \frac{\left(\frac{y_2}{y_1} - 1\right)^3}{4 \frac{y_2}{y_1}(1 + \frac{F_{r1}^2}{2})}$，

又由共軛水深關係 $\frac{y_2}{y_1} = \frac{1}{2}\left(-1 + \sqrt{1 + 8 F_{r1}^2}\right)$

水躍相對能量損失

$$\frac{E_L}{E_1} = \frac{\left(\frac{1}{2}\left(-1 + \sqrt{1 + 8 F_{r1}^2}\right) - 1\right)^3}{4 \frac{1}{2}\left(-1 + \sqrt{1 + 8 F_{r1}^2}\right)(1 + \frac{F_{r1}^2}{2})} = \frac{\left(-3 + \sqrt{1 + 8 F_{r1}^2}\right)^3}{8\left(-1 + \sqrt{1 + 8 F_{r1}^2}\right)(2 + F_{r1}^2)} \tag{6.9}$$

6.3.3 水躍分類及能量損失率

水平矩形渠道上水躍的能量損失 $E_L = \dfrac{(y_2 - y_1)^3}{4y_1 y_2}$，相對能量損失 $\dfrac{E_L}{E_1} = \dfrac{(y_2 - y_1)^3}{y_2^3 + y_1 y_2^2 + 4y_1^2 y_2}$

或用無因次水深將相對能量損失寫成 $\dfrac{E_L}{E_1} = \dfrac{[(y_2 / y_1) - 1]^3}{(y_2 / y_1)^3 + (y_2 / y_1)^2 + 4(y_2 / y_1)}$

或用水躍前福祿數表示成 $\dfrac{E_L}{E_1} = \dfrac{\left(-3 + \sqrt{1 + 8F_{r1}^2}\right)^3}{8\left(-1 + \sqrt{1 + 8F_{r1}^2}\right)(2 + F_{r1}^2)}$

按照水躍前福祿數 F_{r1} 大小將水躍分類，並說明水躍相對能量損失：

- 波狀水躍（Under jump），水躍前福祿數 F_{r1} = 1.0～1.7，相對能量損失 $E_L / E_1 = 0$～4.6%；
- 弱水躍（Weak jump），F_{r1} = 1.7～2.5，E_L / E_1 = 4.6～17.5%；
- 晃動水躍（Oscillating jump），F_{r1} = 2.5～4.5，E_L / E_1 = 17.5～44.5%；
- 穩定水躍（Steady jump），F_{r1} = 4.5～9.0，E_L / E_1 = 44.5～69.9%；
- 強水躍（Strong jump），F_{r1} = 9.0～14.0，E_L / E_1 = 69.9～80.2%；
- 福祿數 $F_{r1} > 14.0$，相對能量損失大於 80.2%。

Froude No. F_{r1}	Relative depth y_2/y_1	Relative energy Loss E_L / E_1 (%)	Classification
1.0～1.7	1.0～1.96	0～4.6	Undular Jump（波狀水躍）
1.7～2.5	1.96～3.07	4.6～17.5	Weak Jump（弱水躍）
2.5～4.5	3.07～5.88	17.5～44.5	Oscillating Jump（晃動水躍）
4.5～9.0	5.88～12.24	44.5～69.9	Steady Jump（穩定水躍）
9.0～14.0	12.24～19.31	69.9～80.2	Strong Jump（強水躍）
14.0～20.0	19.31～27.79	80.2～86.0	Very Strong Jump（超強水躍）

例題 6.1

有一水平矩形渠道，渠寬 $B = 3$ m，流量 $Q = 7.8$ cms，渠道內發生水躍現象，水躍前的水深 $y_1 = 0.28$ m。試 (1) 分析水躍前的水流福祿數、(2) 水躍後水深及福祿數、及 (3) 水躍的能量損失。

解答：

(1) 水躍前流速 $V_1 = \dfrac{Q}{By_1} = \dfrac{7.8}{3 \times 0.28} = 9.286$ m/s，

福祿數 $F_{r1} = \dfrac{V_1}{\sqrt{gy_1}} = \dfrac{9.286}{\sqrt{9.81 \times 0.28}} \rightarrow \boxed{F_{r1} = 5.60}$

水躍前比能 $E_1 = y_1 + \dfrac{V_1^2}{2g} = 0.28 + \dfrac{9.286^2}{2 \times 9.81} = 4.67$ m

(2) 水躍後水深 $y_2 = \dfrac{y_1}{2}\left(-1 + \sqrt{1 + 8F_1^2}\right) = \dfrac{0.28}{2}\left(-1 + \sqrt{1 + 8 \times 5.6^2}\right)$

$\rightarrow \boxed{y_2 = 2.08 \text{ m}}$

水躍後流速 $V_2 = \dfrac{Q}{By_2} = \dfrac{7.8}{3 \times 2.08} = 1.25$ m/s，

福祿數 $F_{r2} = \dfrac{V_2}{\sqrt{gy_2}} = \dfrac{1.25}{\sqrt{9.81 \times 2.08}} \rightarrow \boxed{F_{r2} = 0.28}$

水躍後比能 $E_2 = y_2 + \dfrac{V_2^2}{2g} = 2.08 + \dfrac{1.25^2}{2 \times 9.81} = 2.16$ m

(3) 水躍能量損失 $E_L = E_1 - E_2 = 4.67 - 2.16 = \underline{2.51}$ m 或直接由公式 $E_L = \dfrac{(y_2 - y_1)^3}{4y_1y_2}$ 可得 $\boxed{E_L = 2.51 \text{ m}}$。相對能量損失 $\dfrac{E_L}{E_1} = \dfrac{2.51}{4.68}$ $= 0.536 = 53.6\%$。因為發生水躍此渠流有 53.4% 的能量消耗在水躍中。

例題 6.2

有一水躍發生在水平矩形渠道中，已知水躍前及水躍後的水深分別為 $y_1 = 0.25$ m 及 $y_2 = 1.50$m。試依此條件計算水躍前及水躍後的水流福祿數、渠流單位寬度流量及水躍能量損失。

解答：

由共軛水深關係式 $\frac{y_2}{y_1} = \frac{1}{2}\left(-1+\sqrt{1+8F_{r1}^2}\right) = \frac{1.50}{0.25} = 6$ →水躍前福祿數 $\boxed{F_{r1} = 4.583}$

$\frac{y_1}{y_2} = \frac{1}{2}\left(-1+\sqrt{1+8F_{r2}^2}\right) = \frac{0.25}{1.50} = \frac{1}{6}$ → 水躍後福祿數 $\boxed{F_{r2} = 0.139}$

$F_{r1} = \frac{V_1}{\sqrt{gy_1}} = \frac{q}{\sqrt{gy_1}\,y_1} = \frac{q}{\sqrt{9.81\times 0.25}\times 0.25} = 4.583$ → 單位寬度流量 $\boxed{q = 1.794\ \text{m}^2/\text{s}}$

水躍能量損失 $E_L = \frac{(y_2 - y_1)^3}{4y_1y_2} = \frac{(1.50-0.25)^3}{4\times 0.25\times 1.50}$ → 水躍能量損失 $\boxed{E_L = 1.302\ \text{m}}$

水躍前比能 $E_1 = y_1 + \frac{q^2}{2gy_1^2} = 0.25 + \frac{1.794^2}{2\times 9.81\times 0.25^2} = 2.875$ m

相對能量損失 $\frac{E_L}{E_1} = \frac{1.302}{2.875} = 0.453 = \underline{45.3}\%$，有 45.3% 的能量在水躍過程中消失。

例題 6.3

欲設計一個水躍發生在一條水平矩形渠道中，用以消減水流能量。水躍前的水流福祿數 $F_{r1} = 8.5$，水躍能量損失 $E_L = 5$ m，試依此條件計算水躍前水深 y_1、水躍後水深 y_2、水躍後福祿數 F_{r2}、單位寬度流量 q、水躍前流速 V_1 及水躍後流速 V_2。

解答：

由水躍共軛水深關係式 $\frac{y_2}{y_1}=\frac{1}{2}\left(-1+\sqrt{1+8F_{r1}^2}\right)=\frac{1}{2}\left(-1+\sqrt{1+8\times 8.5^2}\right)$

$=11.53$ → 水深比 $\boxed{\frac{y_2}{y_1}=11.53}$，

能量損失 $E_L=\frac{(y_2-y_1)^3}{4y_1y_2}=\frac{[(y_2/y_1)-1]^3 y_1}{4(y_2/y_1)}=\frac{[11.53-1]^3 y_1}{4\times 11.53}=5$

→ 水躍前水深 $\boxed{y_1=0.198\ \text{m}}$，

水躍後水深 $\boxed{y_2=11.53y_1=11.53\times 0.198=2.28\ \text{m}}$

由水躍共軛水深關係式 $\frac{y_1}{y_2}=\frac{1}{2}\left(-1+\sqrt{1+8F_{r2}^2}\right)=\frac{1}{11.53}=0.0867$

→ 水躍後福祿數 $\boxed{F_{r2}=0.217}$

$F_{r1}=\frac{V_1}{\sqrt{gy_1}}=\frac{q}{\sqrt{gy_1}\,y_1}=\frac{q}{\sqrt{9.81\times 0.198}\times 0.198}=8.5$ → 單位寬度流量

$\boxed{q=2.346\ \text{m}^2/\text{s}}$

水躍前後流速分別為 $V_1=\frac{q}{y_1}=\frac{2.346}{0.198}=\underline{11.85\ \text{m/s}}$，

$V_2=\frac{q}{y_2}=\frac{2.346}{2.28}=\underline{1.03\ \text{m/s}}$

例題 6.4

欲設計一個水躍發生在一條水平矩形渠道中，以達到消減水流能量的目的。已知設計的單位寬度流量 $q=2.5\ \text{m}^2/\text{s}$，水躍能量損失為 $E_L=2.75$ m，試依此條件計算水躍前及水躍後的水深、水躍前及水躍後的流速、及水躍前及水躍後的福祿數。

解答：

由共軛水深關係 $\frac{y_2}{y_1}=\frac{1}{2}\left(-1+\sqrt{1+8F_{r1}^2}\right)$，

其中 $F_{r1}^2=\dfrac{q^2}{gy_1^3}=\dfrac{2.5^2}{9.81y_1^3}=\dfrac{0.637}{y_1^3}$

水躍能量損失 $E_L=\dfrac{(y_2-y_1)^3}{4y_1y_2}=\dfrac{[(y_2/y_1)-1]^3y_1}{4(y_2/y_1)}$ ，

$$=\frac{\left(-\frac{3}{2}+0.5\sqrt{1+8F_{r1}^2}\right)^3y_1}{2\left(-1+\sqrt{1+8F_{r1}^2}\right)}=2.75$$

用試誤法推求適當的水深 $y_1\rightarrow$ 計算 $F_{r1}^2\rightarrow$ 計算 $(y_2/y_1)\rightarrow$ 計算 E_L 並比較計算 E_L 是否等於 2.75。或將 $F_{r1}^2=0.637/y_1^3$ 代入上式直接用試誤法求解，計算結果：

水躍前水深 $y_1=0.262\text{m}$，福祿數 $F_{r1}=5.95$，

流速 $V_1=\sqrt{gy_1}F_{r1}=9.54$ m/s，水深比 $y_2/y_1=7.93$，

水躍後水深 $y_2=2.078$ m，流速 $V_2=q/y_2=1.203$ m/s，

福祿數 $F_{r2}=V_2/\sqrt{gy_2}=0.266$。

猜測 y_1	F_1	y_2/y_1	計算 E_L	E_L-2.75	檢核
0.400	3.16	3.99	0.670	-2.079	No
0.350	3.85	4.98	1.105	-1.645	No
0.300	4.86	6.39	1.838	-0.912	No
0.280	5.39	7.14	2.267	-0.483	No
0.270	5.69	7.56	2.524	-0.226	No
0.264	5.88	7.84	2.693	-0.057	No
0.262	5.95	7.93	2.753	0.003	OK
0.260	6.02	8.03	2.814	0.064	No

例題 6.5

有水平矩形渠道，下游段渠床高程抬升 ΔZ，水躍發生在渠床高程抬升前，如圖所示，上游水躍前水深為 y_1，福祿數為 F_{r1}，水躍後渠床抬高前水深為 y_2，水躍後渠床抬高段水深為 y_3。假設渠流為靜水壓，試回答下列兩個問題：(1) 渠床抬高段水深 y_3 與水躍前水深 y_1 之關係式；(2) 在 $y_1 = 0.5$ m，福祿數 $F_{r1} = 5.0$ 及 $\Delta Z = 0.5$ m 的條件下，水躍後水深 y_2 與 y_3。

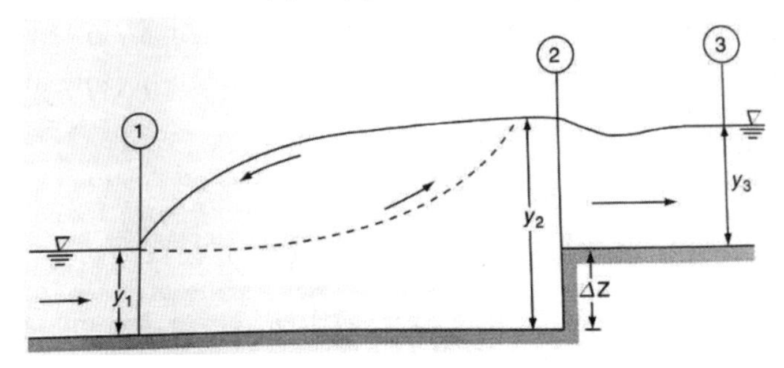

(Subramanya, 2015)

解答：

選一個包含水躍前後斷面 1、斷面 2 及斷面 3 的控制體積，考量渠床抬升 ΔZ 對控制體積內流體的作用力為 F_D，忽略作用在控制體積底部的邊界摩擦阻力，則沿渠流單位寬度動量方程式可寫成 $P_{f1} - P_{f3} - F_D = M_3 - M_1$

其中水壓力 $P_{f1} = \dfrac{1}{2}\rho g y_1^2$，$P_{f3} = \dfrac{1}{2}\rho g y_3^2$，

作用力 $F_D = \rho g\left[(y_2 - \dfrac{1}{2}\Delta Z)\Delta Z\right]$，

動量通量 $M_1 = \rho q V_1 = \dfrac{\rho q^2}{y_1}$ 及 $M_3 = \rho q V_3 = \dfrac{\rho q^2}{y_3}$。

整理後可得 $\dfrac{1}{2}\rho g y_1^2 - \dfrac{1}{2}\rho g y_3^2 - \rho g\left[(y_2 - \dfrac{1}{2}\Delta Z)\Delta Z\right] = \rho q^2\left(\dfrac{1}{y_2} - \dfrac{1}{y_1}\right)$

$$\rightarrow y_1^2 - y_3^2 - [(2y_2 - \Delta Z)\Delta Z] = \frac{2q^2}{g y_1^3}\left(\frac{1}{y_2} - \frac{1}{y_1}\right)y_1^3 = \frac{2q^2}{g y_1^3}\left(\frac{y_1 - y_2}{y_1 y_2}\right)y_1^3，$$

將方程式除以 y_1^2

$$\rightarrow 1-\left(\frac{y_3}{y_1}\right)^2-\left(\frac{2y_2}{y_1}-\frac{\Delta Z}{y_1}\right)\frac{\Delta Z}{y_1}=2F_{r1}^2\left(\frac{y_1}{y_3}-1\right)$$，其中 $F_{r1}^2=\dfrac{q^2}{gy_1^3}$

$$\rightarrow\left(\frac{y_3}{y_1}\right)^2=1+2F_{r1}^2\left(1-\frac{y_1}{y_3}\right)+\frac{\Delta Z}{y_1}\left(\frac{\Delta Z}{y_1}-\frac{2y_2}{y_1}\right)$$，

又斷面 1 及斷面 2 共軛水深關係為 $\dfrac{y_2}{y_1}=\dfrac{1}{2}\left(-1+\sqrt{1+8F_{r1}^2}\right)$，代入上式可得斷面 1 及 3 共軛水深關係

$$\boxed{\left(\frac{y_3}{y_1}\right)^2=1+2F_{r1}^2\left(1-\frac{y_1}{y_3}\right)+\frac{\Delta Z}{y_1}\left(\frac{\Delta Z}{y_1}+1-\sqrt{1+8F_{r1}^2}\right)}$$

渠床抬升 $\Delta Z=0.5$ m，忽略作用在渠床邊界摩擦阻力，水躍發生在渠床高程抬升前，斷面 1 及 2 共軛水深關係為

$\dfrac{y_2}{y_1}=\dfrac{1}{2}\left(-1+\sqrt{1+8F_{r1}^2}\right)\rightarrow\dfrac{y_2}{0.5}=\dfrac{1}{2}\left(-1+\sqrt{1+8\times 25}\right)=6.589\rightarrow$ 水躍後水深 $y_2=\underline{3.294}$ m

斷面 1 及 3 水深關係為 $\left(\dfrac{y_3}{y_1}\right)^2=1+2F_{r1}^2\left(1-\dfrac{y_1}{y_3}\right)+\dfrac{\Delta Z}{y_1}\left(\dfrac{\Delta Z}{y_1}+1-\sqrt{1+8F_{r1}^2}\right)$

$$\left(\frac{y_3}{0.5}\right)^2=1+2\times 5^2\left(1-\frac{0.5}{y_3}\right)+\frac{0.5}{0.5}\left(\frac{0.5}{0.5}+1-\sqrt{1+8\times 5^2}\right)$$

$$\rightarrow\left(\frac{y_3}{0.5}\right)^2=-11.18+50\left(1-\frac{0.5}{y_3}\right)=38.82-\frac{25}{y_3}$$

$$\rightarrow\left(\frac{y_3}{0.5}\right)^3-38.82\left(\frac{y_3}{0.5}\right)+50=0$$

$\rightarrow$ 水躍後渠床抬高段水深 y_3 可能有兩種情形，

$y_3=\begin{cases}\underline{2.722}\text{ m}（亞臨界流）\\ \underline{0.676}\text{ m}（超臨界流）\end{cases}$

當渠床抬高段為水平或是緩坡，水流為亞臨界流，

水深 $y_3=\underline{2.722}$ m。

例題 6.6

有一寬頂堰溢洪渠道，高 $P = 40$ m，設計通過溢洪渠道的能量水頭 $H_d = 2.5$ m，溢流過堰頂溢洪的水流經過溢洪陡坡後在洩洪渠道水平段發生水躍，如圖所示。假設溢洪堰頂流量係數 $C_d = 0.738$，試求：(1) 通過溢洪道的單位寬度流量 q，(2) 忽略溢洪渠道能量損失，計算水躍前及水躍後的水深，及 (3) 計算水躍的能量損失。

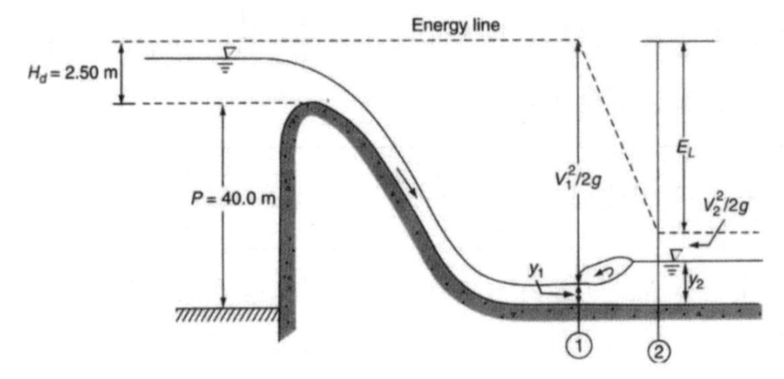

水流流經溢洪道示意圖（Subramanya, 2015）

解答：

(1) 通過溢洪道單位寬度流量

$$q = \frac{2}{3}C_d\sqrt{2g}H_d^{3/2} = \frac{2}{3}\times 0.738\times\sqrt{2\times 9.81}\times 2.5^{3/2} = \underline{8.614\ \text{m}^2/\text{s}}$$

(2) 總水頭 $P + H_d = y_1 + \dfrac{V_1^2}{2g} = y_1 + \dfrac{q^2}{2gy_1^2} \rightarrow y_1 + \dfrac{8.614^2}{2\times 9.81\times y_1^2} = 42.5 \rightarrow$

水躍前水深 $\boxed{y_1 = 0.3\ \text{m}}$

$F_{r1}^2 = \dfrac{q^2}{gy_1^3} = \dfrac{8.614^2}{9.81\times 0.3^3} = 280.14 \rightarrow \boxed{F_{r1} = 16.74}$，流速 $V_1 = q / y_1 = 8.614 / 0.3 = 28.71$ m/s。

由共軛水深關係 $\dfrac{y_2}{y_1} = \dfrac{1}{2}\left(-1+\sqrt{1+8F_{r1}^2}\right) = 23.18$，

水躍後水深 $y_2 = 23.18y_1 = 23.18\times 0.3 = \underline{6.954}$ m

(3) 水躍能量損失 $E_L = \dfrac{(y_2 - y_1)^3}{4y_1y_2} = \dfrac{(6.954-0.3)^3}{4\times0.3\times6.954} = \underline{35.3\text{ m}}$，相對能量損失 $\boxed{\dfrac{E_L}{E_1} = \dfrac{35.3}{42.5} = 83.0\%}$

6.4 水平三角形渠道上的水躍（Hydraulic Jump in a Horizontal Triangular Channel）

6.4.1 三角形渠道水躍共軛水深關係式

考量有一水平三角形渠道，水流為定量流，水壓為靜水壓力，水平渠道上發生水躍，水躍前後的斷面分別命名為斷面 1 及斷面 2，選一個包含水躍區的控制體積，忽略作用在控制體積底部的邊界摩擦阻力，則沿渠流方向的動量方程式可以簡化寫成（假設 $\beta_1 = \beta_2 = 1$）（Vatankhah and Omid, 2010; Hager and Wanoschck, 1987）

$$A_1\bar{y}_1 - A_2\bar{y}_2 = \frac{Q^2}{gA_2} - \frac{Q^2}{gA_1} = \frac{Q^2}{g}\left(\frac{1}{A_2} - \frac{1}{A_1}\right)$$

對於三角形渠道，斷面積 $A = my^2$，水面寬度 $T = 2my$，水面到斷面重心距離 $\boxed{\bar{y} = \frac{1}{3}y}$，代入上式整理得 $(y_1^3 - y_2^3) = \dfrac{3Q^2}{gm^2}\left(\dfrac{1}{y_2^2} - \dfrac{1}{y_1^2}\right)$，又三角形渠流福祿數 $F_r^2 = \dfrac{Q^2T}{gA^3} = \dfrac{2Q^2}{gm^2y^5} \rightarrow \left(1 - \dfrac{y_2^3}{y_1^3}\right) = \dfrac{3Q^2}{gm^2y_1^5}\left(\dfrac{y_1^2}{y_2^2} - 1\right) \rightarrow \left(1 - \dfrac{y_2^3}{y_1^3}\right)\dfrac{y_2^2}{y_1^2} = \dfrac{3}{2}F_{r1}^2\left(1 - \dfrac{y_2^2}{y_1^2}\right)$，因此三角形渠道的水躍共軛水深關係為

$$\boxed{\left(\frac{y_2}{y_1}\right)^5 - \left(1 + \frac{3}{2}F_{r1}^2\right)\left(\frac{y_2}{y_1}\right)^2 + \frac{3}{2}F_{r1}^2 = 0}$$

，同理可以得到

$$\boxed{\left(\frac{y_1}{y_2}\right)^5-\left(1+\frac{3}{2}F_{r2}^2\right)\left(\frac{y_1}{y_2}\right)^2+\frac{3}{2}F_{r2}^2=0}$$

三角形渠道上的水躍共軛水深關係可改寫成，

$$\left(\frac{y_2}{y_1}-1\right)\left(\left(\frac{y_2}{y_1}\right)^4+\left(\frac{y_2}{y_1}\right)^3+\left(\frac{y_2}{y_1}\right)^2-\frac{3}{2}F_{r1}^2\left(\frac{y_2}{y_1}\right)-\frac{3}{2}F_{r1}^2\right)=0$$

有水躍時 $\frac{y_2}{y_1}>1$，因此上述五次方程式可降階為四次方程式

$$\boxed{\left(\frac{y_2}{y_1}\right)^4+\left(\frac{y_2}{y_1}\right)^3+\left(\frac{y_2}{y_1}\right)^2-\frac{3}{2}F_{r1}^2\left(\frac{y_2}{y_1}\right)-\frac{3}{2}F_{r1}^2=0} \quad (6.10)$$

上述四次方程式大多需要用試誤法來求得近似解。伊朗學者 Vatankhah & Omid（2010）經過巧妙分析過程得到 1 個解，具有物理意義的三角形渠道水躍共軛水深比的解析解為

$$\boxed{\frac{y_2}{y_1}=\frac{1}{2}\left(a_1-\frac{1}{2}\right)+\frac{1}{2}\sqrt{\left(a_1-\frac{1}{2}\right)^2-4(k_1-b_1)}} \quad (6.11)$$

其中 $a_1=\sqrt{2k_1-\frac{3}{4}}$，$b_1=\sqrt{k_1^2+\frac{3}{2}F_{r1}^2}$

$$k_1=\sqrt[3]{c_1+d_1}+\sqrt[3]{c_1-d_1}+\frac{1}{6}，\ c_1=\frac{(3F_{r1}^2+2)^2}{64}-\frac{25}{432}，d_1=\sqrt{c_1^2+\left(\frac{3}{8}F_{r1}^2-\frac{1}{36}\right)^3}$$

同理可得也可將解答寫成

$$\boxed{\frac{y_1}{y_2}=\frac{1}{2}\left(a_2-\frac{1}{2}\right)+\frac{1}{2}\sqrt{\left(a_2-\frac{1}{2}\right)^2-4(k_2-b_2)}} \quad (6.12)$$

其中 $a_2=\sqrt{2k_2-\frac{3}{4}}$，$b_2=\sqrt{k_2^2+\frac{3}{2}F_{r2}^2}$

$$k_2 = \sqrt[3]{c_2 + d_2} + \sqrt[3]{c_2 - d_2} + \frac{1}{6} \text{，} c_2 = \frac{(3F_{r2}^2 + 2)^2}{64} - \frac{25}{432} \text{，} d_2 = \sqrt{c_2^2 + \left(\frac{3}{8}F_{r2}^2 - \frac{1}{36}\right)^3}$$

如下表所示水躍前水流福祿數 F_{r1} 愈大共軛水深（y_2 / y_1）愈大。

F_{r1}	c_1	d_1	k_1	b_1	a_1	y_2 / y_1
1.5	1.14	1.36	0.92	2.06	1.05	1.37
2.0	3.00	3.50	1.24	2.75	1.32	1.70
3.0	13.08	14.45	2.08	4.22	1.85	2.28
5.0	92.58	96.89	4.28	7.47	2.80	3.27
7.0	346.83	355.62	6.99	11.06	3.64	4.12
10.0	1425.00	1443.35	11.74	16.96	4.77	5.26
12.0	2943.00	2969.60	15.26	21.19	5.46	5.95
15.0	7161.33	7203.11	21.01	27.91	6.42	6.92
20.0	22575.00	22649.59	31.59	39.97	7.90	8.40

6.4.2 三角形渠道上水躍的能量損失

三角形渠道的水躍能量損失

$$E_L = E_1 - E_2 = y_1 + \frac{Q^2}{2gA_1^2} - \left(y_2 + \frac{Q^2}{2gA_2^2}\right) = \left(y_1 + \frac{Q^2}{2gm^2y_1^4}\right) - \left(y_2 + \frac{Q^2}{2gm^2y_2^4}\right)$$

或寫成 $E_L = (y_1 - y_2) + \frac{Q^2}{2gm^2}\left(\frac{1}{y_1^4} - \frac{1}{y_2^4}\right) = (y_1 - y_2) + \frac{Q^2}{2gm^2y_1^4}\left(1 - \left(\frac{y_2}{y_1}\right)^{-4}\right)$

三角形渠道水躍前福祿數的兩次方為

$$F_{r1}^2 = \frac{Q^2T_1}{gA_1^3} = \frac{2Q^2}{gm^2y_1^5} \rightarrow \boxed{E_L = (y_1 - y_2) + \frac{y_1F_{r1}^2}{4}\left(1 - \left(\frac{y_2}{y_1}\right)^{-4}\right)} \qquad (6.13)$$

水躍前比能

$$E_1 = y_1 + \frac{Q^2}{2gA_1^2} = y_1 + \frac{Q^2}{2gm^2y_1^4} = y_1\left(1 + \frac{Q^2}{2gm^2y_1^5}\right) \rightarrow E_1 = y_1\left(1 + \frac{F_{r1}^2}{4}\right)$$

水躍相對能量損失

$$\frac{E_L}{E_1} = \frac{(y_1 - y_2) + \frac{F_{r1}^2 y_1}{4}\left(1 - \left(\frac{y_2}{y_1}\right)^{-4}\right)}{y_1\left(1 + \frac{F_{r1}^2}{4}\right)} \rightarrow \boxed{\frac{E_L}{E_1} = \frac{4\left(1 - \frac{y_2}{y_1}\right) + F_{r1}^2\left(1 - \left(\frac{y_2}{y_1}\right)^{-4}\right)}{4 + F_{r1}^2}}$$

（6.14）

例題 6.7

有一個水躍發生在一條水平對稱三角形渠道中，渠道邊坡係數 $m = 1.0$，已知水躍前水深 $y_1 = 0.2$ m，水躍前福祿數 $F_{r1} = 6.5$，試求水躍前比能 E_1、水躍後水深 y_2、水躍能量損失 E_L 及計算水躍相對能量損失（E_L / E_1）。

解答：

水躍前福祿數 $F_{r1} = 6.5 \rightarrow F_{r1}^2 = \frac{Q^2 T_1}{gA_1^3} = \frac{2Q^2}{gm^2y_1^5} \rightarrow$

流量 $Q = \sqrt{\frac{gm^2y_1^5F_{r1}^2}{2}} = \sqrt{\frac{9.81 \times 0.2^5 \times 6.5^2}{2}} = 0.2575 \text{ m}^3/\text{s}$

水躍前比能 $E_1 = y_1 + \frac{Q^2}{2gA_1^2} = y_1 + \frac{Q^2}{2gm^2y_1^4} = 0.2 + \frac{0.2575^2}{2 \times 9.81 \times 0.2^4}$

$\rightarrow \boxed{E_1 = 2.312 \text{ m}}$

$\frac{3}{2}F_{r1}^2 = \frac{3}{2} \times 6.5^2 = 63.375$，代入共軛水深關係式得

$$\left(\frac{y_2}{y_1}\right)^4 + \left(\frac{y_2}{y_1}\right)^3 + \left(\frac{y_2}{y_1}\right)^2 - 63.375\left(\frac{y_2}{y_1}\right) - 63.375 = 0$$

上述 4 次方程式，不容易得到解析解，以往大多是用試誤法求得近似解，或使用數學軟體求解。使用數學軟體 Wolframalpha 可求解得 $(y_2/y_1) = (-1.968 - 3.541i)$、$(-1.968 + 3.541i)$、$-0.985$ 及 3.920 等 4 個解，但是只有一個 $\boxed{(y_2/y_1) = 3.920}$ 有物理意義，因此水躍後水深 $\boxed{y_2 = 3.92 \times 0.2 = 0.784 \text{ m}}$

水躍後比能 $E_2 = y_2 + \dfrac{Q^2}{2gA_2^2} = y_2 + \dfrac{Q^2}{2gm^2y_2^4} = 0.784 + \dfrac{0.2575^2}{2 \times 9.81 \times 0.784^4}$

$$\rightarrow \boxed{E_2 = 0.793 \text{ m}}$$

水躍能量損失 $E_L = E_1 - E_2 = \underline{1.519}$ m，或由公式

$$E_L = (y_1 - y_2) + \frac{F_{r1}^2 y_1}{4}\left(1 - \left(\frac{y_2}{y_1}\right)^{-4}\right) = \underline{1.519} \text{ m}$$

水躍相對能量損失 $\dfrac{E_L}{E_1} = \dfrac{1.520}{2.312} = 0.657 = \underline{65.7}\%$

6.5 水平梯形渠道上的水躍（Hydraulic Jump in a Horizontal Trapezoidal Channel）

6.5.1 梯形渠道水躍共軛水深關係式

考量一水平梯形渠道，渠道底寬為 B，邊坡係數為 m，水流為定量流，水壓為靜水壓力，水平梯形渠道上發生水躍，水躍前後的斷面分別命名為斷面 1 及斷面 2，選一個包含水躍區的控制體積，忽略作用在渠床邊界摩擦阻力，則沿渠流方向的動量方程式為（假設 $\beta_1 = \beta_2 = 1$）（Ngoc and Nghi, 2024）

$$A_1\bar{y}_1 - A_2\bar{y}_2 = \frac{Q^2}{gA_2} - \frac{Q^2}{gA_1} \rightarrow A_1\bar{y}_1 + \frac{Q^2}{gA_1} = A_2\bar{y}_2 + \frac{Q^2}{gA_2} = P_s \text{（比力）}$$

斷面積 $A = By + my^2$，水面寬度 $T = B + 2my$，水面到斷面重心距離

$$\bar{y} = \frac{\dfrac{By^2}{2} + \dfrac{my^3}{3}}{A} = \frac{3By^2 + 2my^3}{6A}$$

水流單位重量之動量通量 $\dfrac{M}{\rho g} = \dfrac{Q^2}{gA} = \dfrac{Q^2 T}{gA^3}\dfrac{A^2}{T} = F_r^2 \dfrac{A^2}{T}$，因此渠流方向動量方程式可以寫為

$$\frac{3By_1^2 + 2my_1^3}{6} - \frac{3By_2^2 + 2my_2^3}{6} = F_{r1}^2 \frac{A_1^3}{T_1 A_2} - F_{r1}^2 \frac{A_1^2}{T_1} = F_{r1}^2 \frac{A_1^2}{T_1}\left(\frac{A_1}{A_2} - 1\right)$$

$$= F_{r1}^2 \frac{(By_1 + my_1^2)^2}{B + 2my_1}\left(\frac{By_1 + my_1^2}{By_2 + my_2^2} - 1\right)$$

令 $k_1 = \dfrac{B}{my_1}$，$k_2 = \dfrac{B}{my_2}$，整理上式可得

$$\frac{By_1^2\left(3 + \dfrac{2}{k_1}\right)}{6} - \frac{By_2^2\left(3 + \dfrac{2}{k_2}\right)}{6} = F_{r1}^2 \frac{(By_1)^2\left(1 + \dfrac{1}{k_1}\right)^2}{B\left(1 + \dfrac{2}{k_1}\right)}\left(\frac{By_1\left(1 + \dfrac{1}{k_1}\right)}{By_2\left(1 + \dfrac{1}{k_2}\right)} - 1\right)$$

再令 $k_2 = \dfrac{k_1}{\eta}$，$\eta = \dfrac{y_2}{y_1}$，整理上式可得

$$\frac{\left(3 + \dfrac{2}{k_1}\right) - \eta^2\left(3 + \dfrac{2\eta}{k_1}\right)}{6} = F_{r1}^2 \frac{\left(1 + \dfrac{1}{k_1}\right)^2}{\left(1 + \dfrac{2}{k_1}\right)}\left(\frac{\left(1 + \dfrac{1}{k_1}\right)}{\eta\left(1 + \dfrac{\eta}{k_1}\right)} - 1\right)$$

$$\rightarrow \quad \frac{(2\eta^3 + 3k_1\eta^2 - 3k_1 - 2)(\eta^2 + k_1\eta)}{6} = F_{r1}^2 \frac{(k_1 + 1)^2 \eta (k_1 + \eta)}{(k_1 + 2)} - F_{r1}^2 \frac{(k_1 + 1)^3}{(k_1 + 2)}$$

$$\rightarrow \quad \eta^5 + \frac{5}{2}k_1\eta^4 + \frac{3}{2}k_1^2\eta^3 - \left(3F_{r1}^2 \frac{(k_1 + 1)^2}{(k_1 + 2)} + \frac{3}{2}k_1 + 1\right)\eta^2$$

$$-\left(3F_{r1}^2\frac{(k_1+1)^2}{(k_1+2)}+\frac{3}{2}k_1+1\right)k_1\eta+3F_{r1}^2\frac{(k_1+1)^3}{(k_1+2)}=0$$

$$\rightarrow\ (\eta-1)\left[\eta^4+\left(\frac{5}{2}k_1+1\right)\eta^3+\left(\frac{3}{2}k_1^2+\frac{5}{2}k_1+1\right)\eta^2+\left(\frac{3}{2}k_1^2+k_1-3F_{r1}^2\frac{(k_1+1)^2}{(k_1+2)}\right)\eta\right.$$

$$\left.-3F_{r1}^2\frac{(k_1+1)^3}{(k_1+2)}\right]=0$$

因此，梯形渠道上水躍的共軛水深關係式為

$$\boxed{\eta^4+\left(\frac{5}{2}k_1+1\right)\eta^3+\left(\frac{3}{2}k_1^2+\frac{5}{2}k_1+1\right)\eta^2+\left(\frac{3}{2}k_1^2+k_1-3F_{r1}^2\frac{(k_1+1)^2}{(k_1+2)}\right)\eta-3F_{r1}^2\frac{(k_1+1)^3}{(k_1+2)}=0}$$

（6.15）

此 4 次方程式有 4 個解，但是只有一個解具有物理意義。例如水躍前福祿數 $F_{r1}=5.0$ 及參數 $k_1=2.0\rightarrow\boxed{\eta^4+6\eta^3+12\eta^2-160.75\eta-506.25=0}$，使用 Wolfram-Alpha 軟體可直接求得 4 個解，分別為兩個複數解 $\eta=-3.780-4.802i$ 及 $-3.780+4.802i$，兩個實數解 $\eta=-2.983$ 及 4.543，只有 $\boxed{\eta=4.543}$ 具有物理意義。

當 $B=0$，$m\neq 0$，上式可適用於三角形水平渠道；當 $B\neq 0$，$m=0$，上式可適用於矩形水平渠道。對於三角形水平渠道 $B=0$，$k_1=0$，則水躍共軛水深關係式為

$$\boxed{\eta^4+\eta^3+\eta^2-3F_{r1}^2\eta-3F_{r1}^2=0}$$

為分析水平矩形渠道上的水躍，先將梯形渠道的水躍共軛水深關係式改寫成

$$\frac{(k_1+2)}{(k_1+1)^3}\eta^4+\frac{(k_1+2)\left(\frac{5}{2}k_1+1\right)}{(k_1+1)^3}\eta^3+\frac{(k_1+2)\left(\frac{3}{2}k_1^2+\frac{5}{2}k_1+1\right)}{(k_1+1)^3}\eta^2$$

$$+\frac{(k_1+2)\left(\frac{3}{2}k_1^2+k_1-3F_{r1}^2\frac{(k_1+1)^2}{(k_1+2)}\right)}{(k_1+1)^3}\eta-3F_{r1}^2=0$$

上式對於矩形水平渠道，邊坡係數 $m=0$，$k_1=\infty$，上式的前兩項為零，則水躍共軛水深關係式為

$$\frac{3}{2}\eta^2+\frac{3}{2}\eta-3F_{r1}^2=0 \rightarrow \boxed{\eta^2+\eta-2F_{r1}^2=0 \rightarrow \eta=\frac{1}{2}\left(-1+\sqrt{1+8F_{r1}^2}\right)}$$

6.5.2 梯形水平渠道水躍的能量損失

水躍前能量 $E_1=y_1+\frac{Q^2}{2gA_1^2}=y_1+\frac{1}{2}F_{r1}^2\frac{A_1}{T_1}=y_1+F_{r1}^2\frac{(B+my_1)y_1}{2(B+2my_1)}$

$$=y_1\left(1+\frac{(k_1+1)F_{r1}^2}{2(k_1+2)}\right)$$

水躍後能量 $E_2=y_2+\frac{Q^2}{2gA_2^2}=y_2+\frac{1}{2}F_{r1}^2\frac{A_1^3}{A_2^2T_1}=y_2+F_{r1}^2\frac{[(B+my_1)y_1]^3}{2[(B+my_2)y_2]^2(B+2my_1}$

$$E_2=y_2+\frac{(k_1+1)^3y_1F_{r1}^2}{2(k_1+\eta)^2(k_1+2)\eta^2}=y_1\left(\eta+\frac{(k_1+1)^3F_{r1}^2}{2(k_1+\eta)^2(k_1+2)\eta^2}\right)$$

水躍能量損失 $E_L=E_1-E_2=y_1\left(1+\frac{(k_1+1)F_{r1}^2}{2(k_1+2)}\right)-y_1\left(\eta+\frac{(k_1+1)^3F_{r1}^2}{2(k_1+\eta)^2(k_1+2)\eta^2}\right)$

水躍相對能量損失 $\frac{E_L}{y_1}=(1-\eta)+\frac{(k_1+1)F_{r1}^2}{2(k_1+2)}\left(1-\frac{(k_1+1)^2}{\eta^2(k_1+\eta)^2}\right)$

水躍相對能量損失 $\frac{E_L}{E_1}=1-\frac{E_2}{E_1}=1-\left(\frac{2(k_1+2)}{2(k_1+2)+(k_1+1)F_{r1}^2}\right)\left(\eta+\frac{(k_1+1)^3F_{r}}{2\eta^2(k_1+\eta)^2(k}\right.$

例如水躍前福祿數 $F_{r1} = 5.0$ 及參數 $k_1 = 2.0$

$$\rightarrow \boxed{\eta^4 + 6\eta^3 + 12\eta^2 - 160.75\eta - 506.25 = 0}$$

使用 Wolfram-Alpha 可求得 $\boxed{\eta = 4.543}$ → 水躍能損率

$$\frac{E_L}{E_1} = 1 - \left(\frac{8}{8+75}\right)\left(4.543 + \frac{675}{3534.3}\right) = 0.544 \rightarrow \boxed{\frac{E_L}{E_1} = 54.4\%}$$

例題 6.8

有一個水躍發生在一條水平對稱梯形渠道中，渠道底寬 $B = 2.0$ m，邊坡係數 $m = 1.5$，已知渠流流量 $Q = 13.5$ cms，水躍前水深 $y_1 = 0.5$ m，試求水躍前福祿數 F_1，水躍前比能 E_1、水躍後水深 y_2、水躍後比能 E_2、水躍能量損失 E_L 及水躍相對能量損失（E_L / E_1）。

解答：

水躍前流速 $V_1 = \dfrac{Q}{A_1} = \dfrac{Q}{(B+my_1)y_1} = \dfrac{13.5}{(2+1.5\times0.5)\times0.5} = 9.818$ m/s，

其中 $A_1 = 1.375$ m^2，$T_1 = 3.5$ m → $D_1 = A_1 / T_1 = 0.393$，福祿數 $F_1 = \dfrac{V_1}{\sqrt{gD_1}} = \dfrac{9.818}{\sqrt{9.81\times0.393}} = \underline{5.0}$，參數 $k_1 = \dfrac{B}{my_1} = \dfrac{2}{1.5\times0.5} = 2.667$

水面寬 $T_1 = 2 + 2 \times 1.5 \times 0.5 = 3.5$ m，

水躍前比能 $E_1 = y_1 + \dfrac{V_1^2}{2g} = 0.5 + \dfrac{9.818^2}{2\times9.81} \rightarrow \boxed{E_1 = 5.413 \text{ m}}$

梯形渠道水躍共軛水深關係式（可使用數學軟體 Wolframalpha 求解）

$$\boxed{\eta^4 + \left(\frac{5}{2}k_1+1\right)\eta^3 + \left(\frac{3}{2}k_1^2 + \frac{5}{2}k_1 + 1\right)\eta^2 + \left(\frac{3}{2}k_1^2 + k_1 - 3F_{r1}^2\frac{(k_1+1)^2}{(k_1+2)}\right)\eta - 3F_{r1}^2\frac{(k_1+1)^3}{(k_1+2)} = 0}$$

$$\rightarrow \boxed{\eta^4 + 7.667\eta^3 + 18.337\eta^2 - 202.76\eta - 792.42 = 0}$$

$$\rightarrow \eta = \frac{y_2}{y_1} = 4.76 \rightarrow \boxed{y_2 = 4.76 \times 0.5 = 2.38 \text{ m}}$$

水躍後比能 $E_2 = y_2 + \dfrac{Q^2}{2gA_2^2} = 2.38 + \dfrac{13.5^2}{2 \times 9.81 \times [(2+1.5 \times 2.38) \times 2.38]^2}$

$$\rightarrow \boxed{E_2 = 2.433 \text{ m}}$$

水躍能量損失 $E_L = E_1 - E_2 = 5.413 - 2.433 = \underline{2.98 \text{ m}}$，

相對能量損失 $\boxed{\dfrac{E_L}{E_1} = \dfrac{2.980}{5.413} = 55.1\%}$

6.6 水平圓形渠道上的水躍（Hydraulic Jump in a Horizontal Circular Channel）

6.6.1 圓形渠道水躍共軛水深關係式

有一水平圓形渠道，渠道內直徑為 D_0，半徑為 $r_0 = 0.5D_0$，水流為定量流，水壓為靜水壓力，渠道內發生水躍，水躍前後的斷面分別註記為斷面 1 及斷面 2，選一個包含水躍區的控制體積，忽略作用在渠床邊界摩擦阻力，則沿渠流方向的動量方程式為（假設 $\beta_1 = \beta_2 = 1$）

$$A_1\bar{y}_1 - A_2\bar{y}_2 = \frac{Q^2}{gA_2} - \frac{Q^2}{gA_1} \rightarrow A_1\bar{y}_1 + \frac{Q^2}{gA_1} = A_2\bar{y}_2 + \frac{Q^2}{gA_2} = P_s \text{（比力）}$$

當水深為 y 時，水面對於圓心之夾角為 2θ，其中 $\theta = \cos^{-1}\left(1 - \dfrac{2y}{D_0}\right)$；斷面積 $A = \dfrac{D_0^2}{8}[2\theta - \sin(2\theta)]$，水面寬度 $T = D_0\sin\theta$，濕周 $P = r_0\theta$，水面到斷面重心的距離為 $\bar{y}$。

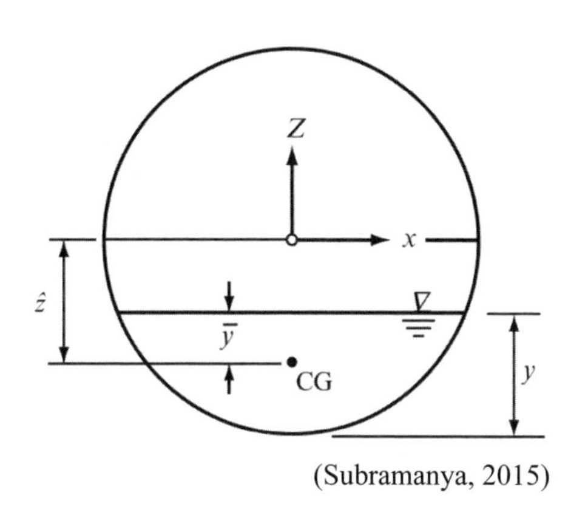

(Subramanya, 2015)

令 $Y=\dfrac{y}{D_0}$，則 $\cos\theta = 1-2Y$，$\sin\theta = 2\sqrt{Y-Y^2}$，

重心距離 $\bar{y}=\dfrac{1}{A}\int_0^y (r_0-y)Tdy-(r_0-y)$

$$\rightarrow\ \bar{y}=\frac{1}{4A}\int_0^\theta D_0^3\sin^2\theta d(\sin\theta)-\frac{D_0\cos\theta}{2}=\frac{D_0^3\sin^3\theta}{12A}-\frac{D_0\cos\theta}{2}$$

$$\rightarrow\ \bar{y}=D_0\left[\frac{2\sin^3\theta}{3[2\theta-\sin(2\theta)]}-\frac{\cos\theta}{2}\right]=D_0\left[\frac{2D_0^2(Y-Y^2)^{3/2}}{3A}-\left(\frac{1}{2}-Y\right)\right]$$

水平圓形渠道 $A=\dfrac{D_0^2}{8}\left[2\theta-\sin(2\theta)\right]=\dfrac{D_0^2}{8}\left[2\cos^{-1}(1-2Y)-\sin[2\cos^{-1}(1-2Y)]\right]$

$T=D_0\sin\theta=2D_0\sqrt{Y-Y^2}$，重心距離 $\bar{y}=D_0\left[\dfrac{2D_0^2(Y-Y^2)^{3/2}}{3A}-\left(\dfrac{1}{2}-Y\right)\right]$，

想要從這些複雜的式子去計算水躍水深是非常費力費的，因此需要簡單的經驗式。

有一個簡單的水平圓形渠道水躍的共軛水深經驗公式：

$$\boxed{\frac{y_2}{y_1}=0.3354+0.8644F_{r1}-0.01F_{r1}^2} \qquad (6.16)$$

例題 6.9

有一條水平圓形渠道中，渠道直徑 D_0 = 2.0 m，已知流量 Q = 3.0 cms，水躍前水深 y_1 = 0.55 m，試求水躍前福祿數 F_{r1}、比能 E_1、水躍後水深y_2、比能E_2、水躍能量損失E_L及水躍相對能量損失（E_L / E_1）。

解答：

水躍前水深 $y_1 = 0.55$ m，$Y_1 = \dfrac{y_1}{D_0} = \dfrac{0.55}{2.0} = 0.275$，

$$A_1 = \frac{D_0^2}{8}\left[2\cos^{-1}(1-2Y_1) - \sin[2\cos^{-1}(1-2Y_1)]\right] = 0.7022 \text{ m}^2，$$

流速 $V_1 = \dfrac{Q}{A_1} = \dfrac{3}{0.7022} = 4.272$ m/s，

$T_1 = 2D_0\sqrt{Y - Y^2} = 4\sqrt{0.275 - 0.275^2} = 1.786$ m，$F_{r1} = \left(\dfrac{Q^2 T_1}{g A_1^3}\right)^{1/2} = \underline{2.175}$，

比能 $E_1 = y_1 + \dfrac{V_1^2}{2g} = 0.55 + \dfrac{4.272^2}{2\times 9.81} = \underline{1.480}$ m。用經驗公式求 y_2，

水躍後水深 $\boxed{y_2 = y_1(0.3354 + 0.8644F_{r1} - 0.01F_{r1}^2) = \underline{1.192} \text{ m}}$

$Y_2 = \dfrac{y_2}{D_0} = \dfrac{1.192}{2} = 0.596$，

$$A_2 = \frac{D_0^2}{8}\left[2\cos^{-1}(1-2Y_2) - \sin[2\cos^{-1}(1-2Y_2)]\right] = 1.952 \text{ m}^2，$$

流速 $V_2 = \dfrac{Q}{A_2} = 1.537$ m/s，

比能 $E_2 = y_2 + \dfrac{V_2^2}{2g} = 1.192 + \dfrac{1.537^2}{2\times 9.81} = \underline{1.312}$ m，

水躍能量損失 $E_L = E_1 - E_2 = \underline{0.168}$ m，$\dfrac{E_L}{E_1} = \dfrac{0.168}{1.48} = \underline{11.4}\%$

6.7 斜坡矩形渠道上的水躍（Hydraulic Jump in an Inclined Rectangular Channel）

分析斜坡矩形渠道上的水躍共軛水深關係，需要考量水躍段水體沿渠床坡度方向的重量分量（Rajaratnam and Murahari, 1974; Kateb, et al., 2015）。渠床傾斜角度愈大對水躍後的水深影響愈大。

令水躍前的水深為 y_1，水平矩形渠道水躍後的水深為 y_2，斜坡矩形渠道水躍後的水深為 y_i，利用水平矩形渠道水躍共軛水深 y_1 的 y_2 關係式，再考量渠床傾斜角 θ 的影響，可以計算斜坡矩形渠道水躍後的水深 y_i，即

(1) $\dfrac{y_2}{y_1} = \dfrac{1}{2}\left(-1+\sqrt{1+8F_{r1}^2}\right)$；

(2) $\dfrac{y_t}{y_2} = 1.0071\exp(3.2386\tan\theta)$；（6.17）

(3) 斜坡水躍長度 $L_j = (6.1 + 4.0\tan\theta)y_2$；（6.18）

(4) 斜坡水躍能量損失 $E_L = (E_1 + L_j\tan\theta) - E_2$；（6.19）

(5) 斜坡水躍相對能量損失 $\dfrac{E_L}{H_1} = \dfrac{E_L}{E_1 + L_j\tan\theta}$。（6.20）

例題 6.10

有一斜坡矩形渠道，單位寬度流量 $q = 11.0\ \mathrm{m^2/s}$，渠床坡度 $\tan\theta = 0.15$，渠道內發生水躍，水躍前的水深 $y_1 = 0.7$ m。試 (1) 分析水躍前福祿數 F_{r1}、(2) 水躍後水深 y_t 及福祿數 F_{r2}、及 (3) 水躍的能量損失 E_L。

解答：

(1) 斜坡水躍前流速 $V_1 = \dfrac{q}{y_1} = \dfrac{11.0}{0.7} = 15.71$ m/s，

水躍前福祿數 $F_{r1} = \dfrac{V_1}{\sqrt{gy_1}} = \dfrac{15.71}{\sqrt{9.81\times0.7}} = \underline{6.0}$

斜坡水躍前比能 $E_1 = y_1\cos\theta + \dfrac{V_1^2}{2g} = 0.7\times0.9889 + \dfrac{15.71^2}{2\times9.81} = 13.27$ m

其中 $\theta = \tan^{-1}(0.15)$

(2) 先求水平渠道水躍後水深 $y_2 = \dfrac{y_1}{2}\left(-1+\sqrt{1+8F_{r1}^2}\right)$

$$= \frac{0.7}{2}\left(-1+\sqrt{1+8\times6.0^2}\right) = 5.60 \text{ m}$$

再藉此求斜坡水躍後水深 $y_t = 1.0071\exp(3.2386\tan\theta)y_2 = 1.0071\exp(3.2386\times0.15)\times5.6 = \underline{9.17}$ m

斜坡渠道水躍後流速 $V_2 = \dfrac{q}{y_t} = \dfrac{11.0}{9.17} = 1.20$ m/s，

水躍後福祿數 $F_{r2} = \dfrac{V_2}{\sqrt{gy_t}} = \dfrac{1.20}{\sqrt{9.81\times9.17}} = \underline{0.127}$

斜坡水躍後比能 $E_2 = y_t\cos\theta + \dfrac{V_2^2}{2g} = 9.17\times0.9889 + \dfrac{1.20^2}{2\times9.81} = 9.14$ m

(3) 斜坡水躍長度 $L_j = (6.1+4.0\tan\theta)y_2 = (6.1+4.0\times0.15)\times5.60$

$= \underline{37.52}$ m；

斜坡水躍能量損失 $E_L = H_1 - H_2 = (E_1 + L_j\tan\theta) - E_2$

$= (13.27+37.52\times0.15) - 9.14 = \underline{9.76}$ m

斜坡水躍相對能量損失 $\dfrac{E_L}{H_1} = \dfrac{E_L}{E_1 + L_j\tan\theta} = \dfrac{9.76}{18.90} = 0.516 = \underline{51.6}\%$。

6.8 斜坡矩形束縮渠道上的水躍（Hydraulic jump in an inclined rectangular contracted channel）

詹錢登 & 張家榮（2005）以理論分析建立斜坡矩形束縮渠道上水躍共軛水深關係式，結果顯示所建立之理論共軛水深關係式式與傳統水平矩形等寬渠槽水躍的共軛水深關係式在形式上是完全相同的。它們的差異只是在修正型水流福祿數 W_* 取代了躍前福祿數 Fr_1 及共軛渠寬水深 $\alpha\eta$ 取代了共軛水深比 η，其中 W_* 為渠床坡度及渠寬束縮影響修正後之水流福祿數：

係數 $\alpha = b_2/b_1$ = 水躍後和水躍前渠道寬度的比值。他們並進行一系列渠槽實驗，用以驗證理論共軛水深關係式及探討水躍長度、水躍前後福祿數比及水躍能量損失。結果顯示所建立之共軛水深關係與實驗結果相當吻合。依據實驗量測資料顯示無因次水躍長度（L/h_1）與無因次水躍能量損失（H_L/H_1 或 H_L/d_1）均隨 W_* 增加而增加。此外，他們分別建立無因次水躍長度及無因次水躍能量損失與修正福祿數之經驗關係式（Jan & Chang 2009）；也以實驗及數值模擬探討斜坡矩形束縮渠道上斜震波（Hydraulic shock waves）的特性（Jan, et al., 2009a、2009b and 2009c）。

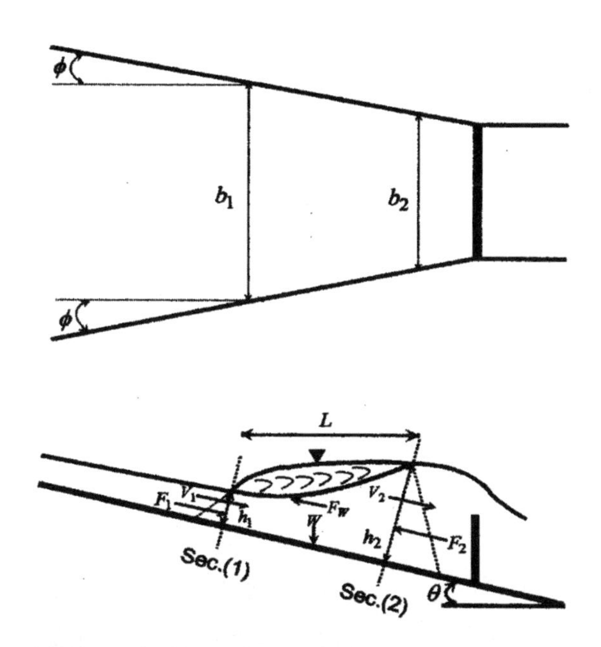

斜坡矩形束縮渠道水躍示意圖（Jan, et al., 2009）

習題

習題 6.1

何謂水躍？並詳述說明水躍之特性及類別。

習題 6.2

有一條水平矩形渠道，渠寬 $B = 2.0$ m，流量 $Q = 6.0$ cms，渠道內發生水躍，水躍前的水深分別為 $y_1 = 0.4$ m，試求水躍前水流福祿數 F_{r1}、水躍後的水深 y_2 及水流福祿數 F_{r2}，並據此推求此渠流水躍的能量損失 E_L。

習題 6.3

有一超臨界流在水平矩形渠道內流動並發生水躍，水躍前與水躍後的水深分別為 $y_1 = 0.1$ m 及 $y_2 = 1.0$ m，矩形渠道的寬度為 1.2 m，試求水躍前水流福祿數 F_{r1} 及平均流速 V_1，水躍後的福祿數 F_{r2} 及平均流速 V_2，並據此推求此渠流的流量 Q 及水躍前後的能量損失 E_L。

習題 6.4

有一穩定水流自溢洪道流入一條 20 m 寬的水平矩形渠道，並形成水躍，其水深由水躍前 1.5 m 經水躍消能後水深抬升為 5.0 m，試求渠道流量 Q、水躍前比能 E_1、水躍消能效率及水躍長度 L_j。

習題 6.5

有一條水平對稱三角形渠道，渠道邊坡水平垂直比 $m = 1.0$，渠道內發生水躍，水躍前水深 $y_1 = 0.25$ m，水流福祿數 $F_{r1} = 6.0$，試推求水躍前比能 E_1、水躍後水深 y_2、水躍後水流福祿數 F_{r2}、水躍後能量損失 E_L 及水躍相對能量損失 E_L / E_1。

習題 6.6

有一條水平圓形渠道，渠道直徑 $D = 2.5$ m，流量 $Q = 3.5$ cms，渠道內發生水躍，水躍前水深 $y_1 = 0.5$ m，試求水躍前水流福祿數 F_{r1} 及比能 E_1，再水躍後水深 y_2、福祿數 F_{r2} 及比能 E_2，並求水躍能量損失 E_L 及相對能量損失 E_L / E_1。

習題 6.7

有一矩形渠道，寬度 3.0 m，曼寧粗糙係數 $n = 0.013$，渠床上游坡度較陡，坡度 $S_0 = 0.0150$，渠床下游坡度較緩，坡度 $S_0 = 0.0016$，兩者交接位置為 A。當流量 $Q = 11.6$ cms，水流流經 A 處渠床坡度從 $S_0 = 0.0150$ 突然改變成 $S_0 = 0.0016$。在 A 處附近發生水躍，試計算水躍產生前後之共軛水深 y_1 及 y_2。

習題 6.8

有一條水平矩形渠道，上游段渠床為光滑渠床，下游段為粗糙渠床，水流在光滑與粗糙渠床交界處發生水躍現象。假設水躍前緣位於光滑與粗糙渠床交界處，水躍滾浪及主體皆位於粗糙渠床上。給定渠道流量為 Q，水躍前後的共軛水深分別為 y_1 及 y_2，水躍前後的斷面平均流速分別為 V_1 及 V_2，水躍前水流福祿數為 F_{r1}。考慮粗糙底床的阻力效應，並假設底床面的平均剪應力 τ 可表示為 $\tau = f\rho V_1^2 / 8$，其中 f 為粗糙底床的阻抗係數，ρ 為水密度，且粗糙面上的水躍長度 L 與水深差 $(y_2 - y_1)$ 成正比 (即 $L = \alpha(y_2 - y_1)$)，α 為一常數。試求粗糙床面上水躍共軛水深比 y_2 / y_1 與 f, α, F_{r1} 的關係式，並比較發生在光滑床面（即不計底部阻抗）與粗糙床面上的水躍高度及其消能效果的差異。

習題 6.9

斜坡上有座矩形渠道，渠床坡角為 θ，渠流為超臨界流，渠道內發生水躍，水躍前水深為 y_1 及水流福祿數為 F_{r1}，水躍後水深 y_2，水躍長度為 L。假設水躍處之邊界摩擦力可忽略不計，試推導此渠流水躍的共軛水深關係式。

習題 6.10

有一座台階式消能設施，它是由一段水平矩形渠道末段抬高 Δz 後接上另一段水平矩形渠道所組成。假設渠道上游段有均勻水流，水深 y_1 為 0.25 m，流速 V_1 為 6.0 m/s，Δz 為 0.25 m，水躍發生在台階上游的水平矩形渠道，如圖所示，水躍後水深為 y_2，流速為 V_2，水躍後台階下游渠道水深為 y_3，流速為 V_3，試求渠道上游段水流福祿數 F_{r1}、水躍後水深 y_2、台階下游段水深 y_3 及流速 V_3。

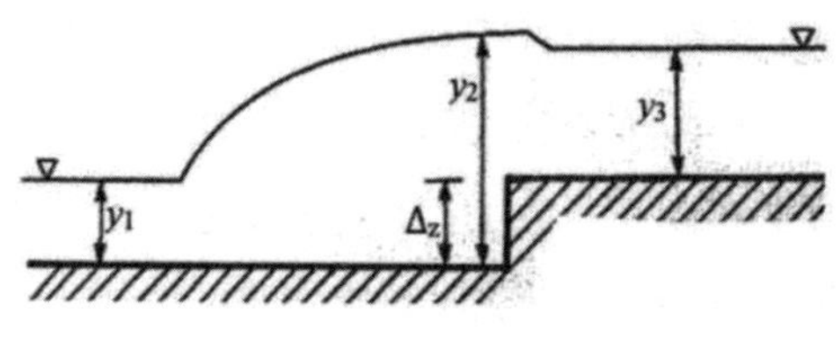

矩形渠道台階式消能設施示意圖

水利人介紹 6. 陳振隆 教授（1937-2023）

這裡介紹陳振隆教授給本書讀者認識。我在美國加州柏克萊大學求學時（1988～1992），因緣際會認識服務於美國地調所（USGS）的陳博士，他提供研究計畫設備及經費給我們進行土石流的實驗研究，我每隔約兩個星期要到向他報告研究進度。他在實驗規劃、結果分析及報告撰寫方面給我非常多的指導，所以我應該稱呼他為老師。我1992年回台到成大水利系任教後，仍和他保持密的聯繫，共同撰寫過兩篇國際期刊論文。感謝他指導。以下介紹陳教授的生平概述：

陳教授1931年出生於台灣，1954年畢業於台灣大學農業工程學系，曾經在台灣政府部門擔任水利工程師3年，1958年到美國密西根州立大學就讀，分別於1960年及1962年取得土木工程碩士及博士學位。之後，曾經任教於伊利諾大學及猶他大學土木及環境工程學系（1963-1978）。1978年以後轉到美國地質調查所（U.S. Geological Survey）服務，1998年退休。2001年擔任北京大學客座教授，2006-2007年擔任國立成功大學防災研究中心國際顧問。在2012年農曆春節前夕，住在美國加州的陳教授因心臟病突發送醫住院，5天後因心臟衰竭而離開人間，享年82歲。

陳教授在水文學及水力學方面的學術研究非常傑出，發表許多經典的論文。陳教授在美國地質調查所退休前幾年，有感於土石流災害的威脅，很有遠見的開始投入大量的時間及精力進行土石流方面的基礎研究。他號召國際上學術界之菁英，在美國土木工程師學會的支持下，於1997年創立國際土石流研討會（Debris-Flow Hazards Mitigation: Mechanics, Prediction, and Assessment），並由他擔任研討會國際委員會的主席。在他的積極支持下，台灣爭取到主辦第二屆（2000年）國際土石流研討會之機會。陳教授不只是國際土石流研討會的創立者，也是長期的支持者，他曾經負責編輯過三次的國際土石流研討會論文集（1997美國加州、2003 瑞士 Davos 及 2007 中國成都)。國際土石流研討會在世界不同城市舉辦，目前已經舉辦 8 屆了。

陳教授一生治學嚴謹，熱心推動水文學、水力學及土石流的學術活動，成就非凡，他雖然長居美國，也常會台灣參加研討會或是短期講學，分享最新學術成果，令人景仰與懷念。(參考資料：中華防災學刊第 4 卷第 1 期)。

參考文獻與延伸閱讀

1. Chow, V.T. (1959), *Open Channel Hydraulics*, McGraw, New York.
2. Hager, W.H., and Wanoschck, R. (1987), Hydraulic jump in triangular channel. Journal of Hydraulic Research, Vol. 25(5), 549-564.
3. Jan, C.D., Chang, C.J., Lai, J.S., and Guo, W.D. (2009a), Characteristics of Hydraulic Shock Waves in an inclined Chute Contraction-Experiments. Journal of Mechanics, Vol.25(2), 129-136.
4. Jan, C.D., Chang, C.J., Lai, J.S. and Guo, W.D. (2009b), Characteristics of Hydraulic Shock Waves in an inclined Chute Contraction-Numerical Simulations." Journal of Mechanics, Vol.25(1), 75-84.
5. Jan, C.D., and Chang, C.J. (2009c), Hydraulic jumps in an inclined rectangular chute contraction. Journal of Hydraulic Engineering, ASCE , Vol.135(11), 949-958.
6. Kateb, S., Debabeche, M., and Riguet, F. (2015), Hydraulic jump in a sloped trapezoidal channel. Energy Procedia, Vol. 74, 51-257.
7. Muhsun, S.S. (2012), Characteristics of the hydraulic jump in trapezoidal channel section. Journal of Environmental Studies, Vol. 9, 53-63.
8. Ngoc, N.M., and Nghi, L.V. (2024), Study of a sequent depth of the hydraulic jump in the trapezoidal channel. Journal of Engineering Science and Technology, Vol. 19(1), 359-373.
9. Rajaratnam, N., and Murahari, V. (1974), Flow characteristics of sloping channel jumps. Journal of Hydraulic Engineering, Vol. 100, 731-740.
10. Subramanya, H. (2015、2019), Flow in Open Channels, 4th and 5th editions, McGraw-Hill, Chennai. (東華書局).
11. Vatankhah, A.R., and Omid, M.H. (2010), Direct solution to problems of hydraulic jump in horizontial triangular channels. Applied mathematics Letters, Vol. 23, 1104-1108.

12. Wolfram alpha（計算軟體），https://www. Wolframalpha.com.

13. 詹錢登、張家榮（2005），斜坡矩形束縮渠道上的水躍特性，中國土木水利工程學刊，Vol. 17(2)，227-233，台灣。

14. 詹錢登（2012），悼念一位良師益友——陳振隆教授，中華防災學刊，第4卷第一期，114-117，台灣。

Chapter 7

急變流 2——水工構造物

(RVF-Hydraulic Structures)

7.1 前言

7.2 堰的分類

7.3 銳緣堰

7.4 寬頂堰

7.5 溢洪道

7.6 閘門

7.7 鋸齒堰

7.8 彎道水流

7.9 自由跌水

7.10 臨界深度水槽

習題

水利人介紹7.洪炳麟先生

參考文獻與延伸閱讀

7.1 前言（Introduction）

急變流（Rapidly-varied flow, RVF）是指水流的水位及流速在短河段內發生劇烈的變化，除了前一章介紹的水躍之外，本章將介紹銳緣堰（Sharp-crested weir）、寬頂堰（Broad-crested weir）、閘門（Sluice gate）、溢洪道（Spillway）、自由跌水（Free overfall）及彎道水流等。這些水工構造物往往形成水流的控制斷面，有明確的水深與流量之關係。水工構造物它們除了可以控制流量之外，也可以駕馭水面線的形式。

渠道中寬頂堰及自由跌水

基隆河員山子分洪堰（照片來源：水利署第十河川局）

7.2 堰的分類（Classification of Weirs）

堰（Weir）是裝置於渠道且垂直於渠流方向的建築物，常被用來控制渠道水流或用以量測流量。依堰上游水面高 H_1 和溢流方向堰頂寬度 B_w 的相對大小，可將堰區分為等四大類：銳緣堰（Sharp-crested weir）、窄頂堰（Narrow-crested weir）、寬頂堰（Broad-crested weir）及長頂堰（Narrow-crested weir）等四大類。堰是渠流的控制點（控制斷面），有明確的水深與流量關係。一般而言，堰的流量公式為

$$\boxed{Q=\frac{2}{3}C_d\sqrt{2g}LH_1^{3/2}} \tag{7.1}$$

其中 L = 堰垂直渠流方向的長度；g 為重力加速度，H_1 為堰上游面的水頭，堰的流量係數 C_d 和堰高 P 及堰寬 B_w 有關係。

早在 1963 年學者（Govinda Rao & Muralidhar）就曾經提出在 $0 < H_1 / P < 1.0$ 及 $0 < H_1 / B_w < 2.0$ 條件下，長頂堰、寬頂堰及窄頂堰的流量係數 C_d 和（H_1 / B_w）有非常密切關係，但是和 H_1 / P 的關係較不明顯。

(a) 長頂堰，$\frac{H_1}{B_w}\le 0.1$，$C_d=0.561\left(\frac{H_1}{B_w}\right)^{0.022}$；（7.2）

(b) 寬頂堰，$0.1<\frac{H_1}{B_w}<0.4$，$C_d=0.521+0.028\left(\frac{H_1}{B_w}\right)$；（7.3）

(c) 窄頂堰，$0.4\le\frac{H_1}{B_w}<1.5$，$C_d=0.492+0.120\left(\frac{H_1}{B_w}\right)$；（7.4）

(d) 銳緣堰，$\frac{H_1}{B_w}\ge 1.5$，$C_d=f\left(\frac{H_1}{B_w}\ \frac{H_1}{P}\right)$。

銳緣堰的流量係數 C_d 和（H_1 / P）有較密切的關係，例如 Rehbock 公

式（Subramanya, 2015）

$$C_d = 0.611 + 0.08\left(\frac{H_1}{P}\right)\text{，其中 } H_1 / P \leq 5.0 \tag{7.5}$$

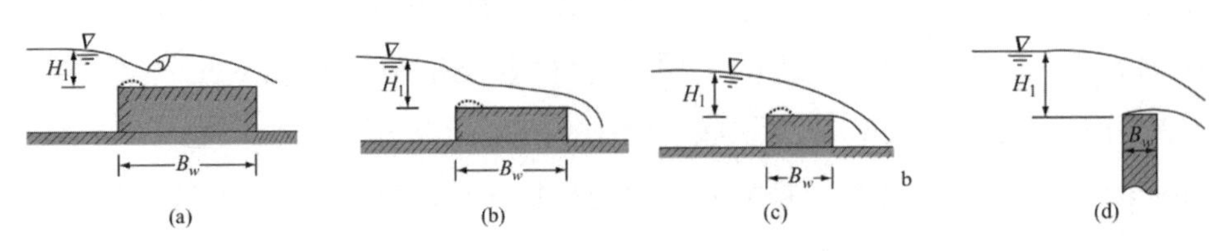

堰的分類（Subramanya, 2015）

7.3 銳緣堰（Sharp-crested Weir）

◆銳緣堰，也稱為薄壁堰，是裝置於垂直渠流方向的金屬板（或其他材質的板狀物），板口為銳緣狀，堰頂寬度明顯小於堰頂水頭。

◆當水流溢流過堰頂時，形成一條水舌狀，流過堰頂的流量與堰頂水頭有密切關係，因此銳緣堰可用以量測或控制渠流的流量。

◆依據板口的形狀，常見的有矩形銳緣堰、三角形銳緣堰、梯形銳緣堰等。

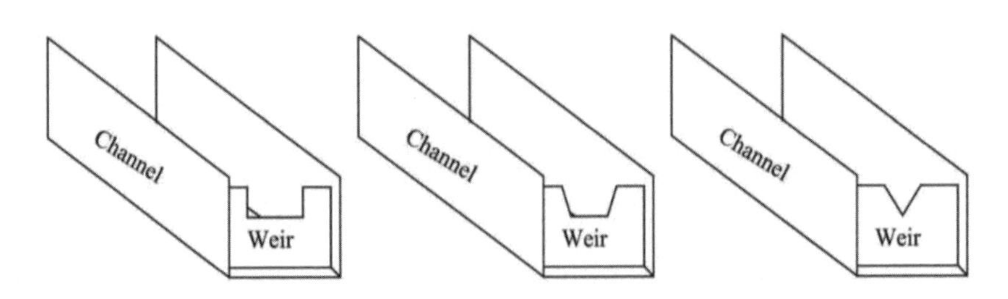

矩形堰、梯形堰及三角形堰示意圖

7.3.1 矩形銳緣堰（Rectangular Sharp-Crested Weir）

矩形銳緣堰在自由溢流情況下，由 Bernoulli 方程式，能量線下水深位置 h 處的流速 $V = C_c\sqrt{2gh}$，通水斷面厚度 dh 的局部流量為 $dQ = C_c L\sqrt{2gh}dh$，因此由水頭 $h = V_0^2/2g$ 積分至水頭 $h = H_1 + V_0^2/2g$，可得流經堰頂流量，即

$$Q = \int dQ = \int_{V_0^2/2g}^{H_1+V_0^2/2g} C_c L\sqrt{2gh}dh = \frac{2}{3}C_c\sqrt{2g}L\left[\left(H_1 + \frac{V_0^2}{2g}\right)^{3/2} - \left(\frac{V_0^2}{2g}\right)^{3/2}\right]$$

為了計算方便，常直接依據測量出的堰上水頭 H_1 來推求流量，其它影響因子對流量的影響則歸給流量係數，即 $\boxed{Q = \frac{2}{3}C_d\sqrt{2g}\ L\ H_1^{3/2}}$

其中流量係數 $C_d = C_c\left[\left(1+\frac{V_0^2}{2gH_1}\right)^{3/2} - \left(\frac{V_0^2}{2gH_1}\right)^{3/2}\right]$

依通水斷面形式可區分為束縮堰（堰寬小於渠寬）與非束縮堰（堰寬與渠寬相同）。以矩形銳緣堰為例，流量係數 C_d 並非常數，而是會受到堰上水頭 H、堰口底部高度 P、堰流水面寬 L、渠流寬 B、水體黏滯力及水體表面張力等因素的影響（French, 1986）。在不考量水體黏滯力及表面張力的影響情況下，矩形束縮堰（堰寬小於渠寬）的流量係數 C_d 與堰流形狀參數（H、P、L 及 B）之關係為（French, 1986）：

$$C_{rd} = \frac{0.611 + 2.23\left(\frac{B}{L}-1\right)^{0.7}}{1+3.8\left(\frac{B}{L}-1\right)^{0.7}} + \frac{0.075 - 0.011\left(\frac{B}{L}-1\right)^{1.46}}{1+4.8\left(\frac{B}{L}-1\right)^{1.46}}\frac{H}{P} \tag{7.6}$$

當渠寬 B 與堰寬 L 相同時（非束縮堰），則上式可簡化為 $C_{rd} = 0.611 + 0.08\frac{H}{P}$，此式又稱為 Rehbock（1929）公式，適用於 $H/P \le 5$ 之範圍內。當 $H/P >$ 5 時，用 (3) 式所推估之流量誤差較大。Kandaswamy and Rouse（1957）曾

提出適用於高 H/P 值（$H/P \geq 15$）之流量係數關係式。

後續實驗資料顯示 Rehbock 的經驗公式適用範圍可延伸至 $\dfrac{H_1}{P} < 10$，或寫成 $\dfrac{P}{H_1} > 0.1$。

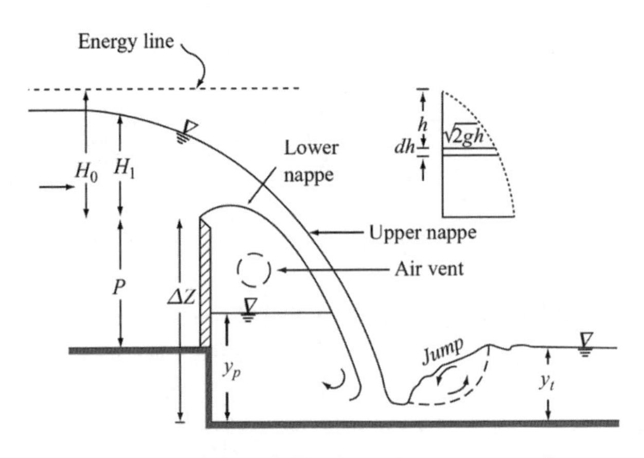

堰流自由跌水示意圖（Subramanya, 2015）

7.3.2 矩形渠道尾檻（Sill）

當 $\dfrac{H_1}{P} > 15$（即 $\dfrac{P}{H_1} < 0.067$），堰上游水深 H_1 遠大於堰高 P，此時不叫「堰」，而是稱為「檻或墩」。

對於水平矩形渠道，渠寬為 B，水流以自由水方式經過渠道尾檻，假設在尾檻前形成臨界水深，則 $H_1 + P = y_c = \left(\dfrac{Q^2}{gB^2}\right)^{1/3} \rightarrow Q = B\sqrt{g}\left(H_1 + P\right)^{3/2}$

尾檻流量和上游水頭之關係為流量係數為

$$Q = \frac{2}{3}\left(\frac{3}{2\sqrt{2}}\left(1 + \frac{P}{H_1}\right)^{3/2}\right)B\sqrt{2g}H_1^{3/2} = \frac{2}{3}C_d B\sqrt{2g}H_1^{3/2}$$

流量係數為

$$\boxed{C_d = \frac{3}{2\sqrt{2}}\left(1+\frac{P}{H_1}\right)^{3/2} = 1.06\left(1+\frac{P}{H_1}\right)^{3/2}} \qquad (7.7)$$

- 當 $\frac{H_1}{P} \geq 15$ 或寫成 $\frac{P}{H_1} \leq 0.067$，流量係數為 $C_d = \frac{3}{2\sqrt{2}}\left(1+\frac{P}{H_1}\right)^{3/2} = 1.06\left(1+\frac{P}{H_1}\right)^{3/2}$
- 當 $\frac{H_1}{P} \leq 10$ 或寫成 $\frac{P}{H_1} \leq 0.10$，流量係數為 $C_d = 0.611+0.08\ \frac{H_1}{P}$

下圖說明銳緣堰（Weir）及底檻（Sill）之流量係數 C_d 與相對堰高（P / H_1）之關係。

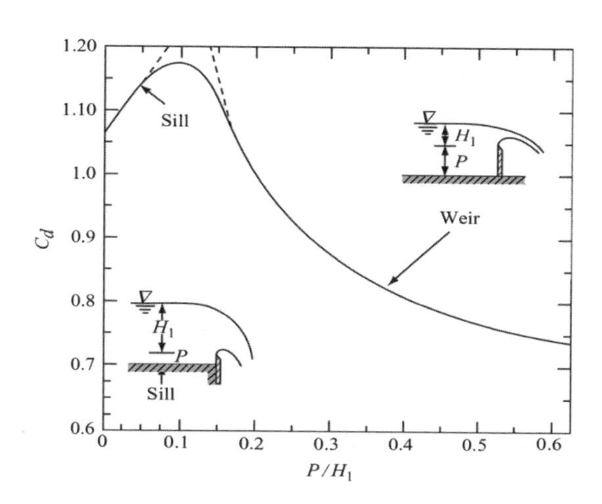

堰和墩的流量係數（Subramanya, 2015）

7.3.3 涵蓋 H_1 / P 全範圍的矩形銳緣堰流量係數

當堰高參數 $\frac{H_1}{P} \leq 5$，$C_d = C_{d*} = 0.611+0.08\ \frac{H_1}{P}$；

當 $\frac{H_1}{P} \geq 15$，$C_d = C_{d**} = 1.06\left(1+\frac{P}{H_1}\right)^{3/2}$

對於過渡區，$5 < \frac{H_1}{P} < 15$，流量係數可利用 $\frac{H_1}{P} \leq 5$ 及 $\frac{H_1}{P} \geq 15$ 的流量係數 C_{d*} 及 C_{d**} 進行組合推估，即 $\boxed{C_d = \left[\left(C_{d*}\right)^{1/n} + \left(C_{d**}\right)^{1/n}\right]^n}$，如下圖所示。

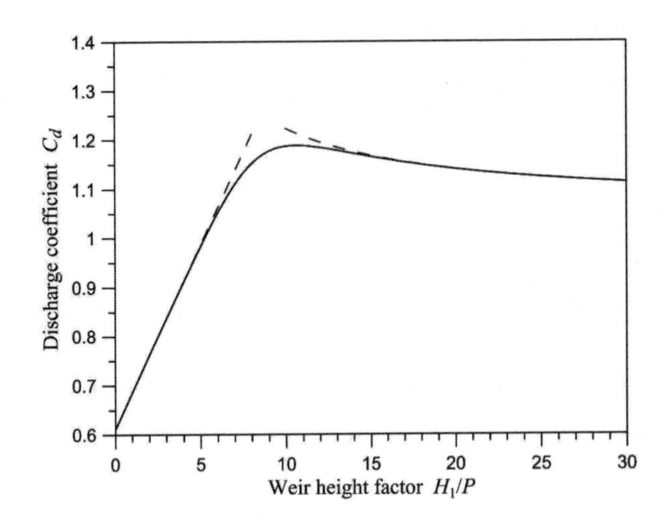

印度學者 Swamee（1988）提出可涵蓋參數（H_1 / P）所有範圍的矩形銳緣堰流量係數（相當於上式指數取 $n = -0.1$）為

$$C_d = 1.06\left[\left(\frac{14.14}{8.15+\left(\frac{H_1}{P}\right)}\right)^{10}+\left(\frac{\left(\frac{H_1}{P}\right)}{1+\left(\frac{H_1}{P}\right)}\right)^{15}\right]^{-0.1} \qquad (7.8)$$

例題 7.1

矩形渠道上有一無側向束縮的矩形銳緣堰，渠道寬度與堰的橫向長度相同，堰長 $L = 0.7$ m，堰高 $P = 0.35$ m，在自由溢流情況下，當堰頂上游水頭 $H_1 = 0.3$ m，試計算流經此矩形銳緣堰之流量。

解答：

比值 $\frac{H_1}{P}=\frac{0.3}{0.35}=0.857\le 5.0$，

流量係數 $C_d = 0.611+0.08\ \frac{H_1}{P} = 0.611+0.08\times 0.857 \rightarrow \boxed{C_d = 0.680}$

無側向束縮矩形銳緣堰流量

$Q=\frac{2}{3}C_d\sqrt{2g}\ L\ H_1^{3/2}=\frac{2}{3}\times 0.680\times\sqrt{2\times 9.81}\times 0.7\times 0.3^{3/2} \rightarrow \boxed{Q = 0.231\ \text{m}^3/\text{s}}$

例題 7.2

擬在寬度 $B = 2.0$ m 的矩形渠道上設置一個沒有側向束縮的矩形銳緣堰，當設計流量 $Q = 0.35\ \mathrm{m^3/s}$，堰頂上游 4 倍水頭處（$4H_1$）水深為 0.85 m（即 $H_1 + P = 0.85$ m），試求此矩形銳緣堰的高度 P。

解答：

由矩形銳緣堰流量 $Q = \frac{2}{3} C_d \sqrt{2g}\, L\, H_1^{3/2}$，

流量係數 $C_d = 0.611 + 0.08\,\frac{H_1}{P}$ 及 $H_1 + P = 0.85$ m，可得

$$H_1 = \left(\frac{3Q}{2C_d\sqrt{2g}\,L}\right)^{2/3} = \left(\frac{3Q}{2\left[0.611+0.08\left(\frac{H_1}{0.85-H_1}\right)\right]\sqrt{2g}L}\right)^{2/3}$$

$$= \left(\frac{3\times 0.35}{2\left[0.611+0.08\left(\frac{H_1}{0.85-H_1}\right)\right]\sqrt{2\times 9.81}\times 2}\right)^{2/3}$$

$$H_1 = \left(\frac{1.05}{10.826+1.417\left(\frac{H_1}{0.85-H_1}\right)}\right)^{2/3}$$

→ 第 1 次試 $H_1 = 0.2$ m，代入方程式右式 → $H_1 = 0.206\ \mathrm{m} > 0.2$ m
第 2 次試 $H_1 = 0.206$ m，代入方程式右式 → $H_1 = 0.205$ m
→ 矩形銳緣堰的高度 $P = 0.85 - H_1 = 0.85 - 0.206$ → $\boxed{P = 0.644\ \mathrm{m}}$

7.3.4 潛沒銳緣堰

當銳緣堰下游水位過高時，水流的水舌後受到堰下游水位的影響，為了確保過堰水流為自由跌水，堰下游水位要比堰頂高程低一些。當堰下游水位高於堰頂時，堰處於潛沒狀

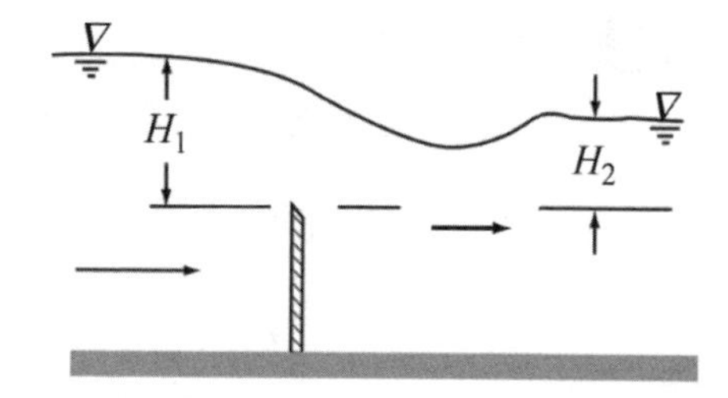

況。令 H_2 為堰下游水位高於堰頂的水深，則潛沒銳緣堰的流量 Q_s 不但與堰上游水位 H_1 有關，同時也和堰下游水位 H_2 有關，即 $Q = f(H_1, H_2)$。潛沒銳緣堰流量 Q_s 和自由跌水銳緣堰流量 Q_1（按 H_1 計算）之關係可用 Villemonte 公式表示為 $\boxed{Q_s = Q_1\left[1-\left(\frac{H_2}{H_1}\right)^a\right]^{0.385}}$，其中流量 Q_1 按照自由跌水計算，潛沒水深比的指數 a 值和銳緣堰形狀有關，矩形銳緣堰的指數取 a = 1.5。

7.3.5 束縮堰

當堰的橫向長度 L 比渠道寬度 B 小，水流流經堰時會有束縮現象，受到束縮影響，堰的橫向有效長度 L_e 略小於堰的橫向實際長度 L。對於矩形堰可由 Francis 公式計算堰的橫向有效長度 L_e

$L_e = L - 0.1nH_1$，其中 n 為堰受到束縮側邊個數。

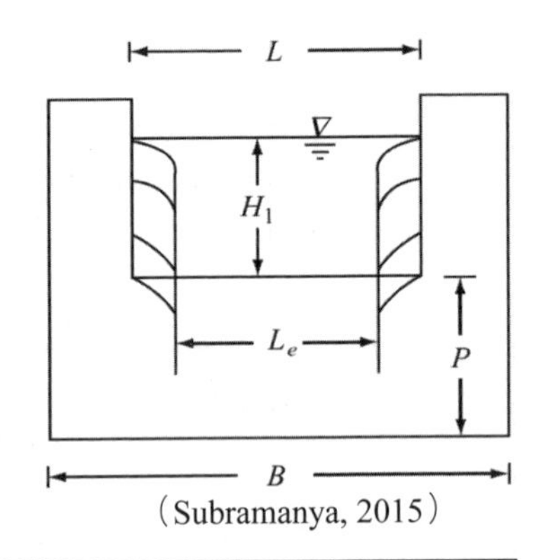

（Subramanya, 2015）

例題 7.3

矩形渠道上有一無側向束縮的矩形銳緣堰，渠道寬度與堰的橫向長度相同，堰長 L = 2.5 m，堰高 P = 0.75 m。當堰頂上游處高於堰頂的水深 H_1 = 1.0 m，堰頂下游處高於堰頂的水深 H_2 = 0.5 m，試計算流經此潛沒式矩形銳緣堰之流量 Q_s。

解答：

先由堰上游處高於堰頂水深 H_1 推求自由跌水矩形銳緣堰的流量 $Q_1 = \frac{2}{3}C_d\sqrt{2g}\,L\,H_1^{3/2}$，流量係數 $C_d = 0.611 + 0.08\,\frac{H_1}{P}$，再由

Villemonte 公式計算潛沒銳緣堰流量 $Q_s = Q_1\left[1-\left(\frac{H_2}{H_1}\right)^a\right]^{0.385}$，其中流量 Q_1 按照自由跌水計算，矩形銳緣堰潛沒水深比的指數 $a=1.5$。$\frac{H_2}{H_1}=\frac{0.5}{1.0}=\frac{1}{2}$，$\frac{H_1}{P}=\frac{1}{0.75}=\frac{4}{3}$

$$Q_s = Q_1\left[1-\left(\frac{H_2}{H_1}\right)^{1.5}\right]^{0.385} = \frac{2}{3}C_d\sqrt{2g}\ L\ H_1^{3/2}\left[1-\left(\frac{H_2}{H_1}\right)^{1.5}\right]^{0.385}$$

$$=\frac{2}{3}\left(0.611+0.08\ \frac{H_1}{P}\right)\sqrt{2g}\ L\ H_1^{3/2}\left[1-\left(\frac{H_2}{H_1}\right)^{1.5}\right]^{0.385}$$

$$Q_s = \underbrace{\frac{2}{3}\left(0.611+0.08\times(4/3)\right)\sqrt{2\times 9.81}\times 2.5\times 1.0^{3/2}}_{5.30}\underbrace{\left[1-0.5^{1.5}\right]^{0.385}}_{0.845} \rightarrow$$

潛沒銳緣堰流量 $\boxed{Q_s = 4.48\ \mathrm{m^3/s}}$ 就此題所列條件，潛沒矩形銳緣堰流量 Q_s 和自由跌水矩形銳緣堰流量 Q_1 之比值為 $\frac{Q_s}{Q_1}=\frac{4.48}{5.30}=84.5\%$。

例題 7.4

在渠寬 $B = 2$ m 的矩形渠道上設置有一座左右對稱的矩形銳緣堰，堰的橫向長度 $L = 1.5$ m，小於渠道寬度，堰的高度 $P = 0.6$ m。當堰流為自由跌水形式，流量 $Q = 0.35\ \mathrm{m^3/s}$，試推求堰上游高於堰頂的水深 H_1。

解答：

在矩形渠道上設置有一座左右對稱的矩形銳緣堰，堰的橫向長度小於渠道寬度，渠流有束縮現象，使用 Francis 公式計算堰的橫向有效長度 $L_e = L - 0.1nH_1 = L - 0.2H_1$。束縮堰流量

$$Q=\frac{2}{3}C_d\sqrt{2g}\ L_e\ H_1^{3/2}，$$

$$Q=\frac{2}{3}C_d\sqrt{2g}\ L_e H_1^{3/2}=\frac{2}{3}\left(0.611+0.08\ \frac{H_1}{P}\right)\sqrt{2g}\left(L-0.2H_1\right)H_1^{3/2}$$

$$Q=\frac{2}{3}\left(0.611+0.08\ \frac{H_1}{0.6}\right)\sqrt{2\times 9.81}\left(1.5-0.2H_1\right)H_1^{3/2}\rightarrow 0.35$$

$$=\left(1.804+0.394H_1\right)\left(1.5-0.2H_1\right)H_1^{3/2}$$

$\rightarrow 0.0788H_1^{7/2}-0.2302H_1^{5/2}-2.706H_1^{3/2}+0.35=0$，此方程式有 4 個根，只有一個有意義 $\rightarrow \boxed{H_1=0.252\ \text{m}}$。考慮束縮影響，堰上游水深 $(H_1+P)=0.252+0.6=0.852$ m。

討論：若沒考慮束縮影響，直接用矩形銳緣堰流量公式計算，

$Q=\frac{2}{3}C_d\sqrt{2g}\ LH_{*1}^{3/2}$，則

$$Q=\frac{2}{3}\left(0.611+0.08\ \frac{H_{*1}}{P}\right)\sqrt{2g}LH_{*1}^{3/2}$$

$$\rightarrow\ 0.35=\frac{2}{3}\left(0.611+0.08\ \frac{H_{*1}}{0.6}\right)\sqrt{2\times 9.81}\times 1.5H_{*1}^{3/2}$$

$\rightarrow 0.591H_{*1}^{5/2}+2.706H_{*1}^{3/2}-0.35=0$，此方程式有 3 個根，只有一個有意義 $\rightarrow \boxed{H_{*1}=0.247\ \text{m}}$，$H_{*1}<H_1$。未考慮束縮影響，堰上游水深 $(H_{*1}+P)=0.247+0.6=0.847$ m。此顯示受到寬度束縮的影響，堰上游水深 (H_1+P) 會多一些，方能通過相同的流量。

7.3.6 三角形銳緣堰

當流量較小時，可使用三角形銳緣堰。形狀上是倒立的三角形，頂點夾角為 2θ，邊坡係數為 $m=\tan\theta$。在相同水位下，三角形堰通水面積比矩形堰通水面積小。在相同流量下，三角形堰的溢流水頭比矩形堰的溢流水頭大，有利於提升小流量的量測精度。以下介紹兩種流量公式的推導方式。

第一種流量公式的推導方式：假設三角形堰上水頭 H_1 下水深位置 $(H_1 - z)$ 處的流速正比於 $\sqrt{2g(H_1 - z)}$，通水寬度為 $2mz$，通水厚度 dz 的局部流量為 $dQ = C_d(2mz)\sqrt{2g(H_1 - z)}dz$，由堰頂 $z = 0$ 積分至 $z = H_1$，因此流經三角形堰的流量為

$$Q = \int_0^{H_1} 2C_{d*}mz\sqrt{2gz}dz = 2C_{d*}m\sqrt{2g}\int_0^{H_1} z^{3/2}dz$$

$$\rightarrow \boxed{Q = \frac{4}{5}C_{d*}\sqrt{2g}(\tan\theta)H_1^{5/2}} \qquad (7.9)$$

對於頂點夾角為 90 度（$m = 1.0$），當 $H_1 = 0.05 \sim 0.25$ m，$C_d \approx 0.585$，$g = 9.81$ m/s^2，則三角形堰流量公式為 $\boxed{Q \approx 1.4H_1^{5/2}}$，注意此時長度尺度的單位為公尺，流量單位為每秒立方公尺。

另一種流量公式的推導方式：假設堰頂上高度 z 處的流速正比於 $\sqrt{2gz}$，通水寬度為 $2mz$，通水厚度 dz 的局部流量為 $dQ = C_{d*}(2mz)\sqrt{2gz}dz$，由堰頂 $z = 0$ 積分至 $z = H_1$，因此流經三角形堰頂的流量為

$$Q = \int_0^{H_1} 2C_{d*}mz\sqrt{2gz}dz = 2C_{d*}m\sqrt{2g}\int_0^{H_1} z^{3/2}dz \rightarrow \boxed{Q = \frac{4}{5}C_{d*}\sqrt{2g}(\tan\theta)H_1^{5/2}} \qquad (7.10)$$

以上兩種方法在流量關係式推估的差別在於流速的假設，前者假設流速 $V = C_d\sqrt{2g(H_1 - z)}$，而後者假設流速 $V = C_{d*}\sqrt{2gz}$。雖然流速方面的假設有些差異，所得的流量關係式，除了係數之外，相似。

7.4 寬頂堰（Broad-crested Weir）

7.4.1 自由溢流矩形寬頂堰

水利工程的排水或引水結構物常會使用到寬頂堰，寬頂堰溢流可區分為「自由溢流」與「浸沒溢流」兩大類。假如有一亞臨界水流流經矩形寬頂堰，在自由溢流情況下，臨界流發生在堰頂上，假設沒有能量損失，由能量守恒關係 $H_0 = H_1 + \frac{V_0^2}{2g} = y_c + \frac{V_c^2}{2g} = \frac{3}{2}y_c \rightarrow y_c = \frac{2}{3}H_0 = \frac{2}{3}\left(H_1 + \frac{V_0^2}{2g}\right) = \left(\frac{q^2}{g}\right)^{1/3} \rightarrow$ 單位寬度流量 $q = \frac{2}{3}\sqrt{\frac{2g}{3}}H_0^{3/2} = \frac{2}{3}\sqrt{\frac{2g}{3}}\left(H_1 + \frac{V_0^2}{2g}\right)^{3/2}$。當不考量上游速度水頭 $(V_0^2 / 2g)$ 情況下，$q = 1.705H_0^{3/2}$，其中 H_0 單位 m，q 單位 $\mathrm{m^2/s}$。為了方便起見，在自由溢流情況下，並考量能量損失，長度 L 的矩形寬頂堰，流量公式可以寫成 $\boxed{Q = \frac{2}{3}C_d\sqrt{2g}LH_1^{3/2}}$，其中流係數量和堰頂水頭 H_1 及寬度 B_w 有關，$C_d = f(H_1 / B_w)$。

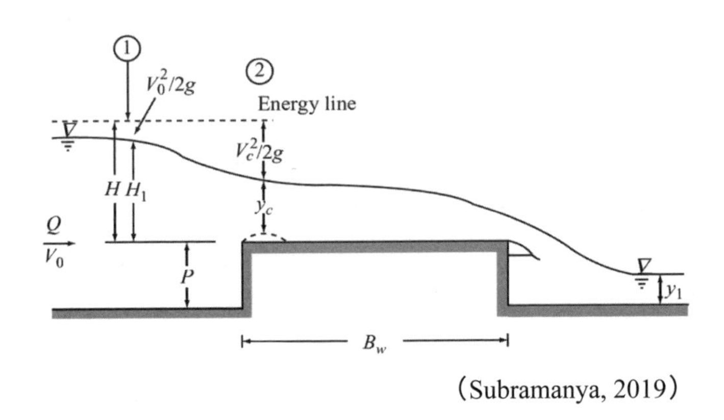

（Subramanya, 2019）

7.4.2 矩形寬頂堰流量係數公式

在自由溢流情況下，長度 L 的矩形寬頂堰，流量公式可以寫成

$Q=\frac{2}{3}C_d\sqrt{2g}LH_1^{3/2}$，其中流係數量 C_d 和堰頂水頭 H_1、堰高 P 及寬度 B_w 有關。早在 1963 年印度學者 Govinda Rao 和 Muralidhar 依據他們的實驗結果提出，在堰高參數 $0\le\frac{H_1}{P}\le1.0$（即 $\infty>\frac{P}{H_1}\ge1.0$）條件下，流係數量 C_d 介於 0.5 至 0.67 之間，可細區分為

(a) 長頂堰（Long-crested weir），$C_d=0.561\left(\frac{H_1}{B_w}\right)^{0.022}$，當 $\frac{H_1}{B_w}\le0.1$；

(b) 寬頂堰（Broad-crested weir），$C_d=0.521+0.028\left(\frac{H_1}{B_w}\right)$，

　當 $0.1<\frac{H_1}{B_w}\le0.4$；

(c) 窄頂堰（Narrow-crested weir），$C_d=0.492+0.12\left(\frac{H_1}{B_w}\right)$，

　當 $0.4<\frac{H_1}{B_w}<1.5$。

印度學者 Swamee（1988）依據 Govinda Rao 和 Muralidhar（1963）結果提出另一種經驗公式

(a) 長頂堰（Long-crested weir），$C_d=0.5+0.1\left(\frac{H_1}{B_w}\right)^{0.5}$，當 $\frac{H_1}{B_w}\le0.1$；

（7.11）

(b) 寬頂堰（Broad-crested weir），$C_d=0.5+0.05\left(\frac{H_1}{B_w}\right)^{0.2}$，（7.12）

　當 $0.1<\frac{H_1}{B_w}\le0.4$；

(c) 窄頂堰（Narrow-crested weir），$C_d=0.5+0.11\left(\frac{H_1}{B_w}\right)$，當 $0.4<\frac{H_1}{B_w}<1.5$。

（7.13）

此外，在堰高參數 $0\le\frac{H_1}{P}\le1.0$（即 $\infty>\frac{P}{H_1}\ge1.0$）條件下，印度學者

Swamee（1988）依據 Govinda Rao 和 Muralidhar 的實驗結果提出適用於 $0 \le \dfrac{H_1}{B_w} \le 1.5$，矩形長頂堰、寬頂堰及窄頂堰全範圍的流量係數公式為

$$C_d = 0.5 + 0.1\left[\left(\frac{(H_1/B_w)^5 + 1500(H_1/B_w)^{13}}{1 + 1000(H_1/B_w)^3}\right)\right]^{0.1} \tag{7.14}$$

本書作者認為下列經驗式比較接近前一頁 Swamee（1988）自己的長頂堰、寬頂堰及窄頂堰的流量係數經驗公式

$$C_d = 0.5 + 0.1\left[\left(\frac{(H_1/B_w)^5 + 2500(H_1/B_w)^{13}}{1 + 1000(H_1/B_w)^3}\right)\right]^{0.1} \tag{7.15}$$

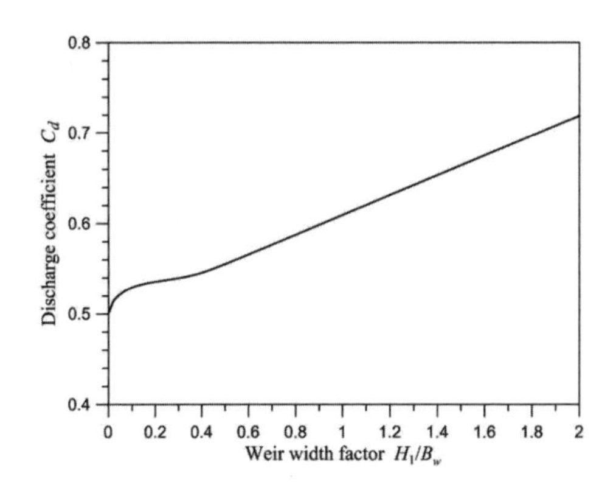

例題 7.5

欲在水平渠道上建造矩形寬頂堰，堰流屬於自由溢流，它的橫向長度 $L = 2.0$ m，縱向寬度 $B_w = 2.5$ m，高度 $P = 1.2$ m。當設計溢流量 $Q = 2.0$ cms，試推算堰前水位 $(H_1 + P)$。

解答：

先估計一個合理的流量係數 $C_d = 0.525$，由流量公式 $Q = \dfrac{2}{3}C_d\sqrt{2g}LH_1^{3/2}$，推算出堰頂上游水頭 H_1，

$$H_1 = \left(\frac{3Q}{2C_d\sqrt{2g}L}\right)^{2/3} = \left(\frac{3\times 2}{2\times 0.525\times\sqrt{2\times 9.81}\times 2}\right)^{2/3} = 0.747 \text{ m}，$$

檢核 $\frac{H_1}{B_w}=\frac{0.747}{2.5}=0.30 \rightarrow$ 屬於寬頂堰流況

流量係數 $C_d=0.521+0.028\frac{H_1}{B_w}=0.521+0.028\frac{H_1}{2.5}=0.521+0.0112H_1$，

代入流量公式得

$$H_1=\left(\frac{3Q}{2C_d\sqrt{2gL}}\right)^{2/3}=\left(\frac{3Q}{2(0.521+0.0112H_1)\sqrt{2gL}}\right)^{2/3}$$

$$=\left(\frac{6}{9.231+0.198H_1}\right)^{2/3}=\left(\frac{1}{1.539+0.033H_1}\right)^{2/3}$$

$$H_1^{3/2}(1.539+0.033H_1)=1 \quad \rightarrow \quad H_1^{5/2}+46.64H_1^{3/2}-30.3=0$$

$\rightarrow \boxed{H_1=0.742\text{ m}} \rightarrow$ 堰前水位 $\boxed{H_1+P_1=1.942\text{ m}}$

7.4.3 浸沒溢流矩形寬頂堰

當寬頂堰上游水頭為 H_1，水流流經寬頂堰後，如果堰後的水位 y_t 高於寬頂堰高度 P，下游水頭為 H_2 $(=y_t-P)$，則會有浸沒溢流（Submerged flow）的現象出現。浸沒溢流的流量 Q_s 小於自由溢流的流量 Q，其間關係為

$$Q_s=Q\left[1-\left(\frac{H_2}{H_1}\right)^{1.5}\right]^{0.385} \tag{7.16}$$

7.4.4 三角形寬頂堰

水利工程的排水或引水結構物有時會使用三角形寬頂堰（Triangular broad-crested weir），假如有一亞臨界水流流經三角形寬頂堰，堰頂夾角為 2θ，邊坡係數 $m=\tan\theta$。在自由溢流情況下，臨界流發生在堰頂上，由能量守恒關係

$$H_0 = H_1 + \frac{V_0^2}{2g} = y_c + \frac{V_c^2}{2g} = 1.25y_c \text{（三角形渠道，} \frac{V_c^2}{2g} = \frac{1}{4}y_c\text{）}$$

$$\rightarrow y_c = \frac{4}{5}H_0 = \frac{4}{5}\left(H_1 + \frac{V_0^2}{2g}\right) = \left(\frac{2Q^2}{gm^2}\right)^{1/5}$$

$$\rightarrow Q^2 = \frac{gm^2}{2}\left(\frac{4}{5}\right)^5 \left(H_1 + \frac{V_0^2}{2g}\right)^5 \rightarrow Q = \left(\frac{gm^2}{2}\right)^{1/2} \left(\frac{4}{5}\right)^{5/2} \left(H_1 + \frac{V_0^2}{2g}\right)^{5/2}$$

將流速及其他因素的影響歸納在流係數量 C_d 之中，則三角形寬頂堰的流量公式為

$$\boxed{Q = \frac{16}{25}C_d\sqrt{\frac{2g}{5}}(\tan\theta)H_1^{5/2}} \qquad (7.17)$$

7.4.5 複合斷面形式之銳緣堰

詹錢登等人（2005）矩形堰與三角形堰做不同的組合，得到不同形式之複合堰，並以線性疊加方式建立複合堰流量計算公式，所探討之複合堰包括 (1) 矩形底矩形銳緣堰、(2) 梯形銳緣堰、(3) 矩形底梯形銳緣堰、(4) 截角三角形銳緣堰、(5) 三角形底矩形銳緣堰、及 (6) 三角形底梯形銳緣堰等 6 種複合堰，如圖所示。H

(1) 矩形底矩形銳緣堰

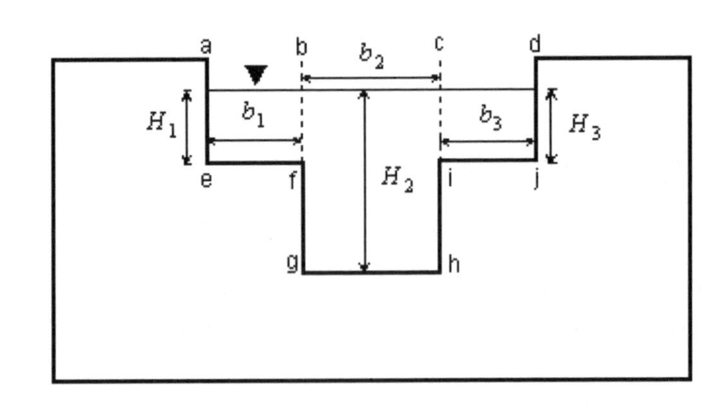

矩形底矩形銳緣堰是由兩個矩形銳緣堰堆疊而成，上層矩形堰具有較大之寬度。在流量計算時，將此複合堰區分為三個部份：左邊矩形堰（abfe）、中間矩形堰（bchg）及右邊矩形堰（cdji），並按照矩形銳緣堰流量公式，以線性疊加方式計算流量：

$$Q=\alpha\left[\frac{2}{3}C_{rd1}\sqrt{2g}b_1H_1^{\ 3/2}+\frac{2}{3}C_{rd2}\sqrt{2g}b_2H_2^{\ 3/2}+\frac{2}{3}C_{rd3}\sqrt{2g}b_3H_3^{\ 3/2}\right]\tag{7.18}$$

式中（b_1, b_2, b_3）、（H_1, H_2, H_3）及（$C_{rd1}, C_{rd2}, C_{rd3}$）分別為左邊、中間及右邊矩形堰的堰寬、堰頂水頭及流量係數；而 α 為流量修正係數；如果 $\alpha = 1$，則表示複合堰之流量恰好等於各堰線性疊加流量。如果矩形底矩形銳緣堰是對稱的，即 $b_1 = b_3$、$H_1 = H_3$ 及 $C_{rd1} = C_{rd3}$，則上式可表示為

$$Q=\alpha\left[\frac{2}{3}C_{rd1}\sqrt{2g}(2b_1)H_1^{\ 3/2}+\frac{2}{3}C_{rd2}\sqrt{2g}b_2H_2^{\ 3/2}\right]\tag{7.19}$$

(2) 梯形銳緣堰

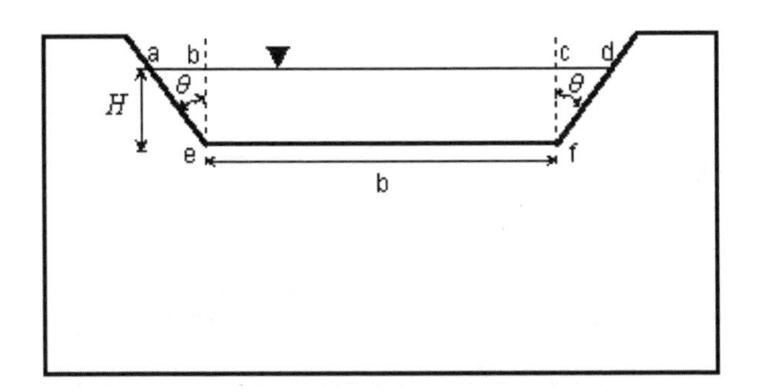

梯形銳緣堰是一個矩形銳緣堰（bcfe）加上左右兩個半三角堰（abe 及 cdf）堆疊而成，假設此兩個半三角堰是對稱的，可合成一個三角堰，則以一個矩形堰及一個三角堰線性疊加方式，可得梯形銳緣堰流量公式為：

$$Q=\alpha\left[\frac{2}{3}C_{rd}\sqrt{2g}bH^{3/2}+\frac{8}{15}C_{td}\sqrt{2g}\tan\theta\ H_e^{5/2}\right]\tag{7.20}$$

式中，b = 梯形堰底寬；H_e = 三角堰上有效水頭；θ = 三角堰口半開口角度；C_{rd} 及 C_{td} 分別為矩形及三角形銳緣堰的流量係數。

(3) 矩形底梯形銳緣堰

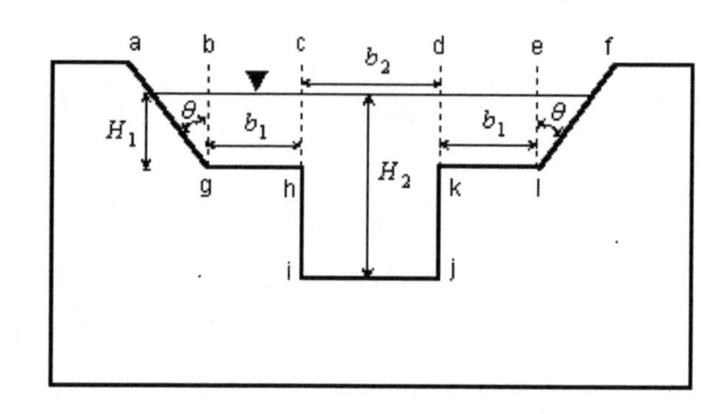

矩形底梯形銳緣堰是一個矩形堰加上一個梯形堰所組成，也可以視成是一個矩形底矩形銳緣堰（bcdelkjihg）加上左右兩個半三角堰（abg 及 efl），因此堰流公式可表示為

$$Q = \alpha\left[\frac{2}{3}C_{rd2}\sqrt{2g}b_2H_2^{\ 3/2} + \frac{2}{3}C_{rd1}\sqrt{2g}(2b_1)H_1^{\ 3/2} + \frac{8}{15}C_{td}\sqrt{2g}\tan\theta\ H_{1e}^{5/2}\right] \quad (7.21)$$

式中，三角堰上有效水頭 $H_{1e} = H_1 + K_h$（詹錢登等人，2005）。

(4) 截角三角銳緣堰

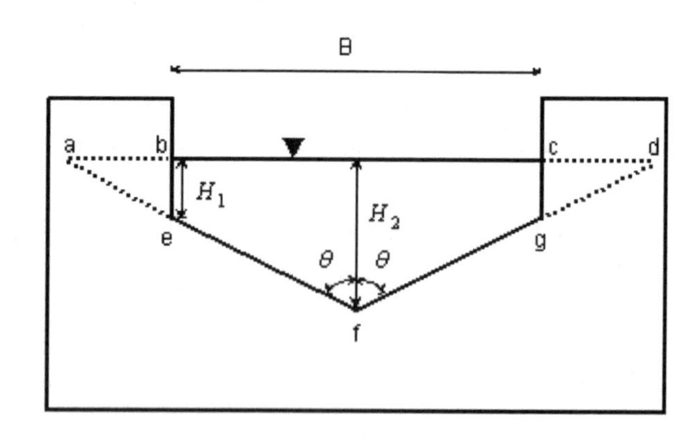

截角三角銳緣堰可視為一大三角堰（adf）減去兩個半三角堰（abe 及 cdg）所組成，因此其流量公式可表示為

$$Q = \alpha\left[\frac{8}{15}C_{td}\sqrt{2g}\tan\theta\ H_{2e}^{5/2} - \frac{8}{15}C_{td}\sqrt{2g}\tan\theta\ H_{1e}^{5/2}\right] \tag{7.22}$$

式中，三角堰上有效水頭 $H_{1e} = H_1 + K_h$ 及 $H_{2e} = H_2 + K_h$（詹錢登等人，2005）。

(5) 三角形底矩形銳緣堰

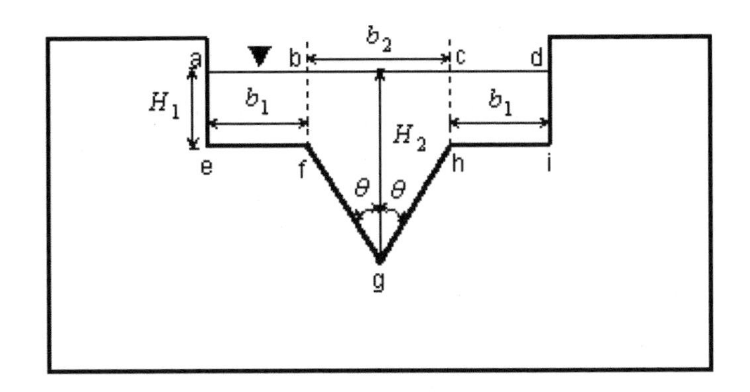

三角形底矩形銳緣堰可視為截角三角形銳緣堰（bchgf）加上兩個矩形銳緣堰（abfe 及 cdih）之總和，因此流量公式可表示為

$$Q = \alpha\left[\frac{8}{15}C_{td}\sqrt{2g}\tan\theta\ ({H_{2e}}^{5/2} - {H_{1e}}^{5/2}) + \frac{2}{3}C_{rd}\sqrt{2g}(2b_1)H_1^{3/2}\right] \tag{7.23}$$

(6) 三角形底梯形銳緣堰

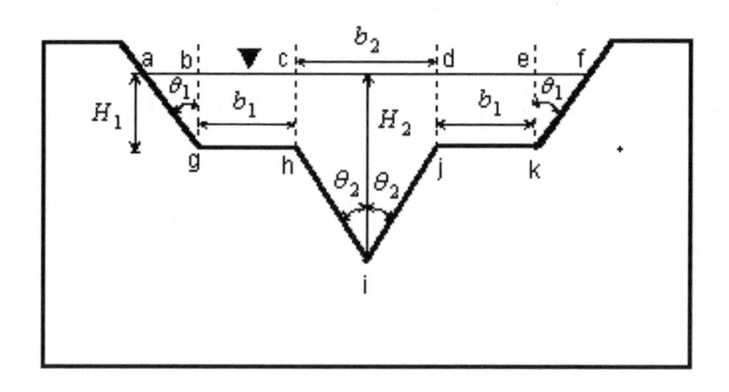

三角形底梯形銳緣堰可視為截角三角形銳緣堰（cdjih）加兩小矩形銳緣堰（bchg 及 dekj）再加上兩個半三角形銳緣堰 abg 及 efk 之總和，因此該型堰之堰流公式可表示為

$$Q=\alpha\left[\frac{8}{15}C_{td}\sqrt{2g}\tan\theta_2({H_{2e}}^{5/2}-{H_{1e}}^{5/2})+\frac{2}{3}C_{rd}\sqrt{2g}(2b_1){H_1}^{3/2}+\frac{8}{15}C_{td}\sqrt{2g}\tan\theta_1{H_{1e}}^{5/2}\right] \tag{7.24}$$

除了理論推導，詹錢登等人（2005）也進行矩形及三角形銳緣堰流量試驗，結果顯示對於矩形銳緣堰而言，French 方法計算所得之流量係數與實驗值較為相符；對於三角形銳緣堰而言，Bos 方法所得之流量係數與與實驗值相當一致。對於以線性疊加矩形及三角形銳緣堰流量公式所建立的各種複合斷面銳緣堰之理論流量公式，實驗資料分析結果顯示線性疊加複合斷面銳緣堰之理論流量略小於實驗量測流量，其間差異在 10% 以內。以線性疊加既有的矩形銳緣堰及三角形銳緣堰的流量公式並乘上適當的流量修正係數 α，可以改善其間差異。在他們的實驗條件範圍內，矩形底矩形銳緣堰之流量修正係數 α 約為 1.07；矩形底梯形銳緣堰之流量修正係數 α 約為 1.04；三角形底矩形銳緣堰及三角形底梯形銳緣堰之之流量修正係數 α 約為 1.1（詹錢登等人，2005）。

此外，Jan, et al.（2009）也曾經進行四種複合斷面寬頂堰的理論流量公式推導及室內水槽試驗研究，結果說明線性疊加矩形及三角形寬頂堰流量公式可以有效推估複合斷面寬頂堰的流量。詹勳全等人（2019）也曾經進行開口式防砂壩（矩形底梯形寬頂堰）的流量分析與試驗研究，結果顯示他們所提出的流量推估模式與試驗結果相當一致，誤差值在 3% 以內。

7.5 溢洪道（Spillway）

溢洪道是指水壩或堰的構造物，用以排除超過水庫容量之洪水，確保水庫之安全。依照溢流排水方式之差異，溢洪道可區分為自由溢流式溢洪道（Overflow spillway）及閘門控制式溢洪道（Spillway with crest gate）。溢洪道設計可區分為頂部（Crest）、面部（Straight face）及趾部（Toe）等三部分。溢流式溢洪道，又稱 S- 形溢洪道（Ogee spillway），是水庫安全考量下最常見的溢洪道。溢流式溢洪道頂部的設計形狀應該有如銳緣堰水舌的下水面，如此溢洪道頂部的壓力相當接近於大氣壓力。假如溢洪道形狀設計不良，當頂部及面部的壓力大於大氣壓力時，流量較小；反之，當頂部及面部的壓力小於大氣壓力時，容易發生流量不穩定及穴蝕（Cavitation）現象，頂部及面部的安全（French, 1986; Subramanya, 2015）。

溢洪道出流量常依據測量出的堰上水頭 H_d（含速度水頭）來推估計算，依據美國墾務局溢洪道設計，溢洪道的出流量 $\boxed{Q=\frac{2}{3}C_{d0}\sqrt{2g}\ L_e\ H_d^{3/2}}$，其中 C_{d0} 為流量係數，L_e 為溢洪道有效長度。

流量係數 C_{d0} 受到溢洪道堰高 P 和堰上水頭 H_d 的影響。當堰高水頭比 $P / H_d > 2.0$，流量係數 $C_{d0} \approx 0.738$，接近常數；當 $P / H_d > 2.0$，C_{d0} 隨 P / H_d 遞減；當 $P / H_d = 0.1$ 時，$C_{d0} \approx 0.64$。

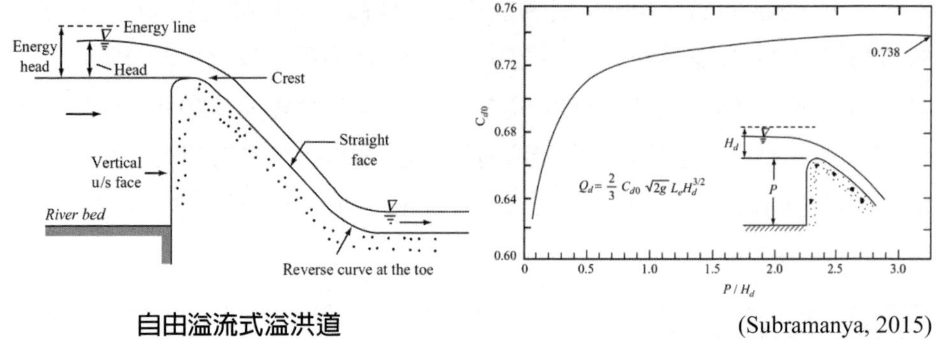

自由溢流式溢洪道

(Subramanya, 2015)

閘門控制式溢洪道可以調整閘門開口大小來調控溢洪道出流量。當遇到大洪水時閘門可以完全打開，讓水流以自由溢流方式流出；當遇到小洪水時閘門可以部分打開，水流有如射流（Orifice flow）方式流出溢洪道。對於閘門部分打開的控制式溢洪道的出流量

$$\boxed{Q = \frac{2}{3} C_{dg} \sqrt{2g}\ L_e \left(H_0^{3/2} - H_1^{3/2} \right)} \qquad (7.25)$$

對於弧狀閘門（Radial crest gate）控制式溢洪道，

$$\text{流量係數 } C_{dg} = 0.615 + 0.104 \left(\frac{H_1}{H_0} \right) \qquad (7.26)$$

其中 $\frac{H_1}{H_0} < 0.83$，H_0 = 高於溢洪道頂部的能量水頭；H_1 = 高於溢洪道閘門底部的能量水頭；$(H_0 - H_1)$ = 閘門開口高度。

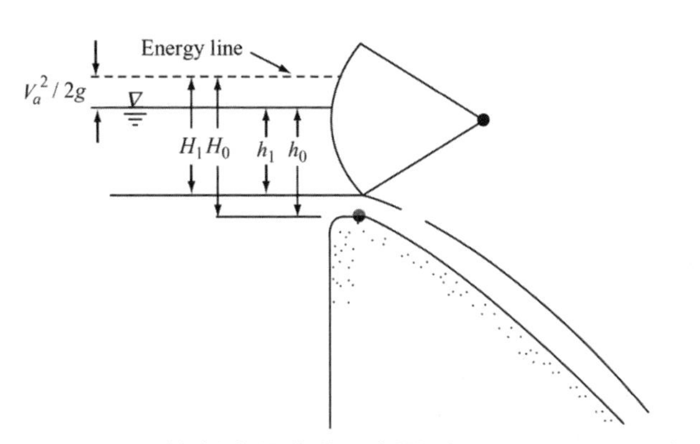

閘門控制式溢洪道示意圖（Subramanya, 2015）

例題 7.6

有一弧狀閘門控制式溢洪道，溢洪道高度 P = 15 m，溢洪道堰頂有效長度 L_e = 15 m，溢洪道堰頂閘門開口高度為 1.0 m，高於溢洪道頂部的水深 h_0 = 2.5 m，試估算此閘門控制式溢洪道出水流量。

解答：

對於閘門部分打開的控制式溢洪道的出流量 $Q=\frac{2}{3}C_{dg}\sqrt{2g}\ L_e\ \left(H_0^{3/2}-H_1^{3/2}\right)$，已知高於溢洪道頂部的水深 h_0 = 2.5 m，閘門開口高度為 1.0 m，所以高於溢洪道閘門底部的水深 h_1 = 1.5 m，溢洪道上游速度水頭 $h_v=\frac{V_0^2}{2g}\approx\frac{Q^2}{2gA^2}$；高於溢洪道頂部的能量水頭 $H_0 = h_0 + h_v$；高於溢洪道閘門底部的能量水頭 $H_1 = h_1 + h_v$。溢洪道上游水深 $h = P + h_0 = 15 + 2.5 = 17.5$ m

一般而言，溢洪道上游水深大，速度小，速度水頭 h_v 小，可先假設 $H_0 \approx h_0 = 2.5$ m 及 $H_1 \approx h_1 = 1.5$ m，弧狀閘門控制式溢洪道流量係數 $C_{dg}=0.615+0.104\left(\frac{1.5}{2.5}\right)=\underline{0.6774}$。

溢洪道的出流量 $Q=\frac{2}{3}C_{dg}\sqrt{2g}\ L_e\ \left(H_0^{3/2}-H_1^{3/2}\right)=\frac{2}{3}\times0.6774\sqrt{19.62}\times15\left(2.5^{1.5}-1.5^{1.5}\right)=\underline{63.483}$ cms。

估算溢洪道上游速度 $V_0 = \frac{Q}{A} = \frac{63.483}{17.5 \times 15} = 0.242$ m/s，溢洪道上游速度水頭 $h_v = \frac{V_0^2}{2g} = \frac{0.242^2}{19.62} = 0.003$ m

第二次試算：$H_0 = h_0 + h_v = 2.503$ m，$H_1 = h_1 + h_v = 1.503$ m，

$C_{dg} = 0.615 + 0.104\left(\frac{1.503}{2.503}\right) = \underline{0.6774}$

溢洪道的出流量 $Q = \frac{2}{3} C_{dg} \sqrt{2g}\, L_e \left(H_0^{3/2} - H_1^{3/2}\right) = \frac{2}{3} \times 0.6774\sqrt{19.62}$ $\times 15\left(2.503^{1.5} - 1.503^{1.5}\right) = \underline{63.531}$ cms。

7.6 閘門（Sluice Gate）

7.6.1 閘孔出流流量關係式

閘孔出流是指水流流經閘門底孔的出流現象。閘孔出流和堰流不同之處在於水面線，堰流上下游水面線是連續的，而閘孔出流的上下游水面被閘門阻隔，呈不連續現象。閘孔出流後水深 y_2 小於閘門開口高度 a，閘孔出流水深收縮係數 $C_c = y_2 / a$。對於水平閘孔出流，如圖所示，由能量方程式及連續方程式，可以建構閘孔出流量和閘門上游水頭之關係。

由單位寬度水流連續方程式 $q = H_1 V_1 = y_2 V_2 \rightarrow V_1 = \frac{q}{H_1}$，$V_2 = \frac{q}{y_2}$，

假如沒有能量損失，閘門上下游水流的能量方程式

可以寫成 $H_1 + \frac{V_1^2}{2g} = y_2 + \frac{V_2^2}{2g}$，結合連續方程式可得

$$H_1 + \frac{q^2}{2gH_1^2} = y_2 + \frac{q^2}{2gy_2^2} \rightarrow (H_1 - y_2) = \frac{q^2}{2gy_2^2} - \frac{q^2}{2gH_1^2} = \frac{q^2}{2gy_2^2}\left(1 - \frac{y_2^2}{H_1^2}\right)$$

因此 $q^2 = 2gH_1y_2^2 \dfrac{\left(1-(y_2/H_1)\right)}{\left(1-(y_2/H_1)^2\right)} \rightarrow q = y_2\sqrt{2gH_1}\sqrt{\dfrac{\left(1-(y_2/H_1)\right)}{\left(1-(y_2/H_1)^2\right)}}$

$\rightarrow q = C_c a\sqrt{2gH_1}\sqrt{\dfrac{\left(1-(aC_c/H_1)\right)}{\left(1-(aC_c/H_1)^2\right)}}$ → 閘門流量關係為 $\boxed{q = C_d a\sqrt{2gH_1}}$

閘孔出流流量係數

$$\boxed{C_d = C_c\sqrt{\frac{\left(1-(aC_c/H_1)\right)}{\left(1-(aC_c/H_1)^2\right)}} = C_c\sqrt{\frac{1}{1+(aC_c/H_1)}}} \qquad (7.27)$$

收縮係數 $C_c = y_2/a$，$C_c \approx 0.60$ for $0 < a/H_1 < 0.2$

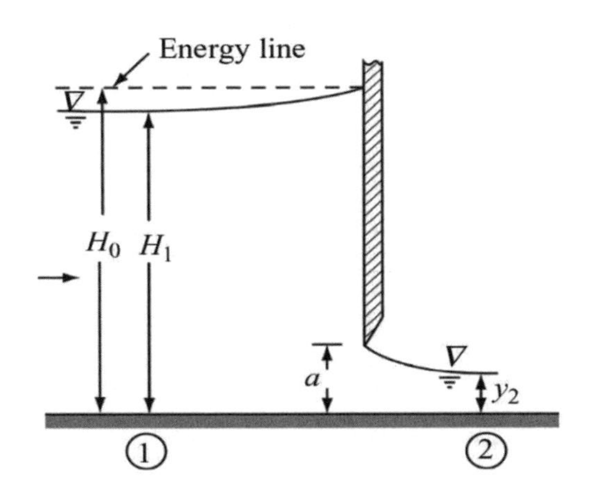

例題 7.7

閘孔出流是指水流流經閘門底孔的水流現象，如圖所示。當閘門上游水深 $H_1 = 5.0$ m，閘門開口高度 $a = 0.8$ m，試估算 (1) 閘孔出流束縮係數 C_c、(2) 閘孔出流最低水深 y_2、(3) 閘孔出流流量係數 C_d、及 (4) 估算閘孔出流單位寬度流量 q。

解答：

(1) 無因次閘門底孔開口 $\frac{a}{H_1}=\frac{0.8}{5.0}=0.16<0.2$ → 閘孔出流束縮係數經驗值 $C_c=\underline{0.61}$。

(2) 閘孔出流最低水深 $y_2=aC_c=\underline{0.49}$ m。

(3) 閘孔出流流量係數 $C_d=C_c\sqrt{\frac{\left(1-(aC_c/H_1)\right)}{\left(1-(aC_c/H_1)^2\right)}}$

$$C_d=0.61\sqrt{\frac{\left(1-(0.49/5)\right)}{\left(1-(0.49/5)^2\right)}}=0.61\times0.954=\underline{0.582}\text{。}$$

(4) 閘孔出流單位寬度流量 $q=C_d a\sqrt{2gH_1}=0.582\times0.8\times\sqrt{2\times9.81\times5}$ $=\underline{4.61}\ \mathrm{m^2/s}$。

例題 7.8

有一條水平矩形渠道，渠寬 B = 2.0 m，設有閘門控制流量，如圖所示，當閘門打開時，渠流自閘門底部設流而出。閘孔出流的流量 Q 與閘門上游水深 y_1 與閘門開口高度 a 有關。閘孔出流後有束縮現象，出流後最低水深 y_2 小於閘門開口高度 a，閘孔出流束縮係數 $C_c = y_2 / a$。閘孔出流流量 $Q=C_d aB\sqrt{2gy_1}$，其中 C_d 為流量係數。假如上游水深 y_1 = 2.0 m，閘門開口高度 a = 0.4 m，出流後水深 y_2 = 0.24 m，假設不考慮能量損失，試計算閘孔出流流量 Q、流量係數 C_d 及作用在閘門板上的水平推力 F。

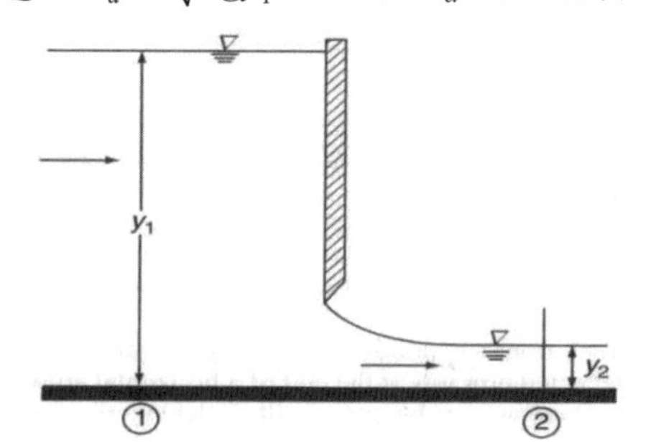

解答：

不考慮能量損失時，能量方程式 $y_1+\frac{Q^2}{2gA_1^2}=y_2+\frac{Q^2}{2gA_2^2}$ →

$$(y_1 - y_2) = \frac{Q^2}{2g}\left(\frac{1}{A_2^2} - \frac{1}{A_1^2}\right) \rightarrow Q^2 = 2g(y_1 - y_2)\left(\frac{A_1^2 A_2^2}{A_1^2 - A_2^2}\right),$$

由已知條件 $B = 2.0$ m，$y_1 = 2.0$ m 及 $y_2 = 0.24$ m 得

$A_1 = By_1 = 4\ \text{m}^2$，$A_2 = By_2 = 0.48\ \text{m}^2$

$$\rightarrow Q^2 = 2\times 9.81\times 1.76\left(\frac{4^2\times 0.48^2}{4^2 - 0.48^2}\right) = 8.072$$

閘孔出流流量 $Q = \underline{2.841}\ \text{m}^3/\text{s}$；

流量係數 $C_d = \dfrac{Q}{aB\sqrt{2gy_1}} = \dfrac{2.841}{0.4\times 2\sqrt{2\times 9.81\times 2}} = \underline{0.567}$

由動量方程式 $\frac{1}{2}\rho g B y_1^2 - \frac{1}{2}\rho g B y_2^2 - F = \rho Q(V_2 - V_1) = \rho Q^2\left(\dfrac{A_1 - A_2}{A_1 A_2}\right)$

→作用在閘門的水平推力

$$F = \frac{1}{2}\rho g B(y_1^2 - y_2^2) - \rho Q^2\left(\frac{A_1 - A_2}{A_1 A_2}\right)$$

$$= 1000\left(\frac{1}{2}\times 9.81\times 2\times(2^2 - 0.24^2) - 2.841^2\left(\frac{3.52}{4\times 0.48}\right)\right)$$

$$= \underline{\underline{23{,}878}}\ \text{N}$$

7.7 鋸齒堰（Labyrinth Weir）

為了增加堰的溢流長度，可以採用鋸齒堰。因為受限於原水庫的地形寬度，為了設計出排洪較大的溢洪道以利於溢流排水，因此將堰設計成鋸齒狀，來增加堰的有效溢流長度。鋸齒堰的寬度是較窄的，但拉直後就很寬，排洪長度大，它克服地形上的限制，達到足夠大的排洪能力。

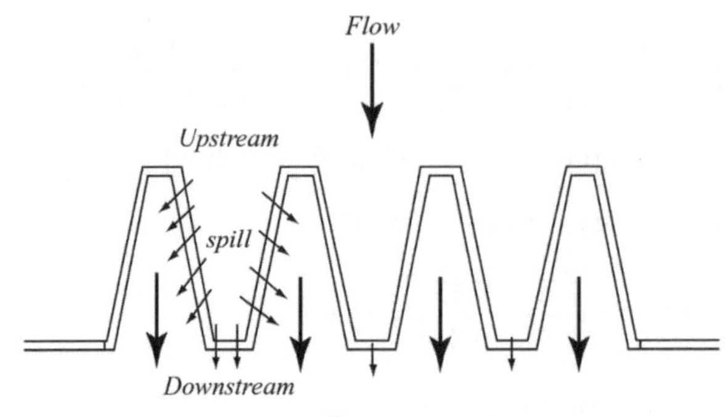

苗栗縣鯉魚潭水庫鋸齒堰溢洪道。

7.8 彎道水流（Flow in Curved Channels）

水流流經彎曲渠道（Flow in curved channels），由於離心力作用，彎道外側的水深會有抬升現象及二次流（Secondary flow）現象，而二次流與渠道主流交互作用後會出現螺旋流（Spiral flow）。對於可沖蝕河道（Erodible channels），螺旋流往往造成渠道外岸沖蝕及內岸淤積的現象。

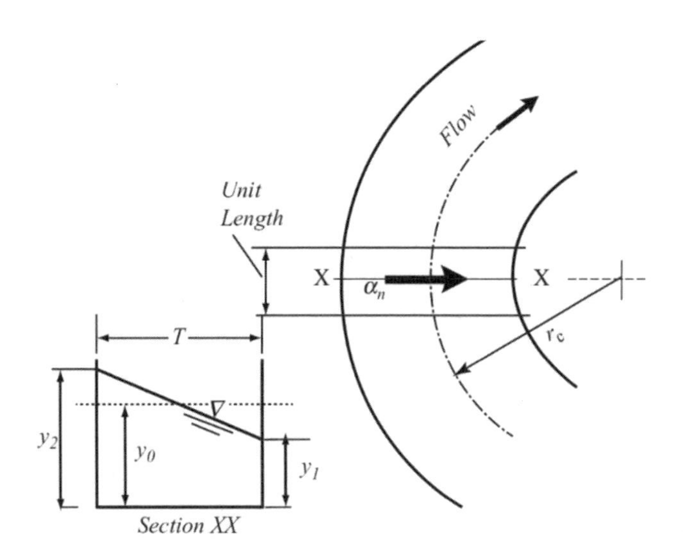

當彎道曲率半徑為 r_c，平均流速為 V，曲流離心加速度為 $a_n = \frac{V^2}{r_c}$，在垂直彎道曲流的動量方程式為

$$\frac{1}{2}\rho g y_2^2 - \frac{1}{2}\rho g y_1^2 = \rho T\left(\frac{y_2 + y_1}{2}\right)\frac{V^2}{r_c}$$

→ 亞臨界流彎道水面超高（Superelevation）為 $\boxed{\Delta y = (y_2 - y_1) = \frac{V^2 T}{g r_c}}$

對於超臨界流，彎道曲流容易形成駐波，加大彎道超高現象，超臨界流彎道超高

$$\boxed{\Delta y = C_s \frac{V^2 T}{g r_c}} \qquad (7.28)$$

彎道超高修正係數 C_s 和彎道特性及流況有關，其值大約 $1.0 \le C_s \le 2.0$。圓弧形彎道取 $\boxed{C_s = 2.0}$。

另一種推導彎道水面超高的方式，考慮水面在曲率半徑方向的變化，不是直接取渠道中心點的曲率半徑 r_c 當代表值，而是將方程式 $\rho g \frac{dy}{dr} = \rho \frac{V^2}{r}$

整理後積分 $\int_{y_1}^{y_2} dy = \int_{r_1}^{r_2} \rho \frac{V^2}{r} dr \rightarrow \boxed{\Delta y = (y_2 - y_1) = \frac{V^2}{g}\ln\left(\frac{r_2}{r_1}\right)}$，其中 $r_1 = r_c - 0.5T$，$r_2 = r_c + 0.5T$。又

$$\Delta y = \frac{V^2}{g}\ln\left(\frac{r_2}{r_1}\right) = \frac{V^2}{g}\ln\left(\frac{r_c + 0.5T}{r_c - 0.5T}\right) = \frac{V^2}{g}\ln\left(\frac{1 + 0.5(T/r_c)}{1 - 0.5T(T/r_c)}\right)$$

$$\approx \frac{V^2}{g}\left[\frac{T}{r_c} + \frac{2}{3}\left(\frac{T}{2r_c}\right)^3\right] = \frac{V^2 T}{g r_c}\left(1 + \frac{1}{12}\left(\frac{T}{r_c}\right)^2\right) \tag{7.29}$$

上式說明前面二種方法計算結果差異的比例為 $\frac{1}{12}\left(\frac{T}{r_c}\right)^2$，例如 $\frac{T}{r_c} < 0.3$，計算結果差異比例 $\frac{1}{12}\left(\frac{T}{r_c}\right)^2 < 0.75\ \%$，差異很小。

例題 7.9

欲設計有一水流流經簡易圓弧形矩形渠道，渠寬 $T = 1.5$ m，流量 $Q = 2.7$ cms，當渠道彎道段平均曲率半徑為 $r_c = 5$ m，進渠流入彎道前的均勻流水深為 $y_0 = 1.5$ m，試推估彎道超高及彎道內外側水深。

解答：

平均流速 $V = \frac{Q}{A} = \frac{2.7}{1.5 \times 1.5} = 1.2$ m/s，福祿數 $F = \frac{V}{\sqrt{g y_0}} = \frac{1.2}{\sqrt{9.81 \times 1.5}} = 0.31 < 1.0$ 水流為亞臨界流，彎道水面超高為 $\Delta y = \frac{V^2 T}{g r_c} = \frac{1.2^2 \times 1.5}{9.81 \times 5} = 0.044$ m。另種算法 $\Delta y = \frac{V^2}{g}\ln\left(\frac{r_2}{r_1}\right) = \frac{1.2^2}{9.81}\ln\left(\frac{5.75}{4.25}\right) = 0.0437$ m（答案相近）。

彎道內側水深 $y_1 = y_0 - 0.5\Delta y = 1.5 - 0.022 = 1.478$ m。

彎道外側水深 $y_2 = y_0 + 0.5\Delta y = 1.5 + 0.022 = 1.522$ m。

此亞臨界流的彎道超高率 $\frac{\Delta y}{y_0}=\frac{0.044}{1.5}=2.93\ \%$，亞臨界流的彎道超高較不顯著。

例題 7.10

欲設計有一水流流經簡易圓弧形矩形渠道，渠寬 T = 1.5 m，流量 Q = 2.7 cms，當渠道彎道段平均曲率半徑為 r_c = 10 m，進渠流入彎道前的均勻流水深為 y_0 = 0.5 m，試推估彎道超高及彎道內外側水深。

解答：

平均流速 $V=\frac{Q}{A}=\frac{2.7}{1.5\times 0.5}=3.6\ \text{m/s}$，福祿數 $F=\frac{V}{\sqrt{gy_0}}=\frac{3.6}{\sqrt{9.81\times 0.5}}$

$=1.63>1.0$ 水流為亞臨界流，$C_s=2.0$

彎道水面超高為 $\Delta y=C_s\frac{V^2T}{gr_c}=\frac{2\times 3.6^2\times 1.5}{9.81\times 10}=0.396\ \text{m}$

或 $\Delta y=C_s\frac{V^2}{g}\ln\left(\frac{r_2}{r_1}\right)=\frac{2\times 3.6^2}{9.81}\ln\left(\frac{10.75}{9.25}\right)=0.397\ \text{m}$（答案相近）。

彎道內側水深 $y_1=y_0-0.5\Delta y=0.5-0.198=0.302\ \text{m}$。

彎道外側水深 $y_2=y_0+0.5\Delta y=0.5+0.198=0.698\ \text{m}$。

超臨界流的彎道超高率 $\frac{\Delta y}{y_0}=\frac{0.396}{0.5}=79.2\ \%$，超臨界流的彎道超高較為明顯。

7.9 自由跌水（Free Overfall）

渠道尾端自由跌水（Free overfall）問題，可分為亞臨界流自由跌水及超臨界流自由跌水兩大類。美國愛荷華大學 Rouse 教授早在 1936 年就注意到亞臨界流自由跌水問題。當亞臨界水流進入到自由跌水之前，渠道尾端上游處的水深 y 小於正常水深 y_0 大於臨界水深 y_c，即 $y_0>y>y_c$，因此先產生臨界流，再進入自由跌水。也就是說，進入自由跌水之前，上游段先形成臨界流，而且自由跌水處水深 y_e 小於臨界水深 y_c。$y_e = C_c y_c$，收縮係數 C_c 與流況及渠道斷面形狀有關。亞臨界流條件下，Rouse（1936）矩形渠道中自由跌水實驗，尾端水深上游及下游的渠寬相同，自由跌水水舌在寬度方向是受限制的（Confined nappe），實驗結果顯示尾端水深比（end depth ratio）$y_e / y_c \approx 0.715$。

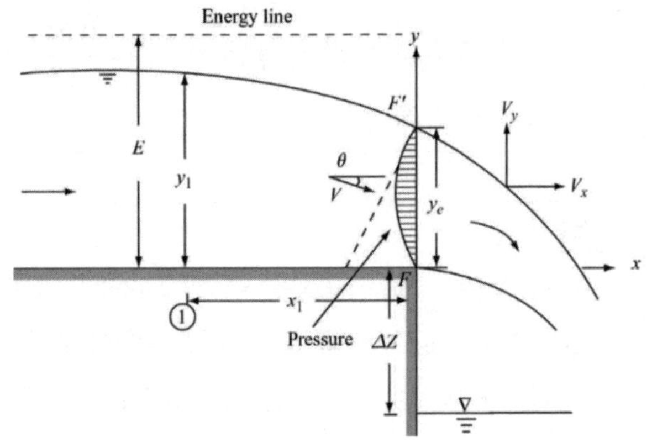

自由跌水示意圖（Subramanya, 2015）

後來的研究者發現當矩形渠道跌水水舌在寬度方向不受限制（Unconfined nappe）情況下，當渠道上游為超臨界流，超臨界水流進入到自由跌水之前，渠道上游處水深 y 小於臨界水深 y_c 而且小於正常水深 y_0，即 $y_c > y_0 > y$，因此渠道尾端上游處的水流由接近正常水深 y_0，再進入自由跌水，而且自由跌水處的水深 y_e 小於正常水深 y_0。超臨界流自由跌水處水深 y_e 和臨界水深 y_c 的收縮係數 $C_c(= y_e / y_c)$ 隨比值 (y_c / y_0) 而異。

以下將介紹三種分析方法：

第一種分析方法：假設渠道尾端自由跌水處的水壓力 $P_e = K_e \rho g A_e \overline{y}_e$，$K_e$ = 修正係數，由連續方程式及動量方程式，求解自由跌水處水深 y_e 和臨界水深 y_c 之關係。以矩形渠道亞臨界流自由跌水為例，進入自由跌水前，上游段先形成臨界流，臨界流況下 $q^2 = g y_c^3$，$P_e = \dfrac{1}{2} K_e \rho g y_e^2$，連續方程式 $q = V_1 y_1 = V_c y_c = V_e y_e$，動量方程式

$$P_c - P_e = \rho q (V_e - V_c) \rightarrow \frac{1}{2} \rho g y_c^2 \left(1 - K_e \left(\frac{y_e}{y_c} \right)^2 \right)$$

$$= \rho g y_c^3 \left(\frac{1}{y_e} - \frac{1}{y_c} \right) \rightarrow \left(1 - K_e \left(\frac{y_e}{y_c} \right)^2 \right) = 2 \left(\frac{y_c}{y_e} - 1 \right)$$

整理後得水深比方程式

$$\boxed{K_e\left(\frac{y_e}{y_c}\right)^3-3\left(\frac{y_e}{y_c}\right)+2=0} \quad (7.30)$$

此 3 次方程式有 3 個解，只有一個解有物理意義。例如 $K_e = 0, 0.2, 0.5, 0.8$ 對應的水深比分別為 $\frac{y_e}{y_c} = 0.667, 0.688, 0.732, 0.807$。

前人的實驗資料顯示水深比 (y_e / y_c) 和渠道的形狀有關，矩形渠道尾端跌水有寬度限制（Confined nappe）實驗結果顯示尾端水深比（end depth ratio）$y_e / y_c \approx 0.715$；矩形渠道跌水水舌在寬度方向不受限制（Unconfined nappe）情況下，$y_e / y_c \approx 0.705$；三角形渠道，$y_e / y_c \approx 0.795$；圓形渠道，$y_e / y_c \approx 0.725$；拋物線渠道，$y_e / y_c \approx 0.772$。

第二種分析方法：考量自由跌水處流線彎曲所引起之離心力效應，曲率半徑 $r \approx (d^2y / dx^2)^{-1}$，水面壓力為零，有效測壓水頭為 $\boxed{y_{ep} = y + \frac{1}{3}\frac{V^2 y}{g}\frac{d^2y}{dx^2}}$（Boussinesq 方程式）。由連續及能量方程式求解。以矩形渠道為例，比能

$$E = y_{ep} + \frac{V^2}{2g} = y + \frac{1}{3}\frac{V^2 y}{g}\frac{d^2y}{dx^2} + \frac{V^2}{2g} = y + \frac{1}{3}\frac{q^2}{gy}\frac{d^2y}{dx^2} + \frac{q^2}{2gy^2}$$

$$= y + \frac{1}{3}\frac{y_c^3}{y}\frac{d^2y}{dx^2} + \frac{y_c^3}{2y^2} \rightarrow \boxed{\frac{E}{y_c} = \frac{y}{y_c} + \frac{1}{3}\left(\frac{y_c^2}{y}\right)\frac{d^2y}{dx^2} + \frac{1}{2}\left(\frac{y_c}{y}\right)^2} \quad (7.31)$$

在自由跌水處 $(y = y_e)$，

$$\frac{d^2y}{dx^2} = \frac{d^2y}{dt^2}\frac{d^2t}{dx^2} = -\frac{g}{V_x^2} = -\frac{gy_e^2}{q^2} \rightarrow \boxed{\frac{d^2y}{dx^2} = -\frac{y_e^2}{y_c^3}},$$

因此 $\frac{E}{y_c} = \frac{y_e}{y_c} - \frac{1}{3}\left(\frac{y_c^2}{y_e}\right)\left(\frac{y_e^2}{y_c^3}\right) + \frac{1}{2}\left(\frac{y_c}{y_e}\right)^2$

$$\frac{E}{y_c}=\frac{y_e}{y_c}-\frac{1}{3}\left(\frac{y_e}{y_c}\right)+\frac{1}{2}\left(\frac{y_c}{y_e}\right)^2=\frac{2}{3}\frac{y_e}{y_c}+\frac{1}{2}\left(\frac{y_c}{y_e}\right)^2$$

$$\rightarrow \boxed{4\left(\frac{y_e}{y_c}\right)^3-6\left(\frac{E}{y_c}\right)\left(\frac{y_e}{y_c}\right)^2+3=0}$$

對於亞臨界流 $E=y_c+\dfrac{V_c^2}{2g}=\dfrac{3}{2}y_c \rightarrow \boxed{4\left(\dfrac{y_e}{y_c}\right)^3-9\left(\dfrac{y_e}{y_c}\right)^2+3=0}$，此方程式只有一個解有物理意義，即

$$\boxed{\frac{y_e}{y_c}=0.694} \tag{7.32}$$

對於超臨界流 $E=y_0+\dfrac{V_0^2}{2g}=y_0+\dfrac{q^2}{2gy_0^2}=y_0+\dfrac{y_c^3}{2y_0^2} \rightarrow \dfrac{E}{y_c}=\dfrac{y_0}{y_c}+\dfrac{1}{2}\left(\dfrac{y_0}{y_c}\right)^{-2}=\left(\dfrac{1}{\lambda_c}+\dfrac{\lambda_c^2}{2}\right)$，其中無因次臨界水深 $\boxed{\lambda_c=\dfrac{y_c}{y_0}}$，代入前面方程式得 $\boxed{4\left(\dfrac{y_e}{y_c}\right)^3-6\left(\dfrac{1}{\lambda_c}+\dfrac{\lambda_c^2}{2}\right)\left(\dfrac{y_e}{y_c}\right)^2+3=0}$，對於超臨界流，先求得 λ_c，再求 $\dfrac{y_e}{y_c}$，然後藉此推求流量。

第三種分析方法：由流量公式出發，推求水深收縮比 $\dfrac{y_e}{y_c}$。矩形渠道自由跌水能量線下水深 h 處的流速 $V=C_c\sqrt{2gh}$，流量 $dQ=C_cB\sqrt{2gh}dh$，

$$Q=\int_{V_1^2/2g}^{y_1+V_1^2/2g}C_cB\sqrt{2gh}dh=\frac{2\sqrt{2g}}{3}C_cB\left[\left(y_1+\frac{V_1^2}{2g}\right)^{3/2}-\left(\frac{V_1^2}{2g}\right)^{3/2}\right]$$

無因次化，$\dfrac{Q}{B\sqrt{gy_1^3}}=\dfrac{2\sqrt{2}}{3}C_c\left[\left(y_1+\dfrac{V_1^2}{2g}\right)^{3/2}-\left(\dfrac{V_1^2}{2g}\right)^{3/2}\right]=\dfrac{2\sqrt{2}}{3}\left(\dfrac{y_e}{y_1}\right)\left[\left(1+\dfrac{q^2}{2gy_1^3}\right)^{3/2}\right.$

$-\left(\frac{q^2}{2gy_1^3}\right)^{3/2}\Bigg]$，收縮係數 $C_c=\frac{y_e}{y_1}$，自由跌水上游處水流福祿數 $F_1=\frac{Q}{B\sqrt{gy_1^3}}$

$=\frac{q}{\sqrt{gy_1^3}}$；

渠流尾端福祿數 $F_e=\frac{q}{\sqrt{gy_e^3}}=\frac{q}{\sqrt{gy_1^3}}\left(\frac{y_1}{y_e}\right)^{3/2}=F_1\left(\frac{y_1}{y_e}\right)^{3/2}$

前述流量關係可以改寫為

$$F_1=\frac{2\sqrt{2}}{3}\left(\frac{y_e}{y_1}\right)\left[\left(1+\frac{F_1^2}{2}\right)^{3/2}-\left(\frac{F_1^2}{2}\right)^{3/2}\right]=\frac{1}{3}\left(\frac{y_e}{y_1}\right)\left[\left(2+F_1^2\right)^{3/2}-1\left(F_1^2\right)^{3/2}\right]$$

因此渠流尾端水深比值 $\boxed{\frac{y_e}{y_1}=\frac{3F_1}{\left(2+F_1^2\right)^{3/2}-\left(F_1^2\right)^{3/2}}}$，又 $F_e=F_1\left(\frac{y_1}{y_e}\right)^{3/2}\rightarrow$

$$F_e=F_1\left(\frac{\left(2+F_1^2\right)^{3/2}-\left(F_1^2\right)^{3/2}}{3F_1}\right)^{3/2}$$

由自由跌水深 y_e 及上游福祿數 F_1 可求得流量 Q

$$Q=F_eB\sqrt{gy_e^3}=F_1\left(\frac{\left(2+F_1^2\right)^{3/2}-\left(F_1^2\right)^{3/2}}{3F_1}\right)^{3/2}B\sqrt{gy_e^3}\qquad(7.33)$$

對於亞臨界流 $(y_0>y>y_c)$，自由跌水發生前先經過臨界流，$y_1=y_c$，$F_1=F_c=1$

因此渠流尾端水深比值

$$\frac{y_e}{y_1}=\frac{3F_1}{\left(2+F_1^2\right)^{3/2}-\left(F_1^2\right)^{3/2}}\rightarrow\frac{y_e}{y_c}=\frac{3F_c}{\left(2+F_c^2\right)^{3/2}-\left(F_c^2\right)^{3/2}}=\frac{3}{3^{3/2}-1}=0.715$$

$$Q=F_eB\sqrt{gy_e^3}=F_c\left(\frac{y_c}{y_e}\right)^{3/2}B\sqrt{gy_e^3}=\left(\frac{1}{0.715}\right)^{3/2}B\sqrt{gy_e^3}\rightarrow$$

$$\boxed{Q = 1.654B\sqrt{gy_e^3}} \qquad (7.34)$$

此式說明亞臨界流情況下，由已知渠流尾端水深 y_e 即可求得流量 Q。

對於超臨界流 $(y_c > y_0 > y)$，自由跌水上游接近正常水深，$y_1 = y_0$，福祿數 $F_0 = \dfrac{q}{\sqrt{gy_0^3}}$，$F_c = \dfrac{q}{\sqrt{gy_c^3}} = 1$

臨界水深比 $\lambda_c = \dfrac{y_c}{y_0} = F_0^{3/2}$，跌水上游水深比 $\dfrac{y_e}{y_1}$ 可以表示為

$$\frac{y_e}{y_1} = \frac{y_e}{y_0} = \frac{3F_0}{\left[\left(2+F_0^2\right)^{3/2} - \left(F_0^2\right)^{3/2}\right]},$$

$$F_e = F_0\left(\frac{y_0}{y_e}\right)^{3/2} = F_0\left(\frac{\left(2+F_0^2\right)^{3/2} - \left(F_0^2\right)^{3/2}}{3F_0}\right)^{3/2},$$

流量 $Q = F_e B\sqrt{gy_e^3} = F_0\left(\dfrac{\left(2+F_0^2\right)^{3/2} - \left(F_0^2\right)^{3/2}}{3F_0}\right)^{3/2} B\sqrt{gy_e^3}$

此式說明自由跌水深 y_e 及上游正常水深福祿數 F_0 可求得流量 Q。

例題 7.11

有一矩形渠道尾端自由跌水，尾端前及尾端後的渠道寬度是一樣的，尾端跌水形成的水舌為限制性水舌（Confined nappe），當上游來水為亞臨界流，尾端跌水水深 $y_e = 0.7$ m，渠寬 $B = 3$ m，試依此條件估算渠流臨界水深 y_c 及流量 Q。

解答：

矩形渠道尾端自由跌水為限制性水舌（Confined nappe）時，跌水水深比 $\dfrac{y_e}{y_c} \approx 0.715$，所以渠流臨界水深 $y_c = y_e / 0.715 = 0.7 / 0.715 = \underline{0.979}$ m。

由矩形渠道臨界水深關係式推估單位寬度流量 $q = (gy_c^3)^{1/2} = (9.81 \times 0.979^3)^{1/2} = \underline{3.034}$ m^2/s
渠道流量 $Q = Bq = 3 \times 3.034 = \underline{9.102}$ m^2/s。

例題 7.12

有一矩形渠道尾端自由跌水，渠道尾端上游來水為超臨界流，福祿數 $F_0 = 2.0$，尾端自由跌水處水深 $y_e = 0.2$ m，渠寬 $B = 1.2$ m，試前述第二種方法求解此自由跌水的水深比 (y_e / y_c)、臨界水深 y_c、正常水深 y_0 及流量 Q。

解答：

由前述第二種方法求解時，跌水水深比方程式為

$4\left(\frac{y_e}{y_c}\right)^3 - 6\left(\frac{1}{\lambda_c} + \frac{\lambda_c^2}{2}\right)\left(\frac{y_e}{y_c}\right)^2 + 3 = 0$，其中 $\lambda_c = \frac{y_c}{y_0} = F_0^{2/3}$（矩形渠道），因此 $\lambda_c = F_0^{2/3} = 2^{2/3} = 1.5874$，代入上式得

$4\left(\frac{y_e}{y_c}\right)^3 - 11.34\left(\frac{y_e}{y_c}\right)^2 + 3 = 0$，使用 Wolframalpha 軟體求解得 3 個解 $\frac{y_e}{y_c} = -0.476$、0.576 及 2.735，僅一個解據有物理意義，即

$\boxed{\frac{y_e}{y_c} = 0.576}$。當尾端自由跌水處水深 $y_e = 0.2$ m 時，臨界水深 $y_c = y_e / 0.576 = \underline{0.347}$ m。

此渠流上游正常水深 $y_0 = \frac{y_c}{\lambda_c} = \frac{y_c}{F_0^{2/3}} = \frac{0.347}{2^{2/3}} = \frac{0.347}{1.5874} = \underline{0.219}$ m。

使用臨界水深關係式求流量，

$Q = B\sqrt{gy_c^3} = 1.2 \times \sqrt{9.81 \times 0.347^3} = \underline{0.768}$ m^3/s。

例題 7.13

有一矩形渠道尾端自由跌水，渠道尾端上游來水為超臨界流，福祿數 $F_0 = 2.0$，尾端自由跌水處水深 $y_e = 0.2$ m，渠寬 $B = 1.2$ m，試前述第三種方法求解此自由跌水的水深比 (y_e / y_c)、臨界水深 y_c、正常水深 y_0 及流量 Q。

解答：

用前述第三種方法求解時，對於超臨界流 $(y_c > y_0 > y)$，自由跌水上游接近正常水深，$y_1 = y_0$，福祿數 $F_0 = \dfrac{q}{\sqrt{gy_0^3}}$，$F_c = \dfrac{q}{\sqrt{gy_c^3}} = 1$，

臨界水深比 $\lambda_c = \dfrac{y_c}{y_0} = F_0^{2/3}$，跌水上游水深比 $\dfrac{y_e}{y_1}$ 可以表示為

$$\frac{y_e}{y_1} = \frac{y_e}{y_0} = \frac{3F_0}{\left[\left(2+F_0^2\right)^{3/2} - \left(F_0^2\right)^{3/2}\right]} = \frac{6}{6^{3/2}-8} = 0.8959，$$

$$\frac{y_e}{y_0} = \frac{y_e}{y_c}\left(\frac{y_c}{y_0}\right) = F_0^{2/3}\frac{y_e}{y_c} \rightarrow \frac{y_e}{y_c} = \frac{y_e / y_0}{F_0^{2/3}} = \frac{0.8959}{2^{2/3}} = 0.564。$$

自由跌水處水深 $y_e = 0.2$ m，臨界水深 $y_c = \dfrac{y_e}{0.564} = \dfrac{0.2}{0.564} = \underline{0.355}$ m

此渠流上游正常水深 $y_0 = \dfrac{y_c}{\lambda_c} = \dfrac{y_c}{F_0^{2/3}} = \dfrac{0.355}{2^{2/3}} = \dfrac{0.355}{1.5874} = \underline{0.224}$ m。

使用水深關係式求流量，

$$Q = F_e B\sqrt{gy_e^3} = F_0\left(\frac{\left(2+F_0^2\right)^{3/2} - \left(F_0^2\right)^{3/2}}{3F_0}\right)^{3/2} B\sqrt{gy_e^3}$$

$$= 2\left(\frac{6^{3/2}-8}{6}\right)^{3/2} \times 1.2\sqrt{9.81\times 0.2^3} = \underline{0.793}\ \text{m}^3/\text{s}$$

7.10 臨界深度水槽（Citical-depth Flume）

臨界深度水槽是用以測量流量的水槽，本質上是建立在明渠中的幾何上指定的收縮處，其中足夠的落差可用於在水槽的喉部中發生臨界流，進而藉此推求渠流的流量。這裡介紹文托利水槽（Venturi flume）、巴歇爾水槽（Parshall flume）及駐波水槽（Standing-wave flume）。

7.10.1 文托利水槽與巴歇爾水槽

文托利水槽（Venturi flume）是一種用於測量大流量情況（例如河流）的流量裝置，它是基於 Venturi 效應，因此而得名。基本上文托利水槽包含收縮段、喉部段及擴展段，它基於伯努利原理，當水流通過收縮段時，流速增加，壓力降低；通過擴展段時，流速減慢，壓力增加。這一過程可以總結為以下幾個步驟：(1) 水流進入：水流進入 Venturi flume 的入口段，該段通常是寬且直的，以穩定進入水流；(2) 收縮段：水流進入收縮段，通道逐漸變窄，水流速度增加，壓力降低；(3) 喉部段：這是最窄的部分，水流速度最大，壓力最低；(4) 擴展段：水流進入擴展段，通道逐漸變寬，水流速度減慢，壓力恢復；(5) 水流出口：水流流出 Venturi flume，進入下游段。通過測量喉部段和上游段之間的水位差，可以利用伯努利方程和流體連續性方程計算出水流量。總之，文托利水槽是一種可靠且精確的水流量測量工具，廣泛應用於各種開放通道水流量的測量場合。

巴歇爾水槽（Parshall flume）和文托利水槽（Venturi flume）是兩種用於測量開放渠道水流量的設備，儘管它們在原理和功能上有相似之處，但也存在一些關鍵差異。巴歇爾水槽在設計和結構上的特性：(1) 固定幾何形狀：巴歇爾水槽具有特定的幾何形狀，包括收縮段、喉部段和擴展段；(2) 標準化尺寸：有多種標準化尺寸可供選擇，從小型到大型，適應不同流量範圍；(3) 上升底板：在收縮段和喉部段底部有一個上升的底板，然後在擴展段下降。巴歇爾水槽水位測量點，通常在上游段和喉部段之間，測量其水位差。流量計算方面，利用實驗校準的公式，根據測量到的水位差和標準尺寸計算流量。巴歇爾水槽優點在於：(1) 易於安裝：設計簡單，安裝方便；(2) 低維護需求：結構堅固，通常不需要頻繁維護。

巴歇爾水槽和文托利水槽的主要差異在於：(1) 設計和幾何形狀：巴歇爾水槽具有固定的幾何形狀和標準尺寸，而文托利水槽具有漸變的幾何形狀，可以根據需求定制；(2) 原理和測量方式：巴歇爾水槽基於實驗校準公式，主要依靠上游段和喉部段之間的水位差計算流量；而文托利水槽基於伯努利原理，依靠收縮段前後的水位差計算流量；(3) 安裝和維護：巴歇爾水槽設計簡單，易於安裝和維護；而文托利水槽需要更高的安裝精度和維護，但能提供更高的測量精度。總之，巴歇爾水槽和文托利水槽各有優勢，選擇哪一種取決於具體的應用需求和測量精度要求。

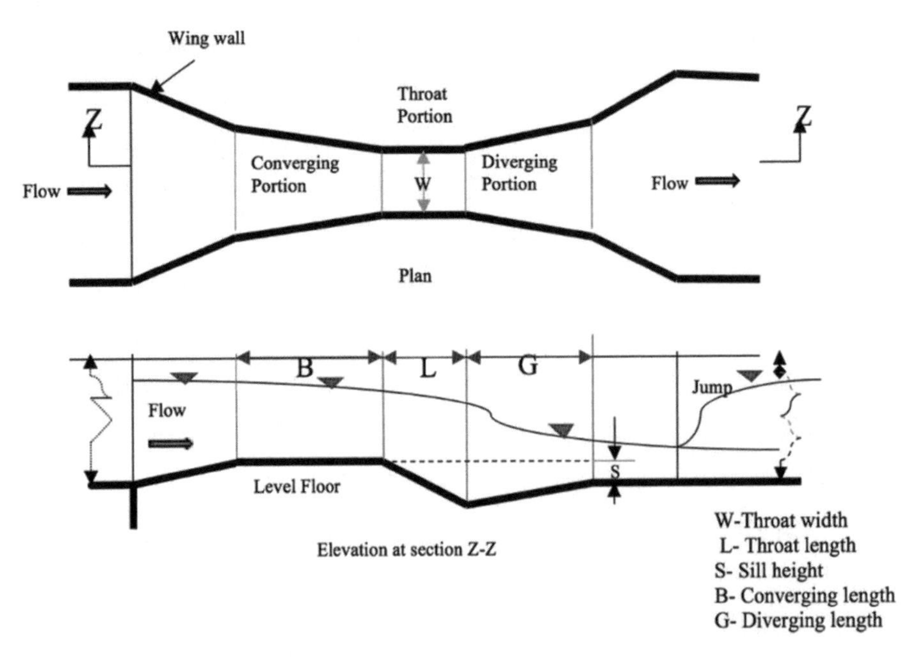

巴歇爾水槽（Parshall flume）**示意圖**（Sihag et al., 2021）

7.10.2 駐波水槽

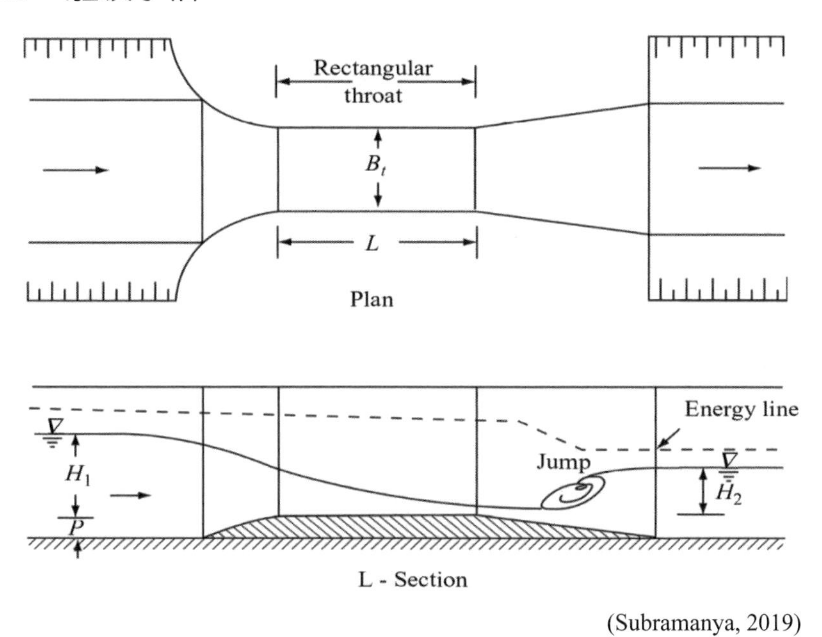

(Subramanya, 2019)

駐波水槽（Standing-wave flume）是臨界水深水槽（Critical-depth flume）的一種，用以量測水的流量，也稱為駐波測流槽。它是屬一種文托利水槽（Venturi flume）。駐波水槽大致上可區分為 3 段，前段略寬，前段的寬度逐漸縮小至中間段，中間段是較窄的喉嚨段（Throat section），中間段為定型渠道，斷面形狀固定，可以是矩形、圓形或其它形狀。中間段後連接漸寬的尾流段（Diverting section）。駐波測流槽主要為亞臨界流。水流進入駐波測流槽前段時為亞臨界流（相對於中間段底床的水深為 H_1），但渠道寬度逐漸變窄，流速變快，水流流經較窄的中間喉嚨段時，水流轉換成超臨界流，然後流入尾流段（渠道漸寬段），水流在此渠道漸寬段形成水躍，水躍後水流轉換成亞臨界流，水躍後尾水（Tailwater）相對於中間段底床的水深為 H_2。水深比值 H_2 / H_1 稱為模組極限（Modular limit）。駐波測流槽模組極限 H_2 / H_1 可達 0.9，但設計時大多採用 $H_2 / H_1 = 0.9$，以避免發生水流浸沒現象。駐波測流槽中間喉嚨段的斷面如果是矩形時，流量公式為

$$\boxed{Q = C_f B_t H_1^{\,3/2}} \tag{7.35}$$

其中 B_t = 中間喉嚨段的寬度；C_f 流量係數，良好的駐波測流槽設計，$C_f \approx$ 1.62。

習題

習題 7.1

在渠寬為 3 m 的矩形渠道上設置一座左右對稱的矩形銳緣堰，堰的高度 $P = 1.2$ m，堰的開口寬度 $L = 2.0$ m，堰上游高於堰頂的水深 $H_1 = 0.3$ m，當堰流為自由跌水形式，堰的流量係數關係式為 $C_d = 0.611 + 0.08(H_1 / P)$。試 (1) 在不考慮寬度束縮影響下，計算流經此矩形堰的流量；(2) 考慮寬度束縮影響，堰的開口有效寬度 $L_e = L - 0.2H_1$，計算流經此矩形堰的流量。

習題 7.2

請說明堰流之一般水理特性，並依據堰頂（或堰體）厚度 B_w 與堰上水頭 H_1 的比值 (H_1 / B_w) 說明堰流類型之區分。

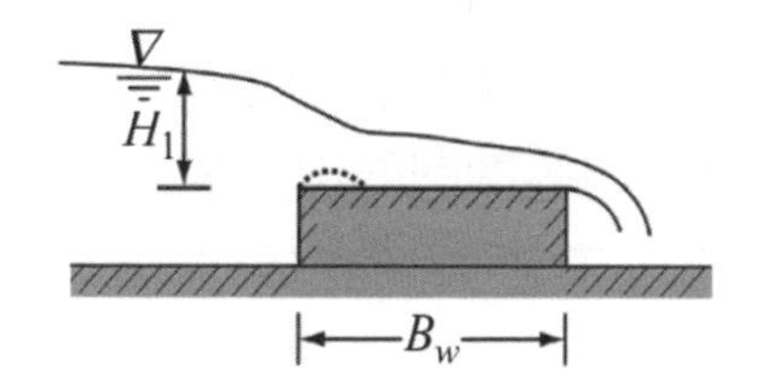

習題 7.3

有一水平矩形渠道內設有一座寬頂堰，渠寬為 1.5 m，堰高為 0.8 m，堰上游端水面穩定不變處之水深 $y_1 = 1.2$ m，堰頂上之水深 $y_2 = 0.25$ m，試求此渠流之流量。

習題 7.4

有一水平矩形渠道，渠寬 $B = 2$ m，設有閘門，渠流自閘門底部開口射流而出，已知閘門上游水深 $y_1 = 1.0$ m、閘門下游水深 $y_2 = 0.2$ m，當不計渠流能量損失時，試推估此渠流的流量 Q 及作用在閘門的水平推力 F。

習題 7.5

有一水平矩形渠道，渠寬 $B = 2.0$ m，設有閘門，渠流自閘門底部射流而出，已知閘門上游水深 $y_1 = 2.5$ m，閘門底部開口高度 $a = 0.5$ m，下游水深為 y_2，閘門出流收縮係數 $C_c = y_2 / a = 0.6$，試回答下列問題：(1) 不計渠流能量損失時，試推估此渠流的流量 Q 及渠流作用在閘門的水平推力 F；(2) 假如閘門能量損失 $E_L = 0.1y_1$，試推估此渠流的流量 Q 及渠流作用在閘門的水平推力 F；(3) 討論閘門能量損失對閘門出流量 Q 及作用在閘門水平推力 F 的影響。

習題 7.6

有一條水平矩形渠道，渠寬 2.5 m，設有一座閘門來控制水流量。假如水流流經閘門的能量損失水頭為 $0.1y_1$，閘門上下游的能量修正係數均為 1.10（即 $\alpha_1 = \alpha_2 = 1.10$），動量修正係數均為 1.0（即 $\beta_2 = \beta_1 = 1.05$）。當閘門部分打開時，閘門上游水深 $y_1 = 1.5$ m，閘門下游水深 $y_2 = 0.15$ m，試求水流流經閘門的出流量 Q、閘門上下游的水流福祿數 F_{r1} 及 F_{r2}、水流作用在閘門上的水平推力 F。

習題 7.7

有一座溢洪堰高 40 m，堰頂上能量水頭 $H_d = 2.5$ m，如下圖所示。假設水流經溢洪道無能量損失，溢洪堰流量係數為 $C_d = 0.738$，試求溢洪道單位寬度流量、下游水躍發生前水深、水躍發生後水深及水躍的能量損失，並繪製斷面①及斷面②之比能關係圖及比力關係圖。

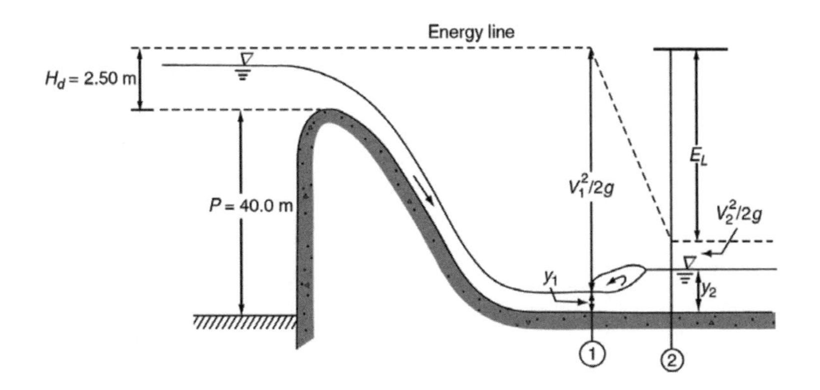

習題 7.8

有一條混凝土襯砌矩形渠道連接座水庫，渠道寬度為 10 m，渠床坡度 S_0 = 0.01，曼寧粗糙係數 n = 0.013。當水庫水位高於渠道入口處渠底高程 2.0 m 時，假設流量係數 C_d = 0.740，試估算由水庫流入渠道之流量，並定性繪出此明渠水流的水面線及註明水面線的分類名稱。

習題 7.9

河道中的水流經一單階矩形自由跌水工（Free overfall），形成一條水舌流（Nappe flow）沖向下方岩盤河床，已知其跌水高度為 20 m。假設空氣對水的阻力及空氣捲增量可忽略。由動量方程式推求此一單階跌水工之邊緣水深（Brink depth）y_e 與臨界水深 y_c 的關係。假如河道單寬流量為 3.13 m^2/s，並忽略下方河床上的水深對水舌的水墊作用，求水舌下緣撞擊到下方河床時的速度及求該撞擊點與跌水工的水平距離。

習題 7.10

有一甚長之矩形渠道，渠寬 B = 6m，渠坡 S_0 = 0.005，曼寧係數 n = 0.0145。當流量 Q = 14cms，上游渠段為正常水深，下游尾水深為 1.2m。試計算水深變化，並繪出由上游至下游之水面剖線（標示水深及水面線名稱）。

水利人介紹 7. 洪炳麟 先生（1932-2001）

洪炳麟先生 1932 年出生於彰化二林鎮，幼年常目睹洪水及乾旱景況，立志朝水利發展，解決困擾眾人的淹水問題。洪先生於 1954 年自台大農業工程學系畢業，同年通過甲級技術人員特考及格，1955 年進入台灣省水利局服務。他從最基層的工程員做起，一路打拼，經歷過助理工程師、副工程師、隊長、課長、副總隊長、處長、總工程司、副局長、局長，服務了長達 36 年的時光，為台灣水利工程作出重大貢獻。

洪先生在水利局服務期間最令人津津樂道的就是主持石岡壩規劃與興建。石岡壩是大甲溪開發計畫中最下游的一座水庫，台灣省政府於 1974 年 3 月研擬工程計畫，責由台灣省水利局負責執行，於 1974 年 10 月底開工，1977 年 10 月竣工。石岡壩規劃與興建之初，洪先生擔任總工程師，決定不仰賴國外專家，而是由國內自己的專業人才來承擔所有工作，順利打造出一個規劃、設計、施工，由為國人自主完成的多目標水庫。石岡水壩在這些頗具幹勁與傻勁的工作人員的努力下，給台灣中部的水利帶來了許多美好的效益，並且除了供應自來水、發電、灌溉等用途而外，它附近還有十分優美的湖光山色，可成一個觀光遊覽勝地。

洪先生擔任台灣省建設廳水利局第七任局長（1981～1993），在他局長任內，遭遇颱風帶來的嚴重災害，但他凝聚水利局同仁的向心力，使大家上下齊心克服難關。洪先生也在大學兼任教職，更將「學以致用、用以促學」的精神傳承給每學生及水利人。洪先生畢其數十年精力，奉獻給台灣水利工程的建設，令人景仰與懷念。（參考資料：經濟部水利署—水利人的足跡；台灣光華雜誌（1978/4）—向您介紹他們的石岡壩）

參考文獻與延伸閱讀

1. French R.H. (1986), *Open Channel Hydraulics*, McGraw, New York.
2. Jan, C.D., Chang, C.J., and Kuo, F.H. (2009), Experiments on Discharge Equations of Compound Broad-Crested Weirs. Journal of Irrigation and Drainage Engineering，ASCE, Vol.135(4), 511-515.
3. Subramanya, H. (2015、2019), Flow in Open Channels, 4th and 5th editions, McGraw-Hill, Chennai. (東華書局).
4. Govinda Rao, N.S., and Muralidhar, D. (1963), Discharge characteristics of weir of finite crest width. La Houille Blanche, Vol. 5, 537-54.
5. Kandaswamy, P.K., and Rouse, H. (1957), Characteristics of flow over terminal weirs and sills. Journal of Hydraulic Engineering Division, ASCE, Vol. 83(4), 1345-1~1345-13.
6. Rajaratnam, N., and Muralidhar, D. (1970), The trapezoidal free overfall. Journal of Hydraulic Research, Vol. 8(4), 419-447.
7. Rehbock, T. (1929), Discussion of "Precise measurements" by K.B. Turner, Transactions of ASCE, Vol. 93, 1143-1162.
8. Rouse, H. (1936), Discharge characteristics of the free overfall. Civil Engineering, ASCE, 257-260.
9. Swamee, P.K. (1988), Generalized rectangular weir equations. Journal of Hydraulic Engineering, ASCE, Vol. 114(8), 945-949.
10. Sihag, P., Dursun, O.F., Sammen, S.S., Malik, A., and Chauhan, A. (2021), Prediction of aeration efficiency of Parshall and modified Venturi flumes: Application of soft computing versus regression model. Water Supply. DOI: 10.2166/ws.2021.161.
11. 台灣光華雜誌（1978），向你介紹「他們的」石岡壩，第 3 期第 4 卷。
12. 詹錢登、張家榮、蔡長泰（2005），複合斷面銳緣堰流量公式之研究。中國土木水利工程學刊，Vol. 17(4)，703-709。

13. 詹勳全、陽信凱、林柏瑋及雷子毅（2019），開口式防砂壩流量推估模式理論發展與試驗分析。中華防災學報，Vol. 50(1)，11-21。
14. 經濟部水利署——水利人的足跡，水利署圖書典藏及影音數位平台。

Chapter 8

空間變量流
（Spatially Varied Flow）

新北市瑞芳區員山仔分洪側流堰

8.1　前言

8.2　側向入流所形成的渠道空間變量流

8.3　側向出流空間變量流水面線

8.4　底孔出流空間變量流

習題

水利人介紹8.湯麟武教授

參考文獻與延伸閱讀

8.1 前言（Introduction）

本章所討論的明渠空間變量流是指渠道內流量由於側向入流或側向出流造成的流量變化。流量隨位置變化，但是不隨時間變化。例如承接水庫溢洪道水流的側邊排洪渠道（Lateral spillway channel），在溢洪道寬度內側向入流會造成側邊排洪渠道的流量逐漸增加。又如分流用的水利設施，側堰（Side weir）及渠底引流裝置（Bottom racks），將水分流出去會造成渠道流量的逐漸減少。

渠道側向入流會造成渠道主流的流量逐漸增加，側向出流則會造成渠道主流的流量逐漸減少。引水渠道常設置側堰，利用側堰出流來分配一些水給相鄰的引水渠道支流，或是用來宣洩主渠道過多的水流。對主渠流而言，側堰範圍內的側堰出流會造成渠道主流流量的逐漸減少。對於亞臨界流，側堰出流會造成側堰範圍內渠道主流的水面線逐漸增高；反之，對於超臨界流，側堰出流會造成側堰範圍內渠道主流的水面線逐漸降低。

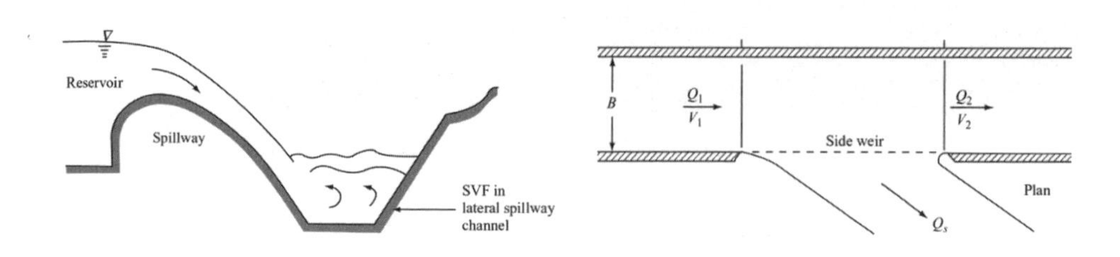

8.2 側向入流所形成的渠道空間變量流

側向入流所形成的渠道空間變量流（SVF with increasing discharge），例如水庫溢洪道側邊排洪渠道（Lateral spillway channel）、傳統斜屋頂的屋簷截水槽（Roof gutter）、道路邊的排水溝（Highway gutter）等等，在溢洪道長度範圍內側向入流造成側邊排洪渠道的流量逐漸增加。

台南市六甲區菁埔埤 U 形溢洪堰

瀑布流入峽谷形成的空間變量流

8.2.1 理論分析基本假設

由於側向入流會造成渠道內的水流紊亂，側向入流造成的能量損失不易評估，因此分析側向入流所形成的渠道空間變量流時，不使用能量方程式而是使用動量方程式來分析。使用動量方程式分析側向入流空間變量流的基本假設：(1) 定型渠道，而且渠床坡度不太大、(2) 一維水流流動而且在時間上是定量流、(3) 側向入流是垂直流入渠道而且沒有空氣捲入，不影響縱向水流的動量變化、(4) 水壓為靜水壓分布，水面線的曲率不太大，對壓力的影響可忽略、(5) 流速分布的影響反應在動量修正係數 β 上。

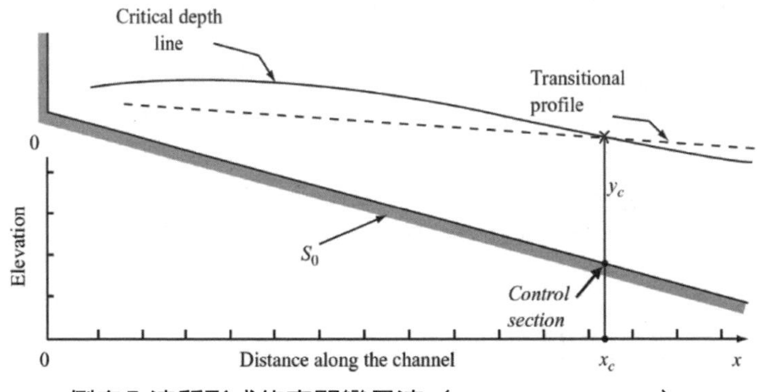

側向入流所形成的空間變量流（Subramanya, 2015）

8.2.2 側向入流空間變量流水面線方程式

使用動量方程式來分析側向入流造成的渠流水面線。考量任一斷面水流之動量通量 $M = \beta\rho AV^2 = \beta\rho Q^2 / A$，水壓力 $P_f = \gamma A\bar{y}$，控制體積內水的重量 $W = \gamma A\Delta x$，摩擦力 $F_f = \gamma AS_f\Delta x$，$\beta$ = 動量修正係數，ρ = 水的密度，$\gamma = \rho g$ = 水的單位重，A = 通水面積，V = 流速，Q = 流量，$\bar{y}$ = 通水面積的重心至水面之距離，Δx = 控制體積的縱向長度，$S_0 = \sin\theta$ = 渠床坡度，S_f = 能量坡度，單位寬度側向入流量 $q_* = dQ / dx$。

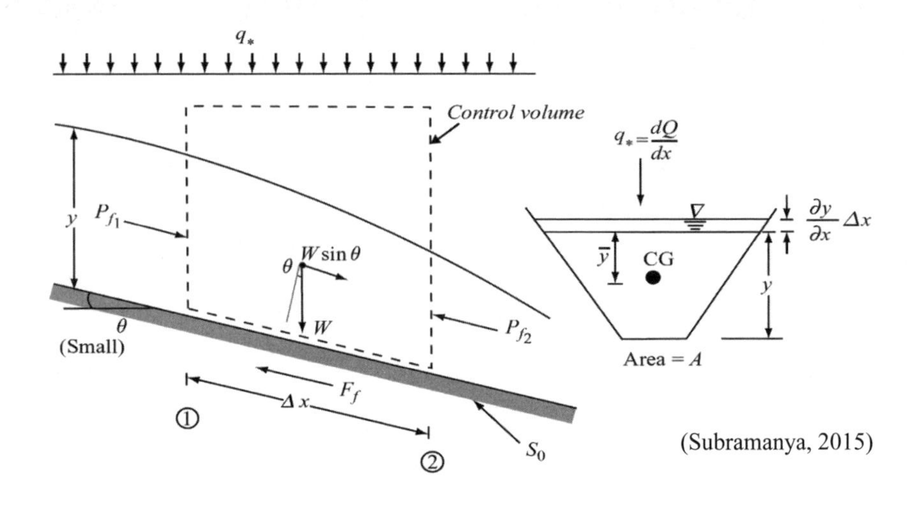

(Subramanya, 2015)

控制體積內渠流縱向（x 方向）的動量方程式為

$M_2 - M_1 = P_{f1} - P_{f2} + W\sin\theta - F_f$ 或寫成 $\Delta M = -\Delta P_f + \gamma AS_0\Delta x - \gamma AS_f\Delta x$

當 $\Delta x \to 0$，動量方程式的微分式可寫成 $\boxed{\dfrac{dM}{dx} = -\dfrac{dP_f}{dx} + \gamma A(S_0 - S_f)}$

其中 $\dfrac{dM}{dx} = \rho\beta\left(\dfrac{2Q}{A}\dfrac{dQ}{dx} - \dfrac{Q^2}{A^2}\dfrac{dA}{dx}\right) = \rho\beta\left(\dfrac{2Qq_*}{A} - \dfrac{Q^2T}{A^2}\dfrac{dy}{dx}\right)$；

$$\frac{dP_f}{dx} = \gamma\left(\underbrace{A\frac{d\bar{y}}{dx} + \bar{y}\frac{dA}{dx}}_{Ady/dx}\right) = \gamma A\frac{dy}{dx},$$

因此方程式可寫成 $\rho\beta\left(\frac{2Qq_*}{A}-\frac{Q^2T}{A^2}\frac{dy}{dx}\right)=-\gamma A\frac{dy}{dx}+\gamma A(S_0-S_f)$

$$\rightarrow \frac{2\beta Qq_*}{gA^2}+\left(1-\frac{\beta Q^2T}{gA^3}\right)\frac{dy}{dx}=(S_0-S_f)$$

側向入流的渠流水面線基本方程式為

$$\boxed{\frac{dy}{dx}=\frac{(S_0-S_f)-2\beta Qq_*/(gA^2)}{1-\beta Q^2T/(gA^3)}} \quad (8.1)$$

這個方程式是非線性方程式，一般情況需要用數值方法求解。在求解水面線方程式，常用曼寧公式來估算能量坡度 S_f。

例題 8.1

假設有一矩形側邊排洪渠道用以承接水庫溢洪道出流的洪水，此側邊排洪渠道與溢洪堰平行，由溢洪堰溢流出來的洪水，經由溢洪道垂直流入側邊排洪渠道，排洪渠道的渠床坡度為 S_0，渠道寬度為 B，溢洪道頂部溢流寬度為 L（側堰出流寬度），渠流的動量修正係數為 β，假設溢洪道單位寬度溢流量為 q_*，且為定值，在側邊排洪渠道上游位置為 $x=0$ 處的流量為 $Q=0$，在渠段 $0<x\leq L$ 範圍的流量為 $Q=q_*x$，渠流能量坡度為 S_f，試求側邊排洪渠道在 $0<x\leq L$ 範圍的 (1) 臨界水深 y_c、(2) 水面線方程式，並求 (3) 當 $S_f=S_0$ 及 $x=L$ 處洽為臨界流情況下的水面線。

解答：

(1) 矩形側邊排洪渠道在 $0<x\leq L$ 範圍的流量為 $Q=q_*x$，臨界條件 $\frac{\beta Q^2B}{gA^3}=\frac{\beta(q_*x)^2}{gB^2y^3}=1\rightarrow$ 臨界水深 $\boxed{y_c=\left(\frac{\beta q_*^2x^2}{gB^2}\right)^{1/3}}$，在 $0<x\leq L$ 範圍內臨界水深 y_c 隨著位置 x 增加而增加。在 $x=L$ 處，

$y_c = y_{Lc} = \left(\frac{\beta q_*^2 L^2}{gB^2}\right)^{1/3} \rightarrow \frac{\beta q_*^2}{gB^2} = \frac{y_{Lc}^3}{L^2}$。令無因次參數 $y_{c*} = \frac{y_c}{y_{Lc}}$ 及

$x_* = \frac{x}{L}$

無因次臨界水深關係式為 $\boxed{y_{c*} = x_*^{2/3}}$，在 $0 < x_* \le L$ 範圍，y_{c*} 隨著 x_* 增加而增加。

(2) 側向入流渠流的水面線基本方程式為

$$\frac{dy}{dx} = \frac{(S_0 - S_f) - 2\beta Q q_*/(gA^2)}{1 - \beta Q^2 T/(gA^3)}$$

對於矩形渠道 $A = By$，$T = B$

又 $Q = q_* x \rightarrow \boxed{\frac{dy}{dx} = \frac{(S_0 - S_f) - 2\beta q_*^2 x/(gB^2 y^2)}{1 - \beta q_*^2 x^2/(gB^2 y^3)}}$

(3) 當 $S_f = S_0$，水面線方程式，

$$\frac{dy}{dx} = \frac{-2\beta q_*^2 x/(gB^2 y^2)}{1 - \beta q_*^2 x^2/(gB^2 y^3)} \rightarrow \left(1 - \frac{\beta q_*^2 x^2}{gB^2 y^3}\right) dy = \frac{-2\beta q_*^2 x}{gB^2 y^2} dx$$

重新整理後 $\left(\frac{-gB^2}{\beta q_*^2} y^2 + \frac{x^2}{y}\right) dy = d(x^2)$ → 方程式可寫為

$$\boxed{\frac{d(x^2)}{dy} - \frac{x^2}{y} = -\left(\frac{gB^2}{\beta q_*^2}\right) y^2}$$

又 $x = L$ 處臨界水深 $y_c(L) = y_{Lc} = \left(\frac{\beta q_*^2 L^2}{gB^2}\right)^{1/3} \rightarrow \frac{y_{Lc}^3}{L^2} = \frac{\beta q_*^2}{gB^2}$，代入上述方程式可得 $\boxed{\frac{d(x^2)}{dy} - \frac{x^2}{y} = -\left(\frac{L^2}{y_{Lc}^3}\right) y^2}$。此水面線方程式是非線性方程式，有些複雜，不好解。為了求解，猜想 x^2 的解具有多項式的形式，令 $x^2 = a + by + cy^2 + dy^3$，代入前式

$$\rightarrow\ b+2cy+3dy^2-\left(\frac{a}{y}+b+cy+dy^2\right)=-\left(\frac{L^2}{y_{Lc}^3}\right)y^2$$

$$\rightarrow\ -\frac{a}{y}+cy+2dy^2=-\left(\frac{L^2}{y_{Lc}^3}\right)y^2$$

$$\rightarrow\ a=0\text{、}c=0$$

及 $d=-\dfrac{L^2}{2y_{Lc}^3}\rightarrow x^2=by-\dfrac{L^2}{2}\left(\dfrac{y}{y_{Lc}}\right)^3\rightarrow\left(\dfrac{x}{L}\right)^2=\dfrac{by}{L^2}-\dfrac{1}{2}\left(\dfrac{y}{y_{Lc}}\right)^3$

到此，係數 b 仍然為未知數，需要額外條件去推求。假設 $x=L$ 處洽為臨界流，水深 $y=y_{LC}$，將此邊界條件代入前述方程式 $\rightarrow 1=\dfrac{by_{Lc}}{L^2}-\dfrac{1}{2}\rightarrow$ 係數 $b=\dfrac{3L^2}{2y_{Lc}}$

因此在 $0<x\leq L$ 範圍內水面線方程式為

$$\boxed{\frac{x^2}{L^2}=\frac{3}{2}\left(\frac{y}{y_{Lc}}\right)-\frac{1}{2}\left(\frac{y}{y_{Lc}}\right)^3}$$

取無因次參數 $y_{c*}=\dfrac{y_c}{y_{Lc}}$ 及 $x_*=\dfrac{x}{L}$

在 $0<x_*\leq L$ 範圍內，無因次水面線方程式為 $\boxed{x_*^2=\dfrac{3}{2}y_*-\dfrac{1}{2}y_*^3}$

將此無因次水面線方程式對 x_* 微分，可得 $\dfrac{dy_*}{dx_*}=\dfrac{4}{3\,(1-y_*^2)}$。

在 $0<x_*\leq L$ 範圍內，$y_*\leq 1$，所以 $\dfrac{dy_*}{dx_*}>1$，表示 y_* 水深隨距離 x_* 增加而增加。

例題 8.2

假設有一矩形側邊排洪渠道用以承接水庫溢洪道出流的洪水，此側邊排洪渠道與溢洪堰平行，由溢洪堰溢流出來的洪水，經由溢洪道垂直流入側邊排洪渠道，排洪渠道的渠床坡度為 S_0，能量坡度為 S_f，渠道寬度為 B，溢洪道溢流寬度為 L（側堰出流寬度），渠流動量修正係數為 β。溢洪道單位寬度溢流量為 q_*，且為定值，側邊排洪渠道上游位置 $x = 0$ 處的流量 $Q = 0$，渠段 $0 < x \le L$ 範圍的流量 $Q = q_* x$。當 $S_0 = S_f$，$B = 8$ m，$L = 150$ m，$q_* = 0.5$ m^2/s，$\beta = 1.0$，試求側邊排洪渠道在 $0 < x \le L$ 範圍的 (1) 臨界水深 y_c、(2) 漸變流水深方程式，並求 (3) 當 $x = L$ 處為臨界流的水面線。

解答：

(1) 矩形側邊排洪渠道在 $0 < x \le L$ 範圍的流量為 $Q = q_* x$，臨界條件 $\dfrac{\beta Q^2 B}{gA^3} = \dfrac{\beta (q_* x)^2}{gB^2 y^3} = 1 \rightarrow$ 臨界水深

$$y_c = \left(\frac{\beta q_*^2 x^2}{gB^2}\right)^{1/3} = \left(\frac{0.5^2 x^2}{9.81 \times 8^2}\right)^{1/3} = 0.0736 x^{2/3}$$

$$\rightarrow \boxed{y_c(x) = 0.0736 x^{2/3}}$$

在 $0 < x \le L$ 範圍內臨界水深 y_c 隨著位置 x 增加而增加。

在 $x = L = 150$ m 處的臨界水深 $y_{Lc} = y_c(150) = 0.0736 \times 1502/3 = 2.08$ m。

臨界水深 y_c 隨著位置 x 之關係式也可寫成

$$\left(\frac{y_c}{y_{Lc}}\right) = \left(\frac{x}{L}\right)^{2/3} \rightarrow \left(\frac{y_c}{2.08}\right) = \left(\frac{x}{150}\right)^{2/3}$$

(2) 水深變化方程式為

$$\frac{dy}{dx} = \frac{(S_0 - S_f) - 2\beta Q q_* /(gA^2)}{1 - \beta Q^2 T/(gA^3)} = \frac{(S_0 - S_f) - 2\beta q_*^2 x/(gB^2 y^2)}{1 - \beta q_*^2 x^2/(gB^2 y^3)}$$，當 $S_0 = S_f$，及 $B = 8$ m，$L = 150$ m，$q_* = 0.5$ m^2/s，

$$\beta = 1.0 \rightarrow \frac{dy}{dx} = \frac{-2 q_*^2 xy}{gB^2 y^3 - q_*^2 x^2} = \frac{-xy}{1255.68 y^3 - 0.5 x^2}$$

(3) 水面線方程式 $\dfrac{dy}{dx} = \dfrac{-2\beta q_*^2 xy}{gB^2 y^3 - \beta q_*^2 x^2} \rightarrow \left(1 - \dfrac{\beta q_*^2 x^2}{gB^2 y^3}\right) dy = \dfrac{-2\beta q_*^2 x}{gB^2 y^2} dx$

當 $y_c(L) = y_{Lc} = \left(\dfrac{\beta q_*^2 L^2}{gB^2}\right)^{1/3} = 2.08 \text{ m} \rightarrow \left(1 - \dfrac{y_{Lc}^3 x^2}{L^2 y^3}\right) = \dfrac{-y_{Lc}^3}{L^2 y^2} \dfrac{d(x^2)}{dy}$

$$\rightarrow \boxed{\frac{d(x^2)}{dy} - \frac{x^2}{y} = \frac{-L^2 y^2}{y_{Lc}^3}}$$

令 $x^2 = a + by + cy^2 + dy^3$ 代入前式

$$\rightarrow b + 2cy + 3dy^2 - \left(\frac{a}{y} + b + cy + dy^2\right) = -\frac{L^2 y^2}{y_{Lc}^3}$$

$$\rightarrow -\frac{a}{y} + cy + 2dy^2 = -\frac{L^2 y^2}{y_{Lc}^3} \rightarrow a = 0 \text{ 、} c = 0$$

及 $d = -\dfrac{L^2}{2y_{Lc}^3} \rightarrow x^2 = by - \dfrac{L^2}{2}\left(\dfrac{y}{y_{Lc}}\right)^3$

由邊界條件 $x = L$ 處為臨界流，

$$y = y_{Lc} \rightarrow L^2 = by_{Lc} - \frac{L^2}{2}\left(\frac{y_{Lc}}{y_{Lc}}\right)^3 \rightarrow b = \frac{3L^2}{2y_{Lc}}$$

在 $0 < x \le L$ 範圍內水面線為

$$\frac{x^2}{L^2} = \frac{3}{2}\left(\frac{y}{y_{Lc}}\right) - \frac{1}{2}\left(\frac{y}{y_{Lc}}\right)^3 \rightarrow \boxed{\left(\frac{x}{150}\right)^2 = \frac{3}{2}\left(\frac{y}{2.08}\right) - \frac{1}{2}\left(\frac{y}{2.08}\right)^3}$$

8.3 側向出流空間變量流水面線

側向出流是將主渠道的水經由側堰將水分流到分流渠道，渠道及側堰的幾何形狀及渠道內的水流特性都會影響渠流水面線的變化特性，可能會有不同的水面線形態。

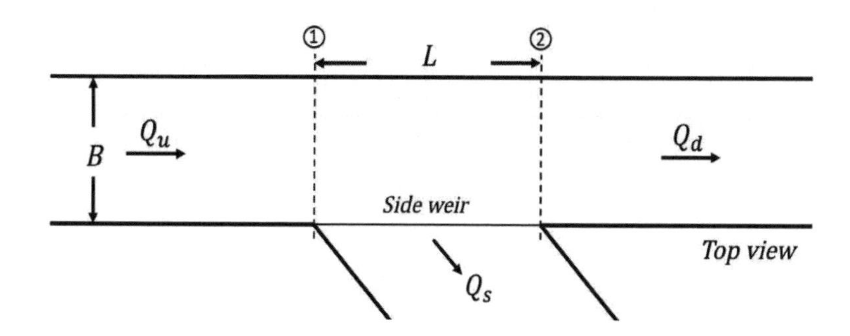

例如：

(1) 在緩坡渠道，側堰上游的渠流處於亞臨界流，水面以 M_2 曲線形式接近側堰段，然後以 M_2 曲線形式離開側堰段，側堰下游的渠流也是處於亞臨界流。

(2) 在緩坡渠道，側堰上游的渠流處於亞臨界流，水面以 M_2 曲線形式接近側堰段，並穿越臨界水深線，呈現 M_3 曲線，當側堰下游的渠流也是處於亞臨界流時，可能會發生水躍，下游渠流水面為 M_2 曲線。

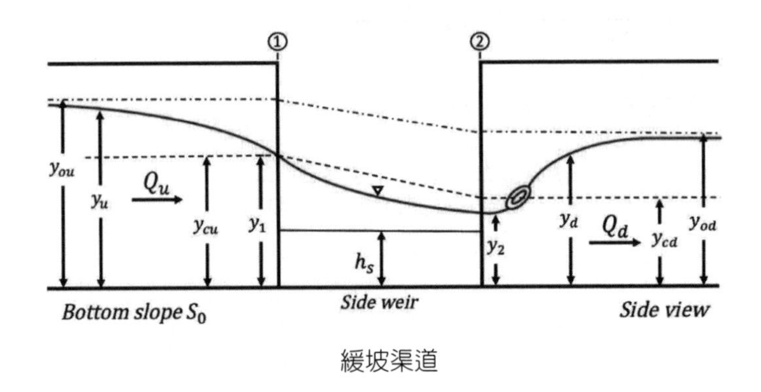

緩坡渠道

(3) 在陡坡渠道，側堰上游的渠流處於超臨界流，水面以 S_3 曲線形式接近側堰段，然後以 S_3 曲線形式離開側堰段，側堰下游的渠流也是處於超臨界流。

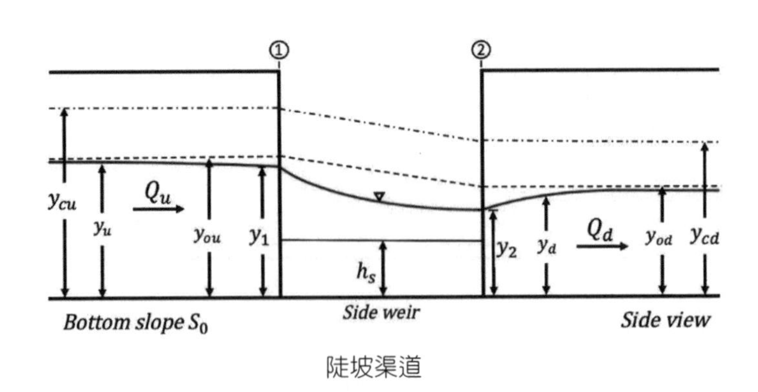

陡坡渠道

8.3.1 側堰段渠流水面線分析

側向出流是將主渠道的水分流到分流渠道，一般情況會盡量避免干擾主渠道水流，避免水流能量損失，因此可使用能量方程式來分析側向出流後主渠流的水面線。

使用能量方程式分析側堰段主渠流水面線的基本假設：

(1) 定型渠道而且渠床坡度小、

(2) 一維水流流動，而且水流在時間上是定量流、

(3) 水壓為靜水壓分布、

(4) 側向出流不影響主渠水流單位質量的能量、

(5) 可以用曼寧公式來估算能量損失坡度 S_f、

(6) 流速分布的影響反應在能量係數 α 上。

考量渠道內任一斷面 x 處的水流總能量水頭 $H = Z + y + \alpha\dfrac{V^2}{2g}$，其中 Z = 渠床高程，y = 水深，$\alpha\dfrac{V^2}{2g}$ = 速度水頭，總能量水頭 H 對 x 微分

$$\rightarrow\ \underbrace{\frac{dH}{dx}}_{-S_f} = \underbrace{\frac{dZ}{dx}}_{-S_0} + \frac{dy}{dx} + \frac{d}{dx}\left(\alpha\frac{V^2}{2g}\right)$$

速度水頭的微分可以寫成 $\dfrac{d}{dx}\left(\alpha\dfrac{V^2}{2g}\right) = \dfrac{d}{dx}\left(\alpha\dfrac{Q^2}{2gA^2}\right) = \dfrac{\alpha}{g}\left(\dfrac{Q}{A^2}\underbrace{\dfrac{dQ}{dx}}_{-q_*} - \dfrac{Q^2}{A^2}\underbrace{\dfrac{dA}{dy}}_{T}\dfrac{dy}{dx}\right)$

能量微分方程式為 $S_0 - S_f = \dfrac{dy}{dx} + \dfrac{\alpha}{g}\left(\dfrac{Q}{A^2}\underbrace{\dfrac{dQ}{dx}}_{-q_*} - \dfrac{Q^2}{A^2}\underbrace{\dfrac{dA}{dy}}_{T}\dfrac{dy}{dx}\right) = \left(1 - \dfrac{\alpha Q^2 T}{gA^2}\right)\dfrac{dy}{dx} - \dfrac{\alpha Q q_*}{gA^2}$

單位寬度側向出流量為（$-q_*$），取 q_* 為正值，它的大小與渠道水流條件及側堰特性有關。因此側堰段渠流的水面線方程式可以表示為

$$\boxed{\frac{dy}{dx}=\frac{S_0-S_f+\frac{\alpha Q q_*}{gA^2}}{1-\frac{\alpha Q^2 T}{gA^2}}} \tag{8.2}$$

側堰段上游渠流量 $Q = Q_1$，側堰段渠流量 $Q=Q_1-\int_{x_1}^{x} q_*\, dx$，側堰段下游渠流量 $Q=Q_2=Q_1-\int_{x_1}^{x_2} q_*\, dx$。因為側堰段渠流量 $Q = Q(x)$ 及側流量 $q_* = q_*(x)$ 都隨流動距離 x 而改變。此水面線方程式為隱式方程式，常需要用數值方法求解。

側堰段渠流水面線方程式為

$$\frac{dy}{dx}=\frac{S_0-S_f+\frac{\alpha Q q_*}{gA^2}}{1-\frac{\alpha Q^2 T}{gA^2}} \rightarrow \frac{dy}{dx}=\frac{\left(S_0+\frac{\alpha Q q_*}{gA^2}\right)-S_f}{1-F_r^{\,2}}$$

此方程式分子項大於零。假如 $S_0 = S_f$，$\frac{dy}{dx}=\frac{\alpha Q q_*}{gA^2}\left(\frac{1}{1-F_r^{\,2}}\right)$

對於亞臨界流（福祿數 $F_r < 1$），$\frac{dy}{dx}>1$，水深逐漸隨 x 增加而增加；

對於超臨界流（福祿數 $F_r > 1$），$\frac{dy}{dx}<1$，水深逐漸隨 x 增加而減小。

8.3.2 De Marchi 方法求解側堰段水面線

義大利學者 De Marchi（1934）曾經提出求解側堰段水面線的方法，此方法的基本假設：

(1)矩形定型渠道，且渠流一維水流流動；

(2)側堰為銳緣堰，水流為自由溢流；

(3)能量修正係數 $\alpha = 1.0$

(4)能量坡度 S_f 等於渠床坡度 S_0 → 水深微分程式 $\frac{dy}{dx}=\frac{Q q_*/(gA^2)}{1-Q^2 B/(gA^3)}$

(5)側堰單位寬度側向出流量 $q_*=\frac{2}{3}C_M\sqrt{2g}(y-s)^{3/2}$

(6) 側堰段短，比能 E 固定 → 流量關係式 $Q = By\sqrt{2g(E-y)}$

De Marchi 方法的推導過程：

假設渠道為矩形渠道，渠寬為 B，渠岸一側設有側堰，側堰為銳緣堰，側堰高度為 h_s，側堰長度為 L，可將渠道水流側向分流給相接的支渠道。

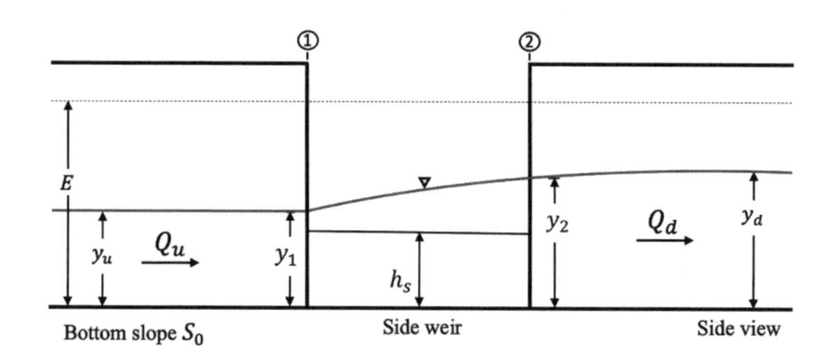

當渠流比能 E 為定值，渠流比能 $E = y + \dfrac{V^2}{2g} = y + \dfrac{Q^2}{2gA^2} = y + \dfrac{Q^2}{2gB^2y^2}$

→ 流量關係式為 $Q = By\sqrt{2g(E-y)}$

單位寬度的側向堰流出流量 $q_* = \dfrac{2}{3}C_M\sqrt{2g}(y-h_s)^{3/2}$，$C_M$ = De Marchi 流量係數；

當渠流能量坡度 S_f 與渠床坡度 S_0 相同，且能量修正係數 $\alpha = 1.0$，

側堰段水面線方程式可簡化為 $\dfrac{dy}{dx} = \dfrac{Qq_*/(gA^2)}{1-Q^2B/(gA^3)}$，（$0 \le x \le L$）。

將側堰流量 q_* 及渠流流量 Q 的關係式代入方程式可得

$$\frac{dy}{dx} = \frac{\dfrac{4C_M}{3By}\sqrt{(E-y)(y-s)^3}}{1-\dfrac{2(E-y)}{y}}\text{，整理後}\ \boxed{\frac{dy}{dx} = \frac{4C_M}{3B}\frac{\sqrt{(E-y)(y-s)^3}}{3y-2E}}$$

水面線方程式可寫成 $dx = \dfrac{3B}{4C_M}\dfrac{3y-2E}{\sqrt{(E-y)(y-s)^3}}dy$。

假設比能 E 為定值，將上式積分 $\int dx = \dfrac{3B}{4C_M}\int\dfrac{3y-2E}{\sqrt{(E-y)(y-s)^3}}dy$，這積分

有些難，可利用數學軟體求解，例如 WolframAlpha。積分後可得

$$\boxed{x=\frac{3B}{2C_M}\left(\left(\frac{2E-3s}{E-s}\right)\sqrt{\frac{E-y}{y-s}}-3\sin^{-1}\left(\sqrt{\frac{E-y}{E-s}}\right)\right)+C}\text{，}(0\le x\le L) \tag{8.3}$$

令函數 $\phi_M(y,E,s)=\left(\frac{2E-3s}{E-s}\right)\sqrt{\frac{E-y}{y-s}}-3\sin^{-1}\left(\sqrt{\frac{E-y}{E-s}}\right)=$ De Marchi 變流函數

因此 $\boxed{x=\frac{3B}{2C_M}\phi_M(y,E,s)+C}$ $(0\le x\le L)$

令無因次參數 $x_*=\frac{x}{L}$，$y_*=\frac{y}{E}$ 及 $h_{s*}=\frac{h_s}{E}$，代入變流函數 $\phi_M(y,E,s)$

$\phi_M(y,E,s)=\phi_M(y_*,h_{s*})=\left(\frac{2-3h_{s*}}{1-h_{s*}}\right)\sqrt{\frac{1-y_*}{y_*-h_{s*}}}-3\sin^{-1}\left(\sqrt{\frac{1-y_*}{1-h_{s*}}}\right)$，其中 $h_{s*}<y_*<1$

$x=\frac{3B}{2C_M}\phi_M(y_*,h_{s*})+C$ 或寫成 $x_*=\frac{3B}{2LC_M}\phi_M(y_*,h_{s*})+C$

邊界條件，在 $x_*=0$ 處，$y_*=y_{1*}$，得積分常數 $C=-\frac{3B}{2LC_M}\phi_M(y_{1*},h_{s*})$

因此側堰段無因次水面方程式為 $\boxed{x_*=\frac{3B}{2LC_M}\left(\phi_M(y_*,h_{s*})-\phi_M(y_{1*},h_{s*})\right)}$

側堰長度 $L=(x_2-x_1)=\frac{3B}{2C_M}\left(\phi_{M2}(y_{*2},h_{s*})-\phi_{M1}(y_{*1},h_{s*})\right)$

De Marchi 流量係數 C_M

對於亞臨界流，De Marchi 建議流量係數

$$\boxed{C_M=0.864\sqrt{\frac{1-F_{r1}^2}{2+F_{r1}^2}}} \tag{8.4}$$

$F_{r1}=$ 側堰上游福祿數。例如，當 $F_{r1}=0.2$、0.5 及 0.7 時，$C_M=0.593$、0.499 及 0.391。顯然 C_M 隨福祿數增加而減小。

一般而言，係數 C_M 和側堰上游福祿數 F_{r1}、側堰高度 h_s、側堰上游端水深 y_1、側堰寬 L 及渠道寬 B 等參數有密切關係，即 $C_M = C_M(F_{r1}, h_s, y_1, L, B)$。

依據一系列的實驗結果，Borghei et al.（1999）建議適用於亞臨界流的流量係數

$$\boxed{C_M = 0.7 - 0.48F_{r1} - 0.3\frac{h_s}{y_1} + 0.06\frac{L}{B}} \tag{8.5}$$

例題 8.3

在矩形渠道中構建一座側堰，渠寬 $B = 2$ m，渠床坡度 $S_0 = 0.001$，曼寧係數 $n = 0.014$，側堰上游及下游渠道流量分別為 $Q_u = 0.9$ cms 及 $Q_d = 0.75$ cms（側堰分流量 $Q_s = 0.15$ cms），側堰高度 $h_s = 0.33$ m，試依 De Marchi 方法求側堰流量係數 C_M 及側堰長度 L。

解答：

由上游流量 $Q_u = 0.9$ cms，用曼寧公式計算上游正常水深，

$$Q_u = \frac{1}{n}A_u R_u^{2/3} S_0^{1/2}$$

$$Q_u = \frac{1}{0.014}\left(\frac{(2y_{0u})^{5/3}}{(2+2y_{0u})^{2/3}}\right)\sqrt{0.001} = 4.518\left(\frac{y_{0u}^{\ 5/3}}{(1+y_{0u})^{2/3}}\right)$$

$$= 0.9 \to \frac{y_{0u}^{\ 5/3}}{(1+y_{0u})^{2/3}} = 0.1992$$

→ 正常水深 $y_{0u} = 0.439$ m。假設側堰上游端（斷面 1）水深 $y_1 = y_{0u} = 0.439$ m，且 $Q_1 = Q_u$

流速 $V_1 = \dfrac{Q_1}{A_1} = 1.023$ m/s；福祿數 $F_{r1} = \dfrac{V_1}{\sqrt{gy_1}} = \dfrac{1.023}{\sqrt{9.81 \times 0.439}} = 0.493 < 1$，亞臨界流。

亞臨界流側堰流量係數 $C_M = 0.864\sqrt{\dfrac{1-F_{r1}^2}{2+F_{r1}^2}} = 0.864\sqrt{\dfrac{1-0.493^2}{2+0.493^2}} = \underline{0.502}$

側堰上游端（斷面 1）比能 $E_1 = y_1 + \frac{V_1^2}{2g} = 0.439 + \frac{1.023^2}{2\times 9.81} = 0.492$ m

假設側堰下游端（斷面 2）比能

$$E_2 = E_1 \rightarrow y_2 + \frac{V_2^2}{2g} = y_2 + \frac{Q_2^2}{2gA_2^2} = 0.492 \text{ m}$$

$$\rightarrow y_2 + \frac{0.75^2}{8\times 9.81 y_2^2} = 0.492 \quad \rightarrow y_2 + \frac{0.007167}{y_2^2} = 0.492$$

$$\rightarrow y_2^3 - 0.492 y_2^2 + 0.007167 = 0$$

有三種可能解，$y_2 = -0.109$ m（不合理）、$y_2 = 0.143$ m（比側堰高度小，不合理）、$y_2 = 0.458$ m（Ok）。側堰下游端（斷面 2）流速 $V_2 = \frac{Q_2}{A_2} = \frac{0.75}{2\times 0.458} = 0.819$ m/s；福祿數 $F_{r2} = \frac{V_2}{\sqrt{gy_2}} = \frac{0.819}{\sqrt{9.81\times 0.458}} = 0.386 < 1$，亞臨界流。

無因次變流函數 $\phi_M(y_*, h_{s*}) = \left(\frac{2-3h_{s*}}{1-h_{s*}}\right)\sqrt{\frac{1-y_*}{y_*-h_{s*}}} - 3\sin^{-1}\left(\sqrt{\frac{1-y_*}{1-h_{s*}}}\right)$

無因次參數 $y_{1*} = \frac{y_1}{E_1} = \frac{0.439}{0.492} = 0.892$、$y_{2*} = \frac{y_2}{E_2} = \frac{0.458}{0.492} = 0.931$

及 $h_{s*} = \frac{h_s}{E_1} = \frac{0.33}{0.492} = 0.671$；

$$\phi_{M1}(y_{1*}, h_{s*}) = \phi_{M1}(0.892, 0.671) = (-0.0395)\sqrt{\frac{0.108}{0.221}} - 3\sin^{-1}\left(\sqrt{\frac{0.108}{0.329}}\right) = 1.858$$

$$\phi_{M2}(y_{2*}, h_{s*}) = \phi_{M2}(0.931, 0.671) = (-0.0395)\sqrt{\frac{0.069}{0.260}} - 3\sin^{-1}\left(\sqrt{\frac{0.069}{0.329}}\right) = -1.447$$

側堰長度 $L = \frac{3B}{2C_M}(\phi_{M2} - \phi_{M1}) = \frac{3\times 2}{2\times 0.502}(-1.447 + 1.858) = \underline{2.456}$ m。

例題 8.4

擬在矩形渠道中構建一座側堰，渠寬 $B = 6$ m，渠床坡度 $S_0 = 0.0004$，曼寧係數 $n = 0.016$，側堰上游及下游渠道流量分別為 $Q_u = 10$ cms 及 $Q_d = 6$ cms，側堰高度 $h_s = 1.0$ m，試依照 De Marchi 方法求側堰流量係數 C_M 及側堰長度 L。

解答：

由上游流量 $Q_u = 10$ cms，用曼寧公式計算上游正常水深，

$$Q_u = \frac{1}{n} A_u R_u^{2/3} S_0^{1/2}$$

$$Q_u = \frac{1}{0.016}\left(\frac{(6y_{0u})^{5/3}}{(6+2y_{0u})^{2/3}}\right)\sqrt{0.0004} = 15.60\left(\frac{{y_{0u}}^{5/3}}{(3+y_{0u})^{2/3}}\right)$$

$$= 10 \rightarrow \frac{{y_{0u}}^{5/3}}{(3+y_{0u})^{2/3}} = 0.641$$

→ 正常水深 $y_{0u} = 1.383$ m。臨界水深 $y_{cu} = 0.657$ m。假設側堰上游端（斷面 1）$Q_1 = Q_u$，$y_1 = y_{0u} = 1.383$ m，

$V_1 = \dfrac{10}{6\times 1.383} = 1.205$ m/s；$F_{r1} = \dfrac{V_1}{\sqrt{gy_1}} = \dfrac{1.205}{\sqrt{9.81\times 1.383}} = 0.327 < 1$。

亞臨界流側堰流量係數

$$C_M = 0.864\sqrt{\frac{1-F_{r1}^2}{2+F_{r1}^2}} = 0.864\sqrt{\frac{1-0.327^2}{2+0.327^2}} = \underline{0.563}$$

側堰上游端（斷面 1）比能 $E_1 = y_1 + \dfrac{V_1^2}{2g} = 1.383 + \dfrac{1.205^2}{2\times 9.81} = 1.457$ m

假設側堰下游端（斷面 2）比能

$$E_2 = E_1 \ \rightarrow \ y_2 + \frac{V_2^2}{2g} = y_2 + \frac{Q_2^2}{2gA_2^2} = 1.457 \text{ m}$$

$$\rightarrow \ y_2 + \frac{6^2}{72\times 9.81 y_2^2} = 1.457 \ \rightarrow y_2 + \frac{0.051}{y_2^2} = 1.457$$

$$\rightarrow y_2^3 - 1.457 y_2^2 + 0.051 = 0$$

有三種可能解，$y_2 = -0.177$ m（不合理）、$y_2 = 0.202$ m（比側堰高度小，不合理）、$y_2 = 1.432$ m（Ok）。側堰下游端（斷面 2）流速 $V_2 = \dfrac{Q_2}{A_2} = \dfrac{6}{6\times 1.432} = 0.698$ m/s；福祿數 $F_{r2} = \dfrac{V_2}{\sqrt{gy_2}} = \dfrac{0.698}{\sqrt{9.81\times 1.432}} = 0.186 < 1$，亞臨界流。

無因次變流函數 $\phi_M(y_*, h_{s*}) = \left(\dfrac{2-3h_{s*}}{1-h_{s*}}\right)\sqrt{\dfrac{1-y_*}{y_*-h_{s*}}} - 3\sin^{-1}\left(\sqrt{\dfrac{1-y_*}{1-h_{s*}}}\right)$

無因次參數 $y_{1*}=\dfrac{y_1}{E_1}=\dfrac{1.383}{1.457}=0.949$、$y_{2*}=\dfrac{y_2}{E_2}=\dfrac{1.432}{1.457}=0.983$

及 $h_{s*}=\dfrac{h_s}{E_1}=\dfrac{1.0}{1.457}=0.686$；

$$\phi_{M1}(y_{1*},h_{s*})=\phi_{M1}(0.949,0.686)=(-0.1847)\sqrt{\frac{0.051}{0.263}}-3\sin^{-1}\left(\sqrt{\frac{0.051}{0.314}}\right)=-1.326$$

$$\phi_{M2}(y_{2*},h_{s*})=\phi_{M2}(0.983,0.686)=(-0.1847)\sqrt{\frac{0.017}{0.297}}-3\sin^{-1}\left(\sqrt{\frac{0.017}{0.314}}\right)=-0.749$$

側堰長度 $L=\dfrac{3B}{2C_M}(\phi_{M2}-\phi_{M1})=\dfrac{3\times 6}{2\times 0.563}(-0.749+1.326)=\underline{9.224}$ m。

例題 8.5

有一矩形渠道，渠寬 B = 6 m，渠底坡降 S_0 = 0.0001，曼寧係數 n = 0.015，渠道右岸設有一段側堰，可將水流由側堰溢流到分流渠道。假設側堰上游主渠道流量 Q_u = 11.3 m^3/s；側堰下游主渠道流量 Q_d = 5.7 m^3/s（由側堰流出的流量 Q_s = 5.6 m^3/s）。試分析：(1) 側堰上游主渠道之正常水深 y_{0u}、正常水深所對應之福祿數 F_{0u} 及臨界水深 y_{cu}；(2) 側堰下游主渠道之正常水深 y_{0d}、正常水深所對應之福祿數 F_{0d} 及臨界水深 y_{cd}；並 (3) 分析繪製側堰段、側堰上游及下游主渠道之水面線。

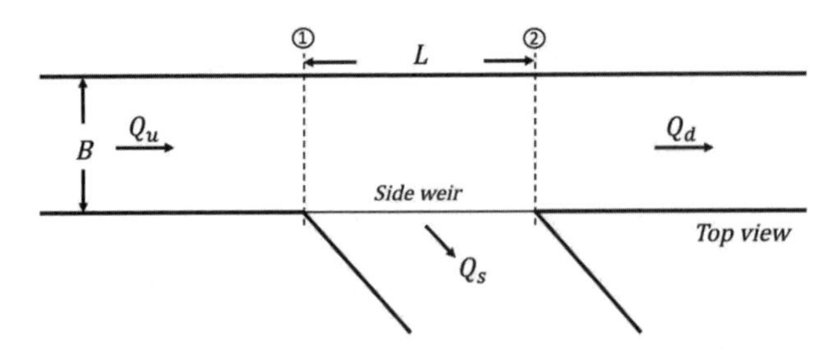

解答：

(1) 由曼寧公式計算側堰上游主渠道之正常水深 y_{0u}

$$Q_u=\frac{1}{n}A_uR_u^{\ 2/3}S_0^{1/2}=\frac{1}{0.015}\left(\frac{(6y_{0u})^{5/3}}{(6+2y_{0u})^{2/3}}\right)\times\sqrt{0.0004}$$

$$=11.3\ \text{m}^3/\text{s}\ \rightarrow \frac{(y_{0u})^{5/3}}{(3+y_{0u})^{2/3}}=0.679 \rightarrow \boxed{y_{0u}=1.439\ \text{m}}$$

及臨界水深 $y_{cu}=\left(\frac{Q_u^2}{gB^2}\right)^{1/3}=\left(\frac{11.3^2}{9.81\times 36}\right)^{1/3}=\underline{0.712}\ \text{m}$。

臨界水深 y_{cu} < 正常水深 y_{0u}，側堰上游主渠道之水流屬於亞臨界流。

正常水深所對應之福祿數

$$F_{0u}=\frac{V_u}{\sqrt{gy_{0u}}}=\frac{Q_u}{A_u\sqrt{gy_{0u}}}=\frac{11.3}{6\times 1.439^{3/2}\sqrt{9.81}}=0.348$$

(2) 側堰下游主渠道之正常水深 y_{0d}

$$Q_d=\frac{1}{n}A_dR_d^{\ 2/3}S_0^{1/2}=\frac{1}{0.015}\left(\frac{(6y_{0d})^{5/3}}{(6+2y_{0d})^{2/3}}\right)\times\sqrt{0.0004}$$

$$=5.7\ \text{m}^3/\text{s}\ \rightarrow \frac{(y_{0d})^{5/3}}{(3+y_{0d})^{2/3}}=0.3425 \rightarrow \boxed{y_{0d}=0.907\ \text{m}}$$

及臨界水深 $y_{cd}=\left(\frac{Q_d^2}{gB^2}\right)^{1/3}=\left(\frac{5.7^2}{9.81\times 36}\right)^{1/3}=\underline{0.451}\ \text{m}$。

臨界水深 y_{cu} < 正常水深 y_{0u}，側堰下游主渠道之水流屬於亞臨界流。

正常水深所對應之福祿數

$$F_{0d}=\frac{V_d}{\sqrt{gy_{0d}}}=\frac{Q_d}{A_d\sqrt{gy_{0d}}}=\frac{5.7}{6\times 0.907^{3/2}\sqrt{9.81}}=0.351$$

(3) 側堰上游主渠道之臨界水深小於正常水深（$y_{cu}<y_{0u}$），上游渠流處於亞臨界流，水深 $y_{cu}<y<y_{0u}$，水面線為 M_2 曲線。
側堰下游主渠道之臨界水深小於正常水深（$y_{cu}<y_{0u}$），下游渠流處於亞臨界流，水深 $y_{cu}<y<y_{0u}$，水面線為 M_2 曲線。

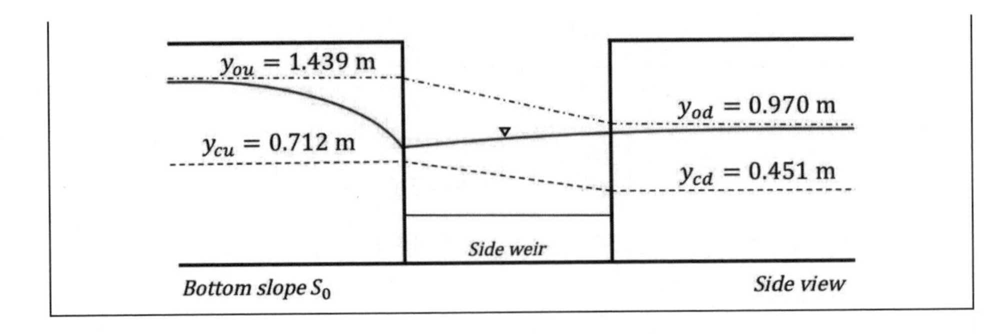

例題 8.6

有一矩形渠道，渠寬 $B = 6$ m，渠底坡降 $S_0 = 0.0052$，曼寧係數 $n = 0.015$，渠道右岸設有一段側堰，可將水流由側堰溢流到分流渠道。假設側堰上游主渠道流量 $Q_u = 11.3\ \text{m}^3/\text{s}$；側堰上游端及下游端之主渠道水深分別為 $y_1 = 0.52$ m 及 $y_2 = 0.32$ m；側堰下游主渠道流量 $Q_d = 5.7\ \text{m}^3/\text{s}$（由側堰流出的流量 $Q_s = 5.6\ \text{m}^3/\text{s}$）。試分析：(1) 側堰上游主渠道之正常水深 y_{0u}、正常水深所對應之福祿數 F_{0u} 及臨界水深 y_{cu}；(2) 側堰下游主渠道之正常水深 y_{0d}、正常水深所對應之福祿數 F_{0d} 及臨界水深 y_{cd}；並 (3) 分析繪製側堰段、側堰上游及下游主渠道之水面線。

解答：

(1) 由曼寧公式計算側堰上游主渠道之正常水深 y_{0u}

$$Q_u = \frac{1}{n} A_u R_u^{2/3} S_0^{1/2} = \frac{1}{0.015}\left(\frac{(6y_{0u})^{5/3}}{(6+2y_{0u})^{2/3}}\right)\times\sqrt{0.0052}$$

$$= 11.3\ \text{m}^3/\text{s} \rightarrow \frac{(y_{0u})^{5/3}}{(3+y_{0u})^{2/3}} = 0.1882 \rightarrow \boxed{y_{0u} = 0.614\ \text{m}}$$

及臨界水深 $y_{cu} = \left(\dfrac{Q_u^2}{gB^2}\right)^{1/3} = \left(\dfrac{11.3^2}{9.81\times 36}\right)^{1/3} = \underline{0.712}$ m。

臨界水深 y_{cu} > 正常水深 y_{0u}，側堰上游主渠道之水流屬於超臨界流。

正常水深所對應之福祿數

$$F_{0u}=\frac{V_u}{\sqrt{gy_{0u}}}=\frac{Q_u}{A_u\sqrt{gy_{0u}}}=\frac{11.3}{6\times0.614^{3/2}\sqrt{9.81}}=1.25$$

(2) 側堰下游主渠道之正常水深 y_{0d}

$$Q_d=\frac{1}{n}A_dR_d^{\,2/3}S_0^{1/2}=\frac{1}{0.015}\left(\frac{(6y_{0d})^{5/3}}{(6+2y_{0d})^{2/3}}\right)\times\sqrt{0.0052}$$

$$=5.7\ \text{m}^3/\text{s}\ \rightarrow\frac{(y_{0d})^{5/3}}{(3+y_{0d})^{2/3}}=0.095\rightarrow\boxed{y_{0d}=0.397\ \text{m}}$$

及臨界水深 $y_{cd}=\left(\dfrac{Q_d^2}{gB^2}\right)^{1/3}=\left(\dfrac{5.7^2}{9.81\times36}\right)^{1/3}=\underline{0.451}\ \text{m}$。

臨界水深 $y_{cu}>$ 正常水深 y_{0u}，側堰下游主渠道之水流屬於超臨界流。

正常水深所對應之福祿數

$$F_{0d}=\frac{V_d}{\sqrt{gy_{0d}}}=\frac{Q_d}{A_d\sqrt{gy_{0d}}}=\frac{5.7}{6\times0.397^{3/2}\sqrt{9.81}}=1.21$$

(3) 側堰上游主渠道之臨界水深大於正常水深（$y_{cu}<y_{0u}$），上游渠流處於超臨界流，水深 $y_{cu}<y_{0u}<y$，水面線為 S_3 曲線。

側堰下游主渠道之臨界水深大於正常水深（$y_{cu}<y_{0u}$），下游渠流處於超臨界流，水深 $y_{cu}<y_{0u}<y$，水面線為 S_3 曲線。

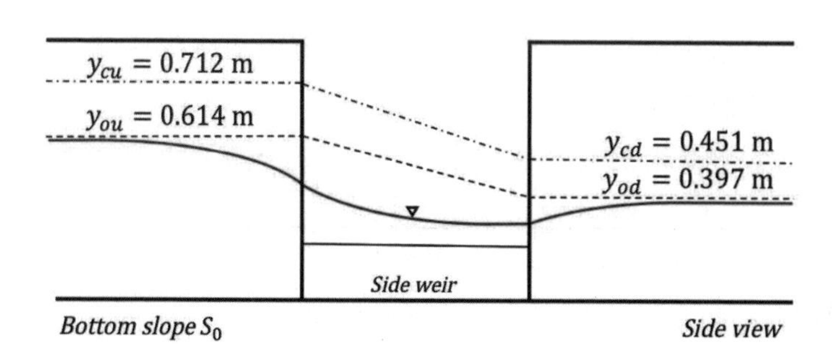

例題 8.7

有一矩形渠道，渠寬 B = 6 m，渠底坡降 S_0 = 0.0052，渠道右岸設有一段側堰，可將渠道水經由側堰溢流到分流渠道。假設側堰上游主渠道之曼寧係數 n_u = 0.015，流量 Q_u = 11.3 m³/s；側堰上、下游端之主渠道水深分別為 y_1 = 0.52 m 及 y_2 = 0.32 m；側堰下游主渠道曼寧係數 n_d = 0.03，流量 Q_d = 5.7 m³/s（由側堰流出的流量 Q_s = 5.6 m³/s）。試分析：(1) 側堰上游主渠道之正常水深 y_{0u}、正常水深所對應之福祿數 F_{0u} 及臨界水深 y_{cu}；(2) 側堰下游主渠道之正常水深 y_{0d}、正常水深所對應之福祿數 F_{0d} 及臨界水深 y_{cd}；並 (3) 分析繪製側堰段、側堰上游及下游主渠道之水面線。

解答：

(1) 由曼寧公式計算側溢流堰上游主渠道之正常水深 y_{0u}

$$Q_u = \frac{1}{n_u} A_u R_u^{2/3} S_0^{1/2} = \frac{1}{0.015}\left(\frac{(6y_{0u})^{5/3}}{(6+2y_{0u})^{2/3}}\right) \times \sqrt{0.0052}$$

$$= 11.3 \text{ m}^3/\text{s} \rightarrow \frac{(y_{0u})^{5/3}}{(3+y_{0u})^{2/3}} = 0.1882 \rightarrow \boxed{y_{0u} = 0.614 \text{ m}}$$

及臨界水深 $y_{cu} = \left(\frac{Q_u^2}{gB^2}\right)^{1/3} = \left(\frac{11.3^2}{9.81\times 36}\right)^{1/3} = \underline{0.712}$ m。

臨界水深 y_{cu} > 正常水深 y_{0u}，側溢流堰上游主渠道之水流屬於超臨界流。

正常水深所對應之福祿數

$$F_{0u} = \frac{V_u}{\sqrt{gy_{0u}}} = \frac{Q_u}{A_u\sqrt{gy_{0u}}} = \frac{11.3}{6\times 0.614^{3/2}\sqrt{9.81}} = 1.25$$

(2) 側溢流堰下游主渠道之正常水深 y_{0d}

$$Q_d = \frac{1}{n_d} A_d R_d^{2/3} S_0^{1/2} = \frac{1}{0.03}\left(\frac{(6y_{0d})^{5/3}}{(6+2y_{0d})^{2/3}}\right) \times \sqrt{0.0052}$$

$$= 5.7 \text{ m}^3/\text{s} \rightarrow \frac{(y_{0d})^{5/3}}{(3+y_{0d})^{2/3}} = 0.19 \rightarrow \boxed{y_{0d} = 0.617 \text{ m}}$$

及臨界水深 $y_{cd}=\left(\dfrac{Q_d^2}{gB^2}\right)^{1/3}=\left(\dfrac{5.7^2}{9.81\times36}\right)^{1/3}=\underline{0.451}$ m。

臨界水深 $y_{cu}<$ 正常水深 y_{0u}，側溢流堰下游主渠道之水流屬於亞臨界流。

正常水深所對應之福祿數

$$F_{0d}=\frac{V_d}{\sqrt{gy_{0d}}}=\frac{Q_d}{A_d\sqrt{gy_{0d}}}=\frac{5.7}{6\times0.617^{3/2}\sqrt{9.81}}=0.63$$

(3) 側堰上游主渠道之臨界水深大於正常水深（$y_{cu}<y_{0u}$），上游渠流處於超臨界流，水深 $y_{cu}<y_{0u}<y$，水面線為 S_3 曲線。
側堰下游主渠道之臨界水深小於正常水深（$y_{cu}<y_{0u}$），下游渠流處於亞臨界流，會有水躍發生，水躍前 $y_{0u}<y_{cu}<y$，水面線為 M_3 曲線；水躍前後 $y_{0u}<y<y_{cu}$，為 M_2 曲線

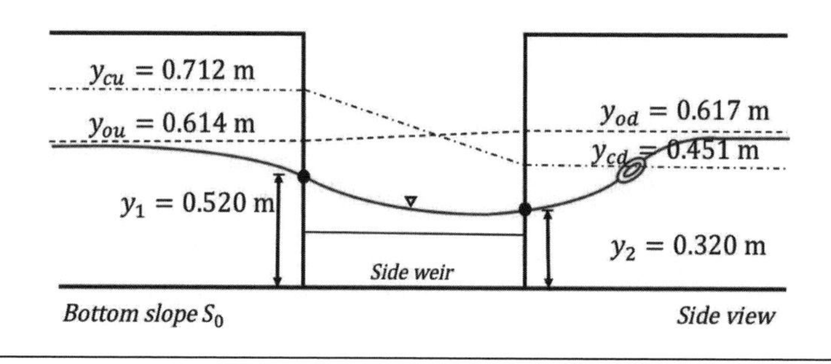

8.4 底孔出流空間變量流

渠道底孔出流是在渠床上設置有孔的結構物將水分流到分流渠道。底孔出流的結構型態大致上可區分為四大類（Subramanya, 2019）：

(1) 縱向底孔柵欄（Longitudinal bar bottom racks）、

(2) 橫向底孔柵欄（Transverse bar bottom racks）、

(3) 多孔底板（Perforated bottom plates）、

(4) 單孔底板（Bottom slots）。

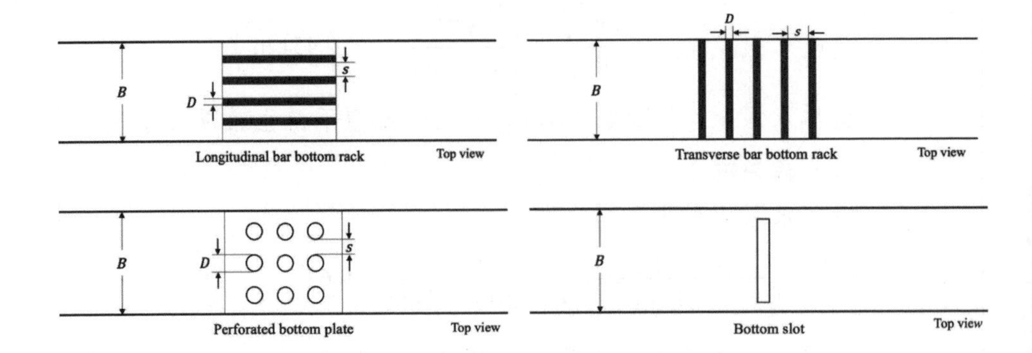

8.4.1 渠底引流裝置水面線變化的基本假設

假設有一矩形定型渠道，渠道寬度為 B，在渠床上設置渠底引流裝置，長度為 L，分析水流流經渠底引流裝置水面線變化的基本假設包括：(1) 渠道水流為一維水流流動、(2) 能量修正係數 $\alpha = 1.0$、(3) 比能 E 固定不變、(4) 單位長度渠底引流量 $\boxed{q_* = C_d B\varepsilon\sqrt{2gE_1}}$（平行桿柵欄）或 $\boxed{q_* = C_d B\varepsilon\sqrt{2gy}}$（多孔底板），其中 ε = 孔隙率，C_d = 流量係數，E_1 = 引流裝置上游端（斷面 1，$x = 0$ 處）比能；(5) 能量坡度 S_f 等於渠床坡度 S_0。

當 $S_0 = S_f$，水面線方程式 $\dfrac{dy}{dx} = \dfrac{Qq_*/(gA^2)}{1-Q^2B/(gA^3)} = \dfrac{Qq_*A}{gA^3 - Q^2B} \rightarrow$ 矩形渠道

$$\boxed{\frac{dy}{dx} = \frac{Qq_*y}{gB^2y^3 - Q^2}} \quad (8.6)$$

假設渠底引流裝置段比能 E 固定，$E_1 = y_1 + \dfrac{Q^2}{2gA_1^2} = E = y + \dfrac{Q^2}{2gA^2}$ $(0 \le x \le L)$

→ 渠底引流裝置段流量關係式

$$\boxed{Q = By\sqrt{2g(E_1 - y)}} \quad (8.7)$$

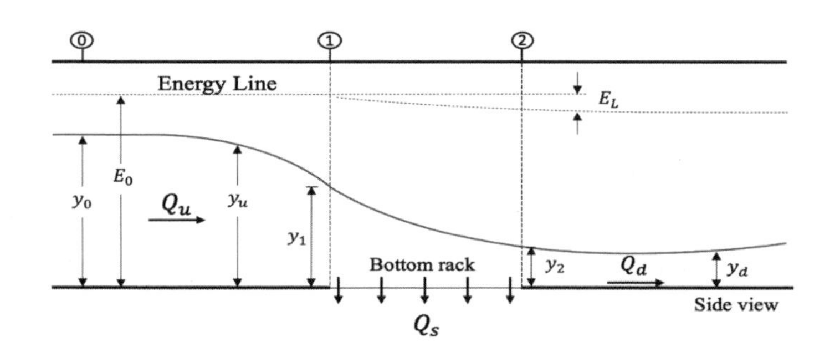

8.4.2 平行桿柵欄式渠底引流水面線

平行桿柵欄式渠底引流裝置段內（$0 \le x \le L$）的單位長度渠底引流量 q_*，假設與其比能 E 成正比，而且假設引流裝置段內比能固定，$E_1 = E = E_2$，E_1 及 E_2 分別為引流裝置上游端（斷面 1，$x = 0$ 處）及下游端（斷面 2，$x = L$ 處）之比能。因此 $q_* = C_d B\varepsilon\sqrt{2gE_1}$，渠道流量 $Q = By\sqrt{2g(E_1 - y)}$。當假設能量坡度 S_f 等於渠床坡度 S_0 時，水面線方程式可以寫成

$$\frac{dy}{dx} = \frac{Qq_*y}{gB^2y^3 - Q^2} = \frac{By\sqrt{2g(E_1 - y)} \times C_d B\varepsilon\sqrt{2gE_1}\,y}{gB^2y^3 - 2gB^2y^2(E_1 - y)} = \frac{2C_d\varepsilon\sqrt{E_1(E_1 - y)}}{3y - 2E_1}$$

令無因次參數 $x_* = \dfrac{x}{E_1}$ 及 $y_* = \dfrac{y}{E_1}$ → 無因次水面線方程式為

$$\frac{dy_*}{dx_*} = \frac{2C_d\varepsilon\sqrt{1 - y_*}}{3y_* - 2}$$

整理後 $dx_* = \dfrac{3y_* - 2}{2C_d\varepsilon\sqrt{1 - y_*}}dy_*$，並對此方程式積分 $\displaystyle\int dx_* = \frac{1}{2C_d\varepsilon}\underbrace{\int\frac{3y_* - 2}{\sqrt{1 - y_*}}dy_*}_{-2y_*\sqrt{1 - y_*}}$

→ $x_* = -\dfrac{1}{C_d\varepsilon}y_*\sqrt{1 - y_*} + C$，邊界條件，在渠底引流裝置前端（$x_* = 0$）水深 $y_* = y_{1*}$ 可得積分常數 $C = \dfrac{1}{C_d\varepsilon}y_{1*}\sqrt{1 - y_{1*}}$ → 無因次水面線

$$\boxed{x_* = \frac{1}{C_d\varepsilon}\left(y_{1*}\sqrt{1 - y_{1*}} - y_*\sqrt{1 - y_*}\right)} \qquad (8.8)$$

例題 8.8

有一矩形渠道，渠寬 $B = 2$ m，渠床設有一座平行桿柵欄式的渠底引流裝置，此引流裝置的長度 $L = 2$ m，寬度與渠道寬度相同，孔隙率 $\varepsilon = 0.2$。當引流裝置上游渠道流量 $Q_0 = 3.5$ cms 及福祿數 $F_{r0} = 0.3$，且流經此渠底引流裝置時為超臨界流。試 (1) 估算從渠底引流裝置流出的流量 Q_s、(2) 求渠底引流裝置段的水面線、(3) 求引流裝置下游端（斷面 2）的水深 y_2 及流量 Q_2、並 (4) 求引流裝置中間（斷面 1.5）的水深 $y_{1.5}$ 及流量 $Q_{1.5}$。

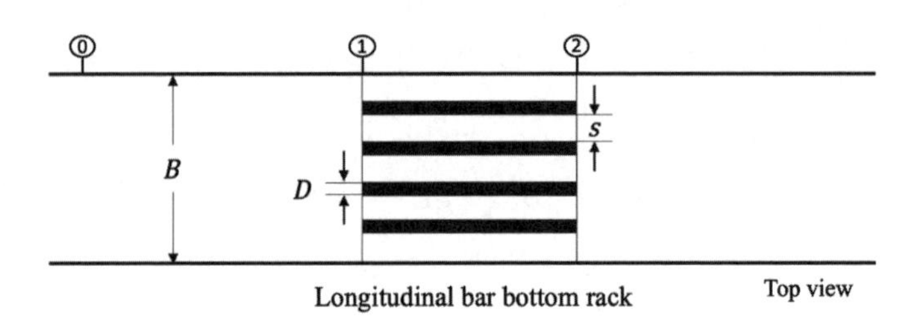

解答：

(1) 上游流量 $Q_0 = Q_u = 3.5$ cms 及福祿數

$$F_{r0} = \frac{V_0}{\sqrt{gy_0}} = \frac{Q_0}{A_0\sqrt{gy_0}} = 0.3 \rightarrow Q_0 = F_{r0}B\sqrt{g}\,y_0^{3/2}$$

$\rightarrow 3.5 = 0.3 \times 2\sqrt{9.81}y_0^{3/2} \rightarrow y_0^{3/2} = 1.862 \rightarrow$ 上游水深 $y_0 = 1.514$ m。

臨界水深 $y_c = \left(\dfrac{Q_0^2}{gB^2}\right)^{1/3} = \left(\dfrac{3.5^2}{9.81 \times 4}\right)^{1/3} = 0.678\text{ m} < y_0$，渠流由亞臨界流變為超臨界流。

設引流裝置上游端（斷面 1）水深為臨界水深 $y_1 = y_c = 0.678$ m，流速 $V_1 = \dfrac{Q_1}{A_1} = \dfrac{Q_0}{By_1} = V_{1c} \rightarrow V_1 = \dfrac{3.5}{2 \times 0.678} = 2.581\text{ m/s}$，比能

$$E_1 = y_1 + \frac{V_1^2}{2g} = E_{1c} = 0.678 + \frac{2.581^2}{2 \times 9.81} = 1.018\text{ m}$$

參數 $\eta_E=\dfrac{V_1^2}{2gE_1}=\dfrac{F_1^2}{2+F_1^2}=\dfrac{1}{3}=0.333$，平行桿柵欄式孔隙率 $\varepsilon=\dfrac{s}{s+D}=\dfrac{1}{1+D/s}=0.2\rightarrow\dfrac{D}{s}=4$（$D=$ 桿直徑，$s=$ 桿間隙）。

使用經驗公式估算流量係數 C_d

$$C_d=0.601+0.2\log(D/s)-0.247\eta_E$$

$$=0.601+0.2\log(4)-0.247\times0.33=\underline{0.639}$$

渠底引流單寬流量

$q_*=C_dB\varepsilon\sqrt{2gE_1}=0.639\times2\times0.2\sqrt{2\times9.81\times1.018}=\underline{1.14}$ cms。

渠底引流量 $Q_s=q_*L=1.14\times2=\underline{2.28}$ cms。

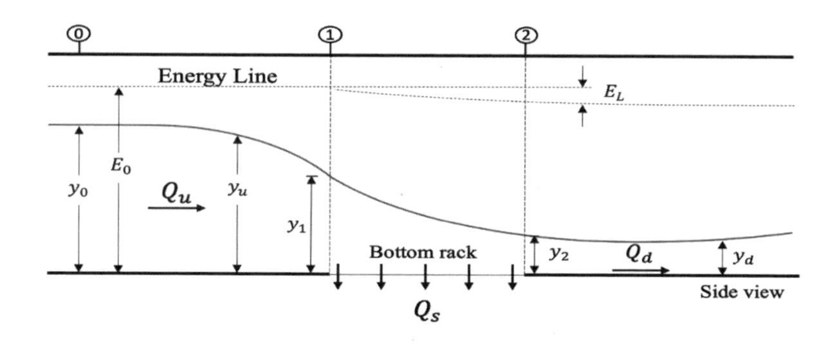

(2) 無因次參數 $x_*=\dfrac{x}{E_1}$ 及 $y_*=\dfrac{y}{E_1}\rightarrow y_{1*}=y_{c*}=\dfrac{y_c}{E_1}=\dfrac{0.678}{1.018}=0.666$，

柵欄式渠底引流裝置無因次長度 $L_*=\dfrac{L}{E_1}=\dfrac{2}{1.018}=1.965$

無因次水面線

$$x_*=\frac{1}{C_d\varepsilon}\left(y_{1*}\sqrt{1-y_{1*}}-y_*\sqrt{1-y_*}\right)$$

$$=\frac{1}{0.639\times0.2}\left(\underbrace{0.666\sqrt{0.334}}_{0.385}-y_*\sqrt{1-y_*}\right)$$

$\rightarrow x_*=7.825\left(0.385-y_*\sqrt{1-y_*}\right)\rightarrow \boxed{x_*=3.013-7.825y_*\sqrt{1-y_*}}$，

有因次水面線 $\boxed{x=3.067-7.756y\sqrt{1.018-y}}$

(3) 由水面線方程式求引流裝置下游端（斷面 2）水深，

$x_{2*}=L_*=3.013-7.825y_{2*}\sqrt{1-y_{2*}}=1.965\rightarrow y_{2*}\sqrt{1-y_{2*}}$

$=0.134\rightarrow y_{2*}=0.145$

$\rightarrow y_2=0.145\times1.018=0.148\text{ m}\rightarrow$ 引流裝置下游端（斷面 2）水深 $\boxed{y_2=\underline{0.148}\text{ m}}$

流量關係式 $Q=By\sqrt{2g(E_1-y)}$，在引流裝置中間 $x=2$ 處（斷面 2），

流量 $Q(2)=Q_2=2\times0.148\sqrt{2\times9.81(1.018-0.148)}=\underline{1.22}\text{ cms}$

檢核流量是否守恆，$Q_2=Q_1-Q_s=3.5-2.28=1.22\text{ cms (OK)}$

(4) 在引流裝置中間 $x_*=0.5L_*$ 處，

$0.5L_*=\dfrac{1}{1.018}=3.013-7.825y_*\sqrt{1-y_*}=0.982$

$\rightarrow y_*\sqrt{1-y_*}=0.2596\rightarrow y_*(0.5L_*)=0.313\rightarrow y(1)=y_{1.5}=0.319\text{ m}$

流量關係式 $Q=By\sqrt{2g(E_1-y)}$，在引流裝置中間 $x=1$ 處（斷面 1.5），

流量 $Q(1)=Q_{1.5}=2\times0.319\sqrt{2\times9.81(1.018-0.319)}=\underline{2.36}\text{ cms}$

檢核流量是否守恆，$Q_{1.5}=Q_1-0.5Q_s=3.5-1.14=2.36\text{ cms (OK)}$

8.4.3 多孔平板渠底引流裝置

多孔平板式渠底引流裝置段內（$0\le x\le L$）的單位長度渠底引流量 q_*，假設與其水深 y 成正比，$q_*=C_dB\varepsilon\sqrt{2gy}$；渠流流量 $Q=By\sqrt{2g(E_1-y)}$ 水面線方程式為

$$\frac{dy}{dx}=\frac{Qq_*y}{gB^2y^3-Q^2}=\frac{By\sqrt{2g(E_1-y)}\times C_dB\varepsilon\sqrt{2gy}\,y}{gB^2y^3-2gB^2y^2(E_1-y)}$$

$$=\frac{2C_d\varepsilon\sqrt{y(E_1-y)}}{3y-2E_1}$$

令無因次參數 $x_* = \dfrac{x}{E_1}$ 及 $y_* = \dfrac{y}{E_1}$ → 無因次水面線方程式

$$\boxed{\frac{dy_*}{dx_*} = \frac{2C_d\varepsilon\sqrt{y_*(1-y_*)}}{3y_*-2}} \rightarrow dx_* = \frac{3y_*-2}{2C_d\varepsilon\sqrt{y_*(1-y_*)}}dy_*$$
，將此方程式積分

$$\rightarrow \int dx_* = \frac{1}{2C_d\varepsilon}\underbrace{\int\frac{3y_*-2}{\sqrt{y_*(1-y_*)}}dy_*}_{\cos^{-1}(y_*)-3\sqrt{y_*(1-y_*)}}$$

$$\boxed{x_* = \frac{1}{2C_d\varepsilon}\left(\cos^{-1}(y_*)-3\sqrt{y_*(1-y_*)}\right)+C}$$

由邊界條件，在 $x_* = 0$ 處，$y_* = y_{1*}$ → 積分常數

$$C = \frac{1}{2C_d\varepsilon}\left(3\sqrt{y_{1*}(1-y_{1*})}-\cos^{-1}(y_{1*})\right)$$

$$\rightarrow \boxed{x_* = \frac{1}{2C_d\varepsilon}\left(\left(\cos^{-1}(y_*)-\cos^{-1}(y_{1*})\right)-3\left(\sqrt{y_*(1-y_*)}-\sqrt{y_{1*}(1-y_{1*})}\right)\right)}$$

例題 8.9

有一矩形渠道，渠寬 B = 2 m，渠床設有一座多孔平板式渠底引流裝置，此引流裝置的長度 L = 2 m，寬度與渠道寬度相同，孔隙率 $\varepsilon = 0.2$，流量係數 $C_d = 0.41$。當引流裝置上游渠道流量 Q_0 = 3.5 cms 及福祿數 F_{r0} = 0.3，且流經此渠底引流裝置時為超臨界流。試 (1) 求渠底引流裝置段的水面線、(2) 求引流裝置下游端（斷面 2）的水深 y_2、流量 Q_2 及福祿數 F_{r2}、(3) 估算從渠底引流裝置流出的流量 Q_s、(4) 引流裝置下游渠道的臨界水深 y_{2c}。

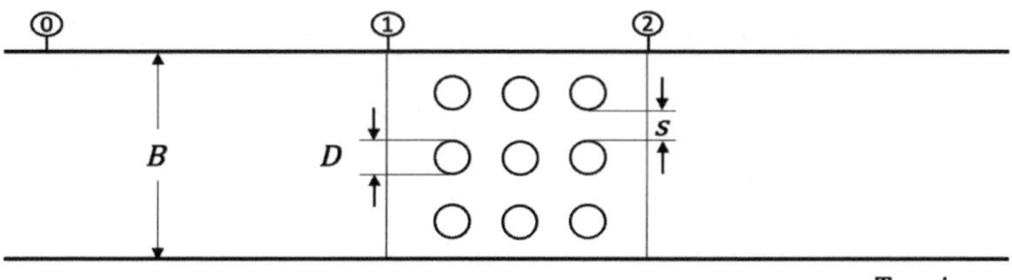

解答：

(1) 上游流量 $Q_0 = Q_u = 3.5$ cms 及福祿數

$$F_{r0} = \frac{V_0}{\sqrt{gy_0}} = \frac{Q_0}{A_0\sqrt{gy_0}} = 0.3 \rightarrow Q_0 = F_{r0}B\sqrt{g}\,y_0^{3/2}$$

$\rightarrow 3.5 = 0.3\times 2\sqrt{9.81}y_0^{3/2} \rightarrow y_0^{3/2} = 1.862 \rightarrow$ 上游水深 $y_0 = 1.514$ m。

臨界水深 $y_c = \left(\frac{Q_0^2}{gB^2}\right)^{1/3} = \left(\frac{3.5^2}{9.81\times 4}\right)^{1/3} = 0.678\text{ m} < y_0$，渠流由亞臨界流變為超臨界流。

假設引流裝置上游端（斷面 1）水深為臨界水深 $y_1 = y_c = 0.678$ m，流速 $V_1 = \frac{Q_1}{A_1} = \frac{Q_0}{By_1} = V_{1c} \rightarrow V_1 = \frac{3.5}{2\times 0.678} = 2.581$ m/s，比能

$$E_1 = y_1 + \frac{V_1^2}{2g} = E_{1c} = 0.678 + \frac{2.581^2}{2\times 9.81} = 1.018\text{ m}$$

引流裝置水面線

$$\boxed{x_* = \frac{1}{2C_d\varepsilon}\left(\left(\cos^{-1}(y_*) - \cos^{-1}(y_{1*})\right) - 3\left(\sqrt{y_*(1-y_*)} - \sqrt{y_{1*}(1-y_{1*})}\right)\right)}$$

其中無因次參數 $x_* = \frac{x}{E_1}$ 及 $y_* = \frac{y}{E_1}$；

$$x_{2*} = \frac{x_2}{E_1} = \frac{L}{E_1} = \frac{2}{1.018} = 1.965，y_{1*} = \frac{0.678}{1.018} = 0.666，$$

已知流量係數 $C_d = 0.41$，孔隙率 $\varepsilon = 0.2$，代入前式

$$\rightarrow x_* = \frac{1}{2\times 0.41\times 0.2}\left(\left(\cos^{-1}(y_*) - \cos^{-1}(0.666)\right) - 3\left(\sqrt{y_*(1-y_*)} - \sqrt{0.666\times 0.334}\right)\right)$$

$$x_* = 6.098\left(\left(\cos^{-1}(y_*) - 0.842\right) - 3\left(\sqrt{y_*(1-y_*)} - 0.472\right)\right)$$

多孔平板引水裝置段無因次水面線為

$$x_* = 6.098\left(0.574 + \cos^{-1}(y_*) - 3\sqrt{y_*(1-y_*)}\right)$$

引水裝置下游端，在斷面 2 處，

$$x_{2*}=1.965=6.098\left(0.574+\cos^{-1}(y_{2*})-3\sqrt{y_{2*}(1-y_{2*})}\right)$$

$$\rightarrow\ \cos^{-1}(y_{2*})-3\sqrt{y_{2*}(1-y_{2*})}=-0.2518\ \rightarrow\ y_{2*}=0.3675\ \rightarrow$$

在斷面 2 處的水深 $y_2=y_{2*}E_1=0.3675\times1.018=\underline{0.374}\text{ m}$

流量 $Q_2=By_2\sqrt{2g(E_1-y_2)}=2\times0.374\sqrt{2\times9.81(1.018-0.374)}$

$=2.659\text{ cms}$

流速 $V_2=\dfrac{Q_2}{A_2}=\dfrac{2.659}{2\times0.374}=3.56\text{ m/s}$，

福祿數 $F_{r2}=\dfrac{V_2}{\sqrt{gy_2}}=\dfrac{3.56}{\sqrt{9.81\times0.374}}=1.86>1$，下游渠道為超臨界流。

(3) 渠底引流量 $Q_s=Q_1-Q_2=3.5-2.659=\underline{0.841}\text{ cms}$。

(4) 引流裝置下游渠道的臨界水深

$$y_{2c}=\left(\frac{Q_2^2}{gB^2}\right)^{1/3}=\left(\frac{2.658^2}{9.81\times4}\right)^{1/3}=0.567\text{ m}$$

習題

習題 8.1

假設有一條矩形側邊排洪渠道，用以承接水庫溢洪堰出流的洪水，此側邊排洪渠道與溢洪堰平行，由溢洪堰流出的洪水，經垂直流入側邊排洪渠道。側邊排洪渠道的渠床坡度為 S_0，能量坡度為 S_f，渠道寬度為 B，溢洪堰溢流寬度為 L，渠流動量係數為 β。當溢洪堰單位寬度溢流量為 q_*，且為定植，側邊排洪渠道最上游位置 $x = 0$ 處，流量為 0，在側邊排洪渠段 $0 < x \leq L$ 範圍內流量則為 $Q = q_*x$。當 $S_0 = S_f$，$B = 8$ m，$L = 150$ m，$\beta = 1.0$，$q_* = 0.5$ m^2/s，試求 (1) 此排洪渠道在 $0 < x \leq L$ 範圍內臨界水深 $y_c(x)$ 隨位置 x 之變化，(2) 緩變流水深變化方程式 $dy/dx = f(x, y)$，及 (3) 當 $x = L$ 處為臨界水深時，對應之緩變流水面線方程式。

習題 8.2

有一條矩形渠道，其岸壁設有一段側向溢流堰。已知此渠道寬度 $B = 2.0$ m，渠床坡度 $S_0 = 0.006$，曼寧粗糙係數 $n = 0.015$，此渠道在側向溢流堰的上游具有固定流量 11.0 cms，水流經側向溢流堰，因側向溢流致使渠道流量減為 5.5 cms，側向溢流堰下游端水深為 0.25 m，溢流堰下游渠段的曼寧粗糙係數 $n = 0.030$。試依據前述條件，計算此渠道的臨界水深及正常水深，並據此匯出側向溢流堰段及其上、下游河道的水面線。

習題 8.3

有一條矩形渠道，渠寬 $B = 6$ m，渠床坡度 $S_0 = 0.0004$，曼寧係數 $n = 0.014$，渠道右岸設有一段側堰（Side weir），水流可由側堰溢流到分流渠道，如下圖所示。假設側堰段上游主流渠道的流量 $Q_u = 12.0$ cms，側堰段下游主流渠道的流量 $Q_d = 6.0$ cms，由側堰分流量 $Q_s = 6.0$ cms，試求此側堰段上游主渠道的正常水深 y_{0u} 及臨界水深 y_{cu}，及計算側堰段下游主渠道的正常水深 y_{0d} 及臨界水深 y_{cd}，並據此判斷及繪製側堰段上游、側堰段及側堰段下游主渠道的水面線示意圖。

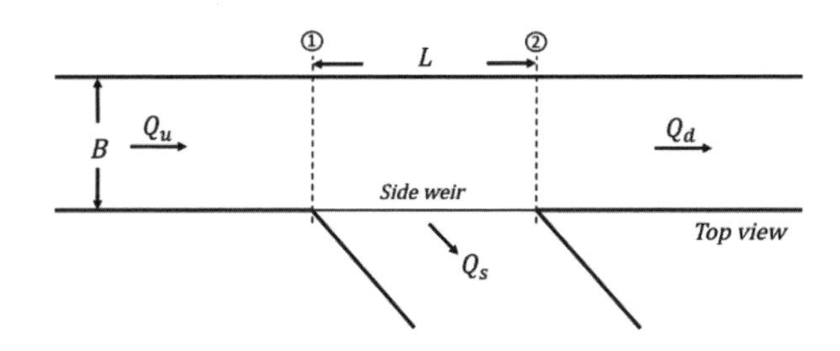

習題 8.4

文托利水槽（Venturi Flume）是一種用於測量大流量情況（例如河流）的流量裝置，它是基於 Venturi 效應，因此而得名。假如水流流經一座文托利水槽，具有水平槽底及矩形斷面，俯視平面如圖所示，渠床坡度 $S_0 = 0.0004$，渠槽上游段寬度為 5.2 m，渠槽中間段為束縮段，束縮段最窄處寬度為 b_{min}，渠槽下游段寬度為 5.2 m。假如水流流量 $Q = 12.5$cms，曼寧係數 $n = 0.012$，渠槽上游段為正常水深，在忽略能量損失條件下，請回答下列兩個問題：(1) 水流在束縮段最窄處恰好形成臨界流，試求束縮段最窄處寬度 b_{min} 值；(2) 假如束縮段最窄處的寬度 b_{min} 為 2.2 m，過窄，發生迴水現象，試推估束縮段上游寬度為 5 m 處之水深，並分析束縮段下游處水面線之可能變化。

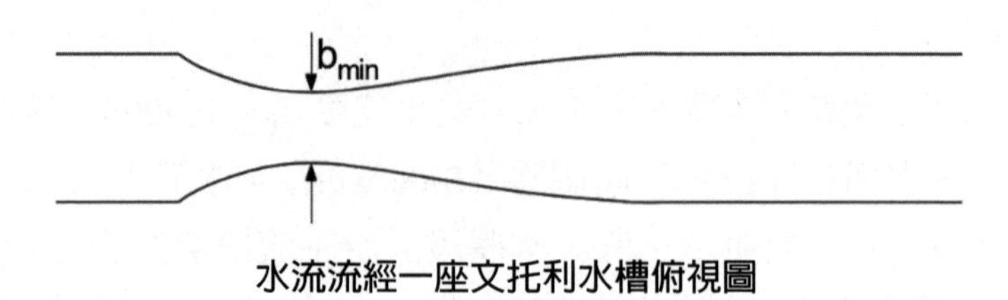

水流流經一座文托利水槽俯視圖

水利人介紹 8. 湯麟武 教授（1922-2012）

這裡介紹湯麟武教授給本書讀者認識。在碩士班就讀時，我為了參加考試院「水利工程技師」的高等考試，自修研讀湯教授所寫《港灣工程》專書，對湯教授也有些微的認識。於 1992 年完成博士學位後，我受聘到成大水利及海洋工程學系（簡稱水利系）任教，那時湯教授已經退休 6 年，移民美國。在水利系任職一陣子之後，常聽說湯教授會算命、好酒量、好學問等等一些有趣的事情。雖然已經移民美國，他偶爾也會回來水利系和大家相聚，這時就有機會見到他的風采。有一次午餐，有奇異果可食用，他連皮一起吃，解釋說連皮一起吃很營養，這點讓我印象深刻，自此以後我偶而也將奇異果連皮吃下肚。以下介紹湯教授生平概述與大家分享：

湯教授 1922 年出生於江蘇，幼隨父祖讀經史，少入清波中學，及長考入杭州高中，後因抗戰失學在家，兩年後於 1939 年錄取庚款留日學生，考入東京工業大學預科，1945 年畢業於日本九州帝國大學農業工學科水利組，具有港灣工程專長。因港灣工程專長，1946 年他來台協助政府接收台中港，後任基隆港務局設計課長，建立我國最早的水工模型試驗。1948 年任台中港工程處處長。然而 1949 年兩岸風雲變色，他自此長居台灣，獻身台灣海洋工程。1961 年卸任台中港工程處處長，轉任成功大學水利系專任副教授，投身於海岸工程之教學與研究。1965 年獲得國科會選派日本留學一年，在九州大學研讀博士學位；1968 年擔任成大水利系主任，同年 11 月獲日本九州大學工學博士。1972 年擔任水利系主任，兼任研究所所長及台南水工試驗所所長。

湯教授投身教職 26 載，於 1986 年退休，並於當年 11 月主辦第 20 屆國際海岸工程會議。湯教授不僅是我國海岸港灣工程研究的先驅，也是國際上海岸工程研究的知名學者。1992 年在義大利威年斯國際海岸工程學會獲頒「國際海岸工程獎」。湯教授在學術研究與工程實務均有傑出表現，其《海岸工程規劃設計》、《港灣工程》、《波浪學綱要》、《紛紜學》等著作，對台灣海岸工程領域之發展，基礎深植，貢獻卓著，足為楷模，被譽為「台灣海岸工程之父」，實至名歸。(參考資料：成功大學水工試驗所網頁)。

參考文獻與延伸閱讀

1. Brunella, S., Hager, W.H., and Minor, H.E. (2003), Hydraulics of bottom rack intake. Journal of Hydraulic Engineering，ASCE, Vol. 29(1), 2-9.
2. Ramamutthy, A.S., and Satish, M.S., (1986), Discharge characteristics of flow past a floor slot. Journal of Irrigation and Drainage Engineering, ASCE, Vol. 122(1), 20-27.Subramanya, H. (2015、2019), Flow in Open Channels, 4th and 5th editions, McGraw-Hill, Chennai.（東華書局）.
3. Subramanya, K., and Awasthy, S.C. (1972), Spatially varied flow over side-weirs. Journal of Hydraulics Division, Proceeding, ASCE, 1-10.
4. Mustkow, M.A. (1957), A theoretical study of bottom type intakes. La Houille Blanche, No. 4, 570-580.
5. 國立成功大學水工試驗所，湯麟武教授生平介紹。https://thl.web2.ncku.edu.tw/p/404-1185-212962.php?Lang=zh-tw

Chapter 9

變量流
（Unsteady Flow）

台北市士林區磺溪蜿蜒渠道

9.1 湧波

9.2 向下游傳遞之正湧波

9.3 向上游傳遞之正湧波

9.4 向下游移動負湧波

9.5 向上游移動負湧波

9.6 潰壩問題

9.7 聖維南方程式

習題

水利人介紹9.馮鍾豫先生

參考文獻與延伸閱讀

9.1 湧波（Surges）

正湧波（Positive Surges）

渠道原先在均勻流情況下，因為某一端水流條件的變動，造成水面產生波動，致使波動傳遞方向的水深增加者稱之為正湧波。例如渠流上游流量突然增加，形成湧浪往下游移動（Type-1）；或是下游水位突然增加，形成湧浪往上游移動（Type-2）。

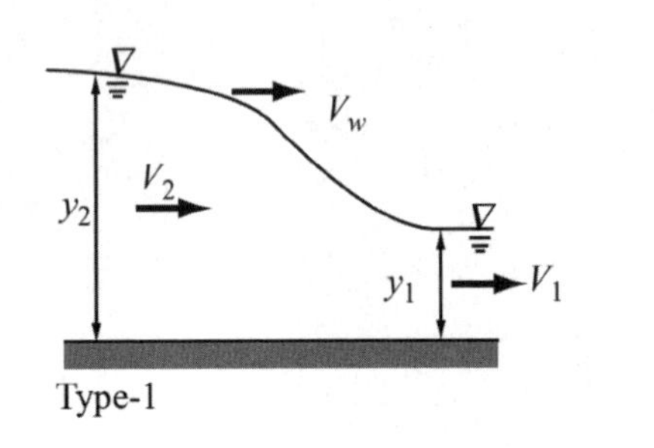

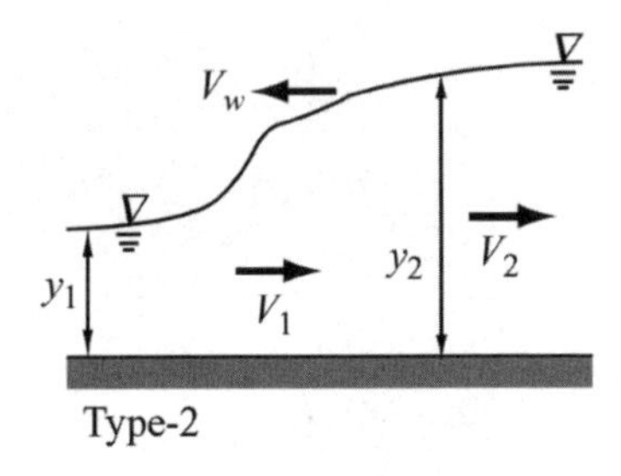

(Subramanya, 2015)

負湧波（Negative Surges）

渠道原先在均勻流情況下，因為某一端水流條件的變動，造成水面產生波動，致使波動傳遞方向的水深減少者稱之為負湧波。例如上游流量突然減少，形成負湧波往下游移動（Type-3）；或是下游水位突然下降，形成負湧波往上游移動（Type-4）

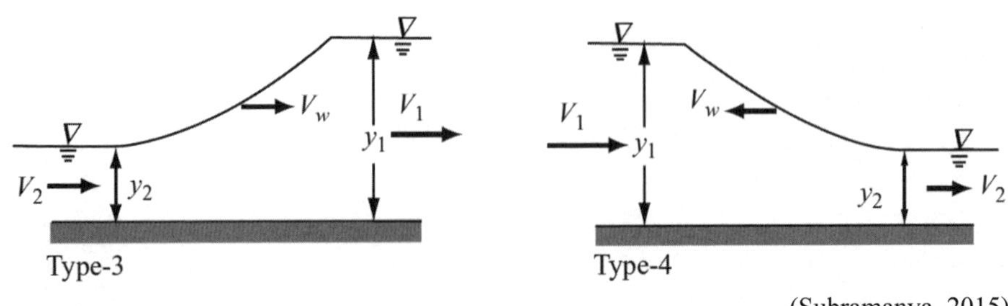

(Subramanya, 2015)

9.2 向下游傳遞之正湧波（Positive Surges Moving Downstream）

正湧浪：渠道原先為均勻流，水深為 y_1，流速為 V_1 當上游端水量突然增加，流速變為 V_2，水深變為 y_2，形成正湧浪，以速度 V_w 向下游傳遞。

假設渠道為水平矩形渠道，寬度為 B，渠道內有向下游移動之正湧波，上游水深及流速為 y_2 及 V_2，下游水深及流速為 y_1 及 V_1。當以相同移動速度觀看此正湧波時，正湧波有如固定不動的水躍。在此移動座標的情形下，上游相對流速為（$V_W - V_1$），而下游相對流速為（$V_W - V_2$）。若不考慮渠床坡度及摩擦阻力，並假設正湧波移動速度 V_w 為定值，由水流連續及動量方程式可以推求正湧波移動速度 V_w 之關係式（Chow, 1959）。

水流連續方程式：$y_1(V_w - V_1) = y_2(V_w - V_2) \rightarrow \boxed{V_2 = \frac{y_1}{y_2}V_1 + \left(1 - \frac{y_1}{y_2}\right)V_w}$

動量方程式：
$$\frac{1}{2}\rho g y_1^2 - \frac{1}{2}\rho g y_2^2 = M_2 - M_1 = \rho y_1(V_w - V_1)[(V_w - V_2) - (V_w - V_1)]$$
$$= \rho y_1(V_w - V_1)(V_1 - V_2)$$

$$\rightarrow \frac{1}{2}g(y_1^2 - y_2^2) = y_1(V_w - V_1)\left(\left(1 - \frac{y_1}{y_2}\right)V_1 - \left(1 - \frac{y_1}{y_2}\right)V_w\right) = y_1(V_w - V_1)^2\left(\frac{y_1}{y_2} - 1\right)$$

$$\rightarrow \frac{1}{2}g(y_1 - y_2)(y_1 + y_2) = y_1(V_w - V_1)^2\left(\frac{y_1 - y_2}{y_2}\right) \rightarrow \frac{1}{2}g(y_1 + y_2) = \frac{y_1}{y_2}(V_w - V_1)^2$$

$$\rightarrow \boxed{\frac{(V_w - V_1)^2}{g y_1} = \frac{1}{2}\frac{y_2}{y_1}\left(\frac{y_2}{y_1} + 1\right)} \tag{9.1}$$

$$\rightarrow \frac{C^2}{g y_1} = F_{1*}^2 = \frac{1}{2}\frac{y_2}{y_1}\left(\frac{y_2}{y_1} + 1\right) \rightarrow$$

$$\boxed{C = \sqrt{\frac{1}{2}\frac{y_2}{y_1}\left(\frac{y_2}{y_1} + 1\right)}\sqrt{g y_1}} \tag{9.2}$$

重新整理前面流速關係式，也可以得到：

$$\boxed{(V_2 - V_1)^2 = \frac{g}{2y_1 y_2}(y_1 + y_2)(y_2 - y_1)^2} \tag{9.3}$$

其中湧波的波速（Celerity）$C = V_w - V_1$ = 湧波相對於流體之移動速度。正湧波有如移動的水躍，其共軛水深關係式為 $\boxed{\frac{y_2}{y_1} = \frac{1}{2}\left(-1 + \sqrt{1 + 8F_{1*}^2}\right)}$，能量損失 $\boxed{E_L = \frac{(y_2 - y_1)^3}{4y_1 y_2}}$，其中福祿數 F_{1*}^2 定義為

$$\boxed{F_{1*}^2 = \frac{(V_W - V_1)^2}{gy_1}} \tag{9.4}$$

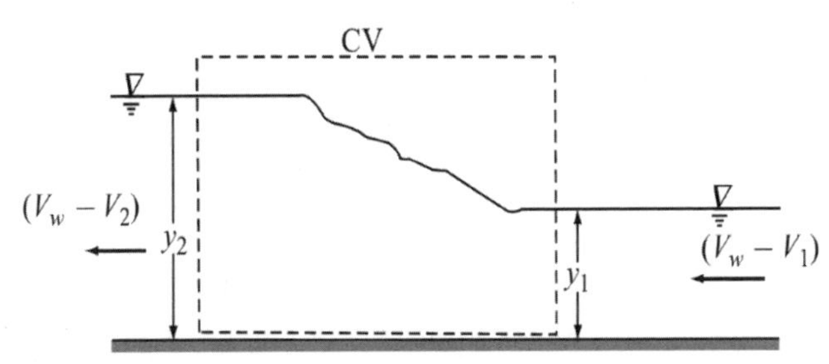

相對移動座標的湧波上下游流速（Subramanya, 2015）

例題 9.1

假設有一寬度 B 為 3.0 m 的水平矩形渠道，渠流流量 Q = 3.6 cms、流速 $V = 0.8$ m/s 及水深 $y = 1.5$ m。假如上游流量突然增加，上游水深增加 50%，渠道內形成一個向下游移動之正湧波，試求此正湧波高度 Δy、移動速度 V_w 及上游新的流量 Q_2。

解答：

設上游水深及流速為 y_2 $(= 1.5y_1 = 1.5 \times 1.5 = 2.25 \text{ m})$ 及 V_2，下游水深及流速為 y_1 $(= 1.5 \text{ m})$ 及 V_1 $(= 0.8 \text{ m/s})$。

正湧波高度 $\Delta y = y_2 - y_1 = 2.25 - 1.5 = \underline{0.75\ \text{m}}$

水流連續方程式：$y_1(V_w - V_1) = y_2(V_w - V_2)$

$$\rightarrow V_2 = \frac{y_1}{y_2}V_1 + \left(1 - \frac{y_1}{y_2}\right)V_w = \frac{1.5 \times 0.8}{2.25} + \left(1 - \frac{1.5}{2.25}\right)V_w$$

$$= 0.5333 + 0.3333V_w$$

動量方程式：$\dfrac{(V_w - V_1)^2}{gy_1} = \dfrac{1}{2}\dfrac{y_2}{y_1}\left(\dfrac{y_2}{y_1} + 1\right) \rightarrow (V_w - V_1)^2$

$= \dfrac{1}{2}gy_1\dfrac{y_2}{y_1}\left(\dfrac{y_2}{y_1} + 1\right) = \dfrac{1}{2}gy_2\left(\dfrac{y_2}{y_1} + 1\right) \rightarrow$ 代入湧浪前後的水深，

$(V_w - 0.8)$

$= \sqrt{\dfrac{9.81 \times 2.25}{2}\left(\dfrac{2.25}{1.5} + 1\right)} = \sqrt{27.591} = 5.253 \rightarrow$

正湧波速度 $V_w = \underline{6.053\ \text{m/s}}$

上游水深 $y_2 = 2.25$ m，流速 $V_2 = 0.5333 + 0.3333V_w = 0.5333 + 0.3333 \times 6.053 = 2.551$ m/s。

上游新流量 $Q_2 = y_2BV_2 = 2.25 \times 3.0 \times 2.551 = \underline{17.22}$ cms。

例題 9.2

假設有一水平矩形渠道，渠流的流速 $V = 0.65$ m/s 及水深 $y = 1.40$ m。假如上游流量突然增加 3 倍，致使水深增加，渠道內形成一個向下游移動之正湧波，試求此正湧波高度 Δy 及移動速度 V_w。

解答：

下游水深及流速為 $y_1 = 1.4$ m 及 $V_1 = 0.65$ m/s，單位寬度流量 $q_1 = y_1V_1 = 0.91\ \text{m}^2/\text{s}$。

上游新的單位寬度流量 $q_2 = y_2V_2 = 3q_1 = 3 \times 0.91 = 2.73\ \text{m}^2/\text{s}$。

水流連續方程式：$y_1(V_w - V_1) = y_2(V_w - V_2) \rightarrow y_1V_w - y_1V_1 = y_2V_w - y_2V_2$

$$\rightarrow V_w(y_2 - y_1) = q_2 - q_1 \rightarrow V_w = \frac{q_2 - q_1}{y_2 - y_1} = \frac{2.73 - 0.91}{y_2 - 1.4} = \frac{1.82}{y_2 - 1.4}$$

動量方程式：$\dfrac{(V_w - V_1)^2}{gy_1} = \dfrac{1}{2}\dfrac{y_2}{y_1}\left(\dfrac{y_2}{y_1} + 1\right) \rightarrow (V_w - V_1)^2 = \dfrac{1}{2}gy_2\left(\dfrac{y_2}{y_1} + 1\right)$

$$\rightarrow (V_w - V_1)^2 = \left(\frac{1.82}{y_2 - 1.4} - 0.65\right)^2 = \left(\frac{2.73 - 0.65y_2}{y_2 - 1.4}\right)^2$$

$$= 4.905y_2\left(\frac{y_2}{1.4} + 1\right) = 3.504(y_2^2 + 1.4y_2)$$

$$\rightarrow \left(\frac{2.73 - 0.65y_2}{y_2 - 1.4}\right)^2 = 3.504y_2(y_2 + 1.4) \rightarrow (0.65y_2 - 2.73)^2$$

$$= 3.504y_2(y_2 - 1.4)^2(y_2 + 1.4)$$

$$\rightarrow (0.65y_2 - 2.73)^2 = 3.504y_2(y_2 - 1.4)(y_2^2 - 1.96)$$

$$= 3.504(y_2^4 - 1.4y_2^3 - 1.96y_2^2 + 2.744y_2)$$

$$\rightarrow 0.4225y_2^2 - 3.549y_2 + 7.4529 = 3.504y_2^4 - 4.9056y_2^3 - 6.8678y_2^2 + 9.6150y_2$$

$$\rightarrow \boxed{3.504y_2^4 - 4.9056y_2^3 - 7.2903y_2^2 + 13.164y_2 - 7.4529 = 0}$$

$\rightarrow$ 求解四次方程式 $y_2^4 - 1.4y_2^3 - 2.0806y_2^2 + 3.7568y_2 - 2.1270 = 0$，得到上游水深 $y_2 = \underline{1.76\ \text{m}}$

正湧波波高 $\Delta y = y_2 - y_1 = 1.76 - 1.40 = \underline{0.36\ \text{m}}$。

正湧波速度 $V_w = \dfrac{1.82}{y_2 - 1.4} = \dfrac{1.82}{1.76 - 1.4} = \dfrac{1.82}{0.36} = \underline{5.06\ \text{m/s}}$

9.3 向上游傳遞之正湧波（Positive Surges Moving Upstream）

渠道原先在均勻流情況下，水深為 y_1，當下游端出流水量突然減少，水深變大為 y_2，形成正湧浪，以速度 V_w 向上游傳遞。

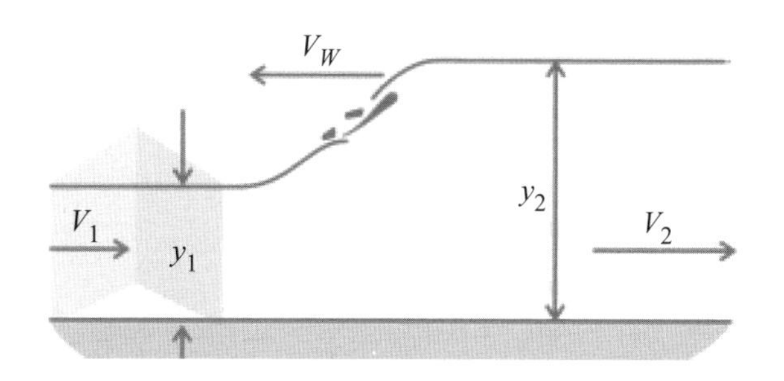

假設渠道為水平矩形渠道，寬度為 B，渠道內有向上游移動之正湧波，上游水深及流速為 y_1 及 V_1，下游水深及流速為 y_2 及 V_2。當以相同移動速度觀看此正湧波時，正湧波有如固定不動的水躍。由水流連續方程式及動量方程式可以推求出，正湧波移動速度 V_w 之關係式。

水流連續方程式：$y_1(V_w+V_1)=y_2(V_w+V_2) \;\rightarrow\; \boxed{V_2=\dfrac{y_1}{y_2}V_1+\left(\dfrac{y_1}{y_2}-1\right)V_w}$

動量方程式：
$$\frac{1}{2}\rho g y_1^2-\frac{1}{2}\rho g y_2^2=M_2-M_1=\rho y_1(V_w+V_1)[(V_w+V_2)-(V_w+V_1)]$$
$$=\rho y_1(V_w+V_1)(V_2-V_1)$$

$$\rightarrow\; \frac{1}{2}g(y_1^2-y_2^2)=y_1(V_w+V_1)\left(\left(\frac{y_1}{y_2}-1\right)V_1+\left(\frac{y_1}{y_2}-1\right)V_w\right)$$
$$=y_1(V_w+V_1)^2\left(\frac{y_1}{y_2}-1\right)$$

$$\rightarrow\; \frac{1}{2}g(y_1-y_2)(y_1+y_2)=y_1(V_w+V_1)^2\left(\frac{y_1-y_2}{y_2}\right) \;\rightarrow\; \frac{1}{2}g(y_1+y_2)$$

$$= \frac{y_1}{y_2}(V_w + V_1)^2$$

$$\rightarrow \quad \boxed{\frac{(V_w + V_1)^2}{gy_1} = \frac{1}{2}\frac{y_2}{y_1}\left(\frac{y_2}{y_1} + 1\right)} \tag{9.5}$$

$$\rightarrow \quad \frac{C^2}{gy_1} = F_{1*}^2 = \frac{1}{2}\frac{y_2}{y_1}\left(\frac{y_2}{y_1} + 1\right)$$

其中 $C = V_w + V_1 =$ 湧波相對於流體之移動速度，即向上游移動湧波的波速。此時，

$$\boxed{F_{1*}^2 = \frac{(V_W + V_1)^2}{gy_1}} \tag{9.6}$$

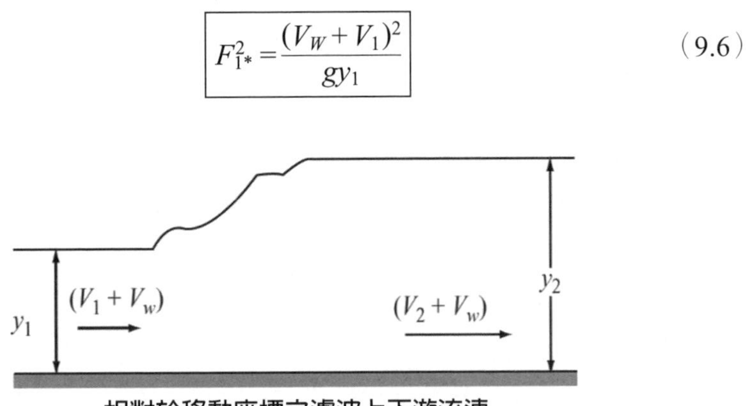

相對於移動座標之濾波上下游流速

例題 9.3

有一寬為 4.0 m 的水平矩形渠道，渠流流量 $Q = 12.0$ cms 及水深 $y_1 = 2.0$ m。假如此渠流下游設有閘門，閘門突然完全關閉，致使下游流速為零，水深增加為 y_2，渠道內形成一個向上游移動之正湧波，試求此正湧波高度 Δy 及移動速度 V_w。

解答：

上游水深及流速為 $y_1 = 2.0$ m 及 $V_1 = \dfrac{Q}{By_1} = \dfrac{12}{4 \times 2} = 1.5$ m/s，單位寬

度流量 $q_1 = y_1 V_1 = 2 \times 1.5 = 3.0\ \text{m}^2/\text{s}$。

閘門突然完全關閉，下游流速 $V_2 = 0$，下游單位寬度流量 $q_2 = y_2 V_2 = 0$。

此為向上游移動之正湧波，其水流連續方程式：

$$y_1(V_w + V_1) = y_2(V_w + V_2) \ \rightarrow \ y_1 V_w + y_1 V_1 = y_2 V_w + y_2 V_2$$

$$\rightarrow V_w = \frac{q_1 - q_2}{y_2 - y_1} = \frac{3-0}{y_2 - 2} = \frac{3}{y_2 - 2}$$

動量方程式：$\dfrac{(V_w + V_1)^2}{g y_1} = \dfrac{1}{2}\dfrac{y_2}{y_1}\left(\dfrac{y_2}{y_1} + 1\right) \rightarrow (V_w + V_1)^2 = \dfrac{1}{2} g y_2 \left(\dfrac{y_2}{y_1} + 1\right)$

$$\rightarrow \left(\frac{3}{y_2 - 2} + 1.5\right)^2 = \left(\frac{1.5 y_2}{y_2 - 2}\right)^2 = 4.905 y_2 \left(\frac{y_2}{2} + 1\right) = 2.4525 y_2 (y_2 + 2)$$

$$\rightarrow (1.5 y_2)^2 = 2.4525 y_2 (y_2 + 2)(y_2 - 2)^2 \rightarrow 2.25 y_2 = 2.4525 (y_2 + 2)(y_2 - 2)^2$$

$\rightarrow y_2^3 - 2y_2^2 - 4.9174 y_2 + 8 = 0 \rightarrow$ 求解上述三次方程式，

得到下游水深 $y_2 \approx \underline{2.73\ \text{m}}$

正湧波波高 $\Delta y = y_2 - y_1 = 2.73 - 2.0 = \underline{0.73\ \text{m}}$。

正湧波速度 $V_w = \dfrac{3}{2.73 - 2} = \underline{4.11\ \text{m/s}}$

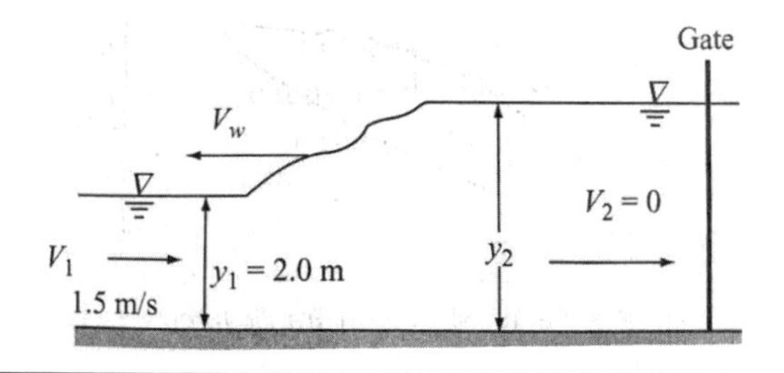

Tidal bore at Moncton, New Brunswick, Canada (From Tripadvisor)

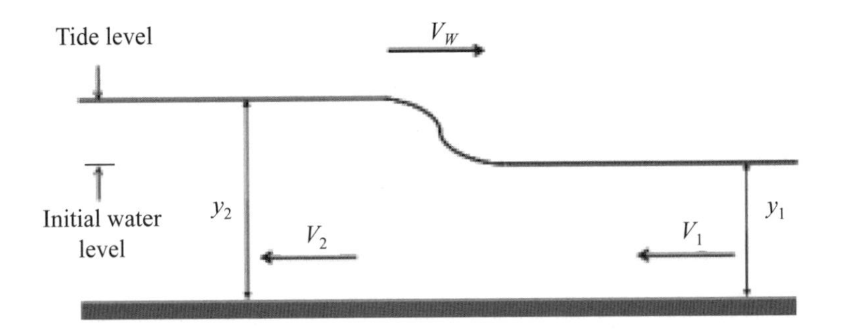

例題 9.4

假設有一感潮水平矩形渠道，渠流流速 $V = 1.25$ m/s 及水深 $y = 0.9$ m。假如此渠流下游受到暴潮影響，致使下游水深增加 1.2 m，水深變成 $y_2 = 2.1$ m，形成向上游移動的潮湧（Tidal bore），試求此上游移動正湧波移動速度 V_w 及下游流速 V_2。

解答：

上游水深及流速為 $y_1 = 0.9$ m 及 $V_1 = 1.25$ m/s，單位寬度流量 $q_1 = y_1V_1 = 0.9 \times 1.25 = 1.125$ m^2/s。

渠流下游受到暴潮影響，下游水深變成 $y_2 = 2.1$ m，形成向上游移動的正湧波

動量方程式：$\dfrac{(V_w+V_1)^2}{gy_1}=\dfrac{1}{2}\dfrac{y_2}{y_1}\left(\dfrac{y_2}{y_1}+1\right)\rightarrow (V_w+V_1)^2=\dfrac{1}{2}gy_2\left(\dfrac{y_2}{y_1}+1\right)$

$\rightarrow (V_w+1.25)^2=\dfrac{9.81\times 2.1}{2}\left(\dfrac{2.1}{0.9}+1\right)\rightarrow$

形成向上游移動潮湧（正湧波）速度

$V_w=\sqrt{\dfrac{9.81\times 2.1}{2}\left(\dfrac{2.1}{0.9}+1\right)}-1.25=\underline{4.61\text{ m/s}}$

潮湧相對於流體的移動速度（Celerity）$C = V_w + V_1 = 4.61 + 1.25 = 5.86$ m/s

水流連續方程式：$y_1(V_w+V_1)=y_2(V_w+V_2)\ \rightarrow y_1V_w+y_1V_1=y_2V_w+y_2V_2$

$\rightarrow\ V_2=\dfrac{(y_1-y_2)V_w+y_1V_1}{y_2}=\dfrac{(0.9-2.1)\times 4.61+0.9\times 1.25}{2.1}=\underline{-2.09\ \text{ m/s}}$

渠流下游受到暴潮影響，下游水深變成 $y_2 = 2.1$ m，並促使下游流速轉向往上游，$V_2 = \underline{-2.09\text{ m/s}}$。

例題 9.5

在一感潮河口觀察到有一潮湧（Tidal bore）以 $V_w = 8$ m/s 的速度沿河道往上游移動，潮湧發生前河道水深及流速分別為 $y_1 = 3.2$ m 及 $V_1 = 1.0$ m/s，試求此潮湧的波高 Δy 及其下游流速 V_2。

解答：

此潮湧是往上游移動的正湧波，已知 $y_1 = 3.2$ m、$V_1 = 1.0$ m/s 及 $V_w = 8$ m/s，它相對於流體的移動速度 $C = V_w + V_1 = 8 + 1 = 9$ m/s。

水流連續方程式：$y_1(V_w + V_1) = y_2(V_w + V_2)$

由動量方程式可以推求得：$\dfrac{(V_w+V_1)^2}{gy_1}=\dfrac{C^2}{gy_1}=\dfrac{1}{2}\dfrac{y_2}{y_1}\left(\dfrac{y_2}{y_1}+1\right)$

$$\rightarrow C^2 = \frac{1}{2} g y_2 \left(\frac{y_2}{y_1} + 1 \right) \rightarrow 81 = \frac{9.81 y_2}{2} \left(\frac{y_2}{3.2} + 1 \right)$$

$$\rightarrow 16.51 = \left(\frac{y_2}{3.2} + 1 \right) y_2 \rightarrow \boxed{y_2 = 5.845 \text{ m}}$$

潮湧的波高 $\Delta y = y_2 - y_1 = 5.845 - 3.2 \rightarrow \boxed{\Delta y = 2.645 \text{ m}}$。

水流連續方程式：

$$y_1(V_w + V_1) = y_2(V_w + V_2) \rightarrow 3.2 \times 9 = 5.845(8 + V_2) \rightarrow \boxed{V_2 = -3.073 \text{ m/s}}$$

河道向下游流動的水流受到暴潮影響，水深變成 $y_2 = 5.845$ m，並促使下游流速轉向往上游，$V_2 = \underline{-3.073 \text{ m/s}}$。

9.4 向下游移動負湧波（Negative Surges Moving Downstream）

渠道上設有閘門，渠內有均勻流，當閘門瞬時關小時，閘門下游水深減少，形成負湧波向下游傳遞。負湧波的傳波速度 V_w 及形狀隨水深而變。

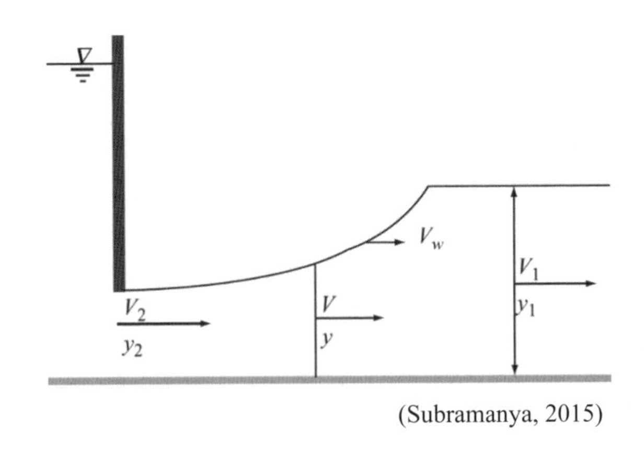

(Subramanya, 2015)

假設負湧波是由一系列的小負湧波所組成。每個小渠道負湧波下游水深及流速為 y_1 及 V_1，上游水深及流速為 y_2 及 V_2。當以相同移動速度 V_w 觀看此小負湧波時，它有如固定不動的負湧波。

假設渠道為矩形渠道，由連續方程式：$(V_w - V_1)y_1 = (V_w - V_2)y_2$，對於一個微小負湧波，另 $y_1 = y$，$V_1 = V$ 及 $y_2 = y - \delta y$，$V_2 = V - \delta V$ 代入上式，則可得到

$$(V_w - V)y = (V_w - V + \delta V)(y - \delta y) \rightarrow (V_w - V)\delta y = y\delta V \rightarrow \boxed{\frac{\delta V}{\delta y} = \frac{V_w - V}{y}}$$

由動量方程式：

$$\frac{1}{2}\rho g\left(y_1^2 - y_2^2\right) = \rho y_1(V_w - V_1)[(V_w - V_2) - (V_w - V_1)] = \rho y_1(V_w - V_1)(V_1 - V_2)$$

對於一個微小負湧波 $y_1 = y$，$V_1 = V$ 及 $y_2 = y - \delta y$，$V_2 = V - \delta V$ 代入上式，則可得到 $\frac{1}{2}g\left(\underbrace{y^2 - (y - \delta y)^2}_{\approx 2y\delta y}\right) = y(V_w - V)\delta V \rightarrow \boxed{\frac{\delta V}{\delta y} = \frac{g}{(V_w - V)}}$

由水流連續及動量方程式可以推導出移動速度 V_w 之關係式為

$\boxed{(V_w - V)^2 = C^2 = gy} \rightarrow$ 負湧波相對於流體之傳波速度 $\boxed{C = \pm\sqrt{gy}}$

$\left(\frac{\delta V}{\delta y}\right)^2 \approx \left(\frac{dV}{dy}\right)^2 = \frac{g}{y} \rightarrow$ 負湧波內流體速度隨水深之變化率

$$\boxed{\frac{dV}{dy} = \pm\sqrt{\frac{g}{y}}} \tag{9.7}$$

此為負湧波的基本微分方程式。

負湧波往下游移動時 $\frac{dV}{dy} = \sqrt{\frac{g}{y}}$；負湧波往上游移動時 $\frac{dV}{dy} = -\sqrt{\frac{g}{y}}$。

例題 9.6

假設有一條水平矩形渠道，渠道內有均勻流，水深及流速分別為 y_1 及 V_1。渠道上設有閘門，當閘門瞬間部分關閉時，閘門處的水深及流速分別變為 y_2 及 V_2，形成負湧波往下游移動，試求負湧波移動速度 V_w 與水深之關係式，並求負湧波的水面線。

解答：

負湧波往下游移動時，流速 V 與水深 y 之關係為 $\frac{dV}{dy}=\sqrt{\frac{g}{y}}$，積分此式得 $V=2\sqrt{gy}+C_*$，配合邊界條件，$y=y_1$ 時，$V=V_1$，可得積分常數 $C_*=V_1-2\sqrt{gy_1}$，因此負湧波往下游移動水流速度

$\boxed{V=V_1+2\sqrt{gy}-2\sqrt{gy_1}}$。

負湧波相對於流體往下游移動時的移動傳波速度（Celerity）$C=V_w-V=\sqrt{gy}$，負湧波移動速度 $V_w=V+\sqrt{gy}$

負湧波的移動速度 $\boxed{V_w=V_1+3\sqrt{gy}-2\sqrt{gy_1}}$。設閘門處往下游離閘門之距離為 x，負湧波移動速度 V_w 等於距離 x 對時間 t 之微分，$V_w=\frac{dx}{dt}$，即負湧波水面線為 $\boxed{x=(V_1+3\sqrt{gy}-2\sqrt{gy_1})t}$，其中 $y_1\ge y>y_2$。此為位置 x 與水深 y 及時間 t 之關係式，其無因次式為

$\frac{x}{t\sqrt{gy_1}}=(\frac{V_1}{\sqrt{gy_1}}+3\sqrt{\frac{y}{y_1}}-2)$。

水面線若以水深 y 來表示，則可寫成 $\boxed{y=\frac{1}{9g}\left(\frac{x}{t}-V_1+2\sqrt{gy_1}\right)^2}$。

水面線若以水深 y 來表示，其無因次式為 $\boxed{\frac{y}{y_1}=\frac{1}{9}\left(\frac{x}{t\sqrt{gy_1}}-\frac{V_1}{\sqrt{gy_1}}+2\right)^2}$

若以流速和位置來表示 $x=\left(-\frac{V_1}{2}+\frac{3V}{2}+\sqrt{gy_1}\right)t$ 或寫成

$V=\left(\frac{2x}{3t}+\frac{V_1}{3}-\frac{2}{3}\sqrt{gy_1}\right)$

其無因次式為 $\frac{x}{t\sqrt{gy_1}}=-\frac{V_1}{2\sqrt{gy_1}}+\frac{3V}{2\sqrt{gy_1}}+1$

或寫成 $\frac{V}{\sqrt{gy_1}}=\left(\frac{2x}{3t\sqrt{gy_1}}+\frac{V_1}{3\sqrt{gy_1}}-\frac{2}{3}\right)$

例題 9.7

假設有一條水平矩形渠道，渠道內有均勻流，水深及流速分別為 $y_1=2.0$ m 及 $V_1=4.0$ m/s。渠道上設有閘門來控制流量，當瞬間關閉閘門部分開口高度時，單位寬度流量 q 降低 75%，形成負湧波往下游移動，試求閘門處水深 y_2 及流速 V_2、負湧波的水面線，並求水深 $y=1.75$ m 處負湧波移動速度 V_w。

解答：

渠道內有均勻流水深及流速分別為 $y_1=2.0$ m 及 $V_1=4.0$ m/s，單位寬度流量 $q_1=y_1V_1=8.0$ m^2/s。

當瞬間關閉閘門部分開口高度，單位寬度流量 q 降低 75% 時，$q_2=y_2V_2=0.25q_1=2.0$ m^2/s。

負湧波水流速度 $\boxed{V=V_1+2\sqrt{gy}-2\sqrt{gy_1}}$，

閘門處水流速度 $V_2=V_1+2\sqrt{gy_2}-2\sqrt{gy_1}$，

其中 $V_2=\frac{q_2}{y_2}=\frac{2}{y_2}$，因此 $\frac{2}{y_2}=V_1+2\sqrt{gy_2}-2\sqrt{gy_1}$。

求解 $\frac{2}{y_2}=4+2\sqrt{9.81y_2}-2\sqrt{9.81\times 2}$，即

求解 $\frac{1}{y_2}=\sqrt{9.81y_2}-2.4294$，試誤法可求得水深 $y_2=\underline{1.123\text{ m}}$；

水流速度 $V_2=\frac{2}{y_2}=\frac{2}{1.123}=\underline{1.781\text{ m/s}}$。

閘門下游負湧波水面線為 $x=(V_1+3\sqrt{gy}-2\sqrt{gy_1})t$，

或寫成 $y=\frac{1}{9g}\left(\frac{x}{t}-\left(V_1-2\sqrt{gy_1}\right)\right)^2$，其中 $y_1 \geq y > y_2$。

$x=(4+3\sqrt{9.81y}-2\sqrt{9.81\times 2})t \rightarrow \boxed{x=(9.3963\sqrt{y}-4.8589)t}$，

或寫成 $y=\frac{1}{9\times 9.81}\left(\frac{x}{t}-\left(4-2\sqrt{9.81\times 2}\right)\right)^2 \rightarrow \boxed{y=\frac{1}{88.29}\left(\frac{x}{t}+4.8589\right)^2}$

水面線隨時間改變。負湧波移動速度 $V_w=V_1+3\sqrt{gy}-2\sqrt{gy_1}$，

水深 $y=1.75$ m 處 $V_w=4+3\sqrt{9.81\times 1.75}-2\sqrt{9.81\times 2}=\underline{7.571\text{ m/s}}$。

9.5 向上游移動負湧波（Negative Surges Moving Upstream）

渠道下游設有閘門，渠內閘門上游渠內的水為靜止或接近均勻流，水深及速度分別為 y_1 及 V_1。當閘門瞬時增大開口時，閘門下游流量變大，閘門上游水深減少，水位洩降，形成負湧波向上游傳遞。負湧波的傳波速度 V_w 及形狀隨水深而變。

負湧波往上游移動時，流速 V 與水深 y 之關係為 $\frac{dV}{dy}=-\sqrt{\frac{g}{y}}$，積分此式得 $V=-2\sqrt{gy}+C_*$，配合邊界條件，上游遠處 $y=y_1$ 時，$V=V_1$，可得積分常數 $C_*=V_1+2\sqrt{gy_1}$，往下游流動水流速度

$$\boxed{V=V_1+2\sqrt{gy}-2\sqrt{gy_1}} \tag{9.8}$$

負湧波相對於流體往上游傳波速度（Celerity）$C=V_w+V=\sqrt{gy}$，負湧波移動速度 $\boxed{V_w=\sqrt{gy}-V}$。

因此負湧波移動速度

$$\boxed{V_w = 3\sqrt{gy} - 2\sqrt{gy_1} - V_1} \quad (9.9)$$

設閘門處往下游離閘門之距離為 x，閘門處上游負湧波移動速度 V_w 等於距離 x 對時間 t 之微分，$V_w = -\dfrac{dx}{dt}$，即負湧波水面線位置 x 與水深 y 及時間 t 之關係式為 $\boxed{-x = (3\sqrt{gy} - 2\sqrt{gy_1} - V_1)t}$，其中 $y_1 \geq y > y_2$。

其無因次式為 $\dfrac{-x}{t\sqrt{gy_1}} = \dfrac{-V_1}{\sqrt{gy_1}} + 3\sqrt{\dfrac{y}{y_1}} - 2$。

以水面線水深 y 來表示，則可寫成

$$\boxed{y = \frac{1}{9g}\left(\frac{-x}{t} + V_1 + 2\sqrt{gy_1}\right)^2} \quad (9.10)$$

其無因次式為

$$\boxed{\frac{y}{y_1} = \frac{1}{9}\left(\frac{-x}{t\sqrt{gy_1}} + \frac{V_1}{\sqrt{gy_1}} + 2\right)^2} \quad (9.11)$$

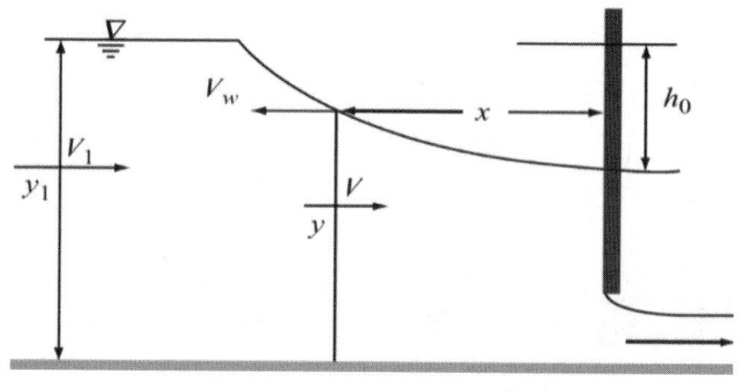

(Subramanya, 2015)

例題 9.8

有一矩形渠道，下游設有閘門控制流量，當閘門部分打開一段時間後，閘門上游近似均勻流，閘門上游水深 $y_1 = 3.0$ m，流速 $V_1 = 0.5$ m/s，單寬流量 $q = 1.5$ m²/s。現將閘門再多打開一點，使通過閘門流量瞬間增加至 $q = 3.0$ m²/s，閘門處上游面水位發生洩降，形成負湧波往上游移動時，試求負湧波形成時水流速度 V、負湧波移動時速度 V_w、水面線及閘門處上游面水位洩降高度 h_0。

解答：

形成負湧波往上游移動時，往下游方向水流速度

$$V = V_1 + 2\sqrt{gy_1} - 2\sqrt{gy} \rightarrow V = 0.5 + 2\sqrt{9.81\times3} - 2\sqrt{9.81y}$$

$$\rightarrow \boxed{V = 11.35 - 6.264\sqrt{y}}$$

負湧波相對於流體往上游傳波速度 $C = V_w + V = \sqrt{gy}$，

移動速度 $V_w = \sqrt{gy} - V \rightarrow V_w = 3\sqrt{gy} - 2\sqrt{gy_1} - V_1$。

$$\rightarrow \boxed{V_w = 9.396\sqrt{y} - 11.35}$$

負湧波水面線 $-x = (3\sqrt{gy} - 2\sqrt{gy_1} - V_1)t \rightarrow \boxed{x = (11.35 - 9.396\sqrt{y})t}$，

其中 $y_1 \geq y > y_0$

y_0 = 閘門處上游面水深，閘門處上游面流速 $V = 11.35 - 6.264\sqrt{y_0}$。

當通過閘門流量瞬間增加至 $q = 3.0$ m²/s 時，

$q = V_0 y_0 = 3 \rightarrow (11.35 - 6.264\sqrt{y_0})y_0 = 3$，

試誤法求解得 $y_0 = 2.33$ m。

閘門處（$x = 0$）上游面水位洩降高度 $h_0 = y_1 - y_0 = 3 - 2.33 = \underline{0.67\text{ m}}$

9.6 潰壩問題（Dam Break Problem）

假設渠道下游設有閘門，閘門完全關閉，閘門上游渠內的水為靜止。當閘門瞬時打開時，開口足夠大，渠道內蓄存的水能夠自由的往閘門下游

潰散，而閘門上游水深減少形成負湧波向上游傳遞，下游水深增加往下游傳遞（French, 1986; Subramanya, 2015）。Sawai et al. (2011) 曾經進行潰壩分析的文獻回顧及分析方法。在這裡只介紹簡單潰壩問題的分析方法。

簡單潰壩問題有如閘門完全打開的問題，可用負湧波向上游移動的方程式來分析。在閘門完全關閉時上游條件 $y = y_1$ 及 $V = V_1 = 0$。當閘門完全打開時，形成負湧波，往下游水流速度

$$\boxed{V = 2\sqrt{gy_1} - 2\sqrt{gy}} \tag{9.12}$$

相對於流體的傳波速度 $C = V_w + V = \sqrt{gy}$。負湧波的移動速度 $V_w = \sqrt{gy} - V$，→

$$\boxed{V_w = 3\sqrt{gy} - 2\sqrt{gy_1}} \tag{9.13}$$

負湧波水面線位置 x 與水深 y 及時間 t 之關係式為

$$\boxed{-x = (3\sqrt{gy} - 2\sqrt{gy_1})t} \tag{9.14}$$

其中 $y_1 \geq y > y_2$，其無因次式為 $\dfrac{-x}{t\sqrt{gy_1}} = 3\sqrt{\dfrac{y}{y_1}} - 2$。

在閘門處，$x = 0$，$\boxed{y_0 = \dfrac{4}{9}y_1}$。閘門開口高度大於 $\dfrac{4}{9}y_1$ 表示閘門全開，反之小於 $\dfrac{4}{9}y_1$ 表示閘門未全開。

速度 $V_0 = 2\sqrt{gy_0} - 2\sqrt{gy_1} \rightarrow \boxed{V_0 = \dfrac{2}{3}\sqrt{gy_1}}$，單寬流量 $q = y_0V_0 \rightarrow \boxed{q = \dfrac{8}{27}\sqrt{gy_1^3}}$

或寫成 $\dfrac{q}{\sqrt{gy_1^3}} = q_* = \dfrac{8}{27}$

水面線以水深 y 來表示，則可寫成

$$\boxed{y = \frac{1}{9g}\left(\frac{-x}{t} + 2\sqrt{gy_1}\right)^2} \tag{9.15}$$

無因次式為 $\frac{y}{y_1}=\frac{1}{9}\left(\frac{-x}{t\sqrt{gy_1}}+2\right)^2$。令 $\frac{x}{t\sqrt{gy_1}}=x_*$，

$$\boxed{\frac{y}{y_1}=\frac{1}{9}(-x_*+2)^2} \tag{9.16}$$

在 $x_*=2$，閘門下游水面線前端處，水深 $y=0$；在 $x_*=0$，閘門處，水深為 $y=y_0$；在 $x_*=-1$，閘門上游水面線尾端處，水深 $y=y_1$。無因次單寬流量

$$\boxed{q_*=\frac{8}{27}\left(1-x_*+\frac{1}{4}x_*^2\right)(1+x_*)} \tag{9.17}$$

最大流量發生在閘門處（$x_*=0$），而且閘門處恰為臨界水深處，水流福祿數 $F_0=\frac{V_0}{\sqrt{gy_0}}=\frac{(2/3)\sqrt{gy_1}}{\sqrt{g(4y_1/9)}}=1.0$。

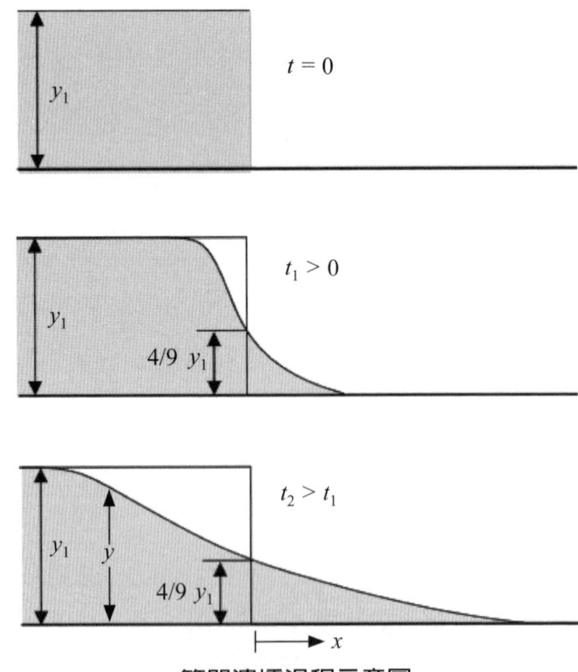

簡單潰壩過程示意圖

例題 9.9

假設有水庫蓄水深度 $y_1 = 40$ m，水庫內的水靜止不動，流速 $V_1 = 0$。假設水庫突然潰壩，完全潰決，試用簡單潰壩理論估算潰壩處水深、流速及單寬流量，並求負湧波移動速度 V_w 及潰壩後 3 秒的水面線。

解答：

省略摩擦阻力及底床坡度影響，用簡單潰壩理論分析，

潰壩後水流速度梯度 $\dfrac{dV}{dy} = -\sqrt{\dfrac{g}{y}}$ → 流速 $\boxed{V = 2\sqrt{gy_1} - 2\sqrt{gy}}$，

負湧波移動速度 $V_w = C - V \rightarrow V_w = \sqrt{gy} - V \rightarrow$

$\boxed{V_w = 3\sqrt{gy} - 2\sqrt{gy_1}}$，水面線 $V_w = -\dfrac{dx}{dt}$

$\rightarrow (-x) = V_w t$，潰壩後水面線 $(-x) = (3\sqrt{gy} - 2\sqrt{gy_1})t$，

潰壩處 $(x = 0$，$y = y_0) \rightarrow 3\sqrt{gy_0} - 2\sqrt{gy_1} = 0$，

$\rightarrow \boxed{y_0 = \dfrac{4}{9} y_1}$ 潰壩處流速 $V_0 = 2\sqrt{gy_1} - 2\sqrt{gy_0} \rightarrow$ $\boxed{V_0 = \dfrac{2}{3}\sqrt{gy_1}}$，

單寬流量 $q_0 = y_0 V_0$ → $\boxed{q_0 = \dfrac{8}{27}\sqrt{gy_1^3}}$

單寬流量 $q = yV \rightarrow \boxed{q = 2y\left(\sqrt{gy_1} - \sqrt{gy}\right)}$，在壩上游 $y = y_1$ 處，

$(-x_1) = \sqrt{gy_1}t$，$V_{w1} = \sqrt{gy_1}$，$q_1 = 0$；

在潰壩處 $(x = 0$，$y = y_0)$，$q_0 = \dfrac{8}{27}\sqrt{gy_1^3}$。

當蓄水深度 $y_1 = 40$ m，潰壩處水深 $y_0 = \dfrac{4 \times 40}{9} = \underline{17.78 \text{ m}}$，

流速 $V_0 = 2\sqrt{9.81 \times 40} - 2\sqrt{9.81 \times 17.78} = \underline{13.20 \text{ m/s}}$。

潰壩處單寬流量 $q_0 = \dfrac{8}{27}\sqrt{gy_1^3} = \dfrac{8}{27}\sqrt{9.81 \times 40^3} = \underline{234.8 \text{ m}^2\text{/s}}$，

潰壩處負湧波移動速度 $V_{w0} = 3\sqrt{gy_0} - 2\sqrt{gy_1} = 0$。

潰壩後 3 秒的水面線

$$(-x)=(3\sqrt{gy}-2\sqrt{gy_1})t=(3\sqrt{9.81y}-2\sqrt{9.81\times 40})\times 3$$

$$\rightarrow \underline{x=118.85-28.19\sqrt{y}}$$

潰壩後 3 秒負湧波下游前緣（$y=0$ 處）向下游移動了 118.85 m，上游前緣（$y=y_1$ 處）向上游移動了 59.44 m。

9.7 聖維南方程式（Saint Venant Equations）

渠道水流大多是變量流，渠道流量 Q（或流速 V）、通水斷面積 A 及水深 y 會隨時間及位置的不同而有所不同。早在 1871 年法國科學家聖維南（Saint Venant）就已經提出適合分析一維渠道緩變量流之連續及運動方程式（或稱動量方程式），這兩個方程式被後人稱為聖維南方程式（Saint Venant Equations）。在此僅說明聖維南方程式的基本假設，但省略方程式的推導過程，直接列出方程式的推導結果。

假設沿著渠流方向的座標為 x，時間為 t，重力加速度為 g，渠床坡度為 S_0，渠道能量坡度為 S_f，流量為 $Q(x, t)$、通水斷面積 $A(x, t)$ 及水深 $y(x, t)$，沒有側向入流（$q = 0$），則一維渠道緩變量流之連續及運動方程式分別為（Chow, 1959; Subramanya, 2015）：

$$\text{連續方程式}\quad \underbrace{\frac{\partial A}{\partial t}}_{\text{通水面積的變化}}+\underbrace{\frac{\partial Q}{\partial x}}_{\text{流量的變化}}=0 \tag{9.18}$$

$$\text{運動方程式}\quad \underbrace{\frac{1}{A}\frac{\partial Q}{\partial t}}_{\text{局部加速項}}+\underbrace{\frac{1}{A}\frac{\partial}{\partial x}\left(\frac{Q^2}{A}\right)}_{\text{傳遞加速項}}+\underbrace{g\frac{\partial y}{\partial x}}_{\text{壓力項}}-\underbrace{g(S_0-S_f)}_{\text{重力項及摩擦項}}=0 \tag{9.19}$$

聖維南方程式的基本假設：

- 流體是不可壓縮流體（The fluid is incompressible）
- 一維緩變量流（Flow is one-dimensional）
- 假設為靜水壓而且忽略垂直加速度（Hydraulic pressure prevails and vertical acceleration are negligible）
- 流線彎曲度很小（Streamline curvature is small）
- 渠床坡度很小（Bottom slope of the channel is small）
- 用曼寧公式估算摩擦阻力坡度 S_f（Manning's equation is used to describe reisitance effects）

連續方程式包含通水斷面積在時間上的變化及流量在空間上的變化。

運動方程式中包含局部加速項、傳遞加速項、壓力項、重力項及摩擦阻力項，有些項比較重要，有些項有時可以忽略不計。當所有項都考慮時，此運動方程式稱為動力波模式；當局部加速項及傳遞加速項忽略不計時，稱為擴散波模式；當局部及傳遞加速項以及壓力項都被忽略不計時，稱為運動波模式。

$$\text{運動方程式}\begin{cases} \dfrac{1}{A}\dfrac{\partial Q}{\partial t}+\dfrac{1}{A}\dfrac{\partial}{\partial x}\left(\dfrac{Q^2}{A}\right)+g\dfrac{\partial y}{\partial x}-g(S_0-S_f)=0 & \text{動力波模式} \\ g\dfrac{\partial y}{\partial x}-g(S_0-S_f)=0 & \text{擴散波模式} \\ g(S_0-S_f)=0 & \text{運動波模式} \end{cases}$$

運動波模式為最簡化之模式，動力波模式為最完整之模式。聖維南方程式可以用來做洪水演算，分析洪水過程中渠道的流量 Q（或流速 V）及水深 y 隨時間及位置的變化。求解聖維南方程式需要使用數值分析方法來求解。

前面所述聖維南方程式（Saint Venant Equations）主要是以流量 $Q(x, t)$、通水面積 $A(x, t)$ 及水深 $y(x, t)$ 來表示。如果將流量 $Q(x, t)$ 改為流速 $V(x, t)$ 來表示（$Q = AV$），則一維渠道緩變量流之連續及運動方程式可以分別改寫成不同的表達方式。

連續方程式 $\underbrace{\frac{\partial A}{\partial t}}_{\text{通水面積的變化}} + \underbrace{\frac{\partial Q}{\partial x}}_{\text{流量的變化}} = 0 \rightarrow \frac{\partial A}{\partial t} + \frac{\partial AV}{\partial x} = 0$

$$\rightarrow \boxed{\frac{\partial A}{\partial t} + A\frac{\partial V}{\partial x} + V\frac{\partial A}{\partial x} = 0}$$

或是寫成 $\underbrace{\frac{\partial A}{\partial y}}_{T}\frac{\partial y}{\partial t} + A\frac{\partial V}{\partial x} + V\frac{\partial A}{\partial x} = 0 \rightarrow \boxed{T\frac{\partial y}{\partial t} + A\frac{\partial V}{\partial x} + V\frac{\partial A}{\partial x} = 0}$（$T$ = 水面寬）。

• 如果有單位長度側流量 q 垂直流入渠道，則連續方程式為

$$\boxed{T\frac{\partial y}{\partial t} + A\frac{\partial V}{\partial x} + V\frac{\partial A}{\partial x} = q}$$

運動方程式 $\underbrace{\frac{1}{A}\frac{\partial Q}{\partial t}}_{\text{局部加速項}} + \underbrace{\frac{1}{A}\frac{\partial}{\partial x}\left(\frac{Q^2}{A}\right)}_{\text{傳遞加速項}} + \underbrace{g\frac{\partial y}{\partial x}}_{\text{壓力項}} - \underbrace{g(S_0 - S_f)}_{\text{重力項及摩擦項}} = 0$

$$\rightarrow \frac{1}{A}\frac{\partial AV}{\partial t} + \frac{1}{A}\frac{\partial AV^2}{\partial x} + g\frac{\partial y}{\partial x} - g(S_0 - S_f) = 0$$

$$\rightarrow \frac{\partial V}{\partial t} + \frac{V}{A}\frac{\partial A}{\partial t} + 2V\frac{\partial V}{\partial x} + \frac{V^2}{A}\frac{\partial A}{\partial x} + g\frac{\partial y}{\partial x} - g(S_0 - S_f) = 0$$

$$\rightarrow \frac{\partial V}{\partial t} + V\frac{\partial V}{\partial x} + \frac{V}{A}\underbrace{\left(\frac{\partial A}{\partial t} + A\frac{\partial V}{\partial x} + V\frac{\partial A}{\partial x}\right)}_{=0\ (\text{連續方程式})} + g\frac{\partial y}{\partial x} - g(S_0 - S_f) = 0$$

$$\rightarrow \boxed{\frac{\partial V}{\partial t} + V\frac{\partial V}{\partial x} + g\frac{\partial y}{\partial x} - g(S_0 - S_f) = 0} \quad (9.20)$$

• 如果有單位長度側流量 q 垂直流入渠道，則運動方程式為

$$\boxed{\frac{\partial V}{\partial t} + V\frac{\partial V}{\partial x} + g\frac{\partial y}{\partial x} - g(S_0 - S_f) = \frac{qV}{A}} \quad (9.21)$$

習題

習題 9.1

某渠道內設有一座提升式閘門，起初閘門只有一個小的開口高度，此時閘門上下游渠道的水深分別為 y_1 及 y_2，流速分別為 V_1 及 V_2。當閘門快速增加一倍開口高度時，請繪示意圖說明閘門上游側及下游側所形成湧浪的名稱、方向、絕對速度及相對速度。湧浪的絕對速度及相對速度分別以 V_w 及 C 表示之。

習題 9.2

某渠道內設有一座提升式閘門，起初閘門有半個開口高度，此時閘門上下游渠道的水深分別為 y_1 及 y_2，流速分別為 V_1 及 V_2。當閘門快速完全關閉時，請繪示意圖說明閘門上游側形成湧浪的名稱、方向、絕對速度及相對速度，並說明閘門下游側渠道水面的可能變化。

習題 9.3

有一條 4.0 m 寬的矩形渠道，渠道下游設有閘門，如下圖所示。閘門全開時，渠道內有均勻水流，流量 Q = 12.0 cms，水深 $y = y_1 = 2.0$ m。當下游閘門突然完全關閉時，瞬間形成一個向上游移動的正湧浪，試用水流連續方程式及動量方程式計算此湧浪的高度 $\Delta y(y_2 - y_1)$ 及移動速度 V_w。

習題 9.4

有一條矩形渠道，寬度為 3.0 m，渠床接近水平，渠道流量為 4.0 cms 時，水深為 2.0 m。假如渠道上游的流量突然增加，上游水深變為 3.0 m，形成一個向下游移動的正湧浪，試用水流連續方程式及動量方程式計算此湧浪移動速度 V_w、湧浪上游處平均流速 V_2 及湧浪上

游處流量 Q_2。

習題 9.5

有一水平矩形渠道，已知水深為 1.5 m，流速為 0.8 m/s，此時上游流量突然增加，上游水深變為 3.0 m，並產生一個湧浪向下游傳遞。試求上游流量突然增加後新的水流速度及流量，並求此湧浪的絕對速度。

習題 9.6

水庫下游有一條矩形渠道，渠床坡度接近水平，渠寬 3.0 m，原先有一穩定均勻流，流量 3.6 cms 時，流速為 0.8 m/s。假設此渠流遇到其上游水庫進行放水，導致渠流水深突然增加 50%，並形成湧浪（Surge）往下游傳遞，試求水深劇增後渠流新的流量，並求湧浪向下游移動的絕對速 。

習題 9.7

在水平矩形渠道內有穩定均勻流，水深為 2.0 m，流速為 1.0 m/s，單位寬度流量為 2.0 m^2/s。當上游流量突然增大為原流量的 3 倍（即 6.0 m^2/s），形成一道向下游移動的湧浪，湧浪移動速度為 V_w。試 (1) 列出描述此湧浪的連續方程式及動量方程式；(2) 忽略底床摩擦力，求上游流量增大為原流量 3 倍後，上游水深 y_1、流速 V_1 及向下游移動的湧浪速度 V_w。

習題 9.8

水流經一矩形渠道流向出海口，其起始水深為 2.4 m，流速為 1 m/s。當出海口處遇到潮汐暴潮（Tidal bore），水深突增為 3.6 m，試求此暴潮往渠道上游方向之傳播速度，並求此暴潮通過後，渠道水流之流向與流速。

習題 9.9

試寫出 Saint-Venant 連續方程式及運動方程式，並說明方程式中各項物理意義。

習題 9.10

在分析渠流水深 $y(x, t)$ 隨著流動位置及時間的變化時，常假設水流沿著渠道的流動為一維運動，渠道內任一通水斷面的流量 Q 及通水斷面 A 是位置 x、水深 y 和時間 t 的函數。假設渠床縱向坡度為 S_0，渠流能量坡度為 S_f，試回答下列問題：

(1) 試使用變數 Q 及 A 及相關參數，寫出適用於一維渠流分析的聖維南方程式（Saint Venant equations）的連續方程式，並說明方程式中各項之意義；

(2) 試使用變數 Q 及 A 及相關參數，寫出適用於一維渠流分析的聖維南方程式（Saint Venant equations）的運動方程式，並說明方程式中各項之意義；

(3) 藉由聖維南方程式說明變量流運動波（Kinematic wave ）模式、擴散波（Diffusion wave）模式及動力波（Dynamic wave）模式在運動方程式上的差異。

習題 9.11

某一河道設有觀測站，觀測站附近河道寬度平均約 500 m，今河道上游突然發生洪水，觀測站處河道流量估計約有 8,000 cms，水位上升率約 0.5 m/hr，試以一維變量流理論 (1) 估算此時距此觀測站上游 1 km 處之洪水流量，並 (2) 估算距觀測站下游多遠處的洪水量約為 6,000 cms。

習題 9.12

有一座水壩，其蓄水深為 25 m，壩下游之寬廣河道為乾床狀態。假如此水壩瞬間潰決，試求 (1) 壩址處之水深及流速，並求 (2) 潰壩後半小時距離壩下游 10 km 斷面處之水深及流速。

習題 9.13

有一條水平矩形渠道，設有一座直立式閘門，閘門上游蓄水深度為 y_0，假設閘門下游渠道為乾床狀態，渠道之摩擦損失可忽略不計。當閘門瞬間完全拉起，試推導閘門處之單寬流量 q 與閘門上游水深 y_0 之關係式。

習題 9.14

有一條緩坡矩形河段，寬度為 250 m，長度為 5 km，流量為 50 cms，假設洪水來臨，河段上游端流量遽增為 100 cms，不考慮側向入流量，試寫出明渠非定量流的連續方程式，並據此推估河段上游端水位上升速率。

習題 9.15

有一水壩構於水平之寬河道上，已知壩前蓄水深為 20 m，壩上游蓄水區的長度極長且壩下游為乾河床。假設此水壩瞬間完全潰決，並產生一個洪水波以壩為原點同時向河道上、下游傳遞，且壩寬及河床阻抗效應可忽略。壩下游 1.0 km 處的河槽中設置有一座觀測站（A 點）以即時記錄河道流況。試求 (1) 潰壩後洪水波傳遞到 A 點的時間；並求 (2) 求潰壩後 A 點水深達 2.0 m 的時間及當時 A 點的水流速度。

習題 9.16

假設有一條水平矩形渠道，上游設有閘門控制流量，當閘門部分打開，渠流的流速 $V_1 = 2.0\text{m/s}$，水深 $y_1 = 2.5\text{m}$。假如上游閘門開口加大，流量突然增加 4 倍，流速及水深也增加，分別變為 V_2 及 y_2，且渠道內形成一個向下游移動的正湧波，試求此湧波高度 Δy、湧波移動速度 V_w 及傳波速度 C（Celerity）。

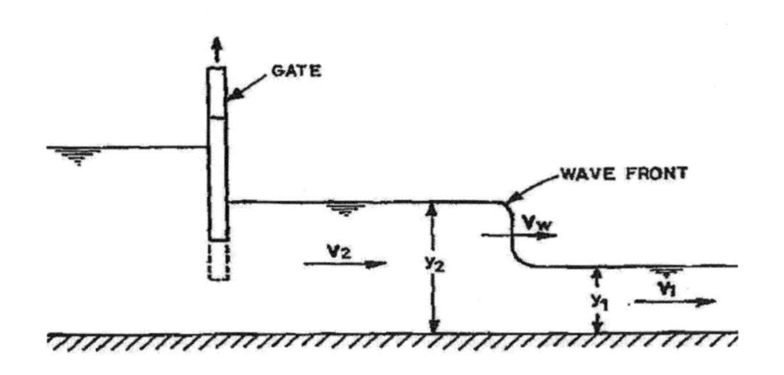

習題 9.17

有一條矩形渠道內有均勻流，水深 y_1 為 3.0 m，流速 V_1 為 2.5 m/s。渠道下游出現個穩定的湧潮（tidal bore），往渠道上游方向移動，如圖所示，移動速度 V_w 為 9.0 m/s。假設渠道為水平渠道並忽略能損失，試推求此湧潮的高度 η、湧潮後段水深 y_2 及流速 V_2。

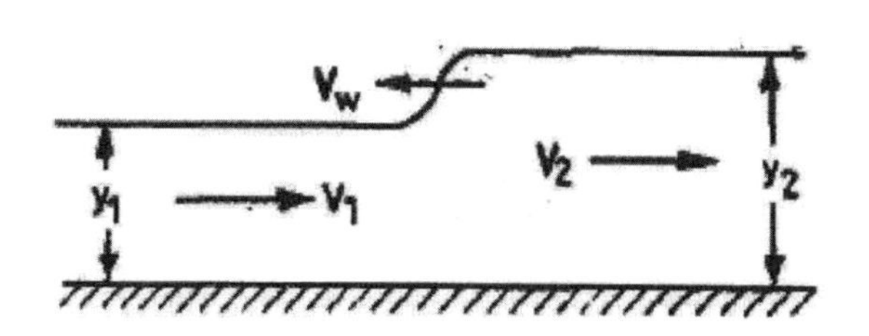

習題 9.18

有一座水庫的出流量 Q 由一座長度為 B 的堰來控制。流經堰的單位寬度理論流量為 q，流量係數為 C_d，流量關係為 $Q = C_dBq$。請回答下列三個問題：(1) 當堰頂上游水深為 h_0，不考量能量損失，試推導流經堰的單位寬度流量理論關係式；(2) 當水庫的入流量為 Q_{in}、出流量為 Q_{out} 及蓄水量為 V，試寫出水庫蓄水的連續方程式；(3) 假如堰頂長度為 8 m，在堰頂上游水深為 $0 < h_0 < 1.0$m 時水庫蓄水面積固定為 $A = 1.5\text{km}^2$，流量係數為 $C_d = 0.9$，且可忽略水庫入流量 Q_{in}，試估算水庫持續放水由堰頂上游水深 $h_0 = 0.65$m 下降至 $h_0 = 0.25$m 所需時間。

習題 9.19

有一渠段，長度 $L = 800$ m，渠流為定量流，今已知流量 $Q = 600$ cms，上游邊界斷面通水面積 $A_1 = 290\ \text{m}^2$，潤周長 $P_1 = 180$ m，水位 $E_{L1} = 113.25$ m；下游邊界斷面通水面積 $A_2 = 335\ \text{m}^2$，潤周長 $P_2 = 205$ m，水位 $E_{L1} = 112.63$ m。此渠段有側入流，單位渠長側入流量 $q_L = 0.1\ \text{m}^2/\text{s}$，側入流沿渠流方向的速度分量 $u = 0.55$ m/s。已知一維渠流動量方程式可以表示為

$$S_f = -\frac{\partial z}{\partial x} - \frac{\partial y}{\partial x} - \frac{V}{g}\frac{\partial V}{\partial x} - \frac{1}{g}\frac{\partial V}{\partial t} - \frac{q_L(V-u)}{gA}$$

其中 S_f = 摩擦坡降（能量坡度），x = 渠流方向，t = 時間，z = 渠床高程，y = 渠流水深，A = 通水斷面積，V = 斷面平均流速，g = 重力加速度。試利用一維渠流動量方程式估算此渠流之平均摩擦坡降 S_f（能量坡度），並求此渠段之平均曼寧係數 n 值。

水利人介紹 9. 馮鍾豫 先生（1917-2012）

這裡介紹馮鍾豫先生給本書讀者認識。本書作者於 1982 年至 1984 年就讀台大土木研究所時，有機會選修馮鍾豫老師的「水資源經濟」課程。印象中，馮老師上課聲音不大，清晰論述，條理明白，並配有講義，讓我們認識「水利」不只是水資源利用事業，也是重要經濟活動的一環。畢業多年後接觸水利實務，深刻感受馮老師對台灣水利工程的卓越貢獻。以下介紹馮先生的生平概述。

馮先生，1917 年生於河南，1935 年考入清華大學土木工程學系，1937 年抗日戰爭起，1938 年長途跋涉至昆明西南聯合大學繼續學業，1939 年畢業。畢業後曾任雲南省水力發電勘測隊隊員、雲南省建設廳農田水利委員會副工程師、工程師、國立西南聯合大學教員。曾奉派赴美國研習研習水庫之防洪運用及蓄水壩工程設計，並參加美國墾務局長江三峽水庫計畫之初期規劃，厚實豐富水利實務經驗。

馮先生於 1948 年與七位同事被派至台北，協助台灣電力公司修復戰時損壞之水力電廠。此一借調，改變一生，自此長居台灣，獻身台灣水利工程。1949 年轉任高雄港務局，參與港埠建設及港務發展規劃。1954 年調任石門水庫規劃及建設委員會副總工程師，參與水庫興建計畫，取得美國技術移轉，並培植國內技術專才，為國家日後發展奠定深厚基礎。石門水庫於 1964 年完工後，馮先生先後擔任經濟部技監、水資源統一規劃委員會主任委員、經濟設計委員會技正、經濟建設委員會參事、顧問等要職，迄至 1982 年屆齡退休。在職期間推動淡水河防洪計畫，參與制定水利相關法規；負責多項水庫及重要河川防洪、海堤保護等重大水利建設策略之制定及工程之規劃設計；也推動大壩安全檢查評審制度，執行嚴謹維護管理，為國內水庫安全把關。

此外，1972 年至 1990 年於國立臺灣大學土木工程系兼任教職，講授水資源規劃及水資源經濟等課程，編有《水資源規劃》一書，作育英才無數。馮先生曾經擔任東南亞國家相關開發計畫之顧問，協助完成灌溉與農村發展計畫，厚實國家外交能量。此外，馮先生也積極推動海峽兩岸水利技術合作，協商促成雙方定期召開技術交流研討會議，自 1995 年第一屆技術交流研討會議起，迄今（2024 年）已舉辦 28 屆。馮先生對台灣水利工程之貢獻足為典範。(參考資料：經濟部水利署——水利人的足跡；台大土木——杜風電子報)。

參考文獻與延伸閱讀

1. Chow, V.T. (1959), *Open Channel Hydraulics*, McGraw, New York.
2. French R.H. (1986), *Open Channel Hydraulics*, McGraw, New York.
3. Sawai, A., Shyamal, D.S., and Kumar, L. (2019), Dam break analysis – review f literature. International Journal for Research in EngineeringApplication & Measurement, Vol. 4(12), 538-542.
4. Subramanya, H. (2015、2019), Flow in Open Channels, 4th and 5th editions, McGraw-Hill, Chennai. (東華書局).
5. 台灣大學土木工程學系（2012），馮鍾豫先生生平介紹，杜風電子報，第54期。
6. 經濟部水利署——水利人的足跡，水利署圖書典藏及影音數位平台。

國家圖書館出版品預行編目(CIP)資料

明渠水力學／詹錢登編著. -- 初版. -- 臺北市：五南圖書出版股份有限公司, 2024.09
面； 公分
ISBN 978-626-393-733-8(平裝)

1.CST: 水利學

443.1 113012890

5G62

明渠水力學

作　　者 — 詹錢登 (326.4)
企劃主編 — 王正華
責任編輯 — 張維文
封面設計 — 封怡彤
出 版 者 — 五南圖書出版股份有限公司
發 行 人 — 楊榮川
總 經 理 — 楊士清
總 編 輯 — 楊秀麗
地　　址：106台北市大安區和平東路二段339號4樓
電　　話：(02)2705-5066　　傳　　真：(02)2706-6100
網　　址：https://www.wunan.com.tw
電子郵件：wunan@wunan.com.tw
劃撥帳號：01068953
戶　　名：五南圖書出版股份有限公司

法律顧問　林勝安律師

出版日期　2024年9月初版一刷
定　　價　新臺幣550元

詹錢登